中文版

新编 **AutoCAD 2018**
从入门到精通

陈志 翟文侠 周霞 编著

U0320692

人民邮电出版社
北京

图书在版编目（CIP）数据

新编AutoCAD 2018中文版从入门到精通 / 陈志，翟
文侠，周霞编著. -- 北京：人民邮电出版社，2018.7
ISBN 978-7-115-48157-3

Ⅰ. ①新… Ⅱ. ①陈… ②翟… ③周… Ⅲ. ①
AutoCAD软件 Ⅳ. ①TP391.72

中国版本图书馆CIP数据核字（2018）第056969号

内 容 提 要

本书以服务零基础读者为宗旨，用实例引导读者学习，深入浅出地介绍了 AutoCAD 2018 中文版的相关知识和应用方法。

全书分为 6 篇，共 25 章。第 1 篇【新手入门】主要介绍了 AutoCAD 2018 的入门知识；第 2 篇【二维绘图】主要介绍了 AutoCAD 的基本设置、基本二维图形的绘制、二维图形对象的编辑、复杂二维图形的绘制和编辑、文字和表格的使用，以及尺寸标注等；第 3 篇【辅助绘图】主要介绍了智能标注、编辑标注、图层、图块，以及外部参照等；第 4 篇【三维建模】主要介绍了查询、三维建模基础知识、三维建模、三维图形的编辑，以及渲染等；第 5 篇【综合案例】主要介绍了机械、建筑、家具、电子电气，以及三维设计的实战案例；第 6 篇【高手秘技】主要介绍了 3D 打印以及 AutoCAD 2018 与 Photoshop 的配合使用等。

本书附赠 25 小时与图书内容同步的视频教程及所有案例的配套素材和结果文件。此外，还赠送了大量相关学习内容的视频教程和电子书等学习资料，便于读者扩展学习。

本书不仅适合 AutoCAD 2018 的初、中级用户学习使用，也可以作为各类院校相关专业学生和计算机辅助设计培训班学员的教材或辅导用书。.

◆ 编　著　陈 志　翟文侠　周　霞
　　责任编辑　张　翼
　　责任印制　马振武

◆ 人民邮电出版社出版发行　　北京市丰台区成寿寺路 11 号
　　邮编　100164　电子邮件　315@ptpress.com.cn
　　网址　http://www.ptpress.com.cn
　　北京隆昌伟业印刷有限公司印刷

◆ 开本：787×1092　1/16
　　印张：31.5
　　字数：780 千字　　　　　　　　2018 年 7 月第 1 版
　　印数：1 – 3 500 册　　　　　　2018 年 7 月北京第 1 次印刷

定价：69.80 元
读者服务热线：**(010)81055410**　印装质量热线：**(010)81055316**
反盗版热线：**(010)81055315**
广告经营许可证：京东工商广登字20170147号

　　计算机是社会进入信息时代的重要标志，掌握丰富的计算机知识、正确熟练地操作计算机已成为信息时代对每个人的要求。为满足广大读者的学习需要，我们针对不同学习对象的接受能力，总结了多位计算机高手、高级设计师及计算机教育专家的经验，精心编写了这套"新编从入门到精通"丛书。

丛书主要内容

　　本套丛书涉及读者在日常工作和学习中常见的计算机应用领域，在介绍软硬件的基础知识及具体操作时均以读者经常使用的软硬件版本为主，在必要的地方兼顾其他版本，以满足不同领域读者的需求。本套丛书主要包括以下品种。

新编Windows 10从入门到精通	新编电脑选购、组装、维护与故障处理从入门到精通
新编电脑组装与硬件维修从入门到精通	新编电脑打字与Word排版从入门到精通
新编Word 2013从入门到精通	新编Office 2016从入门到精通
新编Excel 2003从入门到精通	新编电脑办公（Windows 7+Office 2013版）从入门到精通
新编Excel 2010从入门到精通	新编电脑办公（Windows 7+Office 2016版）从入门到精通
新编Excel 2013从入门到精通	新编电脑办公（Windows 10+Office 2010版）从入门到精通
新编Excel 2016从入门到精通	新编电脑办公（Windows 10+Office 2013版）从入门到精通
新编PowerPoint 2016从入门到精通	新编电脑办公（Windows 10+Office 2016版）从入门到精通
新编Word/Excel/PPT 2003从入门到精通	新编Word/Excel/PPT 2007从入门到精通
新编Word/Excel/PPT 2013从入门到精通	新编Word/Excel/PPT 2016从入门到精通
新编AutoCAD 2015从入门到精通	新编AutoCAD 2016从入门到精通
新编AutoCAD 2017从入门到精通	新编AutoCAD 2018中文版从入门到精通
新编UG NX 10从入门到精通	新编UG NX 12从入门到精通
新编黑客攻防从入门到精通	新编Photoshop CC从入门到精通
新编网站设计与网页制作（Dreamweaver CC + Photoshop CC + Flash CC版）从入门到精通	

本书特色

● 零基础、入门级的讲解

　　无论读者是否从事计算机相关行业，是否了解 AutoCAD 2018，都能从本书中找到最佳起点。本书入门级的讲解可以帮助读者快速地从新手迈向高手行列。

● 精选内容，实用至上

　　全书内容经过精心选取编排，在贴近实际应用的同时，突出重点、难点，帮助读者深化理解所学知识，触类旁通。

○ 实例为主，图文并茂

在介绍过程中，每个知识点均配有实例辅助讲解，每个操作步骤均配有对应的插图加深认识。这种图文并茂的方法能够使读者在学习过程中直观、清晰地看到操作过程和效果，便于深刻理解和掌握。

○ 高手指导，扩展学习

本书以"高手支招"的形式为读者提炼了各种高级操作技巧，总结了大量系统且实用的操作方法，以便读者学习到更多内容。

○ 双栏排版，超大容量

本书采用双栏排版的形式，大大扩充了信息容量，在近 500 页的篇幅中容纳了传统图书 700 多页的内容。在有限的篇幅中为读者奉送了更多的知识和实战案例。

○ 视频教程，互动教学

本书配套的视频教程内容与书中知识紧密结合并相互补充，帮助读者体验实际工作环境，掌握日常所需的知识和技能以及处理各种问题的方法，达到学以致用的目的，从而大大增强了本书的实用性。

◉ 视频教程及海量赠送资源

○ 25 小时全程同步视频教程

视频教程涵盖本书所有知识点，详细讲解每个实例及实战案例的操作过程和关键要点，帮助读者更轻松地掌握书中的知识和技巧。此外，扩展讲解部分可使读者获得更多相关的知识和内容。

○ 超多、超值资源大放送

随书奉送 AutoCAD 2018 软件安装视频教程、AutoCAD 2018 常用命令速查手册电子书、AutoCAD 2018 快捷键查询手册电子书、110 套 AutoCAD 行业图纸、100 套 AutoCAD 设计源文件、3 小时 AutoCAD 建筑设计视频教程、6 小时 AutoCAD 机械设计视频教程、7 小时 AutoCAD 室内装潢设计视频教程、5 小时 3ds Max 视频教程、50 套精选 3ds Max 设计源文件、9 小时 Photoshop CC 视频教程、AutoCAD 官方认证考试大纲和样题等超值资源，以方便读者扩展学习。

◉ 二维码视频教程学习方法

为了方便读者学习，本书以二维码的方式提供了大量视频教程。读者使用手机上的微信、QQ 等软件的"扫一扫"功能扫描二维码，即可通过手机观看视频教程。

◉ 扩展学习资源下载方法

除同步视频教程外，本书还额外赠送了海量学习资源。读者可以使用微信扫描封面二维码，关注"职场研究社"公众号，发送"48157"后，将获得资源下载链接和提取码。将下载链接复制到任何浏览器中并访问下载页面，即可通过提取码下载本书的扩展学习资源。

龙马高新教育APP使用说明

安装并打开龙马高新教育 APP，可以直接使用手机号码注册并登录。

（1）在【个人信息】界面，用户可以订阅图书类型、查看问题及添加的收藏、与好友交流、管理离线缓存、反馈意见并更新应用等。

（2）在首页界面单击顶部的【全部图书】按钮，在弹出的下拉列表中可查看订阅的图书类型，在上方搜索框中可以搜索图书。

（3）进入图书详情页面，单击要学习的内容即可播放视频。此外，还可以发表评论、收藏图书并离线下载视频文件等。

（4）首页底部包含 4 个栏目：在【图书】栏目中可以显示并选择图书，在【问同学】栏目中可以与同学讨论问题，在【问专家】栏目中可以向专家咨询，在【晒作品】栏目中可以分享自己的作品。

创作团队

本书由龙马高新教育策划，陈志、翟文侠、周霞编著。

陈志，湖北科技学院资源环境科学与工程学院院长、书记、教授，国家注册房地产估价师，中国软科学研究会理事，湖北省土地学会理事，咸宁市地理学会理事。主要从事地理科学、地理信息科学、测绘工程、土地资源管理、工程管理等专业的教学工作，主讲《测量学》《地图学》《CAD 制图》等课程。同时从事区域经济、城市经济、生态经济等方面的研究，先后参与国家级、省部级基金项目 8 项，主持厅局级项目 10 余项和横向项目 20 余项。在国内外学术期刊上发表论文 80 余篇，出版教材、著作 10 余部。

翟文侠，湖北科技学院资源环境科学与工程学院讲师、土地资源管理专业负责人。主要从事土地资源管理、测绘工程、工程管理等专业的教学工作，主讲《土地信息系统》《土地利用规划》《CAD 制图》等课程。同时从事土地经济、城市规划、土地规划等方面的研究，先后参与国家级、省部级基金项目 4 项，主持厅局级项目 3 项和横向项目 5 项。在国内外学术期刊上发表论文 30 余篇，出版教材、著作 5 部。

周霞，湖北科技学院资源环境科学与工程学院讲师。主要从事地理信息科学、遥感地学分析与应用方面的教学与科研工作，主讲《CAD 制图》《遥感地学分析》《地理信息系统导论》等课程。先后参与省部级基金项目 3 项、横向项目 4 项，主持校级项目 1 项，在国内外学术期刊上发表论文 10 余篇。

其他参与本书编写、资料整理、多媒体开发及程序调试的人员有孔万里、周奎奎、张任、张田田、尚梦娟、李彩红、尹宗都、王果、陈小杰、左琨、邓艳丽、崔姝怡、侯蕾、左花苹、刘锦源、普宁、王常吉、师鸣若、钟宏伟、陈川、刘子威、徐永俊、朱涛和张允等。

在编写过程中，我们竭尽所能地将最好的讲解呈现给读者，但也难免有疏漏和不妥之处，敬请广大读者不吝指正。若读者在阅读本书过程中产生疑问，或有任何建议，可发送电子邮件至 zhangyi@ptpress.com.cn。

编者

2018 年 3 月

目录

第3篇 辅助绘图

💿 本章视频教程时间：24分钟

💿 本章视频教程时间：32分钟

赠送资源

- 赠送资源 01　AutoCAD 2018 软件安装视频教程
- 赠送资源 02　AutoCAD 2018 常用命令速查手册电子书
- 赠送资源 03　AutoCAD 2018 快捷键查询手册电子书
- 赠送资源 04　110 套 AutoCAD 行业图纸
- 赠送资源 05　100 套 AutoCAD 设计源文件
- 赠送资源 06　3 小时 AutoCAD 建筑设计视频教程
- 赠送资源 07　6 小时 AutoCAD 机械设计视频教程
- 赠送资源 08　7 小时 AutoCAD 室内装潢设计视频教程
- 赠送资源 09　5 小时 3ds Max 视频教程
- 赠送资源 10　50 套精选 3ds Max 设计源文件
- 赠送资源 11　9 小时 Photoshop CC 视频教程
- 赠送资源 12　AutoCAD 官方认证考试大纲和样题
- 赠送资源 13　龙马高新教育 APP 安装包

第1篇
新手入门

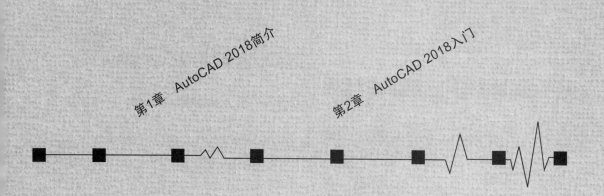

第 1 章

AutoCAD 2018简介

要学习好AutoCAD 2018，首先需要对其有一个清晰的认识，了解并掌握AutoCAD 2018的安装、启动、退出、工作界面、新增功能等基本知识。本章将围绕上述几点对AutoCAD 2018进行详细介绍。

学习效果——

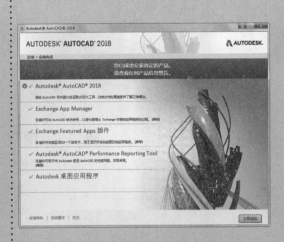

1.1 AutoCAD 的版本演化与行业应用

🔘 本节视频教程时间：11 分钟

CAD（Computer Aided Design）的含义是指计算机辅助设计，是计算机技术非常重要的一个应用领域。AutoCAD是美国AUTODESK公司开发的一款交互式绘图软件，是用于二维及三维设计、绘图的系统工具。

1.1.1 AutoCAD的版本演化

AutoCAD从最早的V1.0发展到现在的2018版，经过了数十次的改版，现在AutoCAD的功能已经非常强大，界面已经非常美观而且更易于用户的操作。

● 1. AutoCAD 2004和以前的版本

AutoCAD 2004及之前的版本适用于Windows XP系统，安装包体积小，打开快速，功能相对比较全面。AutoCAD 2004及之前最经典的界面R14界面分别如下图所示。

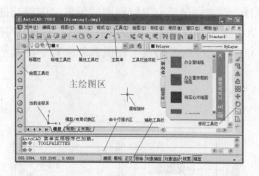

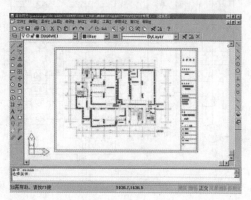

● 2. AutoCAD 2005~AutoCAD 2009版本

2005~2009版本都是使用C#编写的，安装包均需附带.net运行库，而且是强制安装，安装体积大，相同计算机配置，其启动速度比

2004及以前版本慢很多，其中从2008版本开始就有64位系统专用版本（但只有英文版的）。2005~2009版本增强了三维绘图功能，但二维绘图功能没有什么质的变化。

2004~2008版本和之前的界面相比没有什么本质变化，但AUTODESK公司对AutoCAD 2009的界面做了很大改变，由原来工具条和菜单栏的结构变成了菜单栏和选项卡的结构，如下图所示。

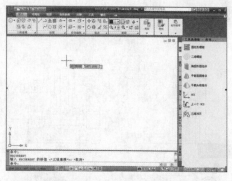

● 3. AutoCAD 2010~AutoCAD 2018版本

从2010版本开始，AutoCAD加入了参数化功能。2013版本增加了Autodesk 360和BIM 360功能，2014版本增加了从三维转换二维图的功能，2016版本增加了智能标注功能，2017版本增强了PDF输入功能。2010~2018版本的界面没有太大变化，和AutoCAD 2009的界面相似。

1.1.2 AutoCAD的行业应用

随着计算机技术的飞速发展，CAD软件在工程中的应用层次也在不断提高，一个集成的、智能化的CAD软件系统已经成为当今工程设计工具的首选。CAD使用方便，易于掌握，体系结构开放，因此被广泛应用于机械、建筑、电子、航天、造船、石油化工、土木工程、冶金、地质、气象、纺织、轻工和商业等领域。

● 1. CAD在机械制造行业中的应用

CAD在机械制造行业的应用是最早的，也是最为广泛的。采用CAD技术进行产品设计，不但可以使设计人员放弃烦琐的手工绘制方法，更新传统的设计思想，实现设计自动化，降低产品成本，提高企业及其产品在市场上的竞争能力，同时还可以使企业由原来的串行式作业转变为并行作业，建立一种全新的设计和生产技术管理体制，缩短产品的开发周期，提高劳动生产率。

● 2. CAD在电子电气行业中的应用

CAD在电子电气领域的应用被称为电子电气CAD。它主要包括电气原理图的编辑、电路功能仿真、工作环境模拟、印制板设计（自动布局、自动布线）与检测等。使用电子电气CAD软件还能迅速形成各种各样的报表文件（如元件清单报表），为元件的采购及工程预算和决算等提供了方便。

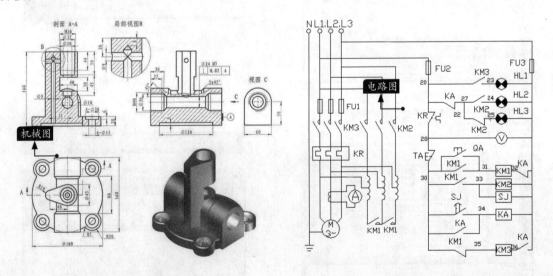

● 3. CAD在建筑行业中的应用

计算机辅助建筑设计（Computer Aided Architecture Design，CAAD）是CAD在建筑方面的应用，它为建筑设计带来了一场真正的革命。随着CAAD软件从最初的二维通用绘图软件发展到如今的三维建筑模型软件，CAAD技术已开始被广为采用。采用CAAD技术不但可以提高设计质量，缩短工程周期，更为可贵的是还可以为国家和建筑商节约很大一部分建筑投资。

4. CAD在轻工纺织行业中的应用

以前我国纺织品及服装的花样设计、图案的协调、色彩的变化、图案的分色、描稿及配色等均由人工完成，速度慢且效率低。而目前国际市场上对纺织品及服装的要求是批量小、花色多、质量高、交货要迅速，这使得我国纺织产品在国际市场上的竞争力显得尤为落后。而CAD技术的使用，则大大加快了我国轻工纺织及服装企业走向国际市场的步伐。

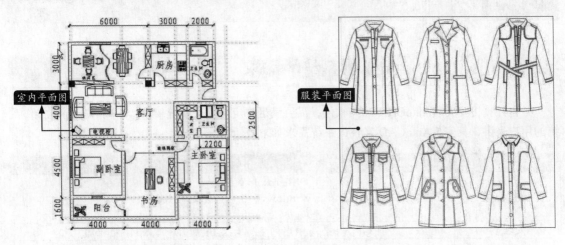

5. CAD在娱乐行业中的应用

时至今日，CAD技术已进入人们的日常生活，在电影、动画、广告和娱乐等领域中大显身手。例如，美国好莱坞电影公司主要利用CAD技术构造布景，凭借CAD可以利用虚拟现实的手法设计出人工难以做到的布景，这不仅可以节省大量人力、物力和电影拍摄成本，还可以给观众营造一种新奇、古怪和难以想象的观影环境，获得丰厚的票房收入。

由上可见，AutoCAD技术的应用将会越来越广，我国的CAD技术应用也定会呈现出一片欣欣向荣的景象，因此学好AutoCAD技术将会成为更多人追求的目标。

1.2 安装与启动AutoCAD 2018

🌐 **本节视频教程时间：12分钟**

用户要在计算机上使用AutoCAD 2018软件，首先要在计算机上正确安装该应用软件，本节将介绍如何安装、启动以及退出AutoCAD 2018。本书以AutoCAD 2018中文版为主进行讲解，以下如无特殊说明，"AutoCAD 2018"均指"AutoCAD 2018中文版"。

1.2.1 AutoCAD 2018 对系统的需求

一台计算机要安装AutoCAD 2018软件，需要满足一定的软件系统要求。对于Windows操作系统的用户来讲，其安装AutoCAD 2018的系统需求如下表所示。

说　明	计算机需求
操作系统	Microsoft Windows 7 SP1 Microsoft Windows 8/8.1 （含更新 KB2919355） Microsoft Windows10
处理器	1 GHz或更高频率的 32 位 (x86) 或 64 位 (x64) 处理器
内存	32位：2 GB RAM（建议使用 4 GB） 64位：4 GB RAM（建议使用 8 GB）
显示器分辨率	传统显示器： 1360×768（建议使用 1600×1050 或更高）真彩色显示器 高分辨率和4K显示器： 在 Windows 10 64 位系统（配支持的显卡）上支持高达 3840×2160 的分辨率
显卡	支持1360×768分辨率、真彩色功能和 DirectX® 9的 Windows 显示适配器。建议使用与 DirectX 11 兼容的显卡
磁盘空间	安装 4.0 GB
定点设备	MS−Mouse 兼容设备
浏览器	Windows Internet Explorer 11 （或更高版本）
工具动画演示媒体 播放器	Adobe Flash Player v10 或更高版本
.NET Framework	.NET Framework 版本 4.60
大型数据集、点云 和三维建模的其他 要求	8 GB或更大的 RAM 6 GB 可用硬盘空间（不包括安装需要的空间） 1920×1080 或更高的真彩色视频显示适配器，128 MB 或更大的VRAM，Pixel Shader 3.0 或更高版本，支持 Direct3D的工作站级图形卡

1.2.2 安装AutoCAD 2018

安装AutoCAD 2018的具体操作步骤如下。

步骤 01 获取软件后，双击setup.exe文件，系统会弹出【安装初始化】进度窗口。

步骤 02 安装初始化完成后，系统会弹出安装向导主界面，选择安装语言后单击【安装 在此计算机上安装】选项按钮。

步骤 03 确定安装要求后，会弹出【许可协议】界面，选中【我接受】前的单选按钮后，单击【下一步】按钮。

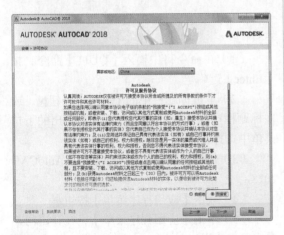

步骤 04 在【配置安装】界面中，选择要安装的

组件以及安装软件的目标位置后单击【安装】按钮。

步骤 05 在【安装进度】界面中，显示各个组件的安装进度。

步骤 06 AutoCAD 2018安装完成后，在【安装完成】界面右上角单击【×】按钮，退出安装向导界面。

小提示

（1）如果计算机上要同时安装多个版本的AutoCAD，一定要先安装低版本的，再安装高版本的。

（2）在安装过程中，AutoCAD软件会自动根据用户当前的计算机系统来自行安装相应的组件，耗时大约在15~30min。

（3）成功安装AutoCAD 2018后，还应进行产品注册。

（4）如果读者采用硬盘安装，在安装前先要把压缩程序解压到一个不含中文字符的文件夹中，然后再进行安装。

（5）AutoCAD 2018的卸载方法与其他软件相同，以Windows 7系统为例，单击【开始】▶【控制面板】，选中AutoCAD 2018后单击【卸载/更改】选项，即可卸载AutoCAD 2018。

1.2.3 启动与退出AutoCAD 2018

AutoCAD 2018的启动方法通常有以下两种。

（1）在【开始】菜单中选择【所有程序】▶【Autodesk】▶【AutoCAD 2018-简体中文（Simplified Chinese）】▶【AutoCAD 2018】命令。

（2）双击桌面上的快捷图标A。

步骤 01 启动AutoCAD 2018，弹出【新选项卡】界面。如下图所示。

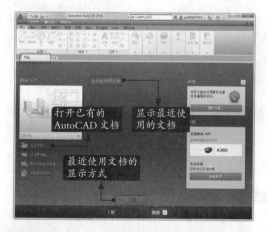

步骤 02 单击【了解】按钮，即可观看"新特性"和"快速入门"等视频，如下图所示。

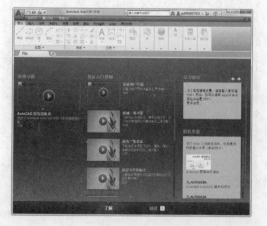

步骤 03 单击【创建】按钮，然后单击【快速入门】选项下的"开始绘制"，即可进入AutoCAD 2018工作界面，如下图所示。

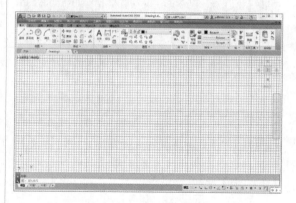

如果需要退出AutoCAD 2018，可以使用以下5种方法。

（1）在命令行中输入【QUIT】命令，按【Enter】键确定。

（2）单击标题栏中的【关闭】按钮X，或在标题栏空白位置处单击右键，在弹出的下拉菜单中选择【关闭】选项。

（3）使用快捷键【Alt+F4】退出AutoCAD 2018。

（4）双击【应用程序菜单】按钮A。

（5）单击【应用程序菜单】，在弹出的菜单中单击【退出Autodesk AutoCAD 2018】按钮

退出 Autodesk AutoCAD 2018 。

> **小提示**
>
> 系统参数Startmode控制着是否显示开始选项卡，当Startmode值为1时，显示开始选项卡；当该值为0时，不显示开始选项卡。

1.3 AutoCAD 2018新增和增强功能

本节视频教程时间：12 分钟

 AutoCAD 2018在原先基础上对许多功能进行了改进和提升，如文件导航功能、DWG文件格式更新、保存性能提升、支持高分辨率 (4K) 监视器、为系统变量监视器图标添加快捷菜单、增强的共享设计视图功能以及AutoCAD Mobile等。

1.3.1 文件导航功能

对于"打开""保存""附着"之类的操作以及许多其他操作，【文件导航】对话框现在可记住列的排序顺序。例如，如果文件按文件大小排序或按文件名反向排序，则在下次访问该对话框时，该对话框将以相同的排序顺序自动显示文件，文件导航功能如下左图所示。

单击列的排序顺序，即可更改文件的显示顺序，例如单击【大小】，文件顺序显示如上右图所示。

1.3.2 DWG文件格式更新

DWG文件格式已更新，之前的最高保存格式为AutoCAD 2013，在AutoCAD 2018中，用户可以将图形保存为AutoCAD 2018，新的保存格式提高了打开和保存操作的效率，尤其是对于包含多个注释性对象和视口的图形。

打开一个素材文件，可以看到原文件大小为83.4KB，创建程序为AutoCAD 2017（保存格式为AutoCAD 2013），打开该文件，将它另存为AutoCAD 2018格式，则文件大小为60.9KB。

1.3.3 为系统变量监视器图标添加快捷菜单

AutoCAD 2018为【系统变量监视器】图标添加了快捷菜单，当系统变量修改时，该图标显示在状态中。快捷菜单还包含配置【系统变量监视器】和【启用气泡式通知】选项。

步骤 01 在状态栏单击【系统变量监视器】按钮。

步骤 02 弹出【系统变量监视】对话框，在对话框中系统变量首选值改变的对象状态呈 ⚠，如下图所示。

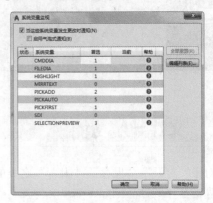

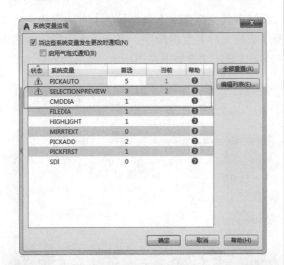

步骤 03 单击【全部重置】按钮，修改的系统变量值重新更改回首选值，如下图所示。

步骤 04 单击【编辑列表】按钮，在弹出的【编辑系统变量列表】中可以向【监视的系统变量】列表中添加或删除对象。

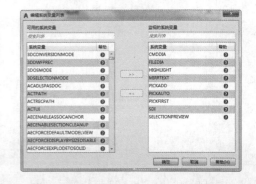

小提示

在【系统变量监视】对话框中勾选【启用气泡式通知】，当有系统变量变化时，系统会弹出提示消息。

1.3.4 增强的共享设计视图功能

【共享设计视图】可以轻松地将图形视图发布到云从而促进相关方之间的协作，同时保护您的 DWG 文件。查看设计的相关方不需要登录到 A360，也不需要安装基于 AutoCAD 的产品。此外，由于他们无法访问源 DWG 文件，您可以随时与需要设计视图的任何人共享这些视图。

【共享设计视图】功能在之前版本中已经存在，在AutoCAD 2018中进一步得到增强，可以支持新的DWG 文件格式。

AutoCAD 2018中打开【共享设计视图】的方法有以下3种。

（1）单击【应用程序菜单】按钮 **A.**，然后选择【发布】▶【设计视图】。

（2）单击【A360】选项卡▶【共享】面板▶【共享设计视图】按钮 。

（3）在命令行中输入【ONLINEDESIGNSHARE/ON】命令并按空格键确认。

步骤 01 打开"素材\CH01\卧室布局.dwg"素材文件，如下图所示。

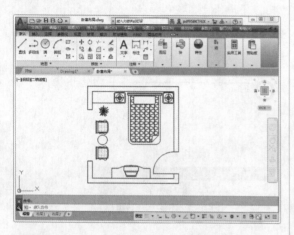

步骤 02 单击【应用程序菜单】按钮 **A.**，然后选择【发布】▶【设计视图】。

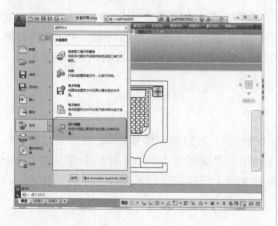

步骤 03 在弹出的【发布选项】提示框中选择【立即发布并显示在我的浏览器中】，如下图所示。

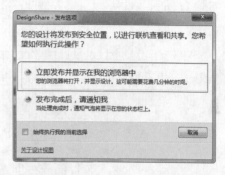

步骤 04 稍等几分钟后，发布的图形显示在浏览器中，如下图所示。

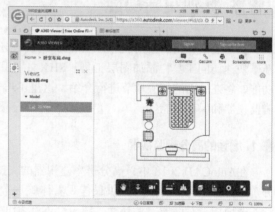

1.3.5 AutoCAD Mobile

AutoCAD Mobile 提供了基本工具，以便用户随时随地工作。用户可以在平板电脑或智能手机上轻松查看、创建、编辑和共享AutoCAD 图纸，而无需在工作现场或客户拜访期间携带图纸打印件，从而提高工作效率。此外，用户还可以查看图纸的每个环节并对其进行编辑修改，如精确测量、红线批注、添加注释、进行更改，甚至能够在许可条件下随时创建新图纸。

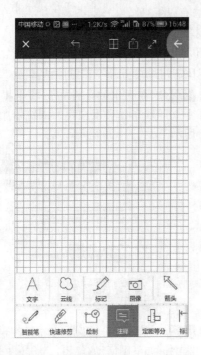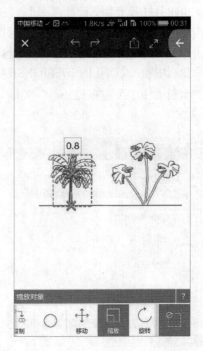

1.3.6 其他更新功能

除了上面介绍的新功能外，AutoCAD 2018还增强了屏幕外选择功能和线型间隙选择功能，更新了快速访问工具栏添加图层工具、SHX文字识别、合并文字、外部参照等功能。关于这些新增功能，将在后面的相应章节进行介绍，这里不再赘述。本节将简单介绍AutoCAD 2018增强的高分辨监视器和保存性能。

● 1. 增强的高分辨监视器

在AutoCAD 2018 中，高分辨率监视器的支持会继续改进，以确保即使在 4K 显示器以及更高分辨率屏幕上都能为用户提供最佳观看体验。常用的用户界面元素（例如【开始】选项卡、命令行、选项板、对话框、工具栏、ViewCube、拾取框和夹点）已相应进行了缩放，并根据 Windows 设置显示。

● 2. 增强的保存性能

保存性能在 AutoCAD 2018 中得到了提升。对象将得到很大的改进，包括缩放注释的块、具有列和其他新格式的多行文字，以及属性和多行的属性定义。

1.4 AutoCAD 2018的工作界面

🌏 **本节视频教程时间：11 分钟**

AutoCAD 2018的界面由应用程序菜单、标题栏、快速访问工具栏、菜单栏、功能区、命令窗口、绘图窗口和状态栏等组成，如下图所示。

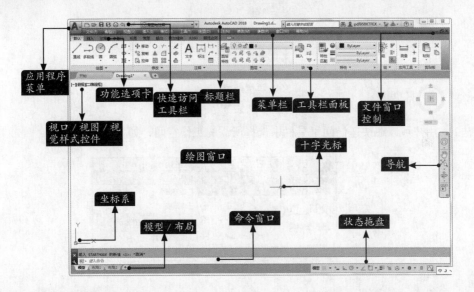

1.4.1 应用程序菜单

在应用程序菜单中，可以搜索命令、访问常用工具并浏览文件。在AutoCAD 2018界面的左上方，单击【应用程序】按钮 A，弹出应用程序菜单。

可以在应用程序菜单中快速创建、打开、保存、核查、修复和清除文件，打印或发布图形，还可以单击右下方的按钮打开【选项】对话框或退出AutoCAD，如下左图所示。

在应用程序菜单上方的搜索框中，输入搜索字段，按【Enter】键确认，下方将显示搜索到的命令，如下右图所示。

输入【C】后，弹出与命令"C"有关的选项。

1.4.2 切换工作空间

AutoCAD 2018版本软件包括"草图与注释""三维基础""三维建模"3种工作空间类型。用户可以根据需要进行切换，切换工作空间的有以下两种方法。

方法1：启动AutoCAD 2018，然后单击工作界面右下角的【切换工作空间】按钮 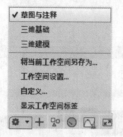 ，在弹出的菜单中选择所需的工作空间，如下图所示。

方法2：用户可以在快速访问工具栏中选择所需的工作空间，如下图所示。

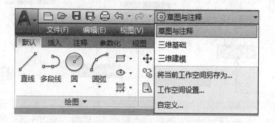

1.4.3 快速访问工具栏

快速访问工具栏可以将常用的命令放置到标题栏，方便用户直接单击调用，例如，新建、打开、保存等。

工作空间切换后，AutoCAD会默认将菜单栏隐藏，如下左图所示。单击快速访问工具栏右侧的下拉按钮，在下拉列表中选择【显示菜单栏】选项即可重新显示菜单栏，如下右图所示。

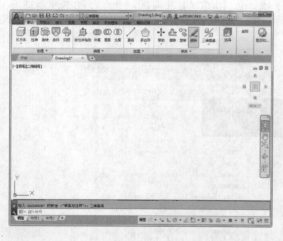

小提示

AutoCAD 2018在快速访问工具栏下拉列表新增了【图层】选项，用户可以将该选项添加到快速访问工具栏以方便对图层的操作，如下图所示。

1.4.4 菜单栏

菜单栏显示在绘图区域的顶部，是AutoCAD中最常用的调用命令的方式之一。AutoCAD 2018默认有12个菜单选项（部分可能会和用户安装的插件有关，如Express），每个菜单选项下都有各类不同的菜单命令，有的命令还有二级菜单，如下图所示。

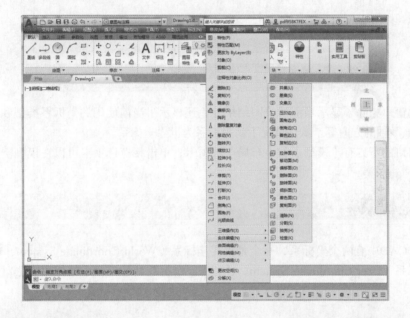

1.4.5 选项卡与面板

AutoCAD 2018根据任务标记将许多面板组织集中到某个选项卡中，面板包含的很多工具和控件与工具栏和对话框中的工具、控件相同，如【默认】选项卡中的【绘图】面板，如下图所示。

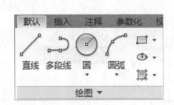

小提示

在选项卡中的任一面板上按住鼠标左键，然后将其拖曳到绘图区域中，则该面板将在所放置的区域浮动。浮动面板一直处于打开状态，直到被放回到选项卡中。

1.4.6 绘图窗口

在AutoCAD中，绘图窗口是绘图的工作区域，所有的绘图结果都反映在这个窗口中，如下图所示。可以根据需要关闭其里面和周围的各个工具栏，以增大绘图空间。如果图纸比较大，需要查看未显示部分时，可以单击窗口右边与下边滚动条上的箭头，或拖曳滚动条上的滑块来移动图纸。

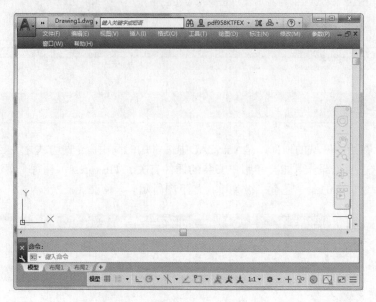

在绘图窗口中除了显示当前的绘图结果外，还显示了当前使用的坐标系类型和坐标原点，以及x轴、y轴、z轴的方向等。默认情况下，坐标系为世界坐标系。

绘图窗口的下方有【模型】和【布局】选项卡，单击相应选项卡可以在模型空间和布局空间之间切换。

1.4.7 坐标系

在AutoCAD中有两个坐标系，一个是世界坐标系（World Coordinate System，WCS），一个是用户坐标系（User Coordinate System，UCS）。掌握这两种坐标系的使用方法对于精确绘图十分重要。

● 1. 世界坐标系

启动AutoCAD 2018后，在绘图区的左下角会看到一个坐标，即默认的世界坐标系（WCS），包含x轴和y轴，如下左图所示。如果是在三维空间中则还有一个z轴，并且沿x、y、z轴的方向规定为正方向，如下右图所示。

通常在二维视图中，世界坐标系（WCS）的x轴水平，y轴垂直。原点为x轴和y轴的交点（0,0）。

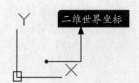

二维世界坐标

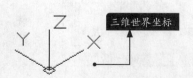

三维世界坐标

● 2. 用户坐标系

有时为了更方便地使用AutoCAD进行辅助设计，需要对坐标系的原点和方向进行相关设置和修改，即把世界坐标系更改为用户坐标系。更改为用户坐标系后的x、y、z轴仍然相互垂直，但是其方向和位置可以任意指定，有了很大的灵活性。

　　单击【工具】➤【新建UCS】➤【三点】。

指定 UCS 的原点或 [面 (F)/ 命名 (NA)/ 对象 (OB)/ 上一个 (P)/ 视图 (V)/ 世界 (W)/X/Y/Z/Z 轴 (ZA)] ＜世界＞：_3
　　指定新原点 ＜0,0,0＞：

小提示

【指定UCS的原点】：重新指定UCS的原点以确定新的UCS。
【面】：将UCS与三维实体的选定面对齐。
【命名】：按名称保存、恢复或删除常用的UCS方向。
【对象】：指定一个实体以定义新的坐标系。
【上一个】：恢复上一个UCS。
【视图】：将新的UCS的xy平面设置在与当前视图平行的平面上。
【世界】：将当前的UCS设置成WCS。
【X/Y/Z】：确定当前的UCS绕x、y和z轴中的某一轴旋转一定的角度以形成新的UCS。
【Z轴】：将当前UCS沿z轴的正方向移动一定的距离。

1.4.8　命令行与文本窗口

　　【命令行】窗口位于绘图窗口的底部，用于接收输入的命令，并显示AutoCAD提供的信息。【命令行】窗口可以拖放为浮动窗口，如下图所示。处于浮动状态的【命令行】窗口随拖放位置的不同，其标题显示的方向也不同。

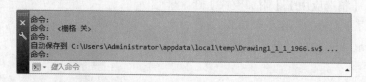

　　AutoCAD文本窗口是记录AutoCAD命令的窗口，是放大的【命令行】窗口，它记录了已执行的命令，此外还可以用来输入新命令。可以通过执行【视图】➤【显示】➤【文本窗口】菜单命令，或在命令行中输入【TEXTSCR】命令或按【F2】键来打开AutoCAD文本窗口，如下图所示。

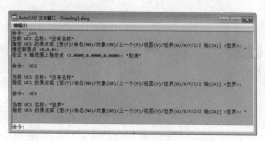

小提示

　　用户可以根据需要隐藏/打开【命令行】，选择【工具】➤【命令行】命令或按【CTRL+9】组合键，AutoCAD会弹出【隐藏命令行窗口】对话框，如下图所示。

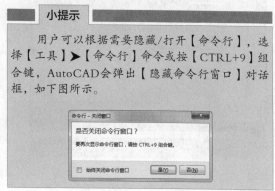

1.4.9 状态栏

状态栏用来显示AutoCAD当前的状态，如是否使用栅格，是否使用正交模式，是否显示线宽等，其位于AutoCAD界面的底部，如下图所示。

模型 ▦ ▦ ▾ ⌐ ◷ ▾ ⚹ ▾ ∠ ▢ ▾ 𝒜 人 1:1 ▾ ⚙ ▾ ╋ ⬚ ◯ ◩ ▣ ☰

小提示

单击状态栏最右端的自定义按钮☰，在弹出的选项菜单上，可以选择显示或关闭状态栏的选项。

 高手支招

🔵 **本节视频教程时间：4分钟**

如何设置哪些选项卡和面板显示与不显示，制定自己习惯的选项卡和面板，为什么别人的命令行可以浮动我的命令行不能浮动，本节将介绍这些问题的解决方法。

● **如何控制选项卡和面板的显示**

AutoCAD 2018的选项卡和面板可以根据自己的习惯设置哪些选项卡和面板显示，哪些选项卡和面板不需要显示，例如设置不显示【A360选项卡】【精选应用】【附加模块】选项卡和【应用程序】面板的操作步骤如下。

步骤 01 启动AutoCAD 2018并新建一个dwg文件，如下图所示。

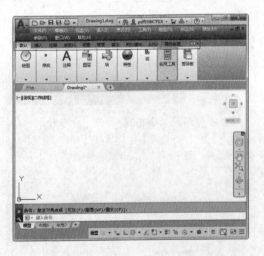

步骤 02 在选项卡或面板的空白处单击右键，在弹出的快捷菜单上选择【显示选项卡】选项并选择【A360】【精选应用】和【附加模块】，将其前面的"√"去掉。

步骤 03 【A360】【精选应用】和【附加模块】前面的"√"去掉后，选项卡栏将不再显示这些选项卡。

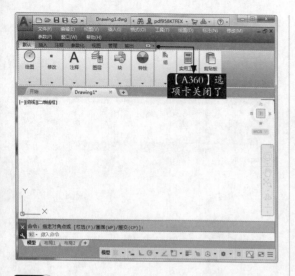

步骤 04 单击【管理】选项卡，显示如下图所示。

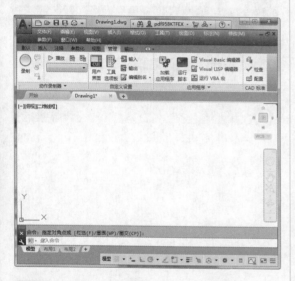

步骤 05 在选项卡或面板的空白处单击右键，在弹出的快捷菜单上选择【显示面板】选项并选择【应用程序】，将其前面的"√"去掉。

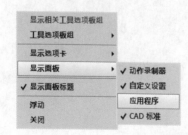

步骤 06 【应用程序】前面的"√"去掉后，

【管理】选项卡下将不再显示该面板。

● 为什么我的命令行不能浮动

AutoCAD的【命令行】【选项卡】【面板】是可以浮动的，但当用户不小心选择了【固定窗口】【固定工具栏】选项时，【命令行】【选项卡】【面板】将不能浮动。

步骤 01 启动AutoCAD 2017并新建一个dwg文件，如下图所示。

步骤 02 按住鼠标左键拖曳命令窗口，如下图所示。

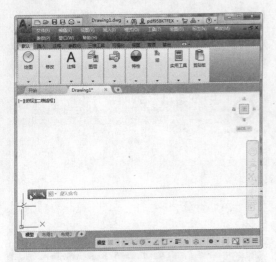

步骤 03 将命令窗口拖曳至合适位置后松开鼠标，然后单击【窗口】，在弹出的下拉菜单中选择【锁定位置】▶【固定窗口】。

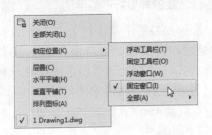

步骤 04 再次按住鼠标左键拖曳命令窗口时，发现光标变成了█，此时无法拖曳命令窗口。

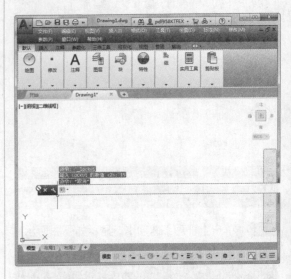

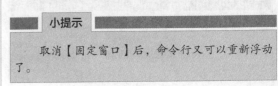

| 小提示 |

取消【固定窗口】后，命令行又可以重新浮动了。

第2章

AutoCAD 2018入门

学习目标

第1章介绍了AutoCAD 2018的安装、启动、退出、新增功能以及工作界面等内容，本章将介绍AutoCAD 2018的文件管理、命令的调用以及坐标的输入等入门知识。

学习效果

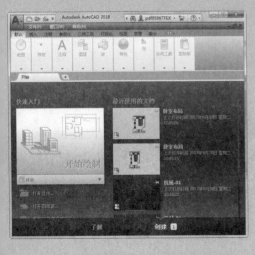

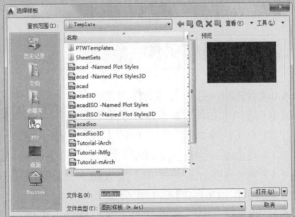

2.1 AutoCAD图形文件管理

☀ **本节视频教程时间：10分钟**

在AutoCAD中，图形文件管理一般包括创建新的图形文件、打开图形文件、保存图形文件及关闭图形文件等。下面分别介绍各种图形文件管理的操作。

2.1.1 新建图形文件

AutoCAD 2018中新建图形文件的方法有以下5种。

（1）选择【文件】▶【新建】菜单命令。

（2）单击快速访问工具栏中的【新建】按钮🗋。

（3）在命令行中输入【NEW】命令并按空格键确认。

（4）单击【应用程序菜单】按钮▲，然后选择【新建】▶【图形】菜单命令。

（5）使用【Ctrl+N】键盘组合键。

单击快速访问工具栏中的【新建】按钮🗋，弹出【选择样板】对话框，如下图所示。

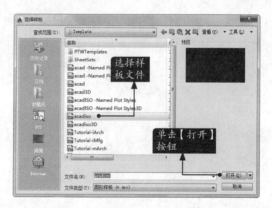

选择对应的样板后（初学者一般选择样板文件acadiso.dwt即可），单击【打开】按钮，就可以以对应的样板为模板建立新的图形文件。

2.1.2 打开图形文件

AutoCAD 2018打开图形文件的方法有以下5种。

（1）选择【文件】▶【打开】菜单命令。

（2）单击快速访问工具栏中的【打开】按钮📂。

（3）在命令行中输入【OPEN】命令并按空格键确认。

（4）单击【应用程序菜单】按钮▲，然后选择【打开】▶【图形】菜单命令。

（5）使用【Ctrl+O】键盘组合键。

在【菜单栏】中选择【文件】▶【打开】菜单命令，弹出【选择文件】对话框，如下图所示。

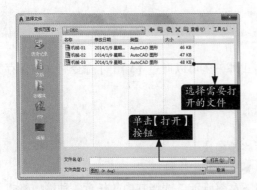

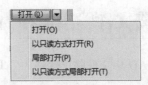

选择【局部打开】选项，将显示【局部打开】对话框，如下图所示。

选择要打开的图形文件，单击【打开】按钮即可打开该图形文件。

另外，利用【打开】命令可以打开和加载局部图形，包括特定视图和图层中的几何图形。在【选择文件】对话框中单击【打开】旁边的箭头，可以选择【局部打开】或【以只读方式局部打开】，如下图所示。

2.1.3　保存图形文件

AutoCAD 2018保存图形的方法有如下5种。

（1）选择【文件】➤【保存】菜单命令。

（2）单击快速访问工具栏中的【保存】按钮▇。

（3）在命令行中输入【QSAVE】命令并按空格键确认。

（4）单击【应用程序菜单】按钮▲，然后选择【保存】命令。

（5）使用【Ctrl+S】键盘组合键。

单击快速访问工具栏中的【保存】按钮▇，在图形第一次被保存时会弹出【图形另存为】对话框，如下图所示，此时需要用户确定文件的保存位置及文件名。如果图形已经保存过，只是在原有图形基础上重新对图形进行保存，则直接保存而不弹出【图形另存为】对话框。

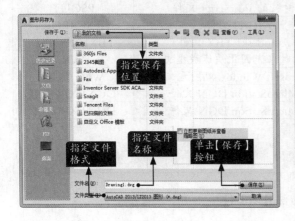

小提示

如果需要将已经命名的图形以新名称进行命名保存，可以执行【另存为】命令，AutoCAD 2018调用另存为命令的方法有以下4种。

（1）选择【文件】➤【另存为】菜单命令。

（2）单击快速访问工具栏中的【另存为】按钮▇。

（3）在命令行中输入【SAVEAS】命令并按空格键确认。

（4）单击【应用程序菜单】按钮▲，然后选择【另存为】命令。

2.1.4 将文件输出保存为其他格式

AutoCAD 中文件除了保存为 ".DWG" 文件格式外，还可以通过【输出】命令将文件保存为其他格式。

AutoCAD 2018中调用【输出】命令的常用方法有以下3种。

（1）选择【文件】➤【输出】菜单命令。

（2）在命令行中输入【EXPORT】命令并按空格键确认。

（3）单击【应用程序菜单】按钮 ➤【输出】➤选择其中一种格式。

单击【应用程序菜单】按钮 ➤【输出】，如下左图所示。选择其中的任意一种输出格式，弹出另存为对话框，如下右图所示，指定保存路径和文件名即可。

 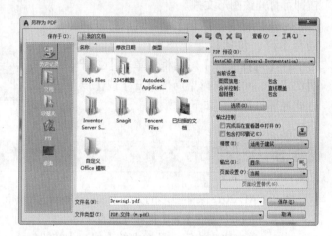

可以使用的输出类型如下表所示。

格式	说明	相关命令
三维 DWF (*.dwf) 3D DWFx (*.dwfx)	Autodesk Web 图形格式	3DDWF
ACIS (*.sat)	ACIS 实体对象文件	ACISOUT
位图 (*.bmp)	与设备无关的位图文件	BMPOUT
块 (*.dwg)	图形文件	WBLOCK
DXX 提取 (*.dxx)	属性提取 DXF™ 文件	ATTEXT
封装的 PS (*.eps)	封装的 PostScript 文件	PSOUT
IGES (*.iges; *.igs)	IGES 文件	IGESEXPORT
FBX 文件 (*.fbx)	Autodesk® FBX 文件	FBXEXPORT
平版印刷 (*.stl)	实体对象光固化快速成型文件	STLOUT
图元文件 (*.wmf)	Microsoft Windows® 图元文件	WMFOUT
V7 DGN (*.dgn)	MicroStation DGN 文件	DGNEXPORT
V8 DGN (*.dgn)	MicroStation DGN 文件	DGNEXPORT

2.1.5 关闭图形文件

AutoCAD 2018中调用【关闭】命令的常用方法有以下4种。

（1）选择【文件】➤【关闭】菜单命令。

（2）在绘图窗口中单击【关闭】按钮 ✖。

（3）在命令行中输入【CLOSE】命令并按空格键确认。

（4）单击【应用程序菜单】按钮➤【关闭】➤【当前图形】菜单命令。

在绘图窗口中单击【关闭】按钮，弹出【保存】窗口，如下图所示。单击【是】按钮，AutoCAD会保存改动后的图形并关闭该图形；单击【否】按钮，将不保存图形并关闭该图形；单击【取消】按钮，将放弃当前操作。

2.2 命令的调用方法

本节视频教程时间：8分钟

通常命令的基本调用方法可分为4种，即通过菜单栏调用；通过功能区选项板调用；通过工具栏调用；通过命令行调用。前三种的调用方法基本相同，找到相应按钮或选项后单击即可。而利用命令行调用命令则需要在命令行输入相应指令，并配合空格或【Enter】键执行。本节将具体讲解AutoCAD 2018中命令的调用、退出、重复执行以及透明命令的使用方法。

小提示

AutoCAD 2018默认工具栏是隐藏的，习惯旧版本工具栏调用命令的读者，可以通过【工具】➤【工具栏】➤【AutoCAD】，在弹出的菜单中选择相应的工具栏，如选择【修改】工具栏。

AutoCAD的工具栏是浮动的，用户可以将各工具栏拖放到工作界面的任意位置。绘图时，应根据需要只打开那些当前使用或常用的工具栏，并将其放到绘图窗口的适当位置。

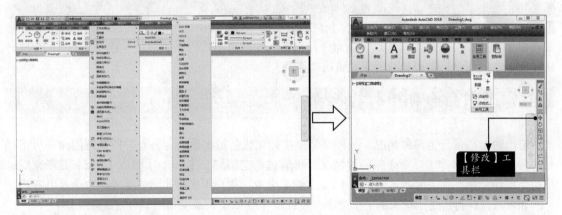

2.2.1 输入命令

在命令行中输入命令即指输入相关图形的指令，如直线的指令为"LINE（或L）"，圆弧的指令为"ARC（或A）"等。输入完相应指令后按【Enter】键或空格键即可执行该指令。

下表提供了部分较为常用的图形指令及其缩写供用户参考。

命令全名	简写	对应操作	命令全名	简写	对应操作
POINT	PO	绘制点	LINE	L	绘制直线
XLINE	XL	绘制射线	PLINE	PL	绘制多段线
MLINE	ML	绘制多线	SPLINE	SPL	绘制样条曲线
POLYGON	POL	绘制正多边形	RECTANGLE	REC	绘制矩形
CIRCLE	C	绘制圆	ARC	A	绘制圆弧
DONUT	DO	绘制圆环	ELLIPSE	EL	绘制椭圆
REGION	REG	面域	MTEXT	MT/T	多行文本
BLOCK	B	块定义	INSERT	I	插入块
WBLOCK	W	定义块文件	DIVIDE	DIV	定数等分
BHATCH	H	填充	COPY	CO/CP	复制
MIRROR	MI	镜像	ARRAY	AR	阵列
OFFSET	O	偏移	ROTATE	RO	旋转
MOVE	M	移动	EXPLODE	X	分解
TRIM	TR	修剪	EXTEND	EX	延伸
STRETCH	S	拉伸	SCALE	SC	比例缩放
BREAK	BR	打断	CHAMFER	CHA	倒角
PEDIT	PE	编辑多段线	DDEDIT	ED	修改文本
PAN	P	平移	ZOOM	Z	视图缩放

2.2.2 命令行提示

不论采用哪一种方法调用AutoCAD命令，调用后的结果都是相同的。执行相关指令后命令行都会自动出现相关提示及选项供用户操作。下面以执行多线指令为例进行详细介绍。

步骤01 在命令行输入【ML（多线）】后按空格键确认，命令行提示如下。

命令：ML
MLINE
当前设置：对正 = 上，比例 = 20.00，样式 = STANDARD
指定起点或 [对正(J)/ 比例(S)/ 样式(ST)]:

步骤02 命令行提示指定多线起点，并附有相应选项"对正（J）、比例（S）、样式（ST）"。指定相应坐标点即可指定多线起点。在命令行中输入相应选项代码如"对正"选项代码"J"后，按【Enter】键确认，即可执行对正设置的操作。

2.2.3 退出命令和重复执行命令

退出命令通常分为两种情况，一种是命令执行完成后退出命令，另外一种是调用命令后不执行（即直接退出命令）。对于第一种情况，可通过按空格键、【Enter】键或【Esc】键来完成退出命令操作。第二种情况通常通过按【Esc】键来完成。用户须根据实际情况选择命令退出方式。

如果重复执行的是刚结束的上个命令，直接按【Enter】键或空格键即可完成此操作。

单击鼠标右键，通过【重复】或【最近的输入】选项可以重复执行最近执行的命令，如下左图所示。此外，单击命令行【最近使用命令】的下拉按钮，在弹出的快捷菜单中也可以选择最近执行的命令。

2.2.4 透明命令

对于透明命令而言，可以在不中断正在执行的其他命令的状态下进行调用。此种命令可以极大的方便用户的操作，尤其体现在对当前所绘制图形的即时观察方面。

执行透明命令通常有以下3种方法。

（1）选择相应的菜单命令。

（2）单击工具栏相应按钮。

（3）通过命令行。

下面以绘制不同线宽的三角形为例，对透明命令的使用进行详细介绍。

步骤01 启动AutoCAD 2018，在命令行输入【L】并按空格键调用【直线】命令，在绘图窗口单击指定第一点，然后移动光标在绘图窗口单击指定直线第二点，如下图所示。

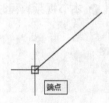

步骤02 在命令行输入【LWEIGHT】（LW）命令并按空格键，弹出【线宽设置】对话框，如下图所示。

步骤03 选择线宽值"0.30mm"，并单击【确定】按钮，如下图所示。

步骤04 系统恢复执行【直线】命令，在绘图区域中水平拖动光标并单击指定直线下一点，如下图所示。

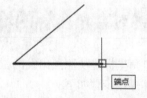

步骤05 重复步骤2~3的操作，将线宽值设置为"Bylayer"，如步骤2图所示。

步骤06 系统恢复执行【直线】命令后，拖动光标绘制三角形第三条边，并按空格键结束【直线】命令，结果如下图所示。

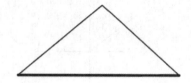

为了便于操作管理，AutoCAD将许多命令都赋予了透明的功能，现将部分透明命令提供如下，供用户参考。需要注意的是所有透明命令前面都带有符号"'"。

透明命令	对应操作	透明命令	对应操作	透明命令	对应操作
'Color	设置当前对象颜色	'Dist	查询距离	'Layer	管理图层
'Linetype	设置当前对象线型	'ID	点坐标	'PAN	实时平移
'Lweight	设置当前对象线宽	'Time	时间查询	'Redraw	重画
'Style	文字样式	'Status	状态查询	'Redrawall	全部重画
'Dimstyle	样注样式	'Setvar	设置变量	'Zoom	缩放
'Ddptype	点样式	'Textscr	文本窗口	'Units	单位控制
'Base	基点设置	'Thickness	厚度	'Limits	模型空间界限
'Adcenter	CAD设计中心	'Matchprop	特性匹配	'Help或'?	CAD帮助
'Adcclose	CAD设计中心关闭	'Filter	过滤器	'About	关于CAD
'Script	执行脚本	'Cal	计算器	'Osnap	对象捕捉
'Attdisp	属性显示	'Dsettings	草图设置	'Plinewid	多段线变量设置
'Snapang	十字光标角度	'Textsize	文字高度	'Cursorsize	十字光标大小
'Filletrad	倒圆角半径	'Osmode	对象捕捉模式	'Clayer	设置当前层

2.3 坐标的几种输入方法

⊗ **本节视频教程时间：6分钟**

在AutoCAD中，坐标有多种输入方式，比如绝对直角坐标、绝对极坐标、相对直角坐标和相对极坐标等。下面以实例形式说明坐标的各种输入方式。

2.3.1 绝对直角坐标的输入

绝对直角坐标是从原点出发的位移，其表示方式为（x,y），其中x、y分别对应坐标轴上的数值。其具体操作步骤如下。

步骤 01 新建一个图形文件，然后在命令行输入【L】并按空格键调用【直线】命令，在命令行输入"−500,300"，命令行提示如下。

> 命令：_line
> 指定第一个点：−500,300

步骤 02 按空格键确认，如下图所示。

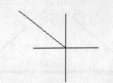

步骤 03 在命令行输入"700,−500"，命令行提示如下。

> 指定下一点或 [放弃 (U)]: 700,−500

步骤 04 连续按两次空格键确认后结果如下图所示。

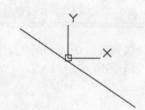

2.3.2 绝对极坐标的输入

绝对极坐标也是从原点出发的位移，但绝对极坐标的参数是距离和角度，其中距离和角度之间用"<"分开，而角度值是和x轴正方向之间的夹角。其具体操作步骤如下。

步骤 01 新建一个图形文件，在命令行输入【L】并按空格键调用【直线】命令，在命令行输入"0,0"，即原点位置。命令行提示如下。

命令：_line
指定第一个点：0,0

步骤 02 按空格键确认，如下图所示。

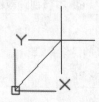

步骤 03 在命令行输入"1000<30"，其中1000

确定直线的长度， 30确定直线和x轴正方向的角度。命令行提示如下。

指定下一点或 [放弃 (U)]: 1000<30

步骤 04 连续按两次空格键确认后结果如下图所示。

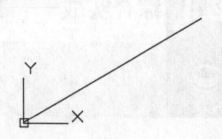

2.3.3 相对直角坐标的输入

相对直角坐标是指相对于某一点的x和y轴的距离。具体表示方式是在绝对坐标表达式的前面加上"@"符号。其具体操作步骤如下。

步骤 01 新建一个图形文件，在命令行输入【L】并按空格键调用【直线】命令，在命令行任意单击一点作为直线的起点。

步骤 02 在命令行输入"@0,300"，提示如下。

指定下一点或 [放弃 (U)]: @0,300

步骤 03 连续按两次空格键确认后结果如下图所示。

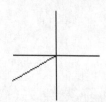

2.3.4 相对极坐标的输入

相对极坐标是指相对于某一点的距离和角度。具体表示方式是在绝对极坐标表达式的前面加上"@"符号。其具体操作步骤如下。

步骤 01 新建一个图形文件，在命令行输入【L】并按空格键调用【直线】命令，并在命令行任意单击一点作为直线的起点。

步骤 02 在命令行输入"@400<120"，提示如下。

> 指定下一点或 [放弃 (U)]: @400<120

步骤 03 连续按两次空格键确认后结果如下图所示。

2.4 综合实战——打开多个图形文件

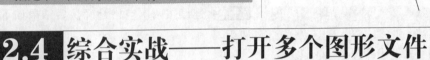

本节视频教程时间：2 分钟

在绘图过程中，有时可能会根据需要同时打开涉及的多个图纸，以便于进行图形的绘制及编辑，下面将对同时打开多个图形文件的操作步骤进行介绍。

步骤 01 启动AutoCAD 2018，单击快速访问工具栏中的【打开】按钮，在【选择文件】对话框中选择"CH02"文件夹，然后按住【Ctrl】键分别单击"机械-01.dwg、机械-02.dwg、机械-03.dwg"文件。

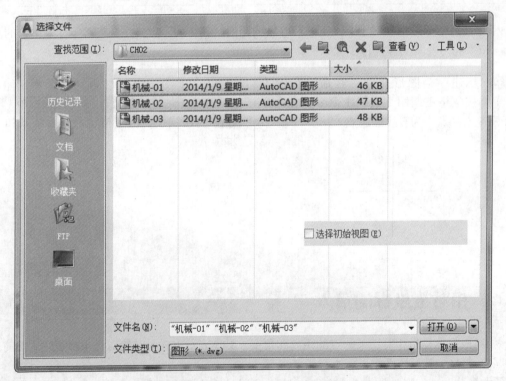

步骤 02 单击【打开】按钮后，所选3个文件全部被打开，结果如下图所示。

 高手支招

虽然有备份文件和临时文件，但如何打开？AutoCAD的版本与AutoCAD的保存格式之间是什么关系？本节将介绍这些问题的解决方法。

● 如何打开备份文件和临时文件

AutoCAD中备份文件的后缀为".bak"，将备份文件的后缀改为".dwg"即可打开备份文件。

AutoCAD中临时文件的后缀为".ac$"，找到临时文件，将它复制到其他位置，然后将后缀改为".dwg"即可打开临时文件。

> **小提示**
>
> 关于备份文件以及临时文件保存在哪儿，请参见本书3.2.2节相关内容。

● AutoCAD的保存格式

AutoCAD有多种保存格式，在保存文件时单击文件类型的下拉列表即可看到各种保存格式。

　　并不是每个版本都对应一个保存格式，AutoCAD保存格式与版本之间的对应关系如下表所示。

保存格式	适用版本
AutoCAD 2000	AutoCAD 2000 ~ 2002
AutoCAD 2004	AutoCAD 2004 ~ 2006
AutoCAD 2007	AutoCAD 2007 ~ 2009
AutoCAD 2010	AutoCAD 2010 ~ 2012
AutoCAD 2013	AutoCAD 2013 ~ 2017
AutoCAD 2018	AutoCAD 2018

第2篇
二维绘图

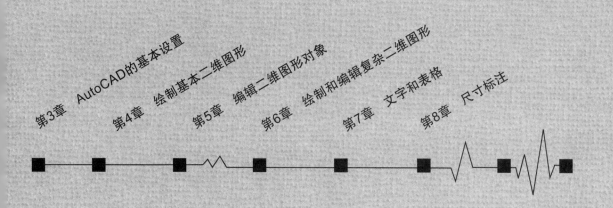

第**3**章

AutoCAD的基本设置

在绘图前，首先需要了解AutoCAD的基本设置。通过这些设置，用户可以精确方便地绘制图形。在AutoCAD中辅助绘图设置主要包括草图设置、选项设置、打印设置和绘图单位设置等。

3.1 草图设置

本节视频教程时间：20 分钟

使用AutoCAD中绘制图形，在用户不知道坐标的情况下，可以使用系统提供的极轴追踪、对象捕捉和正交等功能来进行精确定位和绘制图形。这些设置都是在草图设置对话框中进行的。

AutoCAD 2018中调用【草图设置】对话框的方法有以下两种。

（1）选择【工具】➤【绘图设置】菜单命令。

（2）在命令行中输入【DSETTINGS/DS/SE/OS】命令。

在命令行输入【SE】，按空格键弹出【草图设置】对话框，如下图所示。

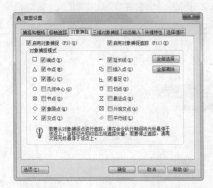 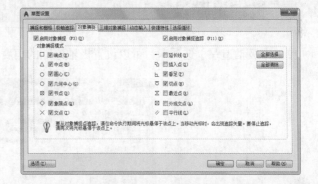

小提示

在 AutoCAD 2018 中可对【草图设置】对话框的大小进行调整，如上右图所示。

3.1.1 捕捉和栅格设置

单击【捕捉和栅格】选项卡，可以设置捕捉模式和栅格模式，如下图所示。

通过勾选或取消【启用捕捉】前的复选框，或单击状态栏上的【捕捉】按钮，或按【F9】键

可以打开或关闭捕捉模式。

选定【捕捉类型】下的【PolarSnap】时，设置捕捉增量距离。如果该值为0，则PolarSnap距离采用【捕捉X轴间距】的值。【极轴距离】设置与极坐标追踪和（或）对象捕捉追踪结合使用。如果两个追踪功能都未启用，则【极轴距离】设置无效。

通过勾选或取消【启用栅格】前面的复选框，或单击状态栏上的【栅格】按钮，或按【F7】键，可以打开或关闭栅格模式。

> **小提示**
>
> 勾选【启用捕捉】复选框后，光标在绘图屏幕上按指定的步距移动，隐含的栅格点对光标有吸附作用，即能够捕捉光标，使光标只能落在由这些点确定的位置上，选不到其他任务里想要的点或线条。这时候只要按【F9】键把【启用捕捉】关闭，或者打开"工具▶选项▶绘图▶自动捕捉"将【磁吸】选项复选框的"对勾"去掉即可，这样就可以自由准确地选择任何对象。

3.1.2 极轴追踪设置

单击【极轴追踪】选项卡，可以设置极轴追踪的角度，如下图所示。

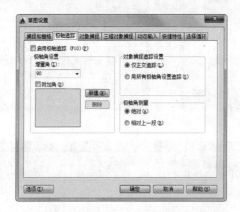

【草图设置】对话框的【极轴追踪】选项卡中，各选项的功能和含义如下。

- 【启用极轴追踪】：只有勾选前面的复选框，下面的设置才起作用。
- 【增量角】下拉列表框：用于设置极轴追踪对齐路径的极轴角度增量，可以直接输入角度值，也可以从中选择90、45、30或22.5等常用角度。当启用极轴追踪功能之后，系统将自动追踪该角度整数倍的方向。
- 【附加角】复选框：勾选此复选框，然后单击【新建】按钮，可以在左侧窗口中设置增量角之外的附加角度。对于附加的角度系统只追踪该角度，不追踪该角度的整数倍的角度。
- 【极轴角测量】选项区域：用于选择极轴追踪对齐角度的测量基准，若选中【绝对】单选按钮，将以当前用户坐标系（UCS）的x轴正向为基准确定极轴追踪的角度；若选中【相对上一段】单选按钮，将根据上一次绘制线段的方向为基准确定极轴追踪的角度。

> **小提示**
>
> 反复按【F10】键，可以使极轴追踪在启用和关闭之间切换。
>
> 极轴追踪和正交模式不能同时启用，当启用极轴追踪后系统将自动关闭正交模式；同理，当启用正交模式后系统将自动关闭极轴追踪。在绘制水平或竖直直线时常将正交打开，在绘制其他直线时常将极轴追踪打开。

3.1.3 对象捕捉设置

在绘图过程中，经常要指定一些已有对象上的点，例如，端点、圆心和两个对象的交点等。使用对象捕捉功能，可以迅速、准确地捕捉到某些特殊点，从而精确地绘制图形。

单击【对象捕捉】选项卡，对象捕捉的各选项的含义如下。

- 【端点】：捕捉到圆弧、椭圆弧、直线、多线、多段线线段、样条曲线等的端点。
- 【中点】：捕捉到圆弧、椭圆、椭圆弧、直线、多线、多段线线段、面域、实体、样条曲线或参照线的中点。
- 【圆心】：捕捉到圆心。
- 【几何中心点】：捕捉到多段线、二维多段线和二位样条曲线的几何中心点。
- 【节点】：捕捉到点对象、标注定义点或标注文字起点。
- 【象限点】：捕捉到圆弧、圆、椭圆或椭圆弧的象限点。
- 【交点】：捕捉到圆弧、圆、椭圆、椭圆弧、直线、多线、多段线、射线、面域、样条曲线或参照线的交点。
- 【延长线】：当光标经过对象的端点时，显示临时延长线或圆弧，以便用户在延长线或圆弧上指定点。
- 【插入点】：捕捉到属性、块、形或文字的插入点。
- 【垂足】：捕捉圆弧、圆、椭圆、椭圆弧、直线、多线、多段线、射线、面域、实体、样条曲线或参照线的垂足。
- 【切点】：捕捉到圆弧、圆、椭圆、椭圆弧或样条曲线的切点。
- 【最近点】：捕捉到圆弧、圆、椭圆、椭圆弧、直线、多线、点、多段线、射线、样条曲线或参照线的最近点。
- 【外观交点】：捕捉到不在同一平面但是可能看起来在当前视图中相交的两个对象的外观交点。
- 【平行线】：将直线段、多段线线段、射线或构造线限制为与其他线性对象平行。

3.1.4 实例：结合对象捕捉和对象追踪绘图

下面将利用对象捕捉和对象捕捉追踪来绘制图形，具体操作步骤如下。

步骤 01 新建一个图形文件，在命令行输入【SE】并按空格键，在弹出的【草图设置对话框】选择【极轴追踪】选项卡，将极轴追踪的增量角设置为"60"并勾选【启用极轴追踪】，如下图所示。

所示设置。设置完成后单击【确定】按钮关闭【草图设置】对话框。

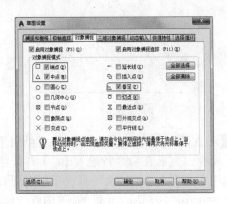

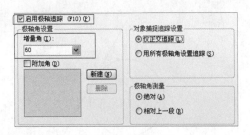

步骤 02 单击【对象捕捉】选项卡，进行如下图

步骤 03 在命令行输入【L】并按空格键调用

【直线】命令，在绘图窗口任意单击一点作为直线的起点，然后拖动光标，如下图所示。

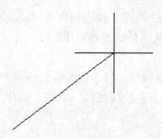

步骤 04 当极轴追踪到角度为60°方向时，在命令行输入长度"200"，如下图所示。

步骤 05 然后继续拖动光标，当极轴追踪到300°方向时再次在命令行输入长度"200"。

步骤 06 最后拖动光标捕捉刚开始绘制直线时的起点，如下图所示。

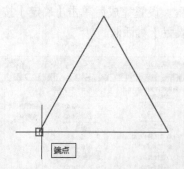

步骤 07 在端点处单击，然后按空格键结束【直线】命令。然后在命令行输入【C】并按空格键调用【圆】命令，当命令行提示指定圆心时捕捉三角形的一条边的中点，如下图所示。

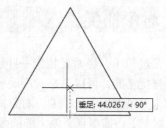

步骤 08 然后将光标放置到另一条边中点附近捕捉中点，出现中点符号后捕捉（但不选中），如下图所示。

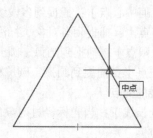

步骤 09 向右下角处拖动光标，当与步骤7的指引线相交时单击作为圆心，如下图所示。

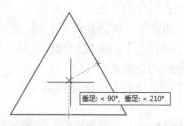

步骤 10 然后拖动光标于相交处提示垂足（或中点，此时中点和垂足是同一点）符号时单击，绘制结果分别如下图所示。

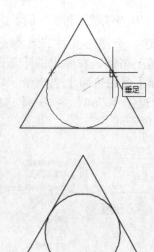

3.1.5 动态输入设置

状态行上的【动态输入】按钮（或按【F12】键）用于打开或关闭动态输入功能。如果打开动态输入功能，在输入文字时就能看到光标附近的动态输入提示框。动态输入适用于输入命令，对提示进行响应以及输入坐标值。

◢ 1. 动态输入的设置

在【草图设置】对话框上选择【动态输入】选项卡，如下左图所示。

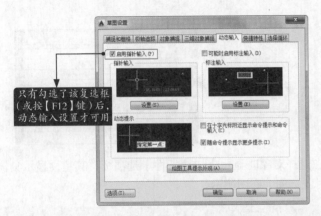

只有勾选了该复选框（或按【F12】键）后，动态输入设置才可用

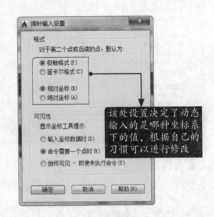

该处设置决定了动态输入的是哪种坐标系下的值，根据自己的习惯可以进行修改

在【启用指针输入】选项框单击【指针输入】选项栏中的【设置】按钮，打开如上右图所示的【指针输入设置】对话框，在这里可以设置第二个点或后续的点的默认格式。

◢ 2. 改变动态输入设置

默认的动态输入设置是输入极轴格式或相对坐标格式，即上右图中的设置。但是，有时需要为单个坐标改变此设置。在输入坐标时，只需要在x坐标前加上一个符号，即可改变此设置。

AutoCAD提供了3种方法来改变此设置。

（1）绝对坐标：键入#，可以将默认的相对坐标设置改变为输入绝对坐标。例如输入"#10,10"，那么所指定的就是绝对坐标点（10,10）。

（2）相对坐标：键入@，可以将事先设置的绝对坐标（即上右图中选择的绝对坐标）改变为相对坐标，例如输入"@4,5"，那么所指定的就是相对于当前坐标偏移"4,5"的点。

（3）世界坐标系：如果在创建一个自定义坐标系之后又想输入一个世界坐标系的坐标值时，可以在x轴坐标值之前键入一个*。

> **小提示**
>
> 在【草图设置】对话框的【动态输入】选项卡中，勾选【动态提示】选项区域中的【在十字光标附近显示命令提示和命令输入】复选框，可以在光标附近显示命令提示。
>
> 对于【标注输入】，在输入字段中输入值并按【Tab】键后，该字段将显示一个锁定图标，并且光标会受输入的值的约束。

3.1.6 快捷特性设置

【快捷特性】选项卡用于设置是否显示【快捷特性】选项板，以及【快捷特性】选项板的相关设置。【选择循环】选项卡允许选择重叠的对象，可以配置【选择循环】列表框的显示设置。

在【草图设置】对话框中选择【快捷特性】选项卡，如下左图所示。

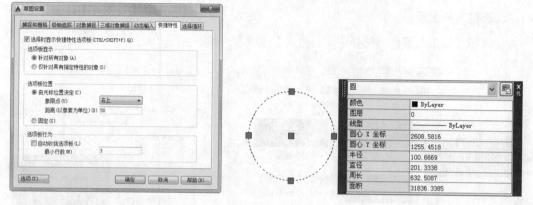

【选择时显示快捷特性选项板】：在选择对象时显示【快捷特性】选项板，其特性显示具体取决于对象类型。"勾选"后再去选择对象，如上右图所示。

3.1.7 选择循环设置

在【草图设置】对话框中选择【选择循环】选项卡，如下左图所示。

当用户对于重合的对象或者非常接近的对象难以准确选择其中之一时，选择循环显得尤为有用，如图是两个重合的多边形，对于用户来说，直接选很难单独选中其中的一个，但是将【允许选择循环】选项勾选后就很容易选择其中任何一个多边形，如下右图所示。

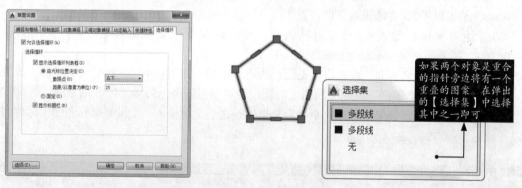

【显示标题栏】：若要节省屏幕空间，可以关闭标题栏。

小提示

单击状态栏的圃按钮可以快速启动和关闭快捷特性。
单击状态栏的圃按钮可以快速启动和关闭选择循环。

3.2 系统选项设置

本节视频教程时间：31 分钟

系统选项用于对系统的优化设置，包括文件设置、显示设置、打开和保存设置、打印和发布设置、系统设置、用户系统配置设置、绘图设置、三维建模设置、选择集设置、配置设置和联机。

AutoCAD 2018中调用【选项设置】对话框的方法有以下3种。

（1）选择【工具】➤【选项】菜单命令。

（2）在命令行中输入【OPTIONS/OP】命令。

（3）选择【应用程序菜单】按钮 ➤【选项】。

在命令行输入【OP】，按空格键弹出【选项】对话框，如下图所示。

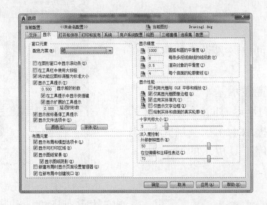

3.2.1 显示设置

显示设置用于设置窗口的明暗、背景颜色、字体样式与颜色、显示精度、显示性能及十字光标的大小等。在【选项】对话框中的【显示】选项卡下可以进行显示设置。

● 1. 窗口元素

窗口元素包括在图形窗口中显示滚动条、在工具栏中使用大按钮、将功能区图标调整为标准大小、显示工具提示以及显示前的秒数、显示鼠标悬停工具提示、显示文件选项卡、颜色和字体等选项。

【窗口元素】选项区域中各项含义如下。

【配色方案】：用于设置窗口（例如状态栏、标题栏、功能区栏和应用程序菜单边框）的明亮程度，在【显示】选项卡下单击【配色方案】下三角按钮，在下拉列表框中可以设置配色方案为"明"或"暗"。

【在图形窗口中显示滚动条】：勾选该复选框，将在绘图区域的底部和右侧显示滚动条。

【在工具栏中使用大按钮】：勾选该复选框，将在工具栏中以32像素×32像素的更大格式显示按钮。

【将功能区图标调整为标准大小】：勾选该复选框，当功能区图标大小不符合标准图标的大小时，将功能区小图标缩放为16像素×16像素，将功能区大图标缩放为32像素×32像素。

【显示工具提示】：勾选该复选框后将光标移动到功能区、菜单栏、功能面板和其他用户界面上，将出现提示信息，如下图所示。

【显示前的秒速】：可以设置光标放置后多长时间显示。

【延迟的秒数】：设置显示基本工具提示与显示扩展工具提示之间的延迟时间。

【显示鼠标悬停工具提示】：控制当光标悬停在对象上时，鼠标悬停工具提示的显示内容，如下图所示。

【显示文件选项卡】：显示位于绘图区域顶部的【文件】选项卡。清除该选项后，将隐藏【文件】选项卡，勾选该选项和不勾选该选项效果分别如下图所示。

【颜色】：单击该按钮，弹出【图形窗口颜色】对话框，在该对话框中可以设置窗口的背景颜色、光标颜色、栅格颜色等，如下图将二维模型空间的统一背景色设置为白色。

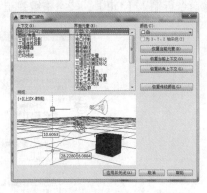

【字体】：单击该按钮，弹出【命令行窗口字体】对话框。使用此对话框指定命令行窗口文字字体，如下图所示。

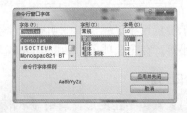

2. 十字光标大小显示

在【十字光标大小】选项框中可以对十字光标的大小进行设置，如下图是"十字光标"为5%和20%的显示对比。

3.2.2 打开与保存设置

选择【打开和保存】选项卡，在这里用户可以设置文件保存的格式。如下图所示。

● 1.【文件保存】选项框

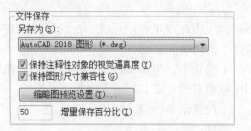

【另存为】：该选项可以设置文件保存的格式和版本，关于保存格式与版本之间的关系，请参见第1章高手支招相关内容。这里的另存格式一旦设定，将被作为默认保存格式一直延用下去，直到下次修改为止。

【增量保存百分比】：设置图形文件中潜在浪费空间的百分比。完全保存将消除浪费的空间，增量保存较快，但会增加图形的大小。如果将"增量保存百分比"设置为 0，则每次保存都是完全保存。若要优化性能，可将此值设置为 50。若硬盘空间不足，可将此值设置为 25。若将此值设置为 20 或更小，SAVE 和 SAVEAS 命令的执行速度将明显变慢。

● 2.【文件安全措施】选项框

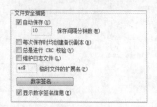

【自动保存】：勾选该复选框可以设置自动保存文件的间隔时间，设置自动保存可以避免因为意外而造成数据丢失。在AutoCAD 2018中，该功能已更新，可以按增量方式执行保存，而不是执行完全保存，其速度较慢。

【每次保存时均创建备份副本】：提高文件保存的速度，特别是对于大型图形。当保存的源文件出现错误时，可以通过备份文件来恢复，关于如何打开备份文件，请参见第2章高手支招相关内容。

【数字签名】：保存图形时将提供用于附着数字签名的选项，要添加数字签名，首先需要到AUTODESK官方网站获取数字签名ID。

● 3. 设置临时图形文件保存位置

如果因为突然断电或死机造成文件没有保存，可以在【选项】对话框里打开【文件】选项卡，点开【临时图形文件位置】前面的展开得到系统自动保存的临时文件路径，如下图所示。

3.2.3 用户系统配置

用户系统配置可以设置是否采用Windows标准操作、插入比例、坐标数据输入的优先级、关联标注、块编辑器设置、线宽设置、默认比例列表等相关设置，如下图所示。

1.【Windows标准操作】选项框

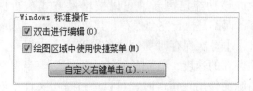

【双击进行编辑】：选中该选项后，直接双击图形就会弹出相应的图形编辑对话框，就可以对图形进行编辑操作了。

【绘图区域中使用快捷菜单】：勾选该选项后在绘图区域单击右键会弹出相应的快捷菜单。如果取消该选项的选择，则下面的【自定义右键单击】按钮将不可用，AutoCAD直接默认单击右键相当于重复上一次命令。

【自定义右键单击】：该按钮可控制在绘图区域中右击是显示快捷菜单还是与按【Enter】键的效果相同，单击【自定义右键单击…】按钮，弹出【自定义右键单击】对话框。

打开计时右键单击设置右击操作。快速单击与按【Enter】键的效果相同。缓慢单击将显示快捷菜单。可以用毫秒来设置慢速单击的持

续时间。

① 默认模式

确定未选中对象且没有命令在运行时，在绘图区域中右击所产生的结果。

【重复上一个命令】：当没有选择任何对象且没有任何命令运行时，在绘图区域中与按【Enter】键的效果相同，即重复上一次使用的命令。

【快捷菜单】：启用"默认"快捷菜单。

② 编辑模式

确定当选中了一个或多个对象且没有命令在运行时，在绘图区域中右击所产生的结果。

【重复上一个命令】：当选择了一个或多个对象且没有任何命令运行时，在绘图区域右击与按【Enter】键的效果相同，即重复上一次使用的命令。

【快捷菜单】：启用"编辑"快捷菜单。

③ 命令模式

确定当命令正在运行时，在绘图区域右击所产生的结果。

【确认】：当某个命令正在运行时，在绘图区域中右击与按【Enter】键的效果相同。

【快捷菜单：总是启用】：启用"命令"快捷菜单。

【快捷菜单：命令选项存在时可用】：仅当在命令提示下命令选项为可用状态时，才启用"命令"快捷菜单。如果没有可用的选项，则右击与按【Enter】键的效果一样。

2.【关联标注】选项框

勾选关联标注后，当图形发生变化时，标注尺寸也随着图形的变化而变化。当取消关联标注后，再进行尺寸的标注，当图形修改后尺寸不再随着图形变化而变化。关联标注选项如下图所示。

选择关联标注和不选择关联标注的比较如下。

步骤01 打开素材文件"素材\CH03\关联标注.dwg"，如下图所示。

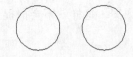

步骤 02 选择【默认】选项卡▶【注释】面板▶
【直径】按钮◎，然后选择左边的圆为标注对象，结果如下图所示。

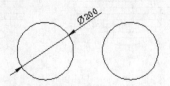

步骤 03 鼠标单击选择刚标注的圆，然后用鼠标按住夹点拖动，如下图所示。

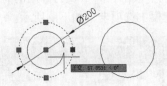

步骤 04 在合适的位置放开鼠标，按【Esc】键退出夹点编辑，结果标注尺寸也发生了变化。

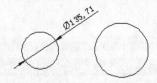

步骤 05 在命令行输入【OP】并按空格键，在弹出的【选项】对话框中选择【用户系统配置】选项卡，将【关联标注】选项区的【使新标注关联】的对勾去掉，如下图所示。

步骤 06 重复步骤2对右侧的圆进行标注。

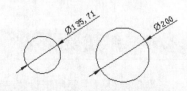

步骤 07 重复步骤3~4对右侧的圆进行夹点编辑，结果圆的大小发生变化，但是标注尺寸却为发生变化，结果如下图所示。

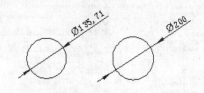

3.2.4 绘图设置

绘图设置可以设置绘制二维图形时的相关设置，包括自动捕捉设置、自动捕捉标记大小、对象捕捉选项以及靶框大小等，选择【绘图】选项卡，如下图所示。

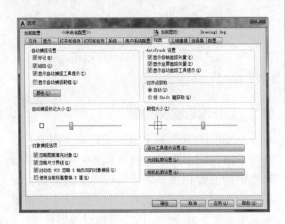

● 1. 自动捕捉设置

可以控制自动捕捉标记、工具提示和磁吸的显示。

勾选【磁吸】复选框，绘图时，当光标靠近对象时，按【Tab】键可以切换对象所有可用的捕捉点，即使不靠近该点，也可以吸取该点成为直线的一个端点，如下图所示。

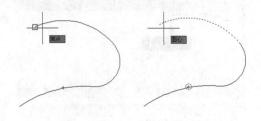

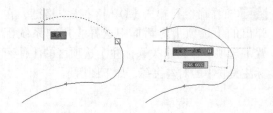

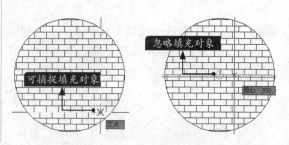

忽略填充的图案，这样就不会捕捉到填充图案内的点。

2. 对象捕捉选项

【忽略图案填充对象】可以在捕捉对象时

3.2.5 三维建模设置

三维建模设置主要用于设置三维绘图时的操作习惯和显示效果，其中较为常用的有显示视口控件、曲面上的素线数和反转鼠标滚轮缩放，选择【三维建模】选项卡，如下图所示。

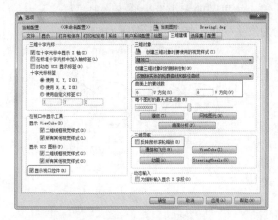

1. 显示视口控件

可以控制视口控件是否在绘图窗口显示，当勾选该复选框时显示视口控件，取消该复选框则不显示视口控件，下图分别为显示视口控件的绘图界面和不显示视口控件的绘图界面。

2. 曲面上的素线数

曲面上的素线数主要是控制曲面的U方向和V方向的线数，下左图的平面曲面U方向和V方向线数都为6，下右图的平面曲面U方向的线数为3，V方向的线数为4。

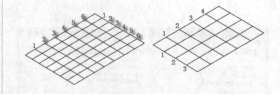

3. 鼠标滚轮缩放设置

AutoCAD默认向上滚动滚轮放大图形，向下滚动滚轮缩小图形，这可能和一些其他三维软件中的设置相反。对于习惯向上滚动滚轮缩小，向下滚动放大的读者，只需勾选【反转鼠标滚轮缩放】复选框，改变默认设置即可。

视口控件

3.2.6 选择集设置

选择集设置主要包含选择模式的设置和夹点的设置，选择【选择集】选项卡，如下图所示。

1. 选择集模式

【选择集模式】选项框中各选项的含义如下。

- 【先选择后执行】：选中该复选框后，允许先选择对象（这时选择的对象显示有夹点），然后再调用命令。如果不勾选该复选框，则只能先调用命令，然后再选择对象（这时选择的对象没有夹点，一般会以虚线或加亮方式显示）。

- 【用Shift键添加到选择集】：勾选该选项后只有在按住【Shift】键时才能进行多项选择。

- 【对象编组】：该选项针对的是编组对象，勾选了该复选框，只要选择编组对象中的任意一个，则整个对象将被选中。利用【GROUP】命令可以创建编组。

- 【隐含选择窗口中的对象】：在对象外选择了一点时，初始化选择对象中的图形。

- 【窗口选择方法】：窗口选择方法有3个选项，即【两次单击】【按住并拖动】和【两者 - 自动检测】，如上图所示，默认选项为【两者 - 自动检测】。

2. 夹点设置

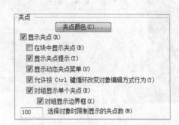

【夹点】选项框中各选项的含义如下。

【显示夹点】：勾选该选项后在没有任何命令执行的时候选择对象，将在对象上显示夹点，否则将不显示夹点，下图为勾选和不勾选时选择的效果对比。

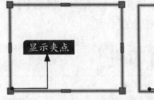

【在块中显示夹点】：该选项控制在没有命令执行时选择图块是否显示夹点，勾选该复选框则显示，否则将不显示，两者的对比如下图所示。

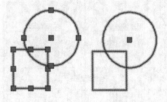

【显示夹点提示】：当光标悬停在支持夹点提示自定义对象的夹点上时，显示夹点的特定提示。

【显示动态夹点菜单】：控制在将光标悬停在多功能夹点上时动态菜单显示，如下图所示。

【允许按Ctrl键循环改变对象编辑方式行为】：允许多功能夹点按【Ctrl】键循环改变对象的编辑方式。如上图，单击选中该夹点，然后按【Ctrl】键，可以在【拉伸】【添加顶点】和【转换为圆弧】选项之间循环切换执行方式。

3.3 打印设置

🔊 **本节视频教程时间：5分钟**

用户在使用AutoCAD创建图形以后，通常要将其打印到图纸上。打印的图形可以是包含图形的单一视图，也可以是更为复杂的视图排列。用户可以根据不同的需要进行设置，以决定打印的内容和图形在图纸上的布置。

AutoCAD 2018中调用【打印 - 模型】对话框的方法有以下6种。

（1）单击【快速访问工具栏】中的【打印】按钮🖶。

（2）选择【文件】▶【打印】菜单命令。

（3）选择【输出】选项卡▶【打印】面板▶【打印】按钮🖶。

（4）选择【应用程序菜单】按钮▲▲▶【打印】▶【打印】。

（5）在命令行中输入【PRINT/PLOT】命令。

（6）按【Ctrl+P】组合键。

3.3.1 选择打印机

打印图形时选择打印机的具体操作步骤如下。

步骤01 打开素材文件"素材\CH03\打印设置.dwg"，如下图所示。

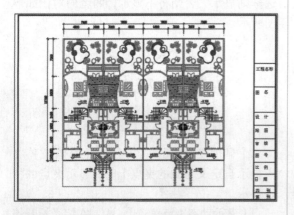

步骤02 按【Ctrl+P】组合键，系统自动弹出【打印-模型】对话框，如下图所示。

步骤03 在【打印机/绘图仪】下面的【名称】下拉列表中单击选择已安装的打印机。

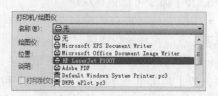

3.3.2　打印区域

设置打印区域的具体操作步骤如下。

步骤01 在【打印区域】选项区中选择打印范围的类型为【窗口】，如下图所示。

步骤02 在绘图区单击指定打印区域的第一点。

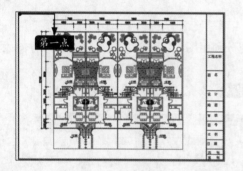

步骤05 设置完毕后如下图所示。

步骤03 拖动鼠标并单击以指定打印区域的第二点，如下图所示。

步骤04 在【打印偏移】选项区中勾选【居中打印】。

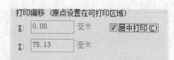

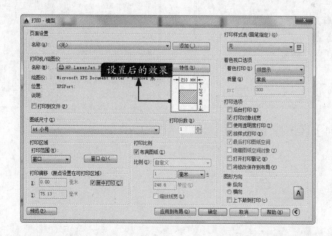

3.3.3　设置图纸尺寸和打印比例

根据自己打印机所使用的纸张大小，选择合适的图纸尺寸，然后再根据需要来设置打印比例，如果只是为了最大程度地显示图纸内容，则勾选【布满图纸】，其具体操作步骤如下。

步骤01 在【图纸尺寸】区中单击下拉按钮，然后选择自己打印机所使用的纸张尺寸。

步骤 02 勾选【打印比例】区的【布满图纸】复选框，如下图所示。

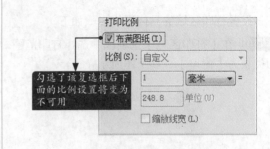

3.3.4　更改图形方向

如果图形的方向与图纸的方向不统一，则不能充分利用图纸，这时候需要更改图形方向以适应图纸，其具体操作步骤如下。

步骤 01 单击右下角【更多选项】按钮，展开如下图所示的对话框。

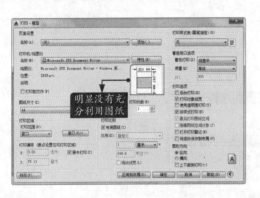

步骤 02 在【图形方向】区选择【横向】。

步骤 03 改变方向后结果如下图所示。

3.3.5　切换打印样式列表

根据需要可以设置切换打印样式列表，其具体操作步骤如下。

步骤 01 在【打印样式表（画笔指定）】区域中选择需要的打印样式，如下图所示。

步骤 02 选择相应的打印样式表后弹出【问题】对话框，如下图所示。

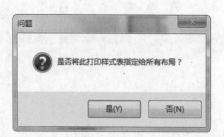

所示。

步骤 03 选择打印样式表后，其文本框右侧的【编辑】按钮由原来的不可用状态变为可用状态，单击此按钮，打开【打印样式编辑器】对话框，在对话框中可以编辑打印样式，如下图

小提示

如果是黑白打印机，则选择【monochrome.ctb】，选择之后不需要进行任何改动。因为AutoCAD默认该打印样式下所有对象颜色均为黑色。

3.3.6 打印预览

在打印之前进行打印预览，可以进行最后的检查，其具体操作步骤如下。

步骤 01 设置完成后单击【预览】按钮，可以预览打印效果，如下图所示。

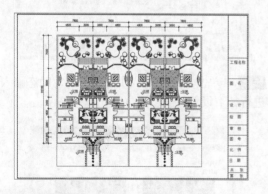

步骤 02 如果预览后没问题，单击打印按钮🖨即可打印，如果对打印设置不满意，则单击【关闭预览】按钮⊗回到【打印 - 模型】对话框重新设置。

小提示

按住鼠标中键，可以拖动预览图形，上下滚动鼠标中键，可以放大或缩小预览图形。

3.4 综合实战 —— 创建样板文件

🔗 **本节视频教程时间：6分钟**

每个人的绘图习惯和爱好不同，通过本章介绍的基本设置，用户可以设置适合自己绘图习惯的绘图环境，然后将完成设置的文件保存为".dwt"文件（样板文件的格式）即可创建样板文件。

创建样板文件的具体操作步骤如下。

步骤 01 新建一个图形文件，然后在命令行输入【OP】并按空格键，在弹出的【选项】对话框中选择【显示】面板，如下图所示。

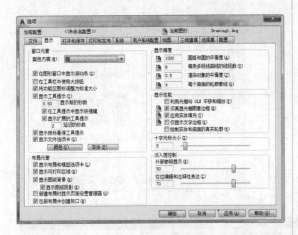

步骤 02 单击【颜色】按钮，在弹出的【图形窗口颜色】对话框上，将二维模型空间的统一背景改为白色，如下图所示。

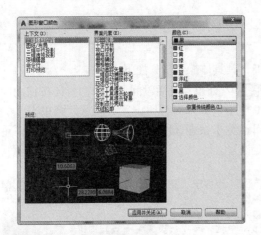

步骤 03 单击【应用并关闭】按钮，回到【选项】对话框，单击【配色方案】下拉列表，选择【明】，如下图所示。

步骤 04 单击【确定】按钮，回到绘图界面后，按【F7】键将栅格关闭，结果如下图所示。

步骤 05 在命令行输入【SE】并按空格键，在弹出的【草图设置】对话框上选择【对象捕捉】选项卡，对对象捕捉模式进行如下设置。

步骤 06 单击【动态输入】选项卡，对动态输入进行如下设置。

步骤 07 单击【确定】按钮，回到绘图界面后单击【文件】➤【打印】菜单命令，在弹出的【打印-模型】对话框中进行如下设置。

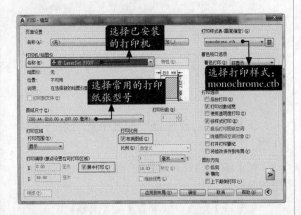

步骤 08 单击【应用到布局】按钮，然后单击【确定】按钮，关闭【打印-模型】对话框。按【Ctrl+S】组合键，在弹出的【图形另存为】对话框中选择文件类型【AutoCAD 图形样板（*.dwt）】，然后输入样板的名字，单击【保存】按钮即可创建一个样板文件。

步骤 09 单击【保存】按钮，在弹出的【样板选项】对话框设置测量单位，然后单击【确定】按钮。

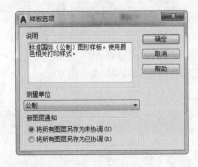

步骤 10 创建完成后，再次启动AutoCAD，然后单击【新建】按钮，在弹出的【选择样板】对话框中选择刚创建的样板文件为样板，建立一个新的AutoCAD文件。

 # 高手支招

🔘 **本节视频教程时间：3分钟**

鼠标中键在AutoCAD绘图过程中用途非常广泛，除了前面介绍的上下滚动可以缩放图形外，还可以按住中键平移图形以及和其他按键组合使用来旋转图形。

前面介绍的对象捕捉设置是自动捕捉（永久捕捉），即设置一次可以永久使用，直到下次更改。AutoCAD中捕捉功能除了自动捕捉外，还有临时捕捉，临时捕捉在捕捉完成后，其捕捉设置不被保存。

● **鼠标中键的妙用**

按住中键可以平移图形，如下图所示。

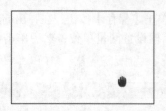

滚动中键可以缩放图形。

双击中键可以全屏显示图形。

【Shift】键+中键，可以受约束动态观察图形。

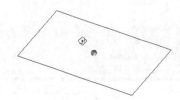

【Ctrl】键+中键，可以自由动态观察图形。

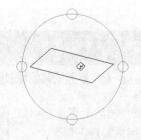

临时捕捉

当需要临时捕捉某点时，可以按下【Shift】键或【Ctrl】键并右击，弹出对象捕捉快捷菜单，如下图所示。从中选择需要使用的命令，再把光标移动到要捕捉对象的特征点附近，即可捕捉到相应的点。

下面对"对象捕捉"的各个选项进行具体介绍。

● 【临时追踪点】：创建对象捕捉所使用的临时点。

● 【自】：从临时参考点偏移。

● 【两点之间的中点】：捕捉选择的两个点的中点。

● 【点过滤器】：捕捉选取点的一个或两个坐标。

● 【三维对象捕捉】：在其下一级子菜单中选择三维捕捉的点。

● 【端点】：捕捉到线段等对象的端点。

● 【中点】：捕捉到线段等对象的中点。

● 【交点】：捕捉到各对象之间的交点。

● 【外观交点】：捕捉两个对象的外观的交点。

● 【延长线】：捕捉到直线或圆弧的延长线上的点。

● 【圆心】：捕捉到圆或圆弧的圆心。

● 【象限点】：捕捉到圆或圆弧的象限点。

● 【切点】：捕捉到圆或圆弧的切点。

● 【垂直】：捕捉到垂直于线或圆上的点。

● 【平行线】：捕捉到与指定线平行的线上的点。

● 【节点】：捕捉到节点对象。

● 【插入点】：捕捉块、图形、文字或属性的插入点。

● 【最近点】：捕捉离拾取点最近的线段、圆、圆弧等对象上的点。

● 【无】：关闭对象捕捉模式。

● 【对象捕捉设置】：设置自动捕捉模式。

第4章

绘制基本二维图形

学习目标

二维图形绘制是AutoCAD的核心功能，任何复杂的图形，都是由点、线等基本的二维图形组合而成的。通过本章的学习，可以使用户了解到基本二维图形的绘制方法。通过对基本二维图形进行合理的绘制与布置的练习，可以极大地提高用户对复杂二维图形的绘制的准确度，同时提高绘图效率。

学习效果

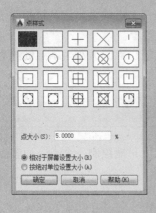

4.1 绘制点

🌐 **本节视频教程时间：9分钟**

点是绘图的基础，通常可以这样理解：点构成线，线构成面，面构成体。在AutoCAD中点可以作为绘制复杂图形的辅助点使用，可以作为某项标识使用，也可以作为直线、圆、矩形、圆弧、椭圆的相应特征的划分点使用。

4.1.1 设置点样式

绘制点之前首先要设置点的样式，AutoCAD默认的点的样式在图形中很难辨别，所以更改点的样式，有利于观察点在图形中的位置。

在AutoCAD 2018中调用【点样式】的命令通常有以下3种方法。

（1）选择【格式】➤【点样式】菜单命令。

（2）单击【默认】选项卡➤【实用工具】面板的下拉按钮➤点样式按钮 ┌.

（3）命令行输入【DDPTYPE/ PTYPE】命令并按空格键。

选择【格式】➤【点样式】菜单命令，弹出下图所示的【点样式】对话框，中文版AutoCAD提供了20种点的样式，用户可以根据绘图需要任意选择一种点样式。

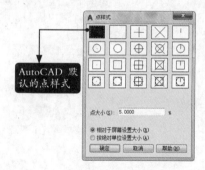

- 【点大小】文本框：用于设置点在屏幕中显示的大小比例。
- 【相对于屏幕设置大小】单选按钮：选中此单选按钮，点的大小比例将相对于计算机屏幕保持不变，不随图形的缩放而改变。
- 【按绝对单位设置大小】单选按钮：选中此单选按钮，点的大小表示点的绝对尺寸，当对图形进行缩放时，点的大小也随之变化。

4.1.2 绘制单点与多点

单点与多点的区别在于：单点在执行一次命令的情况下只能绘制一个点，而多点却可以在执行一次命令的情况下连续绘制多个点。

● 1. 绘制单点

在AutoCAD 2018中调用【单点】命令通常有以下两种方法。

（1）选择【绘图】➤【点】➤【单点】菜单命令。

（2）在命令行输入【POINT/PO】命令并按空格键。

单点的绘制步骤如下。

步骤01 选择【格式】➤【点样式】菜单命令，在弹出的【点样式】对话框中选择需要的样式，如下图所示。

步骤02 命令行输入【PO】命令并按空格键，命令行将出现"指定点"的提示，用户在绘图区域单击鼠标左键确定点的位置即可创建一个相应点，绘制点如下图所示。

2. 绘制多点

在AutoCAD 2018中调用【多点】命令通常有以下两种方法。

（1）选择【绘图】➤【点】➤【多点】菜单命令。

（2）单击【默认】选项卡➤【绘图】面板➤【多点】按钮·。

执行【多点】命令后，命令行将出现"指定点"的提示，用户在绘图区域连续单击鼠标左键确定点的位置即可创建多个相应点。

> **小提示**
>
> 在绘制点之前，首先应该设置点样式。绘制多点时按【Esc】键可以终止【多点】命令。

4.1.3 绘制定数等分点

定数等分点可以将等分对象的长度或周长等间隔排列，所生成的点通常被用作对象捕捉点或某种标识使用的辅助点。

在AutoCAD 2018中调用【定数等分】命令通常有以下3种方法。

（1）选择【绘图】➤【点】➤【定数等分】菜单命令。

（2）在命令行输入【DIVIDE/DIV】命令并按空格键。

（3）单击【默认】选项卡➤【绘图】面板➤【定数等分】按钮。

下面将对样条曲线图形进行定数等分，具体操作步骤如下。

步骤01 打开"素材\CH04\定数等分.dwg"素材文件，如下图所示。

步骤02 选择【格式】➤【点样式】菜单命令，在弹出的【点样式】对话框中选择需要的样式，如下图所示。

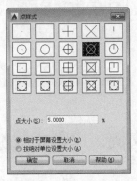

步骤03 命令行输入【DIV】命令并按空格键，命令行提示如下。

命令：_divide

　　选择要定数等分的对象：　// 选择样条曲线

　　输入线段数目或 [块 (B)]: 5 ↙

步骤 04 结果如下图所示。

4.1.4　绘制定距等分点

　　通过定距等分可以从选定对象的一个端点划分出相等的长度。对直线、样条曲线等非闭合图形进行定距等分时需要注意光标点选对象的位置，此位置即为定距等分的起始位置。

　　在AutoCAD 2018中调用【定距等分】点命令通常有以下3种方法。

　　（1）选择【绘图】▶【点】▶【定距等分】菜单命令。

　　（2）在命令行输入【MEASURE/ME】命令并按空格键。

　　（3）单击【默认】选项卡▶【绘图】面板▶【定距等分】按钮　。

　　下面将对直线段图形进行定距等分，具体操作步骤如下。

步骤 01 打开"素材\CH04\定距等分.dwg"素材文件，如下图所示。

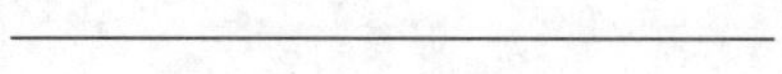

步骤 02 选择【格式】▶【点样式】菜单命令，在弹出的【点样式】对话框中选择需要的样式，如下图所示。

步骤 03 命令行输入【ME】命令并按空格键，然后在绘图区域选择直线作为定距等分的对象。

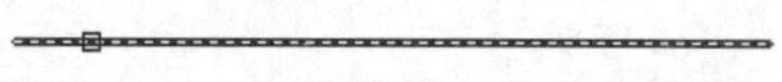

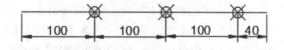

步骤 04 在命令行输入"100"作为等分距离，并按空格键确认。

　　指定线段长度或 [块 (B)]: 100 ↙

步骤 05 结果如下图所示，前面按100等分，不能完全等分时，最后一段距离小于等分距。

4.1.5　实例：绘制燃气灶开关和燃气孔

　　燃气灶开关和燃气孔的绘制过程中运用到了【点样式设置】【绘制多点】和【定数等分】命令，燃气灶开关和点火针的绘制思路如下。

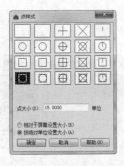

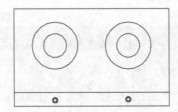

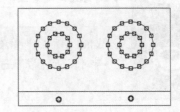

燃气灶开关和燃气孔的具体绘制步骤如下。

步骤 01 打开"素材\CH04\绘制燃气灶开关和燃气孔.dwg"素材文件。

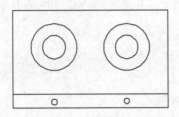

步骤 02 选择【格式】▶【点样式】菜单命令，在弹出来的【点样式】对话框中选择一种点样式，然后单击确定，如图所示。

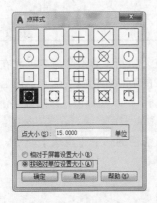

步骤 03 单击【默认】选项卡▶【绘图】面板中的【多点】按钮，然后以圆心为指定点绘制燃气灶的开关，结果如下图所示。

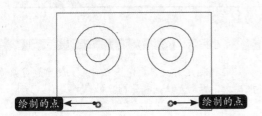

步骤 04 在命令行中输入【DIV】命令并按空格键确认，在绘图区域选择圆作为定数等分的对象，如下图所示。

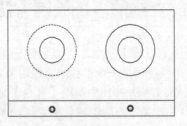

步骤 05 在命令行输入线段数目"16"，并按空格键确认。

> 输入线段数目或 [块(B)]: 16

步骤 06 结果如图所示。

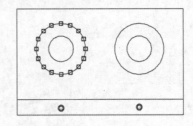

步骤 07 重复步骤4~6，将另外一个灶的外盘进行16等分，结果如下图所示。

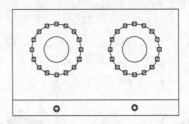

步骤 08 重复步骤4~6的操作，对两个内盘进行定数等分，等分点数为10，结果如图所示。

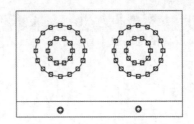

4.2 绘制线性对象

◎ **本节视频教程时间：13分钟**

AutoCAD的线性对象主要有直线、构造线和射线等，本节将分别对这几种线性对象的绘制方法进行介绍。

4.2.1 直线的多种绘制方法

使用【直线】命令，可以创建一系列连续的线段，在一个由多条线段连接而成的简单图形中，每条线段都是一个单独的直线对象。

在AutoCAD 2018中调用【直线】命令通常有以下3种方法。

（1）选择【绘图】➤【直线】菜单命令。

（2）在命令行输入【LINE/L】命令并按空格键。

（3）单击【默认】选项卡➤【绘图】面板➤【直线】按钮 ╱。

AutoCAD中默认的直线绘制方法是两点绘制，即连接任意两点就可绘制一条直线。

步骤01 打开"素材\CH04\房屋图.dwg"素材文件。

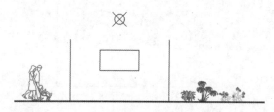

步骤02 在命令行中输入【L】命令并按空格键调用【直线】命令，然后在绘图区域捕捉如下图所示节点作为直线起点。

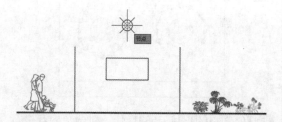

步骤03 在命令行输入直线下一点的坐标值，并按空格键确认。

指定下一点或 [放弃(U)]: @3<202

步骤04 按空格键结束【直线】命令，结果如下图所示。

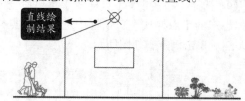

步骤05 重复执行【直线】命令，并在绘图区域捕捉步骤2的节点作为直线起点，然后在命令行输入直线的下一点坐标值，并按空格键确认。

指定下一点或 [放弃(U)]: @3<338

步骤06 按空格键结束【直线】命令，结果如下图所示。

▌ **小提示**

在绘图之前，需要先将"节点"设置为对象捕捉模式，否则无法捕捉到图中的点。

除了通过连接两点绘制直线外，还可以通过绝对坐标、相对直角坐标、相对极坐标等方法来绘制直线，具体绘制方法参见下表。

绘制方法	绘制步骤	结果图形	相应命令行显示
通过输入绝对坐标绘制直线	① 指定第一个点（或输入绝对坐标确定第一个点）；② 依次输入第二点、第三点……的绝对坐标	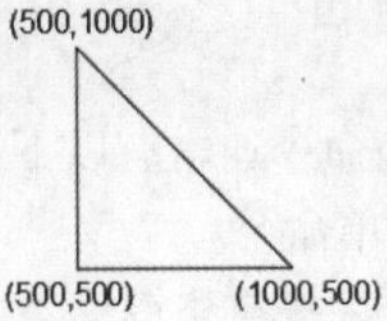 (500,1000) (500,500)　(1000,500)	命令：_LINE 指定第一个点：500,500 指定下一点或 [放弃(U)]: 500,1000 指定下一点或 [放弃(U)]: 1000,500 指定下一点或 [闭合(C)/放弃(U)]: c //闭合图形

通过输入相对直角坐标绘制直线	① 指定第一个点（或输入绝对坐标确定第一个点）；② 依次输入第二点、第三点……的相对前一点的直角坐标	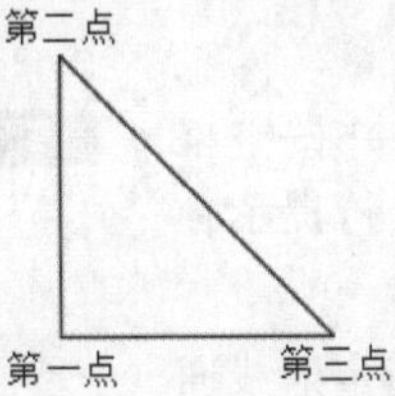 第二点
		
		第一点　第三点
			命令：_ LINE
			指定第一个点：
			//任意点击一点作为第一点
			指定下一点或 [放弃(U)]: @0,500
			指定下一点或 [放弃(U)]: @500,－500
			指定下一点或 [闭合(C)/放弃(U)]: c
			//闭合图形

通过输入相对极坐标绘制直线	① 指定第一个点（或输入绝对坐标确定第一个点）；② 依次输入第二点、第三点……的相对前一点的极坐标	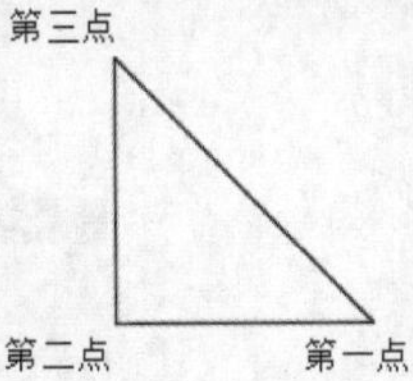 第三点
		
		第二点　第一点
			命令：_ LINE
			指定第一个点：
			//任意点击一点作为第一点
			指定下一点或 [放弃(U)]: @500<180
			指定下一点或 [放弃(U)]: @500<90
			指定下一点或 [闭合(C)/放弃(U)]: c
			//闭合图形

4.2.2 绘制构造线

构造线是两端无限延伸的直线，可以用来作为创建其他对象时的参考线，在执行一次【构造线】命令时，可以连续绘制多条通过一个公共点的构造线。

在AutoCAD 2018中调用【构造线】命令通常有以下3种方法。

（1）选择【绘图】➤【构造线】菜单命令。

（2）在命令行输入【XLINE/XL】命令并按空格键。

（3）单击【默认】选项卡➤【绘图】面板➤【构造线】按钮 ✓。

绘制构造线的具体操作步骤如下。

步骤01 在命令行输入【XL】命令并按空格键，调用【构造线】命令，并根据命令行提示在绘图区单击一点作为构造线的中点。

步骤02 在绘图区拖动光标并单击以指定构造线通过点，如下图所示。

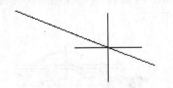

步骤03 按空格键退出命令，结果下图所示。

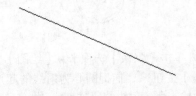

小提示

构造线没有端点，但是构造线有中点，绘制构造线时，指定的第一点就是构造线的中点。

4.2.3 绘制射线

射线是一端固定，另一端无限延伸的直线。使用【射线】命令，可以创建一系列始于一点并继续无限延伸的直线。

在AutoCAD 2018中调用【射线】命令通常有以下3种方法。

（1）选择【绘图】➤【射线】菜单命令。

（2）在命令行输入【RAY】命令并按空格键。

（3）单击【默认】选项卡➤【绘图】面板➤【射线】按钮 ↗。

绘制射线的具体操作步骤如下。

步骤 01 在命令行输入【RAY】命令并按空格键，调用【射线】命令，并根据命令行提示在绘图区单击一点作为射线的端点。

步骤 02 在绘图区拖动光标并单击以指定射线通过点，如下图所示。

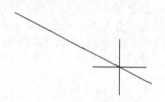

步骤 03 按空格键退出命令，结果如下图所示。

> **小提示**
>
> 射线有端点，但是射线没有中点，绘制射线时，指点的第一点就是射线的端点。

4.2.4 实例：绘制转角楼梯平面图

前面介绍了【直线】【射线】等命令的绘制方法，下面通过一个转角楼梯的平面图绘制来简单介绍射线、构造线和直线的综合应用。

步骤 01 打开"素材\CH04\转角楼梯平面图.dwg"素材文件。

步骤 02 单击【默认】选项卡➤【绘图】面板➤【射线】按钮 ↗，捕捉圆心为射线的起点，然后依次输入所绘射线的通过点。

```
命令：_ray 指定起点： // 捕捉圆心
指定通过点：@100<0
指定通过点：@100<22.5
指定通过点：@100<45
指定通过点：@100<67.5
指定通过点：@100<90
指定通过点：
```

步骤 03 射线绘制完成后如下图所示。

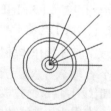

步骤 04 单击【默认】选项卡➤【绘图】面板➤【构造线】按钮 ↗，在命令行输入【H】，然后依次捕捉内侧4个圆的象限点作为通过点，结果如下图所示。

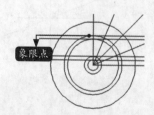

象限点

步骤 05 单击【默认】选项卡▶【绘图】面板▶【直线】按钮 ✎ ，捕捉圆与构造线的交点为直线的起点，捕捉垂足为直线的端点。

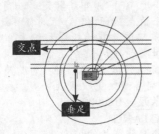

步骤 06 重复【直线】命令，继续绘制直线，结果如下图所示。

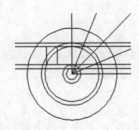

步骤 07 单击【默认】选项卡▶【修改】面板▶

【修剪】按钮 ✎ ，根据命令行提示选择水平射线、竖直射线和5个圆为剪切边。

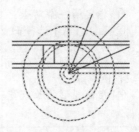

步骤 08 选择需要修剪的对象，修剪结束后将最外侧的大圆删除，最终结果如下图所示。

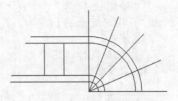

> **小提示**
>
> 关于【修剪】命令参见本书5.3.4节相关内容。

4.3 绘制矩形和正多边形

🔊 本节视频教程时间：8分钟

 矩形为四条线段首尾相接且四个角均为直角的四边形，而正多边形是由至少三条线段首尾相接组合成的规则图形，矩形属于正多边形的概念范围。

4.3.1 矩形

矩形的特点是相邻两条边互相垂直，非相邻的两条边是平行的且长度相等，整个矩形是一个单独的对象。

在AutoCAD 2018中调用【矩形】命令通常有以下3种方法。

（1）选择【绘图】▶【矩形】菜单命令。

（2）在命令行输入【RECTANG/REC】命令并按空格键。

（3）单击【默认】选项卡▶【绘图】面板▶【矩形】按钮 ▢ 。

调用【矩形】命令，在绘图窗口中点击任意地方为第一个角点，以该点为基点可以向任意方向拖动光标并单击绘制一个矩形。

除了用默认的指定两点绘制矩形外，AutoCAD还提供了面积绘制、尺寸绘制和旋转绘制等绘制方法，具体的绘制方法参见下表。

绘制方法	绘制步骤	结果图形	相应命令行显示
面积绘制法	① 指定第一个角点； ② 输入【A】选择面积绘制法； ③ 输入绘制矩形的面积值； ④ 指定矩形的长或宽	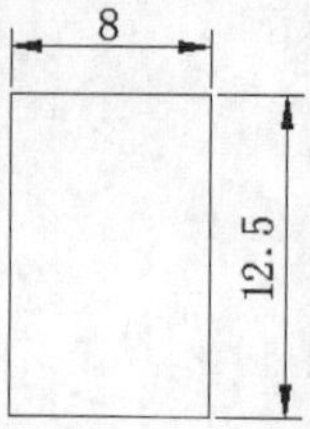 8 12.5	命令:_RECTANG 指定第一个角点或 [倒角(C)/标高(E)/圆角(F)/厚度(T)/宽度(W)]: //单击指定第一角点 指定另一个角点或 [面积(A)/尺寸(D)/旋转(R)]: a 输入以当前单位计算的矩形面积 <100.0000>: //按空格键接受默认值 计算矩形标注时依据 [长度(L)/宽度(W)] <长度>: //按空格键接受默认值 输入矩形长度 <10.0000>: 8
尺寸绘制法	① 指定第一个角点； ② 输入【D】选择尺寸绘制法； ③ 指定矩形的长度和宽度； ④ 拖动鼠标指定矩形的放置位置	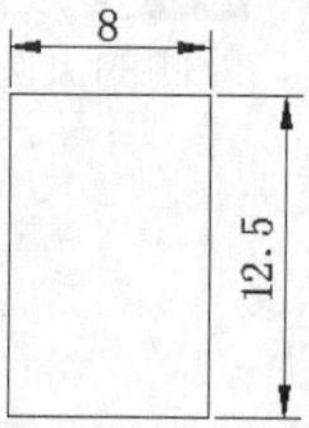 8 12.5	命令:_RECTANG 指定第一个角点或 [倒角(C)/标高(E)/圆角(F)/厚度(T)/宽度(W)]: //单击指定第一角点 指定另一个角点或 [面积(A)/尺寸(D)/旋转(R)]: d 指定矩形的长度 <8.0000>: 8 指定矩形的宽度 <12.5000>: 12.5 指定另一个角点或 [面积(A)/尺寸(D)/旋转(R)]: //拖动鼠标指定矩形的放置位置
旋转绘制法	① 指定第一个角点； ② 输入【R】选择旋转绘制法； ③ 输入旋转的角度； ④ 拖动鼠标指定矩形的另一角点或输入【A】【D】通过面积或尺寸确定矩形的另一个角点	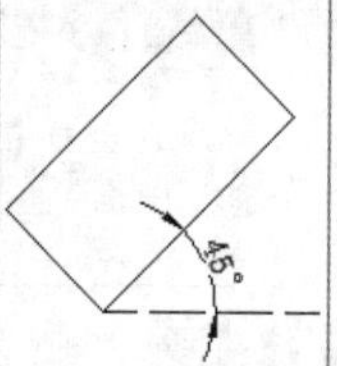 45°	命令:_RECTANG 指定第一个角点或 [倒角(C)/标高(E)/圆角(F)/厚度(T)/宽度(W)]: //单击指定第一角点 指定另一个角点或 [面积(A)/尺寸(D)/旋转(R)]: r 指定旋转角度或 [拾取点(P)] <0>: 45 指定另一个角点或 [面积(A)/尺寸(D)/旋转(R)]: //拖动鼠标指定矩形的另一个角点

小提示

　　AutoCAD的矩形尺寸绘制方法中，长度不是指较长的那条边，宽度也不是指较短的那条边。而是x轴方向的边为长度，y轴方向的边为宽度。绘制矩形时在指定第一个角点之前选择相应的选项，可以绘制带有倒角、圆角或具有线宽的矩形，如果选择标高和厚度选项，则在三维图形中可以观察到一个长方体。

4.3.2 多边形

　　多边形是由3条或3条以上的线段构成的封闭图形，多边形每条边的长度都是相等的，多边形的绘制方法可以分为外切于圆和内接于圆两种。外切于圆是将多边形的边与圆相切，而内接于圆则是将多边形的顶点与圆相接。

　　在AutoCAD 2018中调用【多边形】命令通常有以下3种方法。

　　（1）选择【绘图】➤【多边形】菜单命令。

　　（2）在命令行输入【POLYGON/POL】命令并按空格键。

　　（3）单击【默认】选项卡➤【绘图】面板➤【多边形】按钮⬠。

● **1.绘制内接于圆的正六边形**

步骤 01 打开"素材\CH04\绘制正多边形.dwg"素材文件，如下图所示。

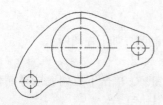

步骤02 单击【默认】选项卡▶【绘图】面板▶
【多边形】按钮⬠，根据命令提示输入侧面数
"6"，并捕捉圆心为正多边形的中心点。

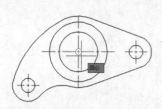

步骤03 根据提示输入【I（内接于圆）】选
项，当命令提示指定圆的半径时，捕捉下图中
的象限点。

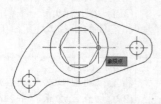

步骤04 内接于圆的正六边形绘制完毕后如下图
所示。

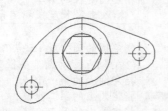

● 2. 绘制外切于圆的正六边形

步骤01 单击【默认】选项卡▶【绘图】面板▶
【多边形】按钮⬠，根据命令提示输入侧面数
"6"，并捕捉圆心为正多边形的中心点。

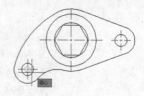

步骤02 输入【C（外切于圆）】，当命令行提
示指定半径时，捕捉下图所示的象限点。

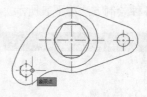

步骤03 外切于圆的正六边形绘制完成后如下图
所示。

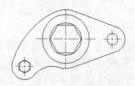

步骤04 重复正六边形命令，继续绘制外切于圆
的正六边形，结果如下图所示。

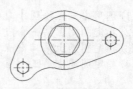

4.4 绘制圆和圆弧

🌐 **本节视频教程时间：12分钟**

 直线、构造线、射线属于基本的线性对象，圆和圆弧则是基本的曲线对象，相对于线性对象，曲线对象更丰富复杂，绘制方法也更多。

4.4.1 绘制圆

　　创建圆的方法有6种，可以指定圆心、半径、直径、圆周上的点或其他对象上的点等不同的方法进行绘制，在使用任何一种方法绘制圆之前，需要先调用【圆】命令。

在AutoCAD 2018中调用【圆】命令通常有以下3种方法。

（1）选择【绘图】➤【圆】命令，选择一种方法进行绘制圆，如下左图所示。

（2）在命令行输入【CIRCLE/C】后按空格键。

（3）单击【默认】选项卡➤【绘图】面板➤【圆】按钮⊘（单击下拉列表选择一种绘制方法，如下右图所示）。

圆的各种绘制方法如下表所示。

绘制方法	绘制步骤	结果图形	相应命令行显示
圆心、半径/直径	① 指定圆心； ② 输入圆的半径/直径		命令: _ CIRCLE 指定圆的圆心或 [三点(3P)/两点(2P)/切点、切点、半径(T)]: 指定圆的半径或 [直径(D)]: 45

两点绘圆	① 调用【两点绘圆】命令；
	② 指定直径上的第一点；
	③ 指定直径上的第二点或输入直径长度
			命令: _circle
			指定圆的圆心或 [三点(3P)/两点(2P)/切点、切点、半径(T)]: _2p
			指定圆直径的第一个端点:
			//指定第一点
			指定圆直径的第二个端点: 80
			//输入直径长度或指定第二点

三点绘圆	① 调用【三点绘圆】命令； ② 指定圆周上第一个点； ③ 指定圆周上第二个点； ④ 指定圆周上第三个点		命令: _circle 指定圆的圆心或 [三点(3P)/两点(2P)/切点、切点、半径(T)]: _3p 指定圆上的第一个点: 指定圆上的第二个点: 指定圆上的第三个点:
相切、相切、半径	① 调用【相切、相切、半径】绘圆命令； ② 选择与圆相切的两个对象； ③ 输入圆的半径		命令: _circle 指定圆的圆心或 [三点(3P)/两点(2P)/切点、切点、半径(T)]: _ttr 指定对象与圆的第一个切点: 指定对象与圆的第二个切点: 指定圆的半径 <35.0000>: 45
相切、相切、相切	① 调用【相切、相切、相切】绘圆命令； ② 选择与圆相切的三个对象		命令: _circle 指定圆的圆心或 [三点(3P)/两点(2P)/切点、切点、半径(T)]: _3p 指定圆上的第一个点: _tan 到 指定圆上的第二个点: _tan 到 指定圆上的第三个点: _tan 到

小提示

【相切、相切、相切】绘圆命令只能通过菜单命令或面板调用，命令行无这一选项。

4.4.2 绘制圆弧

绘制圆弧的默认方法是通过确定三点来绘制圆弧。此外，圆弧还可以通过设置起点、方向、中点、角度和弦长等参数来绘制。

在AutoCAD 2018中有3种方法可以调用【圆弧】命令。

（1）选择【绘图】➤【圆弧】命令,选择一种方法进行绘制圆，如下左图所示。

（2）在命令行输入【ARC/A】后按空格键。

（3）单击【默认】选项卡➤【绘图】面板➤【圆弧】按钮 （单击下拉列表选择一种绘制方法，如下右图所示）。

想要弄清圆弧命令的所有选项似乎不太容易，但是只要能够理解一条圆弧中所包含的各种要素，那么就能根据需要使用这些选项了。绘制圆弧时可以使用的各种要素如下左图所示。

除了知道绘制圆弧所需要的要素外，还要知道AutoCAD提供的绘制圆弧选项的流程示意图，开始执行【ARC】命令时，只有两个选项：指定起点或圆心，用户需要根据已有信息选择后面的选项，绘制圆弧时的流程图如下右图所示。

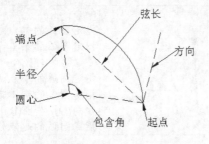
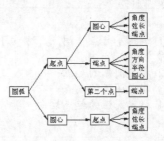

圆弧的各种绘制方法如下。

绘制方法	绘制步骤	结果图形	相应命令行显示
三点	① 调用三点画弧命令； ② 指定三个不在同一条直线上的三个点即可完成圆弧的绘制	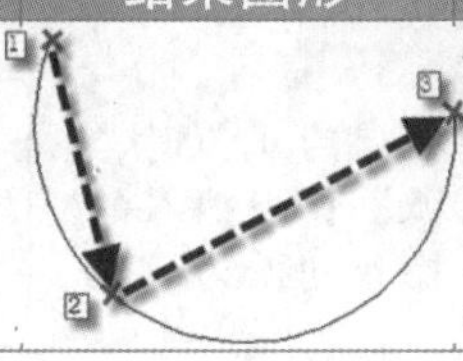	命令：_arc 指定圆弧的起点或 [圆心(C)]： 指定圆弧的第二个点或 [圆心(C)/端点(E)]： 指定圆弧的端点：

绘制方法	绘制步骤	结果图形	相应命令行显示
起点、圆心、端点	① 调用【起点、圆心、端点】画弧命令； ② 指定圆弧的起点； ③ 指定圆弧的圆心； ④ 指定圆弧的端点		命令: _arc 指定圆弧的起点或 [圆心(C)]: 指定圆弧的第二个点或 [圆心(C)/端点(E)]: _c 指定圆弧的圆心: 指定圆弧的端点或 [角度(A)/弦长(L)]:
起点、圆心、角度	① 调用【起点、圆心、角度】画弧命令； ② 指定圆弧的起点； ③ 指定圆弧的圆心； ④ 指定圆弧所包含的角度。 提示：当输入的角度为正值时圆弧沿起点方向逆时针生成，当角度为负值时，圆弧沿起点方向顺时针生成	120度	命令: _arc 指定圆弧的起点或 [圆心(C)]: 指定圆弧的第二个点或 [圆心(C)/端点(E)]: _c 指定圆弧的圆心: 指定圆弧的端点或 [角度(A)/弦长(L)]: _a 指定包含角: 120
起点、圆心、长度	① 调用【起点、圆心、长度】画弧命令； ② 指定圆弧的起点； ③ 指定圆弧的圆心； ④ 指定圆弧的弦长。 提示：弦长为正值时得到的弧为"劣弧（小于180°）"，当弦长为负值时，得到的弧为"优弧（大于180°）"	30	命令: _arc 指定圆弧的起点或 [圆心(C)]: 指定圆弧的第二个点或 [圆心(C)/端点(E)]: _c 指定圆弧的圆心: 指定圆弧的端点或 [角度(A)/弦长(L)]: _l 指定弦长: 30
起点、端点角度	① 调用【起点、端点、角度】画弧命令； ② 指定圆弧的起点； ③ 指定圆弧的端点； ④ 指定圆弧的角度。 提示：当输入的角度为正值时起点和端点沿圆弧层逆时针关系，当角度为负值时，起点和端点沿圆弧成顺时针关系	指定包含角	命令: _arc 指定圆弧的起点或 [圆心(C)]: 指定圆弧的第二个点或 [圆心(C)/端点(E)]: _e 指定圆弧的端点: 指定圆弧的圆心或 [角度(A)/方向(D)/半径(R)]: _a 指定包含角: 137
起点、端点、方向	① 调用【起点、端点、方向】画弧命令； ② 指定圆弧的起点； ③ 指定圆弧的端点； ④ 指定圆弧的起点切向	指定圆弧的起点切向	命令: _arc 指定圆弧的起点或 [圆心(C)]: 指定圆弧的第二个点或 [圆心(C)/端点(E)]: _e 指定圆弧的端点: 指定圆弧的圆心或 [角度(A)/方向(D)/半径(R)]: _d 指定圆弧的起点切向:
起点、端点、半径	① 调用【起点、端点、半径】画弧命令； ② 指定圆弧的起点； ③ 指定圆弧的端点； ④ 指定圆弧的半径。 提示：当输入的半径值为正值时，得到的圆弧是"劣弧"；当输入的半径值为负值时，输入的弧为"优弧"	140 指定圆弧的半径	命令: _arc 指定圆弧的起点或 [圆心(C)]: 指定圆弧的第二个点或 [圆心(C)/端点(E)]: _e 指定圆弧的端点: 指定圆弧的圆心或 [角度(A)/方向(D)/半径(R)]: _r 指定圆弧的半径: 140

续表

绘制方法	绘制步骤	结果图形	相应命令行显示
圆心、起点、端点	① 调用【圆心、起点、端点】画弧命令； ② 指定圆弧的圆心； ③ 指定圆弧的起点； ④ 指定圆弧的端点	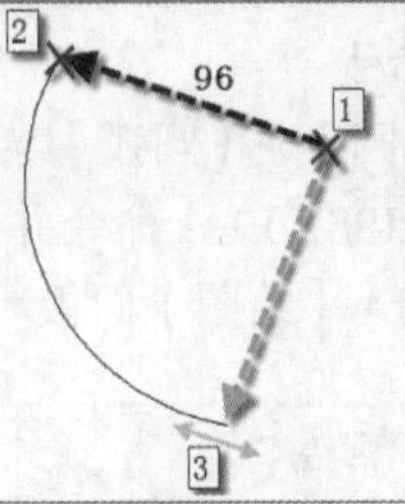	命令: _arc 指定圆弧的起点或 [圆心(C)]: _c 指定圆弧的圆心: 指定圆弧的起点: 指定圆弧的端点或 [角度(A)/弦长(L)]:
圆心、起点、角度	① 调用【圆心、起点、角度】画弧命令； ② 指定圆弧的圆心； ③ 指定圆弧的起点； ④ 指定圆弧的角度	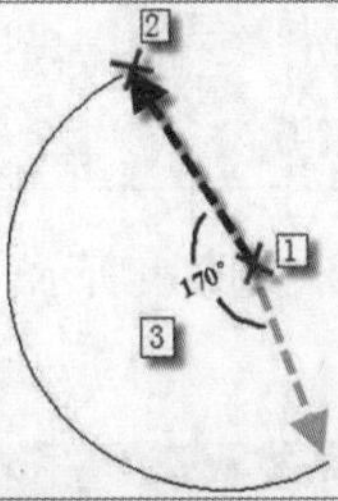	命令: _arc 指定圆弧的起点或 [圆心(C)]: _c 指定圆弧的圆心: 指定圆弧的起点: 指定圆弧的端点或 [角度(A)/弦长(L)]: _a 指定包含角: 170
圆心、起点、长度	① 调用【圆心、起点、长度】画弧命令； ② 指定圆弧的圆心； ③ 指定圆弧的起点； ④ 指定圆弧的弦长。 提示：弦长为正值时得到的弧为"劣弧（小于180°）"，当弦长为负值时，得到的弧为"优弧（大于180°）"	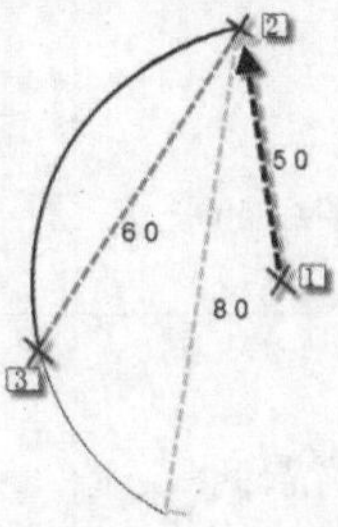	命令: _arc 指定圆弧的起点或 [圆心(C)]: _c 指定圆弧的圆心: 指定圆弧的起点: 指定圆弧的端点或 [角度(A)/弦长(L)]: _l 指定弦长: 60

小提示

绘制圆弧时，输入的半径值和圆心角有正负之分。对于半径，当输入的半径值为正时，生成的圆弧是劣弧；反之，生成的是优弧。对于圆心角，当角度为正值时，系统沿逆时针方向绘制圆弧，反之，则沿顺时针方向绘制圆弧。

4.5 椭圆和椭圆弧

本节视频教程时间：4分钟

椭圆和椭圆弧类似，都是由到两点之间的距离之和为定值的点集合而成。

1. 椭圆

椭圆是一种在建筑制图中常见的平面图形，它是由距离两个定点（焦点）的长度之和为定值的点组成的。

调用【椭圆】命令有以下3种方法。

（1）选择【绘图】▶【椭圆】菜单命令，在其下一级子菜单中选择一种方式，如下左图所示。

（2）在命令行输入【ELLIPSE/EL】命令并按空格键。

（3）单击【默认】选项卡▶【绘图】面板▶椭圆按钮，如下右图所示。

● 2. 椭圆弧

椭圆弧为椭圆上某一角度到另一角度的一段，在绘制椭圆弧前必须先绘制一个椭圆。

绘制椭圆弧的方法有以下3种。

（1）选择【绘图】➤【椭圆】➤【圆弧】菜单命令，如下左图所示。

（2）在命令行输入【ELLIPSE/EL】命令并按空格键，然后输入【A】绘制圆弧。

（3）单击【默认】选项卡➤【绘图】面板➤椭圆弧按钮，如下右图所示。

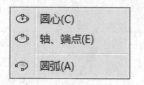

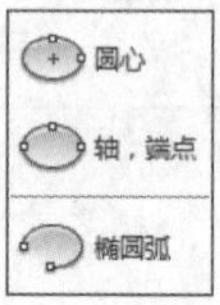

椭圆和椭圆弧的各种绘制方法如下表所示。

绘制方法	绘制步骤	结果图形	相应命令行显示
指定圆心创建椭圆	① 指定椭圆的中心； ② 指定一条轴的端点； ③ 指定或输入另一条半轴的长度	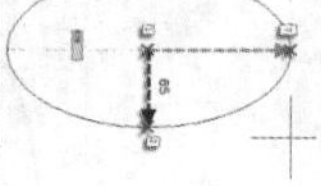	命令：ELLIPSE 指定椭圆的轴端点或 [圆弧(A)/中心点(C)]： 指定轴的另一个端点： 指定另一条半轴长度或 [旋转(R)]: 65
"轴、端点"创建椭圆	① 指定一条轴的端点； ② 指定该条轴的另一端点； ③ 指定或输入另一条半轴的长度	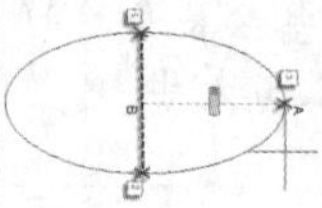	命令：_ellipse 指定椭圆的轴端点或 [圆弧(A)/中心点(C)]： 指定轴的另一个端点： 指定另一条半轴长度或 [旋转(R)]: 32
椭圆弧	① 选择【椭圆弧】命令； ② 指定圆弧的一条轴的端点； ③ 指定该条轴的另一端点； ④ 指定另一条半轴的长度。 ⑤ 指定椭圆弧的起点角度； ⑥ 指定椭圆弧的终点角度	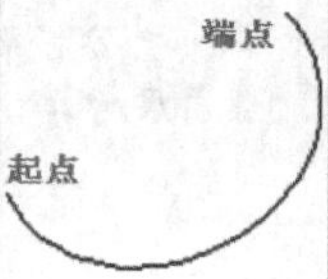 端点 起点	命令：_ellipse 指定椭圆的轴端点或 [圆弧(A)/中心点(C)]: _a 指定椭圆弧的轴端点或 [中心点(C)]： 指定轴的另一个端点： 指定另一条半轴长度或 [旋转(R)]： 指定起点角度或 [参数(P)]： 指定端点角度或 [参数(P)/包含角度(I)]：

4.6 实例：绘制单盆洗手池

● 本节视频教程时间：8分钟

前面对【圆】【圆弧】【椭圆】和【椭圆弧】命令进行了介绍，接下来通过绘制洗手池实例来讲解【圆】【椭圆】和【椭圆弧】命令的操作。

步骤 01 新建一个空白的"dwg"文件，然后单击【默认】选项卡➤【绘图】面板➤【圆】➤【圆心、半径】按钮，以坐标系原点为圆心，绘制两个半径分别为"15"和"40"的圆。

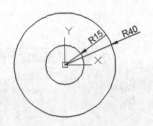

步骤 02 单击【默认】选项卡➤【绘图】面板➤【椭圆】➤【圆心】按钮，根据命令行提示进行如下操作。

```
命令：_ellipse
指定椭圆的轴端点或 [ 圆弧 (A)/ 中心点 (C)]：_c
指定椭圆的中心点：      （以坐标原点为中心点）
指定轴的端点：210,0
指定另一条半轴长度或 [ 旋转 (R)]：145
```

步骤 03 椭圆绘制完成后如下图所示。

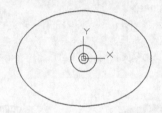

步骤 04 单击【默认】选项卡➤【绘图】面板➤【椭圆】➤【轴、端点】按钮，根据命令行提示进行如下操作。

```
命令：_ellipse
指定椭圆的轴端点或 [ 圆弧 (A)/ 中心点 (C)]：265,0
指定轴的另一个端点：-265,0
指定另一条半轴长度或 [ 旋转 (R)]：200
```

步骤 05 椭圆绘制完成后如下图所示。

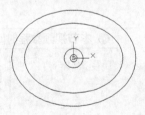

步骤 06 单击【默认】选项卡➤【绘图】面板➤【直线】按钮，根据命令行提示进行如下操作。

```
命令：_line
指定第一点：-360,-100
指定下一点或 [ 放弃 (U)]：-360,250
```

```
指定下一点或 [ 放弃 (U)]：360,250
指定下一点或 [ 闭合 (C)/ 放弃 (U)]：360,-100
指定下一点或 [ 闭合 (C)/ 放弃 (U)]：
```

步骤 07 直线绘制完成后如下图所示。

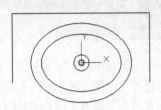

步骤 08 单击【默认】选项卡➤【绘图】面板➤【圆弧】➤【起点、端点、半径】按钮，分别捕捉下图所示的A点和B点为起点和端点，然后输入半径值500，结果如下图所示。

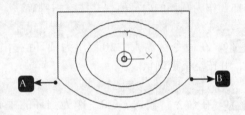

步骤 09 选择【格式】➤【点样式】菜单命令，在弹出来的【点样式】对话框中进行相应的设置，如下图所示。

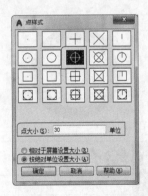

步骤 10 单击【默认】选项卡➤【绘图】面板➤【多点】按钮，三个点的坐标分别为（-60,160）、（0,170）、（60,160），结果如下图所示。

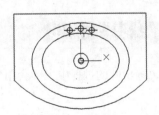

4.7 绘制圆环

● 本节视频教程时间：2分钟

圆环是填充环或实体填充圆，即带有宽度的闭合多段线。

在AutoCAD 2018中调用【圆环】命令通常有以下3种方法。

（1）选择【绘图】➤【圆环】菜单命令。

（2）在命令行输入【DONUT/DO】命令并按空格键。

（3）单击【默认】选项卡➤【绘图】面板➤【圆环】按钮◎。

绘制圆环的具体操作步骤如下。

步骤 01 启动AutoCAD 2018，在命令行输入【DO】命令并按空格键，然后在命令行输入"15"作为圆环的内径值，并按空格键确认。

> 指定圆环的内径 <561.3932>: 15 ↙

步骤 02 在命令行输入"20"作为圆环的外径值，并按空格键确认。

> 指定圆环的外径 <1319.5824>: 20 ↙

步骤 03 在命令行输入"0,0"作为圆环的中心点，并按空格键确认。

> 指定圆环的中心点或 <退出>: 0,0 ↙

步骤 04 再次按空格键退出【圆环】命令，结果如下图所示。

小提示

若指定圆环内径为0，则可绘制实心填充圆，如下左图。

命令【FILL】控制着圆环是否填充。

命令: FILL

输入模式 [开(ON)/关(OFF)] <开>: ON

\\ 选择开表示填充，选择关表示不填充。

下左图为填充的圆环，下右图为没有填充的圆环。

4.8 综合实战

● 本节视频教程时间：17分钟

本节将综合运用基本二维绘图命令，对风扇扇叶、笑脸图案和台灯罩进行绘制。

4.8.1 绘制风扇扇叶

绘制风扇扇叶的过程中主要会用到【圆】【正多边形】【等分点】和【圆弧】命令，具体操作步骤如下。

步骤 01 新建一个图形文件，然后在命令行输入【C】并按空格键，按命令提示绘制一个半径为170的圆，如下图所示。

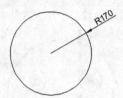

步骤 02 在命令行输入【POL】并按空格键，按命令提示输入侧面数3，在图中捕捉圆心作为多边形的中心，选择内接于圆绘制多边形，内接圆的半径为"47.5"，如下图所示。

步骤 03 选择【格式】▶【点样式】菜单命令，在弹出的【点样式】对话框中选择需要的样式。

步骤 04 在命令行输入【DIV】并按空格键，将圆进行3等分。

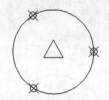

步骤 05 单击【默认】选项卡▶【绘图】面板▶【起点、端点、半径】按钮，捕捉下图所示的起点和端点，绘制一条半径为150的圆弧。

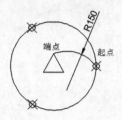

步骤 06 重复步骤5，绘制一条半径为185的圆弧。

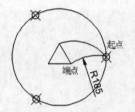

步骤 07 重复步骤5~6，绘制其他4条圆弧。

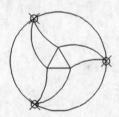

步骤 08 删除等分点后结果如下图所示。

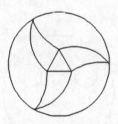

小提示

在绘制图形之前，先将草图对话框中对象捕捉的"节点"勾选上，否则无法捕捉等分点。

4.8.2 绘制笑脸图案

绘制笑脸图案主要用到【圆】【圆环】和【圆弧】命令，其中注意【FRO】的应用，绘制笑脸图案的具体操作步骤如下。

步骤 01 新建一个图形文件，然后在命令行输入【C】并按空格键，以图中任意一点为圆心，绘制一个半径为"50"的圆，如下图所示。

步骤 02 重复绘制圆，绘制两个半径为10的圆，AutoCAD命令行提示如下。

    命令：CIRCLE
    指定圆的圆心或 [三点 (3P)/ 两点 (2P)/ 切点、切点、半径 (T)]:
    fro 基点：   // 捕捉 R=50 的圆的圆心
    < 偏移 >:@25,15
    指定圆的半径或 [直径 (D)] <50.0000>:10
    命令：CIRCLE
    指定圆的圆心或 [三点 (3P)/ 两点 (2P)/ 切点、切点、半径 (T)]:
    fro 基点：
    < 偏移 >:@-25,15
    指定圆的半径或 [直径 (D)] <10.0000>:10

步骤 03 两个半径为10的圆绘制完成后如下图所示。

步骤 04 在命令行输入【DO】并按空格键，通过【圆环】命令绘制眼珠，AutoCAD命令行提示如下。

    命令：DONUT
    指定圆环的内径 <0.5000>: 0
    指定圆环的外径 <1.0000>: 10
    指定圆环的中心点或 < 退出 >:   // 捕捉小圆的圆心为圆环的中心

    指定圆环的中心点或 < 退出 >:
      // 捕捉另一小圆的圆心为圆环的中心
    指定圆环的中心点或 < 退出 >:   // 按空格键退出命令

步骤 05 两个圆环绘制完毕后结果如下图所示。

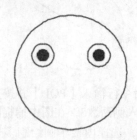

步骤 06 在命令行输入【A】并按空格键，通过【圆弧】命令绘制嘴巴，AutoCAD命令行提示如下。

    命令：ARC
    指定圆弧的起点或 [圆心 (C)]: fro 基点：
      // 捕捉 R=50 的圆的圆心
    < 偏移 >: @-20,-24
    指定圆弧的第二个点或 [圆心 (C)/ 端点 (E)]: e
    指定圆弧的端点：@40,0
    指定圆弧的中心点 (按住 Ctrl 键以切换方向) 或 [角度 (A)/ 方向 (D)/ 半径 (R)]: r
    指定圆弧的半径 (按住 Ctrl 键以切换方向): 80
    命令：ARC
    指定圆弧的起点或 [圆心 (C)]:   // 捕捉 R=80 的圆弧的左端点
    指定圆弧的第二个点或 [圆心 (C)/ 端点 (E)]: e
    指定圆弧的端点：   // 捕捉 R=80 的圆弧的右端点
    指定圆弧的中心点 (按住 Ctrl 键以切换方向) 或 [角度 (A)/ 方向 (D)/ 半径 (R)]: r
    指定圆弧的半径 (按住 Ctrl 键以切换方向): 24

步骤 07 两个圆环绘制完毕后结果如下图所示。

（1）当所绘制的图形的位置不好确定时，常用【FRO】命令来定位图形的位置，输入【FRO】并按空格键后，当提示指定"基点"时，捕捉图形中的特殊点（如端点、圆心、中点等）作为基点，然后通过输入相对特殊点的偏移距离来确定将要绘制的图形的位置。

（2）绘制圆环时，当圆环的内径为0时，绘制的圆环将是一个"实心圆"图案，"实心圆"的大小取决于圆环的外径。

4.8.3 绘制台灯罩平面图

绘制台灯罩平面图主要用到【圆】【等分点】和【直线】命令，绘制台灯罩的具体操作步骤如下。

步骤 01 新建一个图形文件，然后在命令行输入【C】并按空格键，在绘图区域任意单击一点作为圆心，绘制一个半径为"150"的圆，如下图所示。

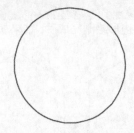

步骤 02 重复绘制圆，绘制一个半径为"50"的圆，AutoCAD提示如下。

```
命令：CIRCLE
指定圆的圆心或 [ 三点 (3P)/ 两点 (2P)/ 切
点、切点、半径 (T)]:
 fro 基点：      // 捕捉 R=150 的圆的圆心
< 偏移 >: @-20,20
指定圆的半径或 [ 直径 (D)] <150.0000>:
50
```

步骤 03 绘制半径为50的圆后，效果如下图所示。

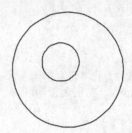

步骤 04 选择【格式】▶【点样式】菜单命令，在弹出的对话框中选择点样式，如下图所示。

步骤 05 在命令行输入【DIV】并按空格键，将上面绘制的两个圆进行10等分，结果如下图所示。

步骤 06 在命令行输入【L】并按空格键，将上面的等分点连接起来，结果如下图所示。

步骤 07 选择所有等分点，并按键盘【Del】键将所选的等分点删除，结果如下图所示。

高手支招

⊙ **本节视频教程时间：4 分钟**

本章主要介绍二维基本绘图命令，都是一些最常用的绘制方式，其实，这些命令除了一些基本用法外，还有一些特殊的用法，如用【构造线】命令绘制角度平分线，绘制指定长度但底边又不与水平方向平齐的多边形等。

● 如何用构造线绘制角度平分线

步骤 01 打开 "素材\CH04\绘制角度平分线.dwg"素材文件，如下图所示。

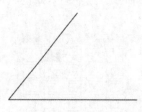

步骤 02 在命令行输入【XL】，AutoCAD提示如下。

> 命令：XLINE
> 指定点或 [水平 (H)/ 垂直 (V)/ 角度 (A)/ 二等分 (B)/ 偏移 (O)]: B
> 指定角的顶点：　　　// 捕捉角的顶点
> 指定角的起点：　　　// 捕捉一条边上的任意一点
> 指定角的端点：　　　// 捕捉另一条边上的任意一点
> 指定角的端点：　　　// 按空格键结束命令

步骤 03 构造线绘制完成后，结果如下图所示。

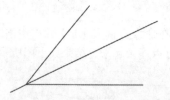

● 如何绘制底边不与水平方向平齐的正多边形

在用输入半径值绘制多边形时，所绘制的多边形底边都与水平方向平齐，这是因为多边形底边自动与事先设定好的捕捉旋转角度对齐，而这个角度AutoCAD默认为0°。而通过输入半径值来绘制底边不与水平方向平齐的多边形，有两种方法，一是通过输入相对极坐标绘制，二是通过修改系统变量来绘制。下面就来绘制一个外切圆半径为200，底边与水平方向方向为30°的正六边形。

步骤 01 新建一个图形文件，然后在命令行输入【POL】并按空格键，根据命令行提示进行如下操作。

> 命令：POLYGON 输入侧面数 <4>: 6
> 指定正多边形的中心点或 [边 (E)]:　　// 任意单击一点作为圆心
> 输入选项 [内接于圆 (I)/ 外切于圆 (C)] <I>: C
> 指定圆的半径：@200<60

步骤 02 正六边形绘制完成后，结果如下图所示。

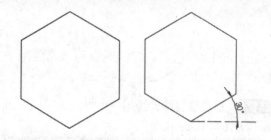

小提示

除了输入极坐标的方法外，通过修改系统参数"SNAPANG"也可以完成上述多边形的绘制，操作步骤如下。

（1）在命令行输入【SANPANG】命令并按空格键，将新的系统值设置为30°。

> 命令：SANPANG
> 输入 SANPANG 的新值 <0>: 30

（2）在命令行输入【POL】命令并按空格键，AutoCAD提示如下。

> 命令：POLYGON 输入侧面数 <4>: 6
> 指定正多边形的中心点或 [边 (E)]:　　// 任意单击一点作为多边形的中心
> 输入选项 [内接于圆 (I)/ 外切于圆 (C)] <I>: C
> 指定圆的半径：200

第5章

编辑二维图形对象

学习目标

单纯使用绘图命令，只能创建一些基本的图形对象。如果要绘制复杂的图形，在很多情况下必须借助图形编辑命令。AutoCAD提供了强大的图形编辑功能，可以帮助用户合理地构造和组织图形，在保证绘图的精确性的同时，又简化了绘图操作，极大地提高了绘图效率。

学习效果

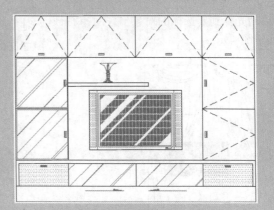

5.1 选择对象

🔊 本节视频教程时间：8 分钟

在AutoCAD中创建的每个几何图形都是一个AutoCAD对象类型。AutoCAD对象类型具有很多种形式，例如直线、圆、标注、文字、多边形和矩形等。

在AutoCAD中，选择对象是一个非常重要的环节，无论执行任何编辑命令都必须选择对象或先选择对象再执行编辑命令，因此选择命令会频繁使用。

5.1.1 单个选择对象

选择对象时可以选择单个对象，也可以通过多次选择单个对象实现多个对象的选择。其具体操作步骤如下。

● 1. 单击选择对象

步骤 01 打开"素材\CH05\选择对象.dwg"素材文件，如下图所示。

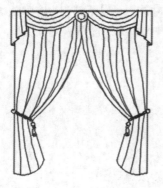

步骤 02 移动光标到要选择的对象上，对象将被亮显，如下图所示。

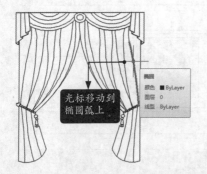

步骤 03 单击即可选中此对象，选中对象后对象呈夹点显示，如下图所示。

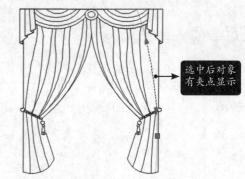

步骤 04 按【Esc】键则可退出对象选择。

● 2. 重叠对象的选择

步骤 01 移动光标到要选择的对象上，当要选择对象和其他对象重叠或相近时，十字光标出现重叠符号"⬚"提示，如下图所示。

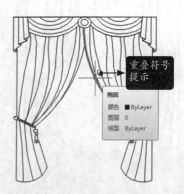

步骤 02 单击对象后将弹出【选择集】选项框，提示选择哪个对象，如下图所示。

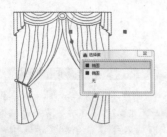

步骤 **03** 在弹出的【选择集】选项框中选择需要
的对象即可，按【Esc】键则退出对象选择。

小提示

只有在状态栏将选择循环┐打开后，将光标
放在重叠对象上时才会出现重叠符号提示。

5.1.2 选择多个对象

在AutoCAD中，有时候需要选择多个对象进行编辑操作，如果一个个地单击选择对象，则将较为麻烦，不仅花费时间和精力，而且影响工作效率，这时如果能同时选择多个对象，就显得非常高效了。

● 1. 窗口选择

步骤 **01** 在绘图区域左边空白处单击鼠标，确定矩形窗口第一点。

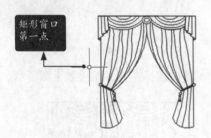

步骤 **02** 从左向右拖动光标，展开一个矩形窗口，如下图所示。

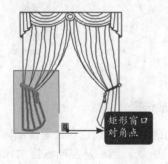

步骤 **03** 单击鼠标后，完全位于窗口内的对象即被选中，如下图所示。

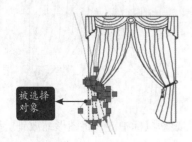

小提示

窗口选择对象时，只有整个对象都在选择框中时，对象才会被选中。而交叉选择对象时，只要对象和选择框相交则都会被选中。

● 2. 交叉选择

步骤 **01** 在绘图区右边空白处单击鼠标，确定矩形窗口第一点。

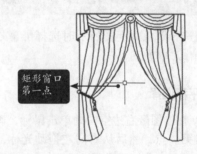

步骤 **02** 从右向左拖动光标，展开一个矩形窗口，如下图所示。

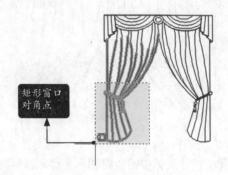

步骤 **03** 单击鼠标，凡是和选择框接触的对象全部被选中，如下图所示。

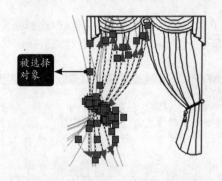

被选择
对象

5.1.3 选择屏幕外的对象

在AutoCAD 2018中，如果要选择的图形没有在当前屏幕显示出来，可以先选择部分图形，然后通过平移或缩放命令，显示并选择不在当前屏幕的其他图形对象。

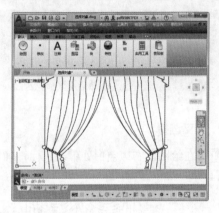

当选择对象如上图所示时选择屏幕外的对象的操作步骤如下。

● 1. 平移选择

步骤 01 在绘图区右边空白处单击鼠标，确定矩形窗口第一点，然后从右向左拖动光标，展开一个矩形窗口，如下图所示。

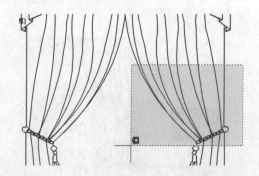

步骤 02 按住鼠标中键，将图形平移到屏幕内。

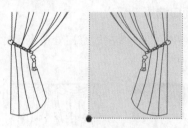

步骤 03 单击鼠标左键，结果如下图所示。

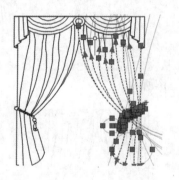

● 2. 缩放选择

步骤 01 在绘图区右边空白处单击鼠标，确定矩形窗口第一点，然后从左向右拖动光标，展开一个矩形窗口，如下图所示。

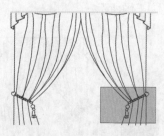

步骤 02 滚动鼠标中键，将图形缩放到屏幕内，

然后拖动光标选择对象。

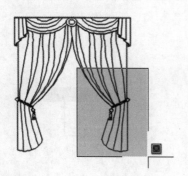

步骤 03 单击鼠标左键，结果如下图所示。

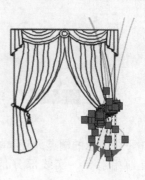

5.2 复制对象

🔊 本节视频教程时间：11分钟

下面将对AutoCAD 2018中复制类图形对象编辑方法进行详细介绍，包括【复制】【镜像】【偏移】和【阵列】等。

5.2.1 复制对象

复制，通俗地讲就是把原对象变成多个完全一样的对象。这和现实当中复印身份证和求职简历是一个道理。例如通过【复制】命令，可以很轻松地从单个餐桌复制出多个餐桌，实现一个完整餐厅的效果。

在AutoCAD 2018中调用【复制】命令通常有以下4种方法。

（1）选择【修改】➤【复制】菜单命令。

（2）在命令行输入【COPY/CO/CP】命令并按空格键。

（3）单击【默认】选项卡➤【修改】面板➤【复制】按钮 。

（4）选择对象后右击，在快捷菜单中选择【复制】命令。

复制对象的具体操作步骤如下。

步骤 01 打开"素材\CH05\复制镜像对象.dwg"素材文件，如下图所示。

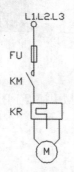

步骤 02 在命令行输入【CO】命令并按空格键，选择复制对象，按空格键确认。

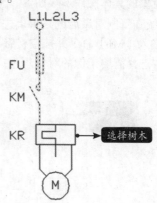

步骤 03 捕捉下图中所示的端点作为复制对象的基点，如下图所示。

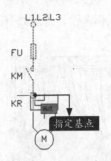

步骤 04 单击下图所示的端点为复制的第二点。虚线部分是原始对象，实线部分是复制后的对象。

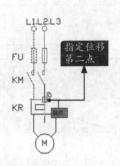

步骤 05 按空格键退出【复制】命令，结果如下图所示。

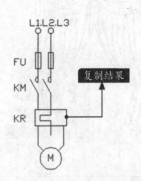

> **小提示**
>
> 执行一次【复制】命令，可以实现连续复制多次同一个对象的操作，退出【复制】命令后终止复制操作。

5.2.2 镜像对象

镜像对创建对称的对象非常有用。通常可以快速地绘制半个对象，然后将其镜像从而形成整个对象。

在AutoCAD 2018中调用【镜像】命令通常有以下3种方法。

（1）选择【修改】➤【镜像】菜单命令。

（2）在命令行输入【MIRROR/MI】命令并按空格键。

（3）单击【默认】选项卡➤【修改】面板➤【镜像】按钮▲。

镜像对象的具体操作步骤如下。

步骤 01 继续在复制对象后的结果上进行操作，在命令行输入【MI】命令并按空格键，然后在绘图区域中选择需要镜像的对象。

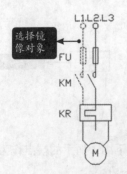

步骤 02 在绘图区域中捕捉端点为镜像线第一点。

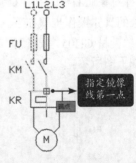

步骤 03 在绘图区域中捕捉下图所示的交点作为镜像线第二点。

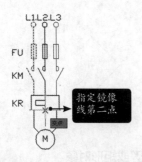

步骤 04 当命令提示是否删除"源对象"时，输入【N】并按空格键确认。

要删除源对象吗？[是(Y)/否(N)] <N>：
N

步骤 05 镜像后结果如下图所示。

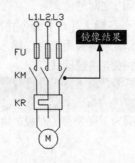

步骤 06 重复镜像命令，并选择镜像后的对象为镜像对象。

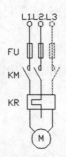

步骤 07 在绘图区域中捕捉下图所示的端点作为镜像线第一点。

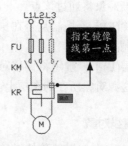

步骤 08 在绘图区域中捕捉下图所示的端点作为镜像线第二点。

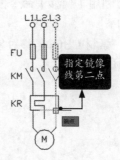

步骤 09 当命令提示是否删除"源对象"时，输入【Y】并按空格键确认。

要删除源对象吗？[是(Y)/否(N)] <N>：
Y

步骤 10 镜像后最终结果如下图所示。

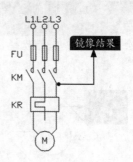

5.2.3 偏移对象

通过偏移可以创建与原对象造型平行的新对象。在AutoCAD 2018中调用【偏移】命令通常有以下3种方法。

（1）选择【修改】➤【偏移】菜单命令。

（2）在命令行输入【OFFSET/O】命令并按空格键。

（3）单击【默认】选项卡➤【修改】面板➤【偏移】按钮 。

执行【偏移】命令后，系统会提示【指定偏移距离或 [通过(T)/删除(E)/图层(L)] <通过>：】，该提示中各选项含义如下。

- 【指定偏移距离】：指定需要被偏移的距离值。

● 【通过(T)】：可以指定一个已知点，偏移后生成的新对象将通过该点。

● 【删除(E)】：控制是否在执行偏移命令后将源对象删除。

● 【图层(L)】：确定将偏移对象创建在当前图层上还是源对象所在的图层上。

● 1. 偏移直线对象

在AutoCAD中如果偏移的对象为直线，那么偏移的结果相当于复制。下面将通过对花窗的偏移来学习利用【偏移】命令偏移直线，具体操作步骤如下。

步骤01 打开"素材\CH05\偏移对象.dwg"素材文件，如下图所示。

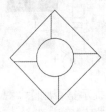

步骤02 在命令行输入【O】命令并按空格键，当命令行提示输入偏移距离时，输入"80"作为偏移距离并按空格键确认。

> 指定偏移距离或 [通过 (T)/ 删除 (E)/ 图层 (L)] < 通过 >: 80

步骤03 在绘图区域中单击选择需要偏移的对象。

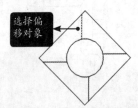

选择偏移对象

步骤04 在偏移对象的右侧单击指定偏移方向，结果如下图所示。

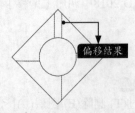

偏移结果

步骤05 继续选择其他直线作为偏移对象进行偏移，结果如下图所示。

● 2. 偏移圆或矩形对象

偏移对象如果是圆，偏移的结果是一个和源对象同心的同心圆，偏移距离即为两个圆的半径差。偏移的对象如果是矩形，偏移结果还是一个和源对象同中心的矩形，偏移距离即为两个矩形平行边之间的距离。

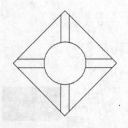

步骤01 在命令行输入【O】命令并按空格键，当命令行提示输入偏移距离时，输入"100"作为偏移距离并按空格键确认。

> 指定偏移距离或 [通过 (T)/ 删除 (E)/ 图层 (L)] < 通过 >: 100

步骤02 选择圆为需要偏移的对象，如下图所示。

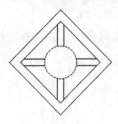

步骤03 在圆的内侧单击，确定偏移方向，结果如下图所示。

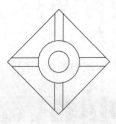

步骤04 重复步骤2~3，选择矩形为偏移对象，将它向外侧偏移"100"，结果如下图所示。

5.2.4 阵列对象

阵列功能可以将对象快速创建出多个副本，在AutoCAD 2018中，阵列可以分为矩形阵列、路径阵列以及环形阵列（极轴阵列）。

1. 矩形阵列

矩形阵列可以创建对象的多个副本，并可控制副本之间的数目和距离。

在AutoCAD 2018中调用【矩形阵列】命令通常有以下3种方法。

（1）选择【修改】▶【阵列】▶【矩形阵列】菜单命令。

（2）在命令行输入【ARRAYRECT】命令并按空格键。

（3）单击【默认】选项卡▶【修改】面板▶【矩形阵列】按钮。

矩形阵列对象的具体操作步骤如下。

步骤 01 打开"素材\CH05\矩形阵列.dwg"素材文件，如下图所示。

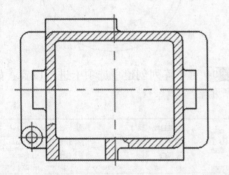

步骤 02 单击【默认】选项卡▶【修改】面板▶【矩形阵列】按钮，然后在绘图区域选择阵列对象，并按空格键确认。

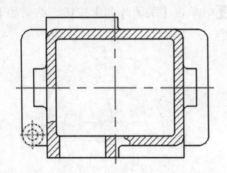

步骤 03 阵列对象选择完毕后，系统弹出【阵列创建】选项卡，对【阵列创建】选项卡进行设置。

步骤 04 单击阵列创建选项卡中的【关闭阵列】按钮，创建结果如下图所示。

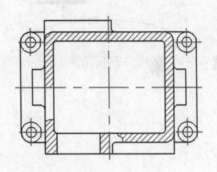

2. 路径阵列

在路径阵列中，项目将均匀地沿路径或部分路径分布。

在AutoCAD 2018中调用【路径阵列】命令通常有以下3种方法。

（1）选择【修改】▶【阵列】▶【路径阵列】菜单命令。

（2）在命令行输入【ARRAYPATH】命令并按空格键。

（3）单击【默认】选项卡▶【修改】面板▶【路径阵列】按钮。

下面将对花草图形进行路径阵列，具体操作步骤如下。

步骤 01 打开"素材\CH05\路径阵列.dwg"素材文件，如下图所示。

步骤 02 单击【默认】选项卡▶【修改】面板▶
【路径阵列】按钮，然后选择绘图区域中
的花草为阵列对象，并按空格键确认，如下图
所示。

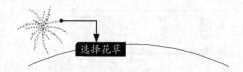

步骤 03 在绘图区域中选择弧线作为阵列路径曲
线，并按空格键确认。

步骤 04 阵列结果如下图所示。

3. 环形阵列

环形阵列也可创建对象的多个副本并可对
副本是否旋转以及旋转角度进行设置。

在AutoCAD 2018中调用【环形阵列】命令
通常有以下3种方法。

（1）选择【修改】▶【阵列】▶【环形阵
列】菜单命令。

（2）在命令行输入【ARRAYPOLAR】命
令并按空格键。

（3）单击【默认】选项卡▶【修改】面板▶
【环形阵列】按钮。

环形阵列对象的具体操作步骤如下。

步骤 01 打开"素材\CH05\环形阵列.dwg"素材
文件，如下图所示。

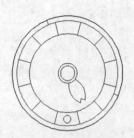

步骤 02 单击【默认】选项卡▶【修改】面板▶
【环形阵列】按钮，然后在绘图区域中选择
阵列对象，并按空格键确认。

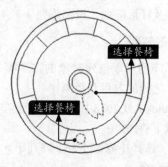

步骤 03 在绘图区域捕捉圆心作为阵列的中心
点，如下图所示。

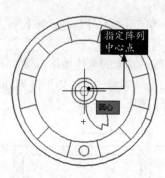

步骤 04 对【阵列创建】选项卡进行设置，如下
图所示。

步骤 05 单击【关闭阵列】按钮，结果如下图
所示。

小提示

3种阵列除了上面所说的调用方法外，还可以通过在命令行输入【ARRAY/AR】命令并按空格键，选择对象后，根据命令行提示选择相应的阵列方式来调用。

输入阵列类型 [矩形 (R)/ 路径 (PA)/ 极轴 (PO)] < 极轴 >:

5.3 调整对象的大小或位置

🔵 本节视频教程时间：11分钟

 下面将对AutoCAD 2018中调整对象大小和位置的方法进行详细介绍，包括【缩放】【拉伸】【拉长】【修剪】【延伸】【移动】和【旋转】等。

5.3.1 缩放

【缩放】命令可以在x、y和z坐标上同比放大或缩小对象，使对象符合最终设计要求。在对对象进行缩放操作时，对象的比例保持不变，但其在x、y、z坐标上的数值将发生改变。

在AutoCAD 2018中调用【缩放】命令通常有以下4种方法。

（1）选择【修改】➤【缩放】菜单命令。

（2）在命令行输入【SCALE/SC】命令并按空格键。

（3）单击【默认】选项卡➤【修改】面板➤【缩放】按钮🔲。

（4）选择对象后右击，在快捷菜单中选择【缩放】命令。

下面将对树木图形进行比例缩放，具体操作步骤如下。

步骤01 打开"素材\CH05\比例缩放.dwg"素材文件，如下图所示。

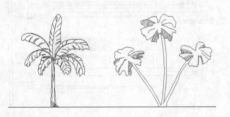

步骤02 在命令行输入【SC】命令并按空格键，然后选择树木右侧的图形为缩放对象，并按空格键确认。

选择缩放对象

步骤03 捕捉下图所示的端点作为缩放基点。

指定基点

步骤04 当命令行提示输入缩放比例时，输入"0.5"作为缩放比例，并按空格键确认。

指定比例因子或 [复制 (C)/ 参照 (R)]: 0.5

步骤05 缩放完成后结果如下图所示。

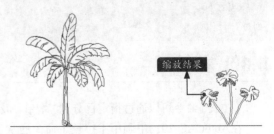

缩放结果

5.3.2 拉伸

通过【拉伸】命令可改变对象的形状。在AutoCAD中，【拉伸】命令主要用于非等比缩放。【缩放】命令是对对象整体进行放大或缩小，也就是说，缩放前后对象的大小发生改变，但其比例和形状保持不变。【拉伸】命令可以对对象进行形状或比例上的改变。

在AutoCAD 2018中调用【拉伸】命令通常有以下3种方法。

（1）选择【修改】➤【拉伸】菜单命令。

（2）在命令行输入【STRETCH/S】命令并按空格键。

（3）单击【默认】选项卡➤【修改】面板➤【拉伸】按钮 。

拉伸对象的具体操作步骤如下。

步骤01 打开"素材\CH05\拉伸对象.dwg"素材文件，如下图所示。

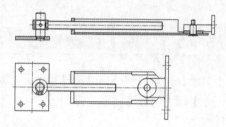

步骤02 在命令行输入【S】命令并按空格键，然后在绘图区域中由右向左交叉选择要拉伸的对象，如下图所示。

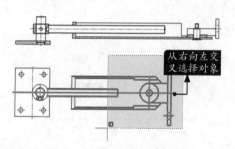

步骤03 选择拉伸对象后，按空格键确认选择对象，单击确定拉伸基点，如下图所示。

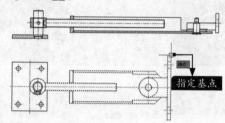

步骤04 捕捉主视图最右侧矩形的右下端点，然后向下拖动光标，当垂直指引线和水平指引线相交时单击鼠标。

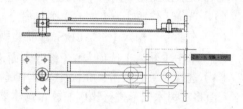

步骤05 结果如下图所示。

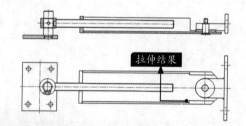

小提示

在选择对象时，必须采用交叉选择的方式选择对象，全部被选中的对象将被移动，部分被选中的对象则进行拉伸。

5.3.3 拉长

【拉长】命令可以通过指定百分比、增量、最终长度或角度来更改对象的长度和圆弧的包含角。

在AutoCAD 2018中调用【拉长】命令通常有以下3种方法。

（1）选择【修改】➤【拉长】菜单命令。

（2）在命令行输入【LENGTHEN/LEN】命令并按空格键。

（3）单击【默认】选项卡➤【修改】面板➤【拉长】按钮 ，。

拉长对象的具体操作步骤如下。

步骤01 打开"素材\CH05\拉长对象.dwg"素材文件，如下图所示。

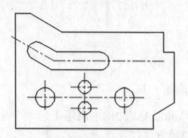

步骤02 单击【默认】选项卡➤【修改】面板➤【拉长】按钮 ，，根据命令行提示进行如下操作。

> 命令：_lengthen
> 　选择要测量的对象或 [增量 (DE)/ 百分比 (P)/ 总计 (T)/ 动态 (DY)] < 增量 (DE)>:DE
> 　输入长度增量或 [角度 (A)] <0.0000>:−60
> 　选择要修改的对象或 [放弃 (U)]:
> 　// 选择下图所示的中心线，注意选择的位置
> 　选择要修改的对象或 [放弃 (U)]:

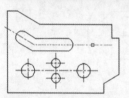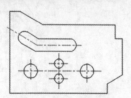

步骤03 重复调用【拉】长命令，根据命令行提示进行如下操作。

> 命令：_lengthen
> 　选择要测量的对象或 [增量 (DE)/ 百分比 (P)/ 总计 (T)/ 动态 (DY)] < 增量 (DE)>:P
> 　输入长度百分数 <100.0000>: 75
> 　选择要修改的对象或 [放弃 (U)]:
> 　// 选择下图所示的中心线，注意选择的位置
> 　选择要修改的对象或 [放弃 (U)]:

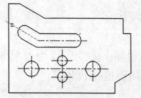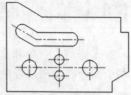

步骤04 重复调用【拉长】命令，根据命令行提示进行如下操作。

> 命令：_lengthen
> 　选择要测量的对象或 [增量 (DE)/ 百分比 (P)/ 总计 (T)/ 动态 (DY)] < 百分比 (P)>: T
> 　指定总长度或 [角度 (A)] <1.0000>: 40
> 　选择要修改的对象或 [放弃 (U)]:
> 　// 选择下图所示的中心线，注意选择的位置
> 　选择要修改的对象或 [放弃 (U)]:

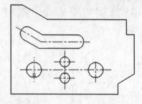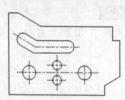

步骤05 重复调用【拉长】命令，根据命令行提示进行如下操作。

> 命令：_lengthen
> 　选择要测量的对象或 [增量 (DE)/ 百分比 (P)/ 总计 (T)/ 动态 (DY)] < 总计 (T)>: DY
> 　选择要修改的对象或 [放弃 (U)]:
> 　// 选择下图所示的中心线
> 　选择要修改的对象或 [放弃 (U)]:
> 　// 拖动鼠标在合适的地方单击确定拉长

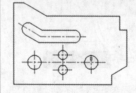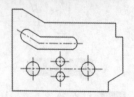

小提示

　在选择拉伸对象时注意选择的位置，选择的位置不同，得到的结果可能相反。

5.3.4 修剪和延伸

【修剪】命令和【延伸】命令可以通过缩短或延长对象，使对象与其他对象的边相连接。这两个命令在制图过程中用得也比较频繁。

● 1. 修剪

在AutoCAD 2018中调用【修剪】命令通常有以下3种方法。

（1）选择【修改】▶【修剪】菜单命令。

（2）在命令行输入【TRIM/TR】命令并按空格键。

（3）单击【默认】选项卡▶【修改】面板▶【修剪】按钮 。

下面将对机械图形进行修剪，具体操作步骤如下。

步骤 01 打开"素材\CH05\修剪对象.dwg"素材文件，如下图所示。

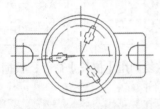

步骤 02 调用【修剪】命令，然后在绘图区域中选择要修剪的对象，并按空格键确认，如下图所示。

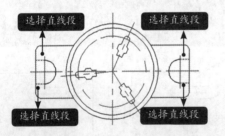

步骤 03 在绘图区域中选择需要被修剪掉的部分，并按空格键确认，如下图所示。

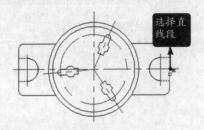

步骤 04 修剪完成后结果如下图所示。

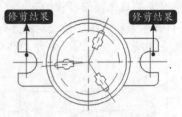

● 2. 延伸

在AutoCAD 2018中调用【延伸】命令通常有以下3种方法。

（1）选择【修改】▶【延伸】菜单命令。

（2）在命令行输入【EXTEND/EX】命令并按空格键。

（3）单击【默认】选项卡▶【修改】面板▶【延伸】按钮 。

下面将对机械图形进行延伸，具体操作步骤如下。

步骤 01 打开"素材\CH05\延伸对象.dwg"素材文件，如下图所示。

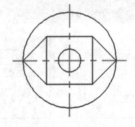

步骤 02 在命令行输入【EX】命令并按空格键，然后在绘图区域中选择延伸边界对象，并按空格键确认，如下图所示。

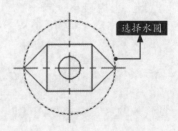

步骤 03 在绘图区域中选择需要被延伸的直线，如下图所示。

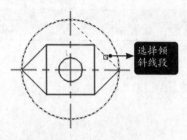

选择倾斜线段

步骤 04 倾斜线段延伸后如下图所示。

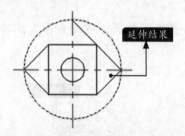

延伸结果

步骤 05 继续选择其他需要延伸的倾斜线段，结果下图所示。

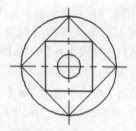

小提示

在执行【修剪】命令时，按住【Shift】键，将变为【延伸】命令。同样，在执行延伸命令时，按住【Shift】键，将变为【修剪】命令。

5.3.5 移动对象

通过【移动】命令，用户可以将原对象以指定的距离和角度移动到任何指定位置，从而实现对象的组合以形成一个新的对象。在AutoCAD 2018中调用【移动】命令通常有以下4种方法。

（1）选择【修改】➤【移动】菜单命令。
（2）在命令行输入【MOVE/M】命令并按空格键。
（3）单击【默认】选项卡➤【修改】面板➤【移动】按钮✥。
（4）选择对象后右击，在快捷菜单中选择【移动】命令。

移动对象的具体操作步骤如下。

步骤 01 打开 "原始文件\CH05\移动对象.dwg" 文件，如下图所示。

步骤 02 命令行输入【M】命令并按空格键，选择花瓶为移动对象后按空格键确定。

步骤 03 单击中点作为移动对象的基点。

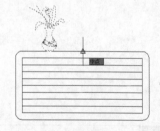

步骤 04 当命令行提示指定第二点时，在命令行输入 "@2000,0" 后按空格键确定。

指定第二个点或 < 使用第一个点作为位移 >: @2000,0

步骤 05 结果如下图所示。

5.3.6 旋转

旋转是指绕指定基点旋转图形中的对象。

在AutoCAD 2018中调用【旋转】命令通常有以下4种方法。

（1）选择【修改】▶【旋转】菜单命令。

（2）在命令行输入【ROTATE/RO】命令并按空格键。

（3）单击【默认】选项卡▶【修改】面板▶【旋转】按钮○。

（4）选择对象后右击，在快捷菜单中选择【旋转】命令。

下面将对树叶图形进行旋转，具体操作步骤如下。

步骤01 打开"素材\CH05\旋转对象.dwg"素材文件，如下图所示。

步骤02 在命令行输入【RO】命令并按空格键，然后选择树叶为旋转对象，并按空格键确认。

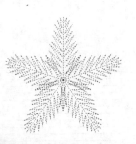

步骤03 捕捉下图所示的端点作为旋转对象的基点。

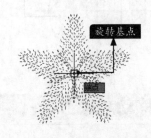

步骤04 当命令行提示输入旋转角度时输入"36"，指定对象旋转角度，并按空格键确认。

> 指定旋转角度，或 [复制 (C)/ 参照 (R)]
> <0>：36

步骤05 旋转完成后结果如下图所示。

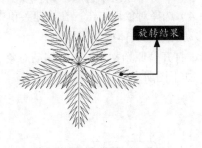

5.4 构造对象

本节视频教程时间：7分钟

下面将对AutoCAD 2018中构造对象的方法进行详细介绍，包括【打断】【打断于点】【圆角】【倒角】和【合并对象】等。

5.4.1 创建有间隙的打断

利用【打断】命令可以轻松实现在两点之间打断对象的操作。

在AutoCAD 2018中调用【打断】命令通常有以下3种方法。

（1）选择【修改】▶【打断】菜单命令。

（2）在命令行输入【BREAK/BR】命令并按空格键。

（3）单击【默认】选项卡➤【修改】面板➤【打断】按钮。

执行【打断】命令并对所需打断对象进行选择确认后，系统会提示【指定第二个打断点或 [第一点(F)]:】

该提示中各选项含义如下。

● 【指定第二个打断点】：指定第二个打断点的位置，此时系统默认以单击选择该对象时所单击的位置为第一个打断点。

● 【第一点(F)】：用指定的新点替换原来的第一个打断点。

下面将对圆形进行打断，具体操作步骤如下。

步骤01 打开"素材\CH05\打断对象.dwg"素材文件，如下图所示。

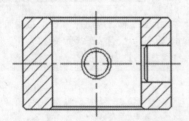

步骤02 在命令行输入【BR】命令并按空格键，然后单击选择要打断的对象，如下图所示。

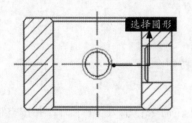

步骤03 在命令行中输入【F】，并按空格键确认。

指定第二个打断点 或 [第一点(F)]: F

步骤04 在绘图区域中单击指定第一个打断点，如下图所示。

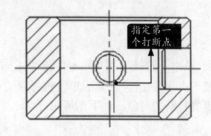

步骤05 在绘图区域中单击指定第二个打断点，如下图所示。

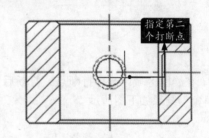

步骤06 结果如下图所示。

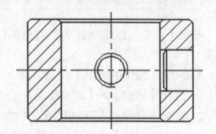

5.4.2 创建没间隙的打断——打断于点

利用【打断于点】命令可以实现将对象在一点处打断，而不存在缝隙。

在AutoCAD 2018中调用【打断于点】命令通常有以下3种方法。

（1）选择【修改】➤【打断】菜单命令。

（2）在命令行输入【BREAK/BR】命令并按空格键。

（3）单击【默认】选项卡➤【修改】面板➤【打断于点】按钮。

下面将对直线图形进行打断，具体操作步骤如下。

步骤 01 打开"素材\CH05\打断于点.dwg"素材文件，如下图所示。

步骤 02 单击【默认】选项卡➤【修改】面板➤【打断于点】按钮，然后单击选择竖直中心线作为要打断的对象，如下图所示。

步骤 03 在绘图区域中选择打断点，打断后选择打断对象，结果如下图所示。

步骤 04 重复步骤2～3的操作方法，将另三条线段也进行打断于点操作。

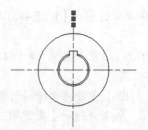

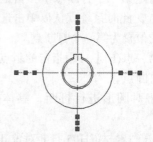

小提示

要打断对象而不创建间隙，可以在相同的位置指定两个打断点，也可以在提示输入第二点时输入"@0,0"。

5.4.3 圆角

【圆角】命令可以将比较尖锐的角进行圆滑处理，也可以对平行或延长线相交的边线进行圆角处理。

在AutoCAD 2018中调用【圆角】命令通常有以下3种方法。

（1）选择【修改】➤【圆角】菜单命令。

（2）在命令行输入【FILLET/F】命令并按空格键。

（3）单击【默认】选项卡➤【修改】面板➤【圆角】按钮。

圆角的具体操作步骤如下。

步骤 01 打开"素材\CH05\圆角对象.dwg"素材文件，如下图所示。

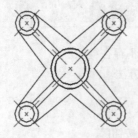

步骤 02 在命令行输入【F】命令并按空格键，然后再根据命令行提示设定圆角半径。

```
命令：_fillet
当前设置：模式 = 修剪，半径 = 0.0000
选择第一个对象或 [ 放弃 (U)/ 多段线 (P)/
半径 (R)/ 修剪 (T)/ 多个 (M)]：R
指定圆角半径 <0.0000>：10
选择第一个对象或 [ 放弃 (U)/ 多段线 (P)/
半径 (R)/ 修剪 (T)/ 多个 (M)]：M
```

步骤 03 选定需要圆角的两条相邻直线。

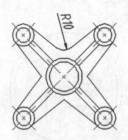

步骤 04 继续【圆角】命令操作，结果如下图所示。

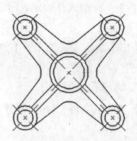

5.4.4 倒角

倒角操作用于连接两个对象，使它们以平角或倒角相接。

在AutoCAD 2018中调用【倒角】命令通常有以下3种方法。

（1）选择【修改】▶【倒角】菜单命令。

（2）在命令行输入【CHAMFER/CHA】命令并按空格键。

（3）单击【默认】选项卡▶【修改】面板▶【倒角】按钮◢。

倒角的具体操作步骤如下。

步骤 01 打开"素材\CH05\倒角对象.dwg"素材文件，如下图所示。

步骤 02 单击【默认】选项卡▶【修改】面板▶【倒角】按钮◢，然后根据命令行提示设置倒角距离。

> 命令：_chamfer
> （"修剪"模式）当前倒角距离 1 = 0.0000，距离 2 = 0.0000
> 选择第一条直线或 [放弃 (U)/ 多段线 (P)/ 距离 (D)/ 角度 (A)/ 修剪 (T)/ 方式 (E)/ 多个 (M)]：D
> 指定 第一个 倒角距离 <0.0000>：30
> 指定 第二个 倒角距离 <30.0000>：30
> 选择第一条直线或 [放弃 (U)/ 多段线 (P)/ 距离 (D)/ 角度 (A)/ 修剪 (T)/ 方式 (E)/ 多个 (M)]：M

步骤 03 选择要倒角的第一条直线。

步骤 04 选择要倒角的第二条直线，如下图所示。

步骤 05 结果如下图所示。

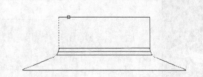

倒角结果

步骤 06 选择右侧竖直边和上侧水平边作为倒角对象，并按空格键确认。

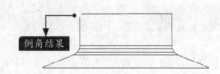

另一侧倒角

5.4.5 合并

使用【合并】命令可以将相似的对象合并为一个完整的对象。

AutoCAD 2018中调用【合并】命令通常有以下3种方法。

（1）选择【修改】➤【合并】菜单命令。

（2）在命令行输入【JOIN/J】命令并按空格键。

（3）单击【默认】选项卡➤【修改】面板➤【合并】按钮 ➤➤ 。

合并的具体操作步骤如下。

步骤01 打开"原始文件\CH05\合并对象.dwg"文件，如下图所示。

步骤02 在命令行输入【J】命令并按空格键，然后选择要合并的对象，如下图所示。

步骤03 重复步骤2，选择另一个指示符号为合并对象，如下图所示。

步骤04 合并后再选择，此时新的对象为一个整体，选择效果如下图所示。

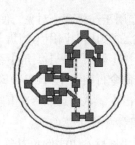

5.5 分解和删除对象

 本节视频教程时间：2分钟

通过【分解】操作可以将块、面域、多段线等分解为它的组成对象，以便单独修改一个或多个对象。【删除】命令则可以按需求将多余对象从原对象中删除。

5.5.1 分解

【分解】命令主要是把单个组合的对象分解成多个单独的对象，以便更方便地对各个单独对象进行编辑。

在AutoCAD 2018中调用【分解】命令通常有以下3种方法。

（1）选择【修改】➤【分解】菜单命令。

（2）在命令行输入【EXPLODE/X】命令并按空格键。

（3）单击【默认】选项卡➤【修改】面板➤【分解】按钮 。

分解的具体操作步骤如下。

步骤01 打开"原始文件\CH05\分解对象.dwg"文件，如下图所示。

步骤02 在命令行输入【X】命令并按空格键，然后单击选择绘图区域中的图形对象。

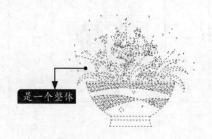

是一个整体

步骤03 按空格键确认后退出【分解】命令，然后单击选择图形，可以看到图形被分解成了多个单体，如下图所示。

被分解成了多个对象

5.5.2 删除对象

删除是把相关图形从原文档中移除，不保留任何痕迹。在AutoCAD 2018中调用【删除】命令通常有以下5种方法。

（1）选择【修改】▶【删除】菜单命令。

（2）在命令行输入【ERASE/E】命令并按空格键。

（3）单击【默认】选项卡▶【修改】面板▶【删除】按钮 ✐。

（4）选择对象后右击，在快捷菜单中选择【删除】命令。

（5）选择需要删除的对象，然后按【Del】键。

步骤01 打开"原始文件\CH05\删除对象.dwg"文件，如下图所示。

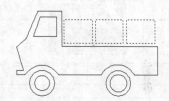

步骤03 按空格键确认，结果如下图所示。

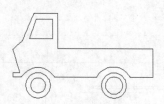

步骤02 在命令行输入【E】命令并按空格键，在绘图区域选择货车上的后屋为删除对象，如下图所示。

5.6 综合实战

🕐 **本节视频教程时间：9分钟**

本节将综合运用二维编辑命令，对电视柜正立面、花窗正立面和扳手进行绘制。

5.6.1 完善电视柜正立面图

下面将综合利用【拉伸】和【缩放】命令完善电视柜正立面图，具体操作步骤如下。

1. 执行拉伸命令

步骤 01 打开"素材\CH05\电视柜.dwg"素材文件，如下图所示。

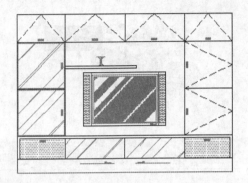

步骤 02 在命令行输入【S】命令并按空格键，在绘图区域从右向左拖动光标，交叉窗口选择要拉伸的对象，如下图所示。

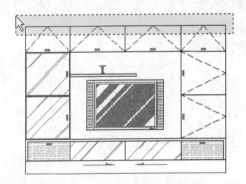

步骤 03 在绘图区域中捕捉如下图所示的端点作为拉伸基点。

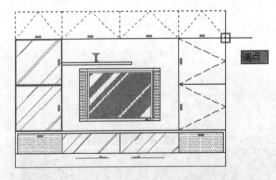

步骤 04 在命令行指定第二个点的坐标值，并按空格键确认。

指定第二个点或＜使用第一个点作为位移＞:@0,100↙

步骤 05 拉伸完成后结果如下图所示。

2. 执行缩放命令

步骤 01 在命令行输入【SC】命令并按空格键，在绘图区域中选择缩放对象如下图所示。

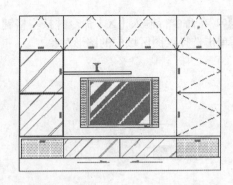

步骤 02 按空格键确认选择对象，并在绘图区域中捕捉中点作为图形缩放基点，如下图所示。

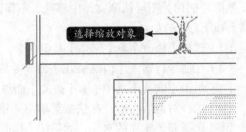

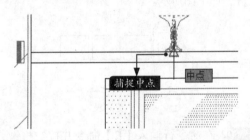

步骤 03 在命令行输入缩放比例因子，并按空格键确认。

指定比例因子或 [复制(C)/ 参照(R)]:2↙

步骤 04 结果如下图所示。

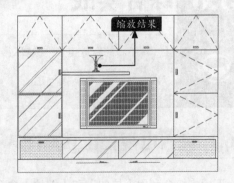

5.6.2 绘制花窗立面图

花窗立面图的绘制主要运用了【旋转】【直线】【圆】【偏移】【修剪】和删除命令，具体操作步骤如下。

步骤01 打开"素材\CH05\花窗.dwg"素材文件，如下图所示。

步骤02 在命令行输入【RO】命令并按空格键，选择整个图形为旋转对象，并捕捉正方形的端点为旋转基点，如下图所示。

步骤03 在命令行输入旋转角度"45"，并按空格键确认。旋转结果如下图所示。

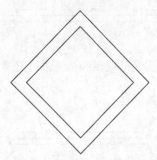

步骤04 在命令行输入【L】命令并按空格键，在正方形内侧绘制两条对角线，如下图所示。

步骤05 在命令行输入【C】命令并按空格键，以对角线的交点为圆心，绘制两个半径分别为100和200的圆，如下图所示。

步骤06 在命令行输入【O】命令并按空格键，将两条对角线分别向两侧偏移40，如下图所示。

步骤07 在命令行输入【TR】命令并按空格键，选择半径为200的圆和内侧正方形为修剪对象。

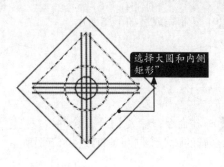

选择大圆和内侧矩形"

步骤08 对大圆内侧和小正方形的外侧进行修剪，结果如下图所示。

步骤09 在命令行输入【E】命令并按空格键，选择两条对角线将其删除，结果如下图所示。

5.6.3 绘制两用扳手

两用扳手的绘制主要运用了【复制】【直线】【偏移】【修剪】和【多边形】命令，具体操作步骤如下。

步骤01 打开"素材\CH05\两用扳手.dwg"素材文件，如下图所示。

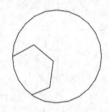

步骤02 在命令行输入【CO】命令并按空格键，选择圆为复制对象，并捕捉圆心为复制基点。

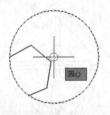

步骤03 当命令行提示指定第二点时输入"@190,0"并按空格键。

指定第二个点或 [阵列(A)] < 使用第一个点作为位移 >：@190,0 ↙

步骤04 复制完成后如下图所示。

步骤05 在命令行输入【L】命令并按空格键，连接两个圆的圆心绘制一条直线，如下图所示。

步骤06 在命令行输入【O】命令并按空格键，将直线向上下各偏移6，如下图所示。

步骤07 在命令行输入【TR】命令并按空格键，选择两个圆和多段线为修剪对象，如下图所示。

步骤08 对多余的线段和圆弧进行修剪，结果如下图所示。

步骤09 在命令行输入【POL】命令并按空格键，根据命令行提示绘制一个正六边形。命令行提示如下，结果如下图所示。

命令：_polygon 输入侧面数 <4>：6 ↙

指定正多边形的中心点或 [边 (E)]:　//
捕捉右侧圆的圆心作为正多边形的中心
　　输入选项 [内接于圆 (I)/ 外切于圆 (C)]
<I>:
　　指定圆的半径：13

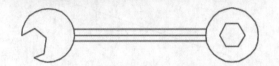

步骤⑩ 在命令行输入【E】命令并按空格键，然后选择步骤5绘制的直线将其删除，结果如下图所示。

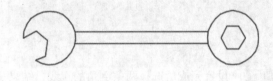

 高手支招

🔘 本节视频教程时间：2 分钟

　　编辑命令的功能很丰富，除了上面介绍的最常用功能外，有些命令还有附加选项功能，如【修剪】命令，在修剪的同时可以删除多余的对象；又如【倒角】命令，除了可以创建平角或倒角相接外，还可以使两条不平行的直线相交。

🔵 **修剪的同时删除多余对象**

　　以5.6.3节绘制两用扳手步骤7修剪为例，在修剪的同时删除中间那条直线，具体操作步骤如下。

步骤① 在命令行输入【TR】命令并按空格键，选择两个圆和多段线为修剪对象，根据命令行提示进行如下操作。

　　命令：TRIM
　　当前设置：投影 =UCS，边 = 延伸
　　选择剪切边 …
　　选择对象或 < 全部选择 >:　// 选择两个圆和多段线
　　选择对象：
　　选择要修剪的对象，或按住 Shift 键选择要延伸的对象，或 [栏选 (F)/ 窗交 (C)/ 投影 (P)/ 边 (E)/ 删除 (R)/ 放弃 (U)]:
　　……
　　// 选择要修剪的直线和圆弧，这时候得到图步骤 8 所示的结果，但是不要退出修剪命令
　　选择要修剪的对象，或按住 Shift 键选择要延伸的对象，或 [栏选 (F)/ 窗交 (C)/ 投影 (P)/ 边 (E)/ 删除 (R)/ 放弃 (U)]: r
　　选择要删除的对象或 < 退出 >: 找到 1 个
　　// 选择中间直线
　　选择要删除的对象：
　　选择要修剪的对象，或按住 Shift 键选择要延伸的对象，或 [栏选 (F)/ 窗交 (C)/ 投影 (P)/ 边 (E)/ 删除 (R)/ 放弃 (U)]:

步骤② 修剪和删除完成后如下图所示。

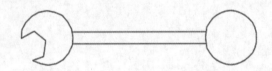

🔵 **用倒角命令使两条不平行的直线相交**

步骤① 打开"原始文件\CH05\用倒角命令使两条不平行的直线相交.dwg"文件，如下图所示。

步骤② 单击【默认】选项卡➤【修改】面板➤【倒角】按钮，然后在命令行中输入【D】，并按空格键确认。AutoCAD命令行提示如下：

　　命令：_chamfer
　　（"修剪"模式) 当前倒角距离 1 =25.0000，距离 2 = 25.0000
　　选择第一条直线或 [放弃 (U)/ 多段线 (P)/ 距离 (D)/ 角度 (A)/ 修剪 (T)/ 方式 (E)/ 多个 (M)]: D

步骤 03 在命令行中输入两个倒角距离都为"0"，并按空格键确认。AutoCAD命令行提示如下：

> 　　指定 第一个 倒角距离 <25.0000>：
> 0
> 　　指定 第一个 倒角距离 <25.0000>：
> 0

步骤 04 设置完成后选择两条倒角的直线，结果如下图所示。

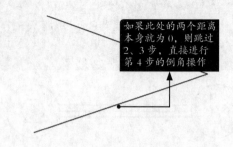

如果此处的两个距离本身就为0，则跳过2、3步，直接进行第4步的倒角操作

第6章

绘制和编辑复杂二维图形

AutoCAD可以满足用户多种绘图的需要，一种图形可以通过多种绘图方式来绘制，如平行线可以用两条直线来绘制，但是用多线绘制会更为快捷准确。本章将讲解如何绘制和编辑复杂的二维图形。

学习效果

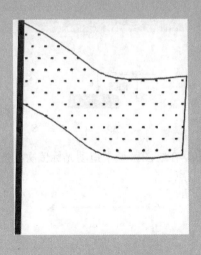

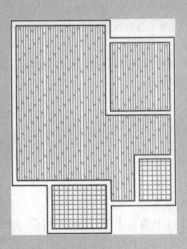

6.1 创建和编辑多段线

⏱ **本节视频教程时间：7分钟**

在AutoCAD中多段线提供单条直线或单条圆弧所不具备的功能，下面将对多段线的绘制及编辑进行详细介绍。

6.1.1 创建多段线

多段线是作为单个对象创建的相互连接的序列线段。可以创建直线段、弧线段或两者的组合线段。

AutoCAD 2018中调用【多段线】的方法通常有以下3种。

（1）选择【绘图】▶【多段线】菜单命令。

（2）在命令行中输入【PLINE/PL】命令并按空格键确认。

（3）单击【默认】选项卡▶【绘图】面板中的【多段线】按钮 ⌐⊃。

执行【多段线】命令并指定第一点后，AutoCAD命令行提示如下。

指定下一点或 [圆弧 (A)/ 闭合 (C)/ 半宽 (H)/ 长度 (L)/ 放弃 (U)/ 宽度 (W)]：

命令行中各选项含义如下。

- 【圆弧】：将圆弧段添加到多段线中。
- 【闭合】：从指定的最后一点到起点绘制直线段，从而创建闭合的多段线。必须至少指定两个点才能使用该选项。
- 【半宽】：指定从宽多段线线段的中心到其一边的宽度。
- 【长度】：在与上一线段相同的角度方向上绘制指定长度的直线段。如果上一线段是圆弧，将绘制与该圆弧段相切的新直线段。
- 【放弃】：删除最近一次添加到多段线上的直线段。
- 【宽度】：指定下一条线段的宽度。

当在命令行输入【A】，开始绘制圆弧时，AutoCAD命令行出现如下提示。

指定圆弧的端点或 [角度 (A)/ 圆心 (CE)/ 闭合 (CL)/ 方向 (D)/ 半宽 (H)/ 直线 (L)/ 半径 (R)/ 第二个点 (S)/ 放弃 (U)/ 宽度 (W)]：

下面将对多段线的绘制过程进行详细介绍。

步骤01 打开"素材\CH06\创建多段线.dwg"素材文件，如下图所示。

步骤02 在命令行中输入【PL】命令并按空格键确认，并在绘图区域中捕捉如图所示节点作为多段线起点，如下图所示。

步骤03 在绘图区域中拖动光标依次捕捉下图所示的节点。

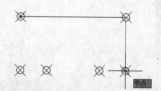

步骤 04 接下来绘制圆弧，根据命令行提示进行如下操作。

> 指定下一点或 [圆弧 (A)/ 闭合 (C)/ 半宽 (H)/ 长度 (L)/ 放弃 (U)/ 宽度 (W)]: a　↙
> 　指定圆弧的端点或 [角度 (A)/ 圆心 (CE)/ 闭合 (CL)/ 方向 (D)/ 半宽 (H)/ 直线 (L)/ 半径 (R)/ 第二个点 (S)/ 放弃 (U)/ 宽度 (W)]:
> 　// 捕捉下一个节点作为圆弧的端点，如下图所示

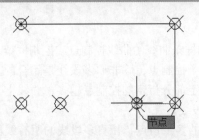

步骤 05 接下来继续绘制直线，在命令行输入【L】并按空格键确认。然后在绘图区域中拖动光标捕捉下图所示的节点作为多段线下一点。

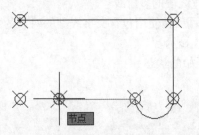

步骤 06 接下来继续绘制圆弧，根据命令行提示进行如下操作。

> 指定下一点或 [圆弧 (A)/ 闭合 (C)/ 半宽 (H)/ 长度 (L)/ 放弃 (U)/ 宽度 (W)]: a　↙
> 　指定圆弧的端点或 [角度 (A)/ 圆心 (CE)/ 闭合 (CL)/ 方向 (D)/ 半宽 (H)/ 直线 (L)/ 半径 (R)/ 第二个点 (S)/ 放弃 (U)/ 宽度 (W)]: a　↙
> 　指定包含角：−180　↙

步骤 07 在绘图区域中拖动光标捕捉下图所示节点作为圆弧端点。

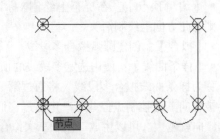

步骤 08 继续绘制直线，根据命令行提示进行如下操作，结果如下图所示。

> 指定圆弧的端点或
> [角度 (A)/ 圆心 (CE)/ 闭合 (CL)/ 方向 (D)/ 半宽 (H)/ 直线 (L)/ 半径 (R)/ 第二个点 (S)/ 放弃 (U)/ 宽度 (W)]: L　↙
> 　指定下一点或 [圆弧 (A)/ 闭合 (C)/ 半宽 (H)/ 长度 (L)/ 放弃 (U)/ 宽度 (W)]:C　↙

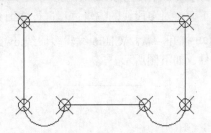

6.1.2 编辑多段线

多段线提供单个直线所不具备的编辑功能。如多段线可以调整其宽度和曲率。创建多段线之后，可以使用【PEDIT】命令对其进行编辑，或者使用【分解】命令将其转换成单独的直线段和弧线段。

AutoCAD 2018中调用多段线编辑命令的方法通常有以下4种。

（1）选择【修改】▶【对象】▶【多段线】菜单命令。

（2）在命令行中输入【PEDIT/PE】命令并按空格键确认。

（3）单击【默认】选项卡▶【修改】面板中的【编辑多段线】按钮。

（4）双击要编辑的多段线。

执行【多段线编辑】命令，并选择多段线对象后，命令行提示如下。

> 输入选项 [闭合 (C)/ 合并 (J)/ 宽度 (W)/ 编辑顶点 (E)/ 拟合 (F)/ 样条曲线 (S)/ 非曲线化 (D)/ 线型生成 (L)/ 反转 (R)/ 放弃 (U)]:

命令行中各选项含义如下。

- 【闭合】：创建多段线的闭合线，将首尾连接。
- 【合并】：在开放的多段线的尾端点添加直线、圆弧或多段线和从曲线拟合多段线中删除曲线拟合。对于要合并多段线的对象，除非第一个PEDIT提示下使用"多个"选项，否则，它们的端点必须重合。在这种情况下，如果模糊距离设置得足以包括端点，则可以将不相接的多段线合并。
- 【宽度】：为整个多段线指定新的统一宽度。可以使用【编辑顶点】选项的【宽度】选项来更改线段的起点宽度和端点宽度。
- 【编辑顶点】：在屏幕上绘制X标记多段线的第一个顶点。如果已指定此顶点的切线方向，则在此方向上绘制箭头。
- 【拟合】：创建圆弧拟合多段线。
- 【样条曲线】：使用选定多段线的顶点作为近似B样条曲线的曲线控制点或控制框架。该曲线（称为样条曲线拟合多段线）将通过第一个和最后一个控制点，除非原多段线是闭合的。曲线将会被拉向其他控制点但并不一定通过它们。在框架特定部分指定的控制点越多，曲线上这种拉拽的倾向就越大。可以生成二次和三次拟合样条曲线多段线。
- 【非曲线化】：删除由拟合曲线或样条曲线插入的多余顶点，拉直多段线的所有线段。保留指定给多段线顶点的切向信息，用于随后的曲线拟合。使用命令（例如BREAK或TRIM）编辑样条曲线拟合多段线时，不能使用【非曲线化】选项。
- 【线型生成】：生成经过多段线顶点的连续图案线型。关闭此选项，将在每个顶点处以点划线开始和结束生成线型。"线型生成"不能用于带变宽线段的多段线。
- 【反转】：反转多段线顶点的顺序。使用此选项可反转使用包含文字线型的对象的方向。例如，根据多段线的创建方向，线型中的文字可能会倒置显示。
- 【放弃】：还原操作，可一直返回到PEDIT任务开始的状态。

下面将对多段线的编辑过程进行详细介绍。

步骤 01 打开"素材\CH06\编辑多段线.dwg"素材文件，如下图所示。

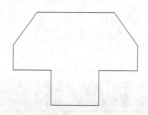

步骤 02 在命令行中输入【PE】命令并按空格键确认，并在绘图区域中选择下图所示的多段线对象。

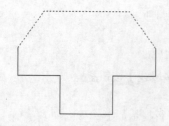

步骤 03 根据命令行提示进行如下操作，结果如下图所示。

输入选项 [闭合 (C)/ 合并 (J)/ 宽度 (W)/ 编辑顶点 (E)/ 拟合 (F)/ 样条曲线 (S)/ 非曲线化 (D)/ 线型生成 (L)/ 反转 (R)/ 放弃 (U)]: w

指定所有线段的新宽度：1

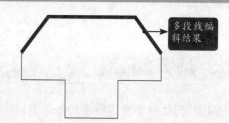

多段线编辑结果

步骤 04 重复【多段线编辑】命令，将绘图区域下半部分直线的宽度变为"1.5"，结果如下图所示。

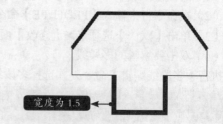

宽度为 1.5

步骤 05 重复【多段线编辑】命令，并在绘图区域中选择下图所示的多段线对象。

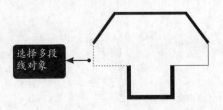

步骤 06 在命令行输入【J（合并）】并按空格键确认，然后在绘图区域选择所有多段线对象。

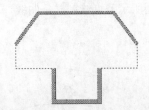

步骤 07 按两次空格键结束【多段线编辑】命令，结果多个多段线合并成一个整体。重复执行

【多段线编辑】命令，并在绘图区域中选择多段线对象。

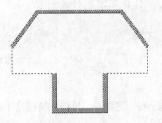

步骤 08 在命令行输入【F】并按两次空格键结束【多段线编辑】命令，结果如下图所示。

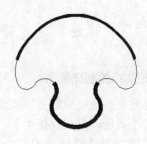

6.2 创建和编辑样条曲线

 本节视频教程时间：4分钟

样条曲线是经过或接近一系列给定点的光滑曲线，可以控制曲线与点的拟合程度。

6.2.1 创建样条曲线

在AutoCAD 2018中，样条曲线的绘制方法有多种，下面将分别进行介绍。

1. 使用拟合点绘制样条曲线

在AutoCAD中，拟合点绘制样条曲线的方法较为常见，默认情况下，拟合点将与样条曲线重合。AutoCAD 2018中调用【拟合点】的方法通常有以下3种。

（1）选择【绘图】➤【样条曲线】➤【拟合点】菜单命令。

（2）在命令行中输入【SPLINE/SPL】命令并按空格键确认，然后按命令行提示进行操作。

（3）单击【默认】选项卡➤【绘图】面板中的【样条曲线拟合】按钮 ⌀。

下面对以拟合点方式绘制样条曲线的过程进行详细介绍，具体操作步骤如下。

步骤 01 打开"素材\CH06\拟合点绘制样条曲线.dwg"素材文件，如下图所示。

步骤 02 单击【默认】选项卡➤【绘图】面板中的【样条曲线拟合】按钮  ，在绘图区域依次捕捉下图所示节点绘制样条曲线。

步骤 01 打开"素材\CH06\控制点绘制样条曲线.dwg"素材文件，如下图所示。

步骤 03 按空格键结束【样条曲线】命令，结果如下图所示。

步骤 02 单击【默认】选项卡➤【绘图】面板中的【样条曲线控制点】按钮 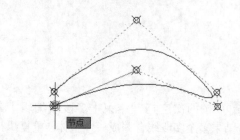 ，在绘图区域依次捕捉下图所示节点绘制样条曲线。

2. 使用控制点绘制样条曲线

默认情况下，使用控制点方式绘制样条曲线将会定义控制框，控制框提供了一种简便的方法，用来设置样条曲线的形状。AutoCAD 2018中调用【控制点】的方法通常有以下3种。

（1）选择【绘图】➤【样条曲线】➤【控制点】菜单命令。

（2）在命令行中输入【SPLINE/SPL】命令并按空格键确认，然后按命令行提示进行操作。

（3）单击【默认】选项卡➤【绘图】面板中的【样条曲线控制点】按钮 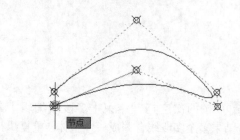。

下面对以控制点方式绘制样条曲线的过程进行详细介绍，具体操作步骤如下。

步骤 03 在命令行输入【C】并按空格键确认，结果如下图所示。

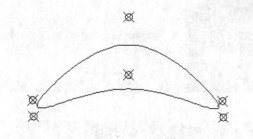

6.2.2 编辑样条曲线

在AutoCAD中，绘制样条曲线后可以根据实际情况对其进行编辑操作。AutoCAD 2018中调用样条曲线编辑命令的方法通常有以下4种。

（1）选择【修改】➤【对象】➤【样条曲线】菜单命令。

（2）在命令行中输入【SPLINEDIT/SPE】命令并按空格键确认。

（3）单击【默认】选项卡➤【修改】面板中的【编辑样条曲线】按钮 。

（4）双击要编辑的样条曲线。

执行【样条曲线编辑】命令并选择样条曲线后，AutoCAD命令行提示如下。

输入选项 [闭合 (C)/ 合并 (J)/ 拟合数据 (F)/ 编辑顶点 (E)/ 转换为多段线 (P)/ 反转 (R)/ 放弃 (U)/ 退出 (X)] < 退出 >：

命令行中各选项含义与多段线编辑命令提示的含义相似。

下面将对样条曲线的编辑过程进行详细介绍，具体操作步骤如下。

步骤 01 打开"素材\CH06\编辑样条曲线.dwg"素材文件，如下图所示。

步骤 02 在命令行中输入【SPE】命令并按空格键确认，在绘图区域选择样条曲线。

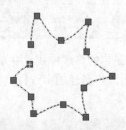

步骤 03 在命令行输入【C】，并连续按两次空格键，结果如下图所示。

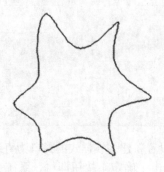

6.3 创建和编辑多线

🔗 本节视频教程时间：15 分钟

在AutoCAD 2018中，使用多线命令可以很方便地创建多条平行线，多线命令常用在建筑设计和室内装潢设计中，如绘制墙体。

6.3.1 设置多线样式

设置多线是通过【多线样式】对话框来进行的。AutoCAD 2018中调用【多线样式】对话框的方法通常有以下两种。

（1）选择【格式】▶【多线样式】菜单命令。

（2）在命令行中输入【MLSTYLE】命令并按空格键确认。

下面将对多线样式进行设置，具体操作步骤如下。

步骤 01 选择【格式】▶【多线样式】菜单命令，弹出【多线样式】对话框，如下图所示。

步骤 02 单击【新建】按钮弹出【创建新的多线样式】对话框，输入样式名称，如下图所示。

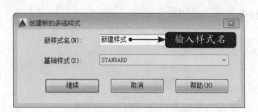

步骤 03 单击【继续】按钮弹出【新建多线样式：新建样式】对话框。在该对话框中可设置多线是否封口、多线角度以及填充颜色等。

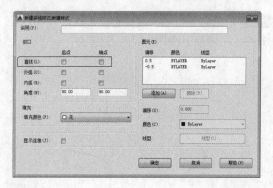

步骤 04 设置新建多线样式的封口为直线形式。完成后单击【确定】按钮即可，系统会自动返回【多线样式】对话框即可以看到多线呈封口样式。

步骤 05 选择新建的多线样式，并单击【置为当前】按钮，可以将新建的多线样式置为当前。

6.3.2 创建多线

多线是由多条平行线组成的线型。绘制多线与绘制直线相似的地方是均需要指定起点和端点，与直线不同的是一条多线可以由一条或多条平行直线线段组成。

AutoCAD 2018中调用【多线】命令通常有以下两种方法。

（1）选择【绘图】➤【多线】菜单命令。

（2）在命令行输入【MLINE/ML】命令并按空格键确认。

下面将对多线进行绘制，具体操作步骤如下。

步骤 01 打开"素材\CH06\创建多线.dwg"素材文件，如下图所示。

步骤 02 在命令行输入【ML】并按空格键确认，在绘图区域捕捉如下图所示节点作为多线起点。

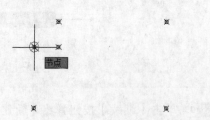

步骤 03 在绘图区域拖动光标依次捕捉其他节点。

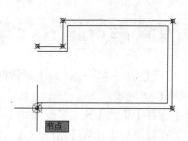

步骤 04 在命令行输入【C】并按空格键确认，结果如下图所示。

指定下一点或 [闭合 (C)/ 放弃 (U)]: c

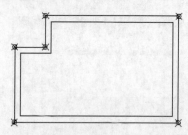

步骤 05 在命令行输入【E】并按空格键确认，然后在绘图区域选择所有节点并按空格键将它们删除，结果如下图所示。

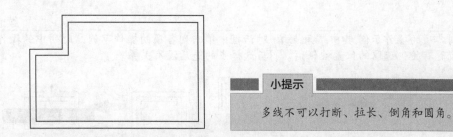

小提示

多线不可以打断、拉长、倒角和圆角。

6.3.3 编辑多线

多线本身之间的编辑是通过【多线编辑工具】对话框来进行的，对话框的第一列用于管理交叉的交点，第二列用于管理T形交叉，第三列用来管理角和顶点，最后一列用于进行多线的剪切和结合操作。

AutoCAD 2018中调用【多线编辑工具】的命令通常有以下3种方法。

（1）选择【修改】▶【对象】▶【多线】菜单命令。

（2）在命令行中输入【MLEDIT】命令并按空格键确认。

（3）双击要编辑的多线对象。

调用【多线编辑工具】，弹出如下图所示的【多线编辑工具】对话框，对话框中各选项操作注意事项及操作后结果如下表所示。

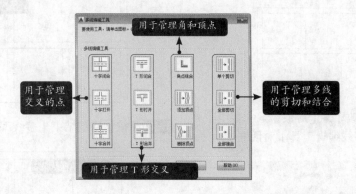

对话框中第一列各项的操作示例，该列的选择有先后顺序，先选择的将被修剪掉。	对话框中第二列各项的操作示例，该列的选择有先后顺序，先选择的将被修剪掉，与选择位置也有关系，点取的位置被保留。

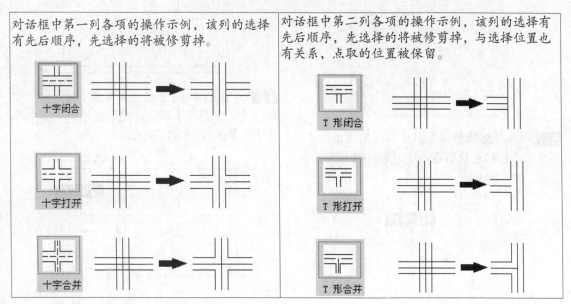

对话框中第三列各项的操作示例,其中"角点结合"与选择的位置有关,选取的位置被保留。	对话框中第四列各项的操作示例,此列中的操作与选择点的先后没有关系。
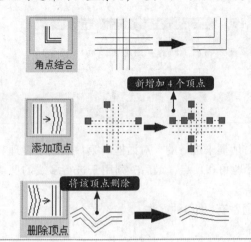	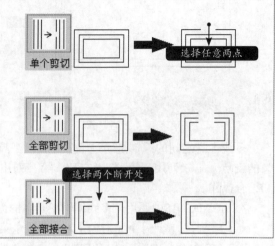

下面将利用【多线编辑工具】对话框对多线进行编辑,具体操作步骤如下。

步骤 01 打开"素材\CH06\编辑多线.dwg"素材文件,如下图所示。

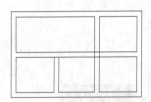

步骤 02 选择【修改】▶【对象】▶【多线】菜单命令,弹出【多线编辑工具】对话框。

步骤 03 在【多线编辑工具】对话框中单击【T形打开】按钮,然后在绘图区域中选择第一条多线,如下图所示。

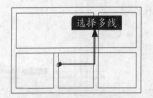

步骤 04 在绘图区域中选择第二条多线。

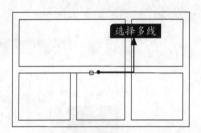

步骤 05 按空格键结束【多线编辑】命令。

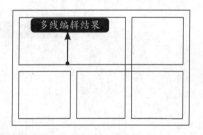

步骤 06 重复调用【多线编辑工具】对话框,并单击【十字打开】按钮,然后在绘图区域中选择第一条多线,如下图所示。

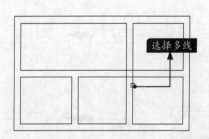

步骤 07 在绘图区域中选择第二条多线。

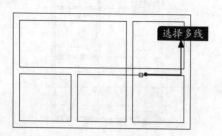

步骤 08 按空格键结束【多线编辑】命令。

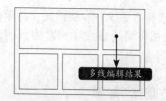

6.3.4 实例：绘制墙体外轮廓

　绘制墙体外轮廓主要利用【多线】命令及【多线编辑】命令，具体操作步骤如下。

1. 设置多线样式

步骤 01 打开"素材\CH06\绘制墙体外轮廓及填充.dwg"素材文件，如下图所示。

步骤 02 选择【格式】▶【多线样式】菜单命令，弹出【多线样式】对话框，如下图所示。

步骤 03 单击【新建】按钮弹出【创建新的多线样式】对话框，输入样式名称"墙线"。

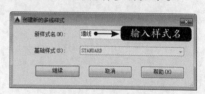

步骤 04 单击【继续】按钮弹出【新建多线样式：墙线】对话框。在【新建多线样式】对话框中设置多线封口样式为"直线"。

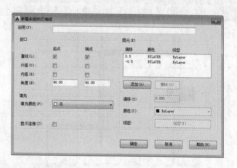

步骤 05 完成后单击【确定】按钮，系统会自动返回【多线样式】对话框，此时可以看到多线呈封口样式，如下图所示。

步骤 06 选择"墙线"多线样式，并单击【置为当前】按钮将墙线多线样式置为当前，然后单击【确定】按钮。

● 2. 绘制墙体外轮廓

步骤 01 在命令行输入【ML】并按空格键确认，接下来在命令行对多线的"比例"及"对正"方式进行设置，命令执行过程如下。

```
命令：ML
当前设置：对正 = 上，比例 = 30.00，样式 = 墙线
指定起点或 [ 对正 (J)/ 比例 (S)/ 样式 (ST)]：s
输入多线比例 <30.00>：240
当前设置：对正 = 上，比例 = 240.00，样式 = 墙线
指定起点或 [ 对正 (J)/ 比例 (S)/ 样式 (ST)]：j
输入对正类型 [ 上 (T)/ 无 (Z)/ 下 (B)] <上>：z
当前设置：对正 = 无，比例 = 240.00，样式 = 墙线
指定起点或 [ 对正 (J)/ 比例 (S)/ 样式 (ST)]：
// 接下来开始绘制墙体
```

步骤 02 在绘图区域捕捉轴线的交点绘制多线。

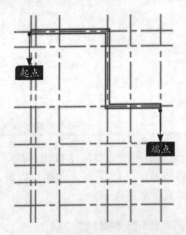

步骤 03 在命令行输入【ML】并按空格键确认，继续绘制墙体（这次直接绘制，比例和对正方式不用再设置），结果如下图所示。

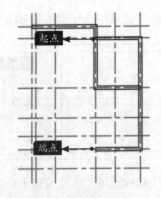

步骤 04 重复步骤3继续绘制墙体。

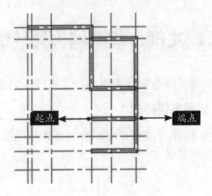

步骤 05 重复步骤3继续绘制墙体。

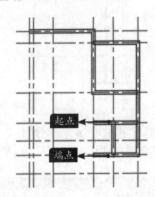

步骤 06 重复步骤3继续绘制墙体。

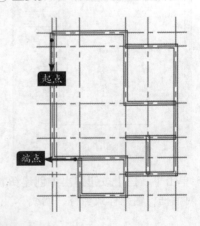

● 3. 编辑多线

步骤 01 选择【修改】➤【对象】➤【多线】菜单命令，弹出【多线编辑工具】对话框。

步骤 02 单击【角点结合】选项，选择相交的两条多线，对相交的角点进行编辑。

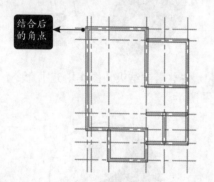

步骤 03 重复【多线编辑】命令，双击【T形打开】选项，然后选择"T形打开"的第一条多线，如下图所示。

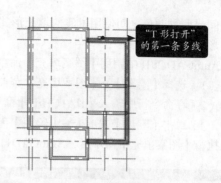

步骤 04 然后再选择"T形打开"的第二条多线，结果如下图所示。

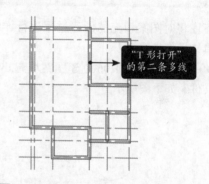

步骤 05 继续执行"T形打开"操作，注意先选择的多线将被打开。

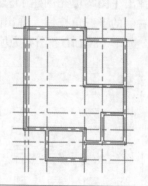

6.4 创建和编辑图案填充

● **本节视频教程时间：6分钟**

使用填充图案、实体填充或渐变填充来填充封闭区域或选定对象，图案填充常用来表示断面或材料特征。

6.4.1 创建图案填充

在AutoCAD 2018中可以使用预定义填充图案填充区域，或使用当前线型定义简单的线图案来填充区域。既可以创建复杂的填充图案，也可以创建渐变填充。渐变填充是在一种颜色的不同灰度之间或两种颜色之间使用过渡的填充形式。渐变填充提供光源反射到对象上的外观，可用于增强图形演示的效果。

AutoCAD 2018中调用【图案填充】命令的方法通常有以下3种。

（1）选择【绘图】➤【图案填充】菜单命令。

（2）在命令行中输入【HATCH/H】命令并按空格键确认。

（3）单击【默认】选项卡➤【绘图】面板中的【图案填充】按钮█。

执行【图案填充】命令后，AutoCAD自动弹出【图案填充创建】选项卡，如下图所示。

下面将对图案填充的创建过程进行详细介绍，具体操作步骤如下。

步骤 01 打开"素材\CH06\创建图案填充.dwg"素材文件，如下图所示。

步骤 02 在命令行中输入【H】命令并按空格键确认，弹出【图案填充创建】选项卡，单击【图案】右侧的下三角按钮，弹出图案填充的图案选项，选择"SOLID"图案为填充图案。

步骤 03 在绘图区域单击拾取图案填充区域，如下图所示。

拾取填充区域

步骤 04 按空格键结束【图案填充】命令，结果如下图所示。

6.4.2 编辑图案填充

修改特定于图案填充的特性，例如现有图案填充或填充的图案、比例和角度。AutoCAD 2018中调用【图案填充编辑】命令的方法通常有以下3种。

（1）选择【修改】➤【对象】➤【图案填充】菜单命令。

（2）在命令行中输入【HATCHEDIT/HE】命令并按空格键确认。

（3）单击【默认】选项卡➤【修改】面板中的【编辑图案填充】按钮▨。

本实例通过将地板砖填充图案改为水泥混凝土填充来讲解图案填充编辑的应用。在建筑绘图中会经常用到这两种图案填充。

步骤 01 打开"素材\CH06\编辑图案填充.dwg"素材文件，如下图所示。

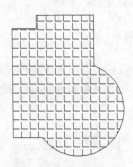

步骤 02 在命令行中输入【HE】命令并按空格键确认，在绘图区域单击填充图案后弹出【图案填充编辑】对话框，如下图所示。

步骤 03 在图案后面的下拉列表中选择【AR-CONC】选项，如下图所示。

步骤 04 选择【比例】下拉列表，将填充比例更改为"1"，如下图所示。

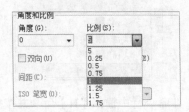

步骤 05 单击【确定】按钮完成操作，结果如下图所示。

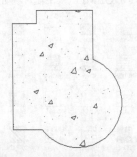

> **小提示**
>
> 双击或单击填充图案，也可以弹出【图案填充编辑器】，只是该界面是选项卡形式。

6.4.3 实例：地面铺设填充

6.3.4节绘制了墙体的外轮廓，这一节我们来对室内的地面铺设进行填充。

步骤 01 单击【默认】选项卡➤【图层】面板中的【图层】下拉列表，然后单击"辅助线"前面的"💡"，将它关闭（变成灰色）。

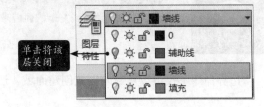

步骤 02 "辅助线"层关闭后，辅助线将不再显示，如下图所示。

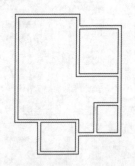

步骤 03 重复步骤1，选择【填充】层，将它置为当前层，如下图所示。

步骤 04 在命令行中输入【H】命令并按空格键确认，弹出【图案填充创建】选项卡，单击【图案】右侧的下三角按钮，弹出图案填充的图案选项，选择"DOLMIT"图案为填充图案。

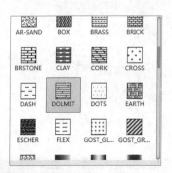

步骤 05 然后将角度设置为"90°"，比例设置为"20"。

步骤 06 然后在需要填充的区域单击，填充完毕后，单击【关闭图案填充创建】按钮，结果如下图所示。

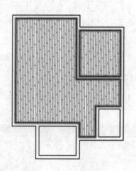

步骤 07 重复步骤4~6，选择"ANSI37"为填充图案，填充角度为"45°"，填充比例为"75"，结果如下图所示。

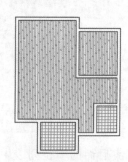

小提示

有关图层知识将在第10章进行详细介绍，这里应用的是图层的关闭和切换功能。

6.5 创建面域和边界

🕐 **本节视频教程时间：4分钟**

面域是具有物理特性（例如形心或质量中心）的二维封闭区域，可以将现有面域组合成单个或复杂的面域来计算面积。

边界命令不仅可以从封闭区域创建面域，还可以创建多段线。

6.5.1 创建面域

面域的边界由端点相连的曲线组成，曲线上的每个端点仅连接两条边。

AutoCAD 2018中调用【面域】命令的方法通常有以下3种。

（1）选择【绘图】➤【面域】菜单命令。

（2）在命令行中输入【REGION/REG】命令并按空格键确认。

（3）单击【默认】选项卡➤【绘图】面板中的【面域】按钮◎。

下面将对面域的创建过程进行详细介绍，具体操作步骤如下。

步骤 01 打开"素材\CH06\创建面域.dwg"素材文件，如下图所示。

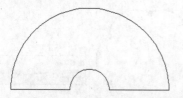

步骤 02 在没有创建面域之前选择圆弧，可以看到圆弧是独立存在的，如下图所示。

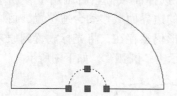

步骤 03 在命令行中输入【REG】命令并按空格

键确认，在绘图区域中选择整个图形对象作为组成面域的对象，如下图所示。

步骤 04 按空格键确认，然后在绘图区域中选择圆弧，结果圆弧和直线成为一个整体，如下图所示。

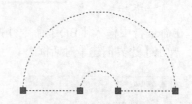

6.5.2 创建边界

【边界】命令用于从封闭区域创建面域或多段线。

【边界】命令的几种常用调用方法如下。

（1）选择【绘图】➤【边界】菜单命令。

（2）在命令行中输入【BOUNDARY/BO】命令并按空格键确认。

（3）单击【默认】选项卡➤【绘图】面板中的【边界】按钮▢。

调用【边界】命令后，弹出如下图所示的【边界】对话框。

下面将对边界进行创建，具体操作步骤如下。

步骤01 打开"素材\CH06\创建边界.dwg"素材文件。

步骤02 在绘图区域中将光标移到任意一段圆弧上面，结果如图所示。

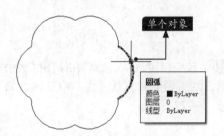

步骤03 在命令行中输入【BO】命令并按空格键确认，弹出【边界创建】对话框。

步骤04 在【边界创建】对话框中单击【拾取点】按钮，然后在绘图区域中单击拾取内部点。

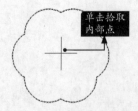

步骤05 按【Enter】键确认，然后在绘图区域中将光标移到创建的边界上面，结果如图所示。

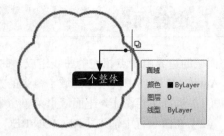

步骤06 AutoCAD默认创建边界后保留原来图形，即创建面域后，原来的圆弧仍然存在。单击选择创建的边界，在弹出的【选择集】中可以看到提示选择"面域"还是选择"圆弧"。

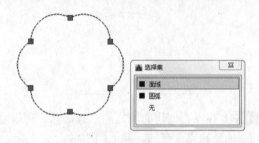

步骤07 选择面域，然后调用【移动】命令，将创建的边界面域移动合适位置，可以看到原来的图形仍然存在，将光标放置到原来的图形上，显示为"圆弧"，如下图所示。

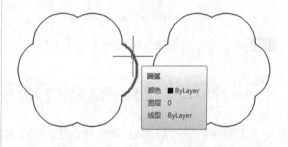

小提示

如果步骤3中对象类型选择为"多段线"，则最后创建的对象是个多段线，如下图所示。

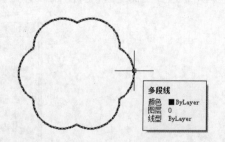

6.6 创建圆心标记和中心线

⊛ 本节视频教程时间：6分钟

圆心标记有两种，关联的圆心标记和不关联的圆心标记，通过圆心标记可以定位圆心或添加中心线。中心线通常是对称轴的尺寸标注参照，在AutoCAD 2018中可以直接通过中心线命令创建和对象相关联的中心线。

6.6.1 创建圆心标记

圆心标记用于创建圆和圆弧的圆心标记，可以通过【标注样式管理器】对话框或DIMCEN系统变量对圆心标记进行设置。

调用【圆心标记】命令的方法通常有以下两种。

（1）选择【标注】➤【圆心标记】菜单命令。

（2）在命令行中输入【DIMCENTER/DCE】命令并按空格键确认。

下面将对圆形进行圆心标记的创建，具体操作步骤如下。

步骤01 打开"素材\CH06\圆心标记.dwg"素材文件，如下图所示。

步骤02 在命令行中输入系统变量【DIMCEN】并按空格键确认，命令行提示如下。

```
命令：DIMCEN
输入 DIMCEN 的新值 <2.5000>: 2 ↙
```

步骤03 在命令行中输入【DCE】命令并按空格键确认，在绘图区域中选择如下图所示的圆弧图形作为标注对象。

步骤04 结果如下图所示。

步骤05 重复【圆心标记】标注命令，继续对绘图区域中的其他圆弧图形进行相关标注，结果如下图所示。

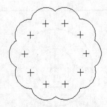

小提示

本节介绍的圆心标记与圆或圆弧是不关联的，也就是说，圆或圆弧位置发生变化时，圆心标记的位置并不改变。

6.6.2 创建和圆关联的圆心标记

上一节介绍的圆心标记与圆或圆弧是不关联的，本节介绍的圆心标记与圆或圆弧是关联的，也就是说，创建圆心标记后，当圆或圆弧位置发生改变时，圆心标记也跟着发生变化。

调用【圆心标记】命令的方法通常有以下两种。

（1）在命令行中输入【CENTERMARK】命令并按空格键确认。

（2）单击【注释】选项卡▶【中心线】面板标▶【圆心标记】按钮⊕。

下面将对圆形创建关联的圆心标记，具体操作步骤如下。

步骤 01 打开"素材\CH06\关联的圆心标记和中心线.dwg"素材文件，如下图所示。

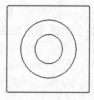

步骤 02 单击【注释】选项卡▶【中心线】面板标▶【圆心标记】按钮⊕，选择下图所示的圆作为标注对象。

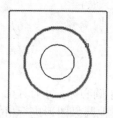

步骤 03 结果如下图所示。

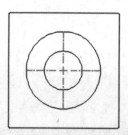

步骤 04 选中圆心标记，然后单击夹点并拖动鼠标，可以改变圆心标记的大小，如下图所示。

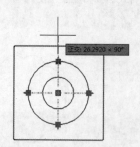

步骤 05 圆心标记的大小改变后如下图所示。

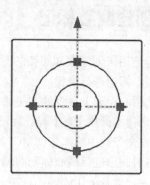

步骤 06 重复步骤4的操作，拖动其他夹点，圆心标记的大小改变后如下图所示。

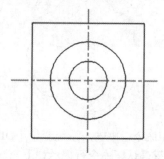

小提示

当圆的位置发生改变时，关联圆心标记也跟着改变位置。

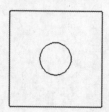

6.6.3 创建和直线关联的中心线

AutoCAD 2018不仅有和圆关联的【圆心标记】命令，还有和直线关联的【中心线】命令。中心线通常是对称轴的尺寸标注参照。中心线是关联对象，如果移动或修改关联对象，中心线将进行相应的调整。

调用【中心线】命令的方法通常有以下两种。

（1）在命令行中输入【CENTERLINE】命令并按空格键确认。

（2）单击【注释】选项卡➤【中心线】面板标➤【中心线】按钮 //。

下面将进行关联中心线的创建，具体操作步骤如下。

步骤 01 继续上一节的图形进行操作，单击【注释】选项卡➤【中心线】面板标➤【中心线】按钮 //，然后选择下图所示的两条直线。

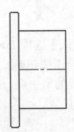

步骤 03 通过夹点调节中心线的长度，结果如下图所示。

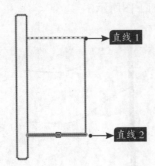

步骤 02 结果如下图所示。

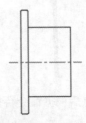

6.7 综合实战——绘制飞扬的旗帜

🌐 本节视频教程时间：7分钟

本实例将对飞扬的旗帜进行绘制，绘制过程中主要用到【多段线】【样条曲线】【直线】和【填充】命令，飞扬的旗帜具体绘制步骤如下。

步骤 01 启动AutoCAD 2018，新建一个".dwg"文件，然后调用【多段线】命令绘制旗杆，根据命令行提示进行如下操作。

```
命令：_pline
指定起点：          // 在绘图区任意单击一点作为起点
当前线宽为 0.0000
指定下一个点或 [ 圆弧 (A)/ 半宽 (H)/ 长度 (L)/ 放弃 (U)/ 宽度 (W)]：W
指定起点宽度 <0.0000>：2.5
指定端点宽度 <2.5000>：↙
指定下一个点或 [ 圆弧 (A)/ 半宽 (H)/ 长度 (L)/ 放弃 (U)/ 宽度 (W)]：@2.5,0
指定下一点或 [ 圆弧 (A)/ 闭合 (C)/ 半宽 (H)/ 长度 (L)/ 放弃 (U)/ 宽度 (W)]：@5,200
指定下一点或 [ 圆弧 (A)/ 闭合 (C)/ 半宽 (H)/ 长度 (L)/ 放弃 (U)/ 宽度 (W)]：@-2.5,0
指定下一点或 [ 圆弧 (A)/ 闭合 (C)/ 半宽 (H)/ 长度 (L)/ 放弃 (U)/ 宽度 (W)]：C
```

步骤 02 旗杆绘制完成后如下图所示。

步骤 03 单击【默认】选项卡▶【绘图】面板中的【样条曲线拟合】按钮 ～，并捕捉下图所示的端点为样条曲线的第一点。

步骤 04 指定一点后根据命令行提示继续绘制样条曲线的其他的点。

输入下一个点或 [起点切向 (T)/ 公差 (L)]: @50,-30

输入下一个点或 [端点相切 (T)/ 公差 (L)/ 放弃 (U)]: @30,-20

输入下一个点或 [端点相切 (T)/ 公差 (L)/ 放弃 (U)/ 闭合 (C)]: @30,-5

输入下一个点或 [端点相切 (T)/ 公差 (L)/ 放弃 (U)/ 闭合 (C)]: @50,3

输入下一个点或 [端点相切 (T)/ 公差 (L)/ 放弃 (U)/ 闭合 (C)]:

步骤 05 样条曲线绘制完成后如下图所示。

步骤 06 命令行调用【复制】命令，然后选择刚绘制的样条曲线为复制对象。

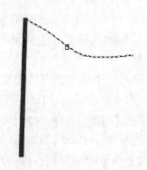

步骤 07 任意单击一点作为复制的基点，然后在命令行输入（@-5，-75）作为复制的第二点，结果如下图所示。

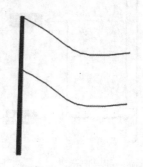

步骤 08 调用【直线】命令，将两条样条曲线的四个端点连接起来形成一个封闭的环，如下图所示。

步骤 09 调用【填充】命令，在弹出的【图案填充创建】选项卡的【图案】面板上选择【SWAMP】图案为填充图案，并将填充比例设置为 "0.5"。

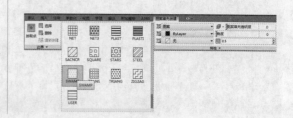

步骤 ⑩ 单击【关闭图案填充创建】按钮，最终结果如下图所示。

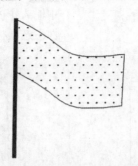

 高手支招

⊙ 本节视频教程时间：7分钟

● 创建区域覆盖

创建多边形区域，该区域将用当前背景色屏蔽其下面的对象。此区域覆盖区域由边框进行绑定，用户可以打开或关闭该边框。也可以选择在屏幕上显示边框并在打印时隐藏它。

【区域覆盖】命令的几种常用调用方法如下。

（1）选择【绘图】▶【区域覆盖】菜单命令。

（2）在命令行中输入【WIPEOUT】命令并按【Enter】键确认。

（3）单击【默认】选项卡▶【绘图】面板中的【区域覆盖】按钮 。

执行【区域覆盖】命令后，AutoCAD命令行提示如下。

命令：_wipeout 指定第一点或 [边框(F)/ 多段线(P)] ＜多段线＞：

命令行中各选项含义如下。

● 【第一点】：根据一系列点确定区域覆盖对象的多边形边界。

● 【边框】：确定是否显示所有区域覆盖对象的边。可用的边框模式包括打开（显示和打印边框）、关闭（不显示或不打印边框）、显示但不打印（显示但不打印边框）。

● 【多段线】：根据选定的多段线确定区域覆盖对象的多边形边界。

下面将对区域覆盖的创建过程进行详细介绍，具体操作步骤如下。

步骤 ① 打开 "素材\CH06\区域覆盖.dwg" 素材文件。

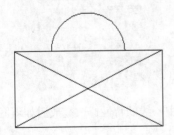

步骤 ② 单击【默认】选项卡▶【绘图】面板中的【区域覆盖】按钮 ，然后在绘图区域捕捉下图所示端点作为区域覆盖的第一点。

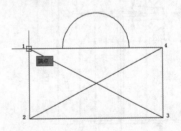

步骤 ③ 继续捕捉2~4点作为区域覆盖的下一点。

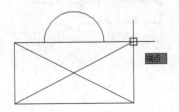

步骤 04 按【Enter】键结束区域覆盖命令，结果如图所示。

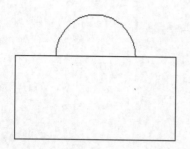

特性选项板

【特性】选项板控制用于显示选择对象的特性，【特性】选项板几乎包含所选对象的所有特性。选择对象不同，选项板的内容也不尽相同。

AutoCAD 2018中调用【特性选项板】的方法通常有以下4种。

（1）选择【修改】▶【特性】菜单命令。

（2）在命令行中输入【PROPERTIES/PR/CH】命令并按空格键确认。

（3）单击【视图】选项卡▶【选项板】面板中的【特性】按钮。

（4）组合键：【Ctrl+1】。

步骤 01 打开"素材\CH06\用特性选项板修改图形.dwg"素材文件，如下图所示。

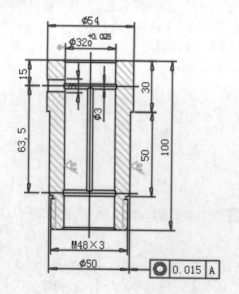

步骤 02 选择图中的所有中心线，然后在命令行中输入【PR】命令并按空格键确认，弹出【特性】选项板，如下图所示。

步骤 03 单击【常规】选项卡下【图层】选择框，将图层更改为"中心线"图层。

步骤 04 然后单击线型比例将比例改为"0.5"。

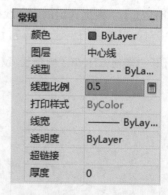

步骤 05 中心线的特性修改完成后如下图所示。

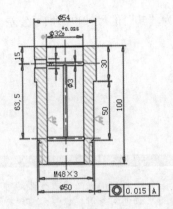

步骤 06 选中标注为8的尺寸，然后在"文字"选项卡的"文字替代"输入框中输入"M8×1"，如下图所示。

步骤 07 输入完成后标注为8的尺寸发生了变化，如下图所示。

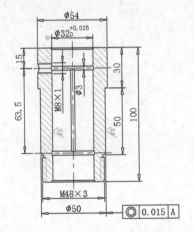

步骤 08 选择标注为"Φ50"的尺寸，然后将公差形式选择为"极限偏差"，"下偏差"设置

为0.025，"公差精度"设置0.000，"公差文字高度"设置为0.75，其他设置不变，如下左图所示，修改完成后如下图所示。

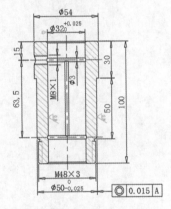

步骤 09 在命令行中输入【MA】命令并按空格键确认，然后选择刚修改后的"Φ50"的尺寸为源对象。

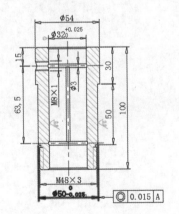

步骤⑩ 单击右侧竖直标注为"50"的尺寸，可以看到标注为"50"的尺寸也添加了公差，如下图所示。

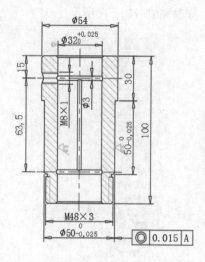

小提示

（1）当选择多个对象时，仅显示所有选定对象的公共特性。未选定任何对象时，仅显示常规特性的当前设置。

（2）特性选项板还可以创建标注尺寸的公差，而且创建的公差用"特性匹配命令"直接对其他需要添加同样公差的尺寸进行匹配，如本例的步骤9和步骤10。

第**7**章

文字和表格

绘图时需要对图形进行文本标注和说明。AutoCAD提供了强大的文字和表格功能，可以帮助用户创建文字和表格，从而标注图样的非图信息，使图形一目了然。

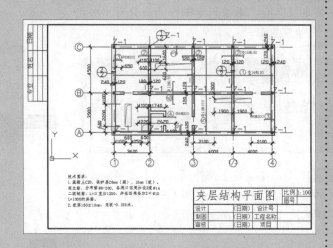

7.1 创建文字样式

● 本节视频教程时间：4 分钟

　　创建文字样式是进行文字注释的首要任务。在AutoCAD中，文字样式用于控制图形中所使用文字的字体、宽度和高度等参数。在一幅图形中可定义多种文字样式以适应工作的需要，如在一幅完整的图纸中，需要定义说明性文字的样式、标注文字的样式和标题文字的样式等。在创建文字注释和尺寸标注时，AutoCAD通常使用当前的文字样式，用户也可以根据具体要求重新设置文字样式或创建新的样式。

　　在AutoCAD 2018中调用【文字样式】对话框通常有以下3种方法。

　　（1）选择【格式】➤【文字样式】菜单命令。

　　（2）在命令行输入【STYLE/ST】命令并按空格键确定。

　　（3）单击【默认】选项卡➤【注释】面板➤【文字样式】按钮。

　　下面创建一个新的文字样式，并设置新建文字样式的字体为"楷体"，文字倾斜角度为"15"，具体操作步骤如下。

步骤01 命令行输入【ST】命令并按空格键，弹出【文字样式】对话框，如下图所示。

步骤02 单击【新建】按钮，弹出【新建文字样式】对话框，将新的文字样式命名为"样式1"，如下图所示。

步骤03 单击【确定】按钮后返回【文字样式】对话框，在【样式】栏下多了一个新样式名称"样式1"，如下图所示。

步骤04 选中"样式1"，单击【字体名】下拉列表，选择"楷体"，如下图所示。

步骤05 然后在【倾斜角度】一栏中输入"15"，并单击【应用】按钮，如下图所示。

效果	
□颠倒(E)	宽度因子(W)：
	1.0000
□反向(K)	倾斜角度(O)：
□垂直(V)	15

步骤06 单击【置为当前】按钮，把"样式1"设置为当前样式。

7.2 输入与编辑单行文字

🗐 本节视频教程时间：3分钟

在创建文字注释和尺寸标注时，AutoCAD通常使用当前的文字样式，用户也可以根据具体要求重新设置文字样式或创建新的样式。用户可以使用单行文字命令创建一行或多行文字，在创建多行文字的时候，通过按【Enter】键来结束每一行。其中，每行文字都是独立的对象，可对其进行重定位、调整格式或其他修改。

7.2.1 创建单行文字

在AutoCAD 2018中调用【单行文字】命令通常有以下4种方法。

（1）选择【绘图】➤【文字】➤【单行文字】菜单命令。

（2）在命令行输入【TEXT/DT】命令并按空格键确定。

（3）单击【默认】选项卡➤【注释】面板➤【单行文字】按钮A。

（4）单击【注释】选项卡➤【文字】面板➤【单行文字】按钮A。

执行【单行文字】命令后，AutoCAD命令行提示如下。

```
命令：_text
当前文字样式："Standard" 文字高度：2.5000 注释性：否 对正：左
指定文字的起点 或 [对正(J)/样式(S)]：
```

命令行各参数含义如下。

- 【对正（J）】：控制文字的对正方式。
- 【样式（S）】：指定文字样式。

输入【J】并按空格键后，AutoCAD命令行提示如下：

```
输入选项 [左(L)/居中(C)/右(R)/对齐(A)/中间(M)/布满(F)/左上(TL)/中上(TC)/右上(TR)/左中(ML)/正中(MC)/右中(MR)/左下(BL)/中下(BC)/右下(BR)]：
```

命令行各参数含义如下。

- 【左(L)】：在由用户给出的点指定的基线上左对正文字。
- 【居中(C)】：从基线的水平中心对齐文字，此基线是由用户给出的点指定的。
- 【右(R)】：在由用户给出的点指定的基线上右对正文字。
- 【对齐(A)】：通过指定基线端点来指定文字的高度和方向。
- 【中间(M)】：文字在基线的水平中点和指定高度的垂直中点上对齐。
- 【布满(F)】：指定文字按照由两点定义的方向和一个高度值布满一个区域。只适用于水平方向的文字。
- 【左上(TL)】：在指定为文字顶点的点上左对正文字。只适用于水平方向的文字。
- 【中上(TC)】：以指定为文字顶点的点居中对正文字。只适用于水平方向的文字。
- 【右上(TR)】：以指定为文字顶点的点右对正文字。只适用于水平方向的文字。
- 【左中(ML)】：在指定为文字中间点的点上靠左对正文字。只适用于水平方向的文字。
- 【正中(MC)】：在文字的中央水平和垂直居中对正文字。只适用于水平方向的文字。
- 【右中(MR)】：以指定为文字的中间点的点右对正文字。只适用于水平方向的文字。
- 【左下(BL)】：以指定为基线的点左对正文字。只适用于水平方向的文字。
- 【中下(BC)】：以指定为基线的点居中对正文字。只适用于水平方向的文字。
- 【右下(BR)】：以指定为基线的点靠右对正文字。只适用于水平方向的文字。

下面将对单行文字进行创建，具体操作步骤如下。

步骤 01 在命令行输入【DT】命令并按空格键确定，命令行提示如下。

> 命令：_text
> 当前文字样式："Standard" 文字高度：2.5000 注释性：否 对正：左
> 指定文字的起点 或 [对正(J)/ 样式(S)]:

步骤 02 在命令行中输入文字的对正参数"J"并按空格键确认，然后在命令行中输入文字的对齐方式"L"后按空格键确认，在绘图区域单击指定文字的左对齐点。

步骤 03 在命令行中指定文字的高度及旋转角度并按空格键确认，命令行提示如下。

> 指定高度 <2.5000>: 30
> 指定文字的旋转角度 <0>: 15

步骤 04 在绘图区域输入文字内容"新编中文版AutoCAD从入门到精通"后按【Enter】键换行，继续按【Enter】键结束命令，结果如下图所示。

7.2.2 编辑单行文字

在AutoCAD 2018中调用【编辑单行文字】命令通常有以下4种方法。

（1）选择【修改】➤【对象】➤【文字】➤【编辑】菜单命令。

（2）在命令行输入【TEXTEDIT/DDEDIT/ED】命令并按空格键。

（3）选择文字对象，在绘图区域中鼠标右击，然后在快捷菜单中选择【编辑】命令。

（4）在绘图区域双击单行文字对象。

下面将对单行文字进行编辑，具体操作步骤如下。

步骤 01 打开"素材\CH07\编辑单行文字.dwg"素材文件，如下图所示。

如何快速地自学中文版AutoCAD？

步骤 02 在命令行输入【ED】命令并按空格键，然后在绘图区域单击选择要编辑的文字，如下图所示。

步骤 03 在绘图区域输入新的文字"通过刻苦的练习快速自学中文版AutoCAD。"并按【Enter】键确定，结果如下图所示。

通过刻苦的练习快速自学中文版AutoCAD。

7.3 输入与编辑多行文字

🔘 **本节视频教程时间：4 分钟**

 多行文字又称为段落文字，这是一种更易于管理的文字对象，可以由两行以上的文字组成，而且各行文字都是作为一个整体处理。

7.3.1 创建多行文字

在AutoCAD 2018中调用【多行文字】命令通常有以下4种方法。

（1）选择【绘图】➤【文字】➤【多行文字】菜单命令。

（2）在命令行输入【MTEXT/T】命令并按空格键。

（3）单击【默认】选项卡➤【注释】面板➤【多行文字】按钮A。

（4）单击【注释】选项卡➤【文字】面板➤【多行文字】按钮A。

下面将对多行文字进行创建，具体操作步骤如下。

步骤 01 在命令行输入【T】命令并按空格键，在绘图区域单击指定第一角点，如下图所示。

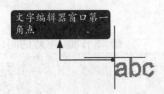

步骤 02 在绘图区域拖动光标并单击指定对角点，如下图所示。

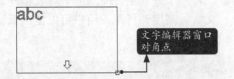

步骤 03 指定输入区域后，AutoCAD自动弹出【文字编辑器】窗口，如下图所示。

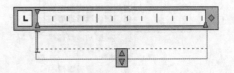

步骤 04 输入文字的内容并更改文字大小为"5"，如下图所示。

步骤 05 单击【关闭文字编辑器】按钮，结果如下图所示。

AutoCAD已经成为国际上广为流行的绘图工具，具有良好的用户界面、多文档设计环境以及广泛的适应性。

7.3.2 编辑多行文字

多行文字的编辑命令和单行文字的编辑命令相同，下面将对多行文字进行编辑，具体操作步骤如下。

步骤 01 打开"素材\CH07\编辑多行文字.dwg"素材文件，如下图所示。

AutoCAD通过交互菜单或命令行方式便可以进行各种操作，让非计算机专业人员也能够很快地学会使用。

步骤 02 双击文字，弹出【文字编辑器】窗口，如下图所示。

AutoCAD通过交互菜单或命令行方式便可以进行各种操作，让非计算机专业人员也能够很快地学会使用。

步骤 03 选中文字后，更改文字大小为"5"，字体类型为"华文行楷"，如下图所示。

步骤 04 大小和字体修改后，再单独选中"AutoCAD"，如下图所示。

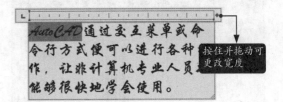

步骤 05 单击【颜色】下拉列表，选择"绿色"，如下图所示。

步骤 06 修改完成后，单击【关闭文字编辑器】按钮 ，结果如下图所示。

AutoCAD 通过交互菜单或命令行方式便可以进行各种操作，让非计算机专业人员也能够很快地学会使用。

7.4 创建表格

本节视频教程时间：16分钟

 表格是在行和列中包含数据的对象，可以从空表格或表格样式创建表格对象。

表格以一种使用行和列的简洁清晰的形式提供信息，常用于一些组件的图形中。表格样式用于控制一个表格的外观，用于保证标准的字体、颜色、文本、高度和行距。用户可以使用默认的表格样式，也可以根据需要自定义表格样式。

7.4.1 新建表格样式

表格的外观由表格样式控制，用户可以使用默认表格样式，也可以创建自己的表格样式。

在创建新的表格样式时，可以指定一个起始表格。起始表格是图形中用作设置新表格样式的样例表格。一旦选定表格，用户即可指定要从此表格复制到表格样式的结构和内容。

在AutoCAD 2018中调用【表格样式】对话框通常有以下4种方法。

（1）选择【格式】▶【表格样式】菜单命令。

（2）在命令行输入【TABLESTYLE/TS】命令并按空格键。

（3）单击【默认】选项卡▶【注释】面板▶【表格样式】按钮 。

（4）单击【注释】选项卡▶【表格】面板▶右下角的箭头 。

下面将创建一个新的表格样式，具体操作步骤如下。

步骤 01 选择【格式】▶【表格样式】菜单命令，弹出【表格样式】对话框，如下图所示。

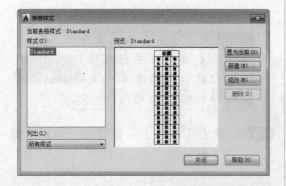

步骤 02 单击【新建】按钮，弹出【创建新的表格样式】对话框，输入新表格样式的名称为"表格样式1"。

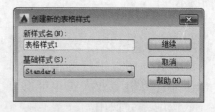

步骤 03 单击【继续】按钮，弹出【新建表格样式：表格样式1】对话框，如下图所示。

步骤 04 在右侧【常规】选项卡下更改表格的填充颜色为"红色"，如下图所示。

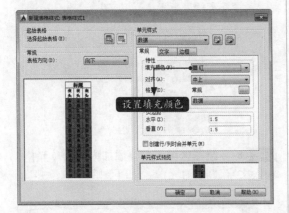

步骤 05 选择【边框】选项卡，将边框颜色指定

为"蓝色"，并单击【所有边框】按钮，将设置应用于所有边框，如下图所示。

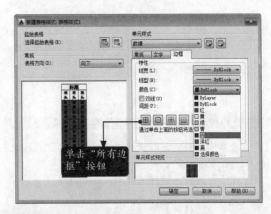

步骤 06 单击【确定】按钮后完成操作，并将新建的表格样式置为当前，如下图所示。

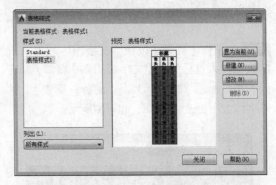

7.4.2 创建表格

表格样式创建完成后，可以继续进行表格的创建。

在AutoCAD 2018中调用【表格】命令通常有以下4种方法。

（1）选择【绘图】➤【表格】菜单命令。

（2）在命令行输入【TABLE】命令并按空格键。

（3）单击【默认】选项卡➤【注释】面板➤【表格】按钮▥。

（4）单击【注释】选项卡➤【表格】面板➤【表格】按钮▥。

下面以7.4.1节中创建的表格样式作为基础，进行表格的创建。具体操作步骤如下。

步骤 01 单击【默认】选项卡➤【注释】面板➤【表格】按钮▥，弹出【插入表格】对话框，如下图所示。

步骤 02 设置表格列数为"3"，行数为"7"，如下图所示。

列和行设置
列数(C): 3　　列宽(D): 63.5
数据行数(R): 7　　行高(G): 1 行

> **小提示**
>
> 　　表格的列和行与表格样式中设置的页边距、文字高度之间的关系如下：
> 　　最小列宽=2×水平页边距+文字高度
> 　　最小行高=2×垂直页边距+4/3×文字高度
> 　　当设置的列宽大于最小列宽时，以指定的列宽创建表格；当小于最小列宽时，以最小列宽创建表格。行高必须为最小行高的整数倍。创建完成后可以通过【特性】面板对列宽和行高进行调整，但不能小于最小列宽和最小行高。

步骤 03 单击【确定】按钮。在绘图区域单击确定表格插入点后弹出【文字编辑器】窗口，并输入表格的标题"2016年上半年财务一览表"，并将字体大小更改为"6"，如下图所示。

步骤 04 单击【文字编辑器】中的【关闭】按钮后，结果如下图所示。

2016年上半年财务一览表

步骤 05 在任意单元格上单击，如下图所示。

步骤 06 单击表格左上角，选中所有单元格，如下图所示。

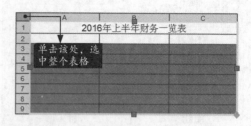

单击该处，选中整个表格

步骤 07 右击弹出快捷菜单，选择【对齐】▶【正中】，使输入的文字位于单元格的正中，如下图所示。

对齐　　　　　　左上
边框...　　　　　中上
锁定　　　　　　右上
数据格式...　　　左中
匹配单元　　　　正中
删除所有特性替代　右中
数据链接...　　　左下
插入点　　　　　中下
编辑文字　　　　右下
管理内容
删除内容

步骤 08 在绘图区域双击要添加内容的单元格，输入文字"收入(元)"，如下图所示。

2016年上半年财务一览表		
收入（元）		

步骤 09 按"↑、↓、←、→"键，继续输入其他单元格的内容，结果如下图所示。

2016年上半年财务一览表		
收入（元）	支出（元）	时间
3.2万	1.9万	1月
3.4万	2.1万	2月
2.7万	1.7万	3月
3.1万	1.6万	4月
2.6万	1.3万	5月
2.3万	1.2万	6月

> **小提示**
>
> 　　创建表格时，默认第一行和第二行分别是"标题"和"表头"（如步骤1的图所示），所以创建的表格为"标题+表头+行数"，如本例设置为7行，加上标题和表头，显示为9行。

7.4.3 编辑表格

表格创建完成后，用户可以单击该表格上的任意网格线以选中该表格，然后通过使用【属性】选项卡或夹点来修改该表格。

下面将对表格的修改方法进行详细介绍，具体操作步骤如下。

步骤 01 打开"素材\CH07\编辑表格.dwg"素材文件，如下图所示。

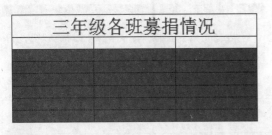

步骤 02 在绘图区域中单击表格任意网格线，选中当前表格，如下图所示。

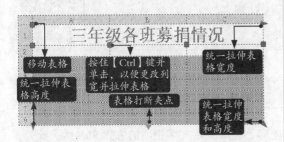

步骤 03 在绘图区域中单击选择如下图所示的夹点。

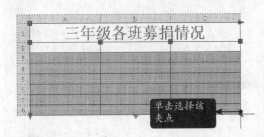

步骤 04 在绘图区域中拖动光标并在适当的位置处单击，以确定所选夹点的新位置，如下图所示。

步骤 05 按【Esc】键取消对当前表格的选择，结果如下图所示。

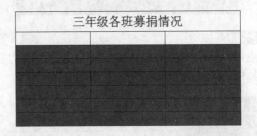

步骤 06 选中所有单元格，右击弹出快捷菜单，选择【对齐】▶【正中】命令以使输入的文字位于单元格的正中，如下图所示。

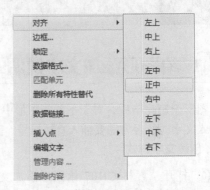

步骤 07 在绘图区域中双击要添加内容的单元格，弹出【文字编辑器】窗口，如下图所示。

步骤 08 在【文字编辑器】功能区上下文选项卡中更改文字大小为"8"，如下图所示。

步骤 **09** 在【文字编辑器】窗口中输入"班级"，如下图所示。

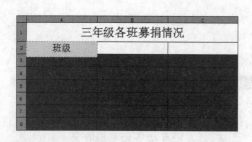

步骤 **10** 按"↑、↓、←、→"键，继续输入其他单元格的内容，输入完成后单击【关闭文字编辑器】按钮 ✕，结果如下图所示。

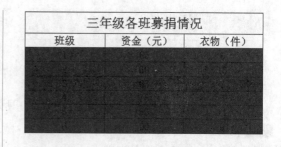

三年级各班募捐情况		
班级	资金（元）	衣物（件）

小提示

在使用列夹点时，按住【Ctrl】键可以更改列宽并相应地拉伸表格。

7.5 综合实战

🕐 本节视频教程时间：18分钟

本节通过给图形添文字说明和创建财务报表等实例，来讲解文字、表格的具体应用。

7.5.1 给图形添加文字说明

图形绘制完毕后，对于不能在图形中表达的内容，经常采用文字说明的方式来表达，此外，在输入文字时，经常需要插入直径符号、正负号以及其他特殊的符号。

1. 创建文字样式

步骤 **01** 打开"素材\CH07\给图形添加文字说明.dwg"素材文件，如下图所示。

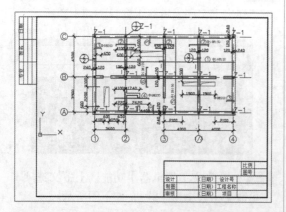

步骤 **02** 在命令行输入【ST】命令并按空格键，弹出【文字样式】对话框，如下图所示。

步骤 **03** 单击【新建】按钮，弹出【新建文字样式】对话框，将新的文字样式命名为"工程图文字"，如下图所示。

步骤 04 单击【确定】按钮后返回【文字样式】对话框，选中【工程图文字】，单击【字体名】下拉列表，选择"仿宋"，如下图所示。

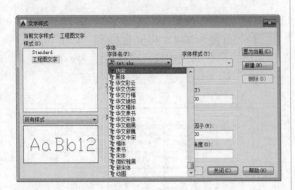

步骤 05 其他设置不变，然后单击【应用】【置为当前】按钮，将"工程图文字"样式置为当前，最后单击【关闭】按钮关闭文字样式对话框。

2. 用单行文字填写图框

步骤 01 在命令行输入【DT】命令并按空格键确定，然后指定文字的起点，如下图所示。

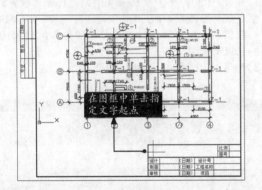

步骤 02 设置文字高度为"800"，角度为"0"，然后输入图形的名称"夹层结构平面图"，结果如下图所示。

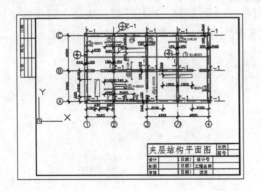

步骤 03 重复步骤1~2，设置文字高度为400，角度为"0"，填写图形的比例"1:100"，结果如下图所示。

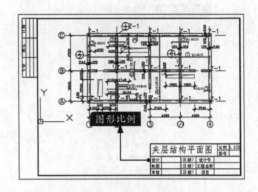

3. 用多行文字书写技术要求

步骤 01 在命令行输入【T】命令并按空格键确定，然后拖动光标指定文字的输入区域，如下图所示。

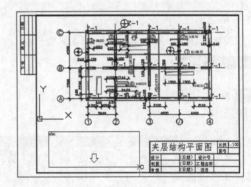

步骤 02 设置文字高度为"300"，其他设置不变，如下图所示。

步骤 03 输入相应的文字，如下图所示。

步骤 04 将光标插到文本"6-200"前面，然后单击【文字编辑器】选项卡下【插入】组中的【符号】按钮，弹出符号选择列表，如下图所示。

选择"直径"

技术要求：
1.混凝土C20，保护层25mm（梁）、15mm（板）。架立筋、分布筋φ6-200，各洞口四周加设2道φ14二级钢筋，L=口宽加1200，并在四角各加2×φ10 L=1000的斜筋。
2.板厚150mm，底板-0.185米。

步骤 07 重复步骤4，将光标插到"150"后面，在弹出的符号列表中选择"正/负"号。插入正负号之后，输入10。最终结果如下图所示。

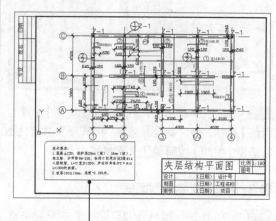

步骤 05 选择直径符号，结果如下图所示。

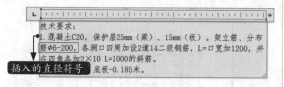

插入的直径符号

步骤 06 重复步骤4，继续插入直径符号，如下图所示。

技术要求：
1.混凝土C20，保护层25mm（梁）、15mm（板）。架立筋、分布筋φ6-200，各洞口四周加设2道φ14二级钢筋，L=口宽加1200，并在四角各加2×φ10 L=1000的斜筋。
2.板厚150±10mm，底板-0.185米。

小提示

如果列表中没有需要的符号，可以单击【其他】，弹出更多的特殊符号。

7.5.2 使用表格创建明细栏

本实例是利用表格创建施工图中常见的明细栏。其具体操作步骤如下。

步骤 01 在命令行输入【ST】命令并按空格键，弹出【文字样式】对话框，设置字体为"仿宋"，大小为"10"，如下图所示。单击【置为当前】按钮后单击【关闭】按钮关闭该对话框。

步骤 02 单击【默认】选项卡▶【注释】面板▶【表格】按钮，弹出【插入表格】对话框，设置列数为"4"，行数为"5"，如下图所示。

步骤 03 单击【确定】按钮关闭该对话框,在绘图区单击指定插入点,并输入表格的标题"材料明细栏",如下图所示。

	A	B	C	D
1		材料明细栏		
2				
3				
4				
5				
6				
7				

步骤 04 选中所有单元格,右键单击,在弹出的列表中选择【对齐】▶【正中】菜单命令,如下图所示。

步骤 05 双击单元格输入文字,并进行适当调整后结果如下图所示。

材料明细栏			
材料名称	数量	规格	备注
内芯材	1	2440×1220mm	E1级中密度板
面材	3		天然胡桃木皮
铰链	6		
导轨	2		
油漆	1		清漆

步骤 06 在命令行输入【L】命令并按空格键,在绘图区域拾取直线第一点,如下图所示。

材料明细栏			
材料名称	数量	规格	备注
内芯材	1	2440×1220mm	E1级中密度板
面材	3		天然胡桃木皮
铰链	6		
导轨	2		
油漆	1		清漆

端点

步骤 07 在绘图区域拾取直线第二点,如下图所示。

材料明细栏			
材料名称	数量	规格	备注
内芯材	1	2440×1220mm	E1级中密度板
面材	3		天然胡桃木皮
铰链	6		
导轨	2		
油漆	1		清漆

交点

步骤 08 按空格键结束直线的绘制,结果如下图所示。

材料明细栏			
材料名称	数量	规格	备注
内芯材	1	2440×1220mm	E1级中密度板
面材	3		天然胡桃木皮
铰链	6		
导轨	2		
油漆	1		清漆

步骤 09 再次调用【直线】命令,重复步骤6~8的操作,对其他空白单元格进行直线绘制,最终结果如下图所示。

材料明细栏			
材料名称	数量	规格	备注
内芯材	1	2440×1220mm	E1级中密度板
面材	3		天然胡桃木皮
铰链	6		
导轨	2		
油漆	1		清漆

小提示

在设置文字样式时,一旦设置了文字高度,那么在接下来的文字输入中或在创建表格时,不再提示输入文字高度,而是直接默认使用设置的文字高度。

高手支招

本节主要介绍为什么输入的字体是"？？？"、替换原文中找不到的字体以及在AutoCAD中插入Excel表格的方法。

● 输入的字体为什么是"？？？"

有时输入的文字显示为问号"？"，这是因为字体名和字体样式不统一造成的。一种情况是指定了字体名为SHX的文件，而没有启用【使用大字体】复选框；另一种情况是启用了【使用大字体】复选框，却没有为其指定一个正确的字体样式。

所谓"大字体"就是指定亚洲语言的大字体文件。只有在"字体名"中指定了 SHX 文件，才能"使用大字体"，并且只有 SHX 文件可以创建"大字体"。

● 如何识别PDF文件中的SHX文字

Adobe 的 PDF 文件格式无法识别 AutoCAD SHX 字体，因此，当从图形创建 PDF 文件时，使用 SHX 字体定义的文字将作为几何图形存储在 PDF 中。如果该 PDF 文件之后再输入到DWG文件中，原始 SHX 文字将作为几何图形输入。

AutoCAD 2018 提供 SHX 文本识别工具，通过【PDFSHXTEXT】命令，可以识别PDF中的SHX文字，并将其转换为文字对象。

步骤01 新建一个【.dwg】图形文件，然后在功能区单击【插入】➤【插入】➤【PDF输入】，选择"素材\CH07\识别PDF中的SHX文字.dwg"素材文件，如下图所示。

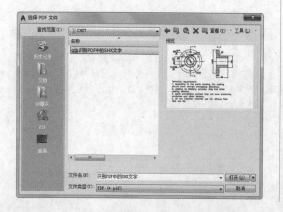

步骤02 单击【打开】按钮，系统弹出【输入PDF】设置对话框，如下图所示。

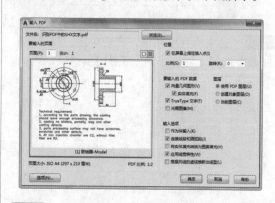

步骤03 设置完成后，单击【确定】按钮，在AutoCAD绘图区指定插入点，将PDF文件插入后，选择文字内容，可以看到显示为几何图形，如下图所示。

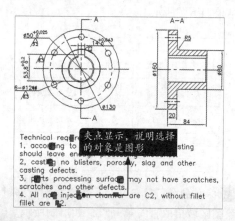

步骤04 退出选择，然后在命令行输入【PDFSHXTEXT】，根据命令行提示进行如下操作。

命令：PDFSHXTEXT
选择要转换为文字的几何图形 …
选择对象或 [设置(SE)]: 指定对角点 : 找到 434 个
　　　　// 选择图中所有的文字对象
选择对象或 [设置(SE)]: ↙
正在将几何图形转换为文字 …
组 1: 已成功 – ROMANS 100%

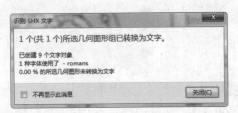

1个(共1个)组已转换为文字
已创建 9 个文字对象

文字识别完成后，弹出识别结果，如下图所示。

识别 SHX 文字

1个(共1个)所选几何图形组已转换为文字。

已创建 9 个文字对象
1 种字体使用了 - romans
0.00 % 的所选几何图形未转换为文字

□ 不再显示此消息   关闭(C)

步骤 05 单击【关闭】按钮，再选择文字内容，可以看到每行文字作为单行文字被选中，如下图所示。

Technical requirement:
1, according to the parts drawing, the casting should leave enough processing allowance.
2, casting no blisters, porosity, slag and other casting defects.
3, parts processing surface may not have scratches, scratches and other defects.
4. All non injection chamfer are C2, without fillet fillet are R2.

小提示

目前AutoCAD 2018只识别PDF中的英文SHX文字，并且在英文版的AutoCAD 2018中该命令已经界面化，可以通过【Insert】选项卡➤【Import】面板➤【Recognize SHX Text】按钮来调用该命令。

如果找不到相应的SHX文字，在步骤4操作中当提示"选择对象或[设置(SE)]"时，输入【SE】，在弹出的【PDF文字识别设置】对话框中勾选更多要进行比较的SHX字体，如下图所示。勾选了所有SHX字体，如果仍不能识别，则可以单击【添加】按钮，在弹出的【选择SHX字体文件】对话框中选择AutoCAD内存的SHX字体，如下图所示。

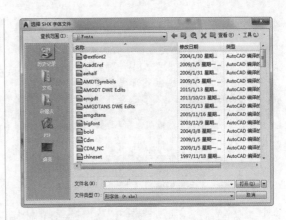

● 合并文字

合并文字一直是AutoCAD的难点，最新版的AutoCAD 2018英文版已将该功能界面化操作，用户可通过【Insert】选项卡➤【Import】面板➤【Combine Text】按钮来调用【合并文字】命令。

在中文版AutoAD 2018以及更早版本中，用户仍需在命令行输入【TXT2MTXT】来执行合并文字命令，所幸的是该命令不仅能合并英文文字，同时也能合并中文文字。

步骤 01 在命令行输入【TXT2MTXT】，然后选择上节从PDF中识别的SHX文字。

Technical requirement:
1, according to the parts drawing, the casting should leave enough processing allowance.
2, casting no blisters, porosity, slag and other casting defects.
3, parts processing surface may not have scratches, scratches and other defects.
4. All non injection chamfer are C2, without fillet fillet are R2.

步骤 02 合并后结果如下图所示。

Technical   单击任意一处，   1, according to the parts
drawing   则全部选中   ould leave enough processing
allowa   no blisters, porosity, slag and
other casting defects. 3, parts processing surface
may not have scratches, scratches and other
defects.
4. All non injection chamfer are C2, without fillet
fillet are R2.

步骤 03 双击合并后的多行文字，对文字进行调整，结果如下图所示。

Technical requirement:
1, according to the parts drawing, the casting should leave enough processing allowance.
2, casting no blisters, porosity, slag and other casting defects.
3, parts processing surface may not have scratches, scratches and other defects.
4. All non injection chamfer are C2, without fillet fillet are R2.

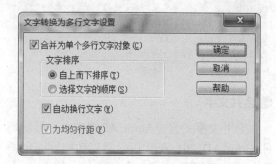

在AutoCAD中插入Excel表格

如果需要在AutoCAD中插入Excel表格，则可以按照以下方法进行。

步骤 01 打开"素材\CH07\在AutoCAD中插入Excel表格"素材文件，之后复制Excel表中的内容，如下图所示。

	A	B	C	D	E	F
1	序号	图号	名称	数量	材料	备注
2	1	XF001	销	2	30	
3	2	XF002	齿轮	2		
4	3	XF003	从动轴	1	45+淬火	
5	4		密封填料	1		
6	5	XF004	填料压盖	1	工程塑料	
7	6		压盖螺母	1		6.8级
8	7	XF005		1	45+淬火	
9	8			1		6.8级
10	9	XF006		1	HT200	
11	10	XF007	垫片	1	石棉	
12	11	XF008	泵体	1	HT200	

选择并复制 Excel 表格内容

步骤 02 在AutoCAD中单击【默认】选项卡下【剪贴板】面板中的【粘贴】按钮，在弹出的下拉列表中选择【选择性粘贴】选项。

步骤 03 在弹出的【选择性粘贴】对话框中选择【AutoCAD 图元】选项，如下图所示。

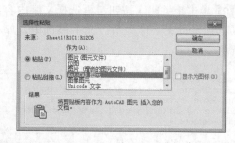

步骤 04 单击【确定】按钮，移动光标至合适位置，并单击鼠标左键，即可将Excel中的表格插入到AutoCAD中，如下图所示。

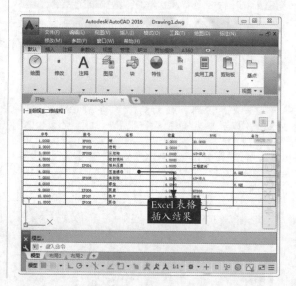

Excel 表格插入结果

第**8**章

尺寸标注

学习目标

没有尺寸标注的图形被称为哑图，在现在的各大行业中已经极少采用了。另外需要注意的是零件的大小取决于图纸所标注的尺寸，并不以实际绘图尺寸作为依据。因此，图纸中的尺寸标注可以看成是数字化信息的表达。

学习效果

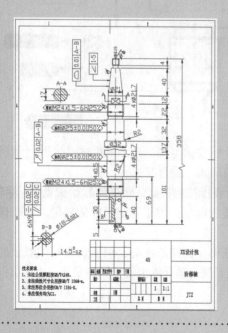

8.1 尺寸标注的规则和组成

🌐 本节视频教程时间：3分钟

绘制图形的根本目的是反映对象的形状，而图形中各个对象的大小和相互位置只有经过尺寸标注才能表现出来。AutoCAD提供了一套完整的尺寸标注命令，用户使用它们足以完成图纸中要求的尺寸标注的操作。

8.1.1 尺寸标注的规则

在AutoCAD中，对绘制的图形进行尺寸标注时应当遵循以下规则。

（1）对象的真实大小应以图样上所标注的尺寸数值为依据，与图形的大小及绘图的准确度无关。

（2）图形中的尺寸以毫米（mm）为单位时，不需要标注计量单位的代号或名称。如果采用其他的单位，则必须注明相应计量单位的代号或名称。

（3）图形中所标注的尺寸应为该图形所表示的对象的最后完工尺寸，否则应另加说明。

（4）对象的每一个尺寸一般只标注一次。

8.1.2 尺寸标注的组成

在工程绘图中，一个完整的尺寸标注一般由尺寸线、尺寸界线、尺寸箭头和尺寸文字4部分组成，如下图所示。

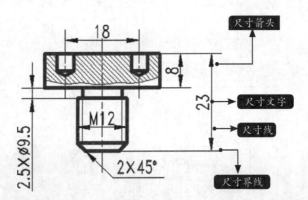

● 【尺寸线】：用于指定尺寸标注的范围。在AutoCAD中，尺寸线可以是一条直线（如线性标注和对齐标注），也可以是一段圆弧（如角度标注）。

● 【尺寸界线】：用于指明所要标注的长度或角度的起始位置和结束位置。

● 【箭头】：箭头位于尺寸线的两端，用于指定尺寸的界限。系统提供了多种箭头样式，并且允许创建自定义的箭头样式。

● 【尺寸文字】：尺寸文字是尺寸标注的核心，用于表明标注对象的尺寸、角度或旁注等内容。创建尺寸标注时，既可以使用系统自动计算出的实际测量值，也可以根据需要输入尺寸文字。

8.2 尺寸标注样式管理器

本节视频教程时间: 25 分钟

尺寸标注样式用于控制尺寸标注的外观, 如箭头的样式、文字的位置及尺寸界线的长度等, 通过设置尺寸标注可以确保所绘图纸中的尺寸标注符合行业或项目标准。

尺寸标注样式是通过【标注样式管理器】设置的, 调用【标注样式管理器】的方法有以下5种。

（1）选择【格式】➤【标注样式】菜单命令。
（2）选择【标注】➤【标注样式】菜单命令。
（3）在命令行中输入【DIMSTYLE/D】命令并按空格键确认。
（4）单击【默认】选项卡➤【注释】面板中的【标注样式】按钮◢。
（5）单击【注释】选项卡➤【标注】面板右下角的◢。

8.2.1 新建标注样式

在命令行中输入【D】命令并按空格键确认后弹出如下图所示的【标注样式管理器】对话框, 对话框中各选项含义如下。

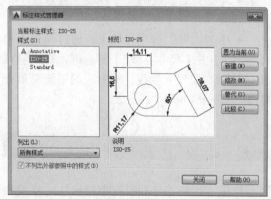

步骤01 单击【新建】按钮, 弹出【创建新标注样式】对话框, 如下图所示。

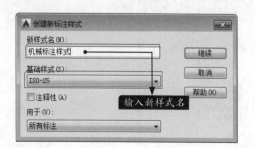

步骤02 单击【继续】按钮, 弹出【新建标注

样式】对话框, 此时用户即可应用对话框中的【线】【符号和箭头】【文字】【调整】【主单位】【换算单位】【公差】7个选项卡进行设置, 如下图所示。

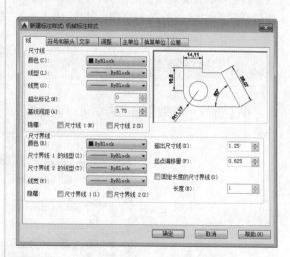

步骤03 单击【确定】按钮, 即可创建新的标注样式, 其名称显示在【标注样式管理器】对话框的【样式】列表中, 选择创建的新标注样式, 单击【置为当前】按钮, 即可将该样式设置为当前使用的标注样式。

8.2.2 设置线

在【线】选项卡（如上页图所示）中可以设置尺寸线、尺寸界线、符号、箭头、文字外观、调整箭头、标注文字及尺寸界线间的位置等内容。

● 1. 设置尺寸线

在【尺寸线】选项区域中可以设置尺寸线的颜色、线型、线宽、超出标记以及基线间距等属性。

- 【"超出标记"微调框】：只有当尺寸线箭头设置为建筑标记、倾斜、积分和无时，该选项才可以用，用于设置尺寸线超出尺寸界线的距离。
- 【"基线间距"微调框】：设置以基线方式标注尺寸时，相邻两尺寸线之间的距离。
- 【"隐藏"选项区域】：通过勾选【尺寸线1】或【尺寸线2】复选框，可以隐藏第1段或第2段尺寸线及其相应的箭头，相对应的系统变量分别为"Dimsd1"和"Dimsd2"。

● 2. 设置尺寸界线

在【尺寸界线】选项区域中可以设置尺寸界线的颜色、线宽、超出尺寸线的长度和起点偏移量以及隐藏控制等属性，如下图所示。

- 【"超出尺寸线"微调框】：用于设置尺寸界线超出尺寸线的距离。
- 【"起点偏移量"微调框】：用于确定尺寸界线的实际起始点相对于指定尺寸界线起始点的偏移量。
- 【"固定长度的尺寸界线"复选框】：用于设置尺寸界线的固定长度。
- 【"隐藏"选项区域】：通过勾选【尺寸界线1】或【尺寸界线2】复选框，可以隐藏第1段或第2段尺寸界线，相对应的系统变量分别为"Dimse1"和"Dimse2"。

8.2.3 设置符号和箭头

在【符号和箭头】选项卡中可以设置箭头、圆心标记、弧长符号和折弯半径标注的格式和位置。

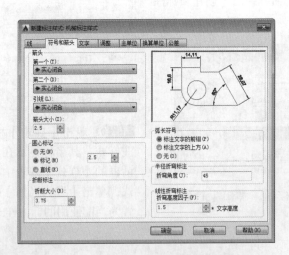

1. 设置箭头

在【箭头】选项区域中可以设置标注箭头的外观。通常情况下，尺寸线的两个箭头应一致。AutoCAD提供了多种箭头样式，用户可以从对应的下拉列表框中选择箭头，并在【箭头大小】微调框中设置它们的大小（也可以使用变量Dimasz设置），用户也可以使用自定义的箭头。

2. 设置符号

- 【"圆心标记"选项区域】：可以设置直径标注和半径标注的圆心标记和中心线的外观。在建筑图形中，一般不创建圆心标记或中心线。
- 【弧长符号】：可控制弧长标注中圆弧符号的显示。
- 【"折断标注"选项区域】：在"折断大小"微调框中可以设置折断标注的大小。
- 【半径折弯标注】：控制折弯（Z字型）半径标注的显示。折弯半径标注通常用于半径太大，致使中心点位于图幅外部时使用。"折弯角度"用于连接半径标注的尺寸界线和尺寸线的横向直线的角度，一般为45°。
- 【"线性折弯标注"选项区域】：在"折弯高度因子"的"文字高度"微调框中可以设置折弯因子的文字的高度。

> **小提示**
>
> 通常，机械图的尺寸线末端符号用箭头，而建筑图尺寸线末端则用45°短线，另外，机械图尺寸线一般没有超出标记，而建筑图尺寸线的超出标记可以自行设置。

8.2.4 设置文字

在【新建标注样式】对话框的【文字】选项卡中可以设置标注文字的外观、位置和对齐方式，如下图所示。

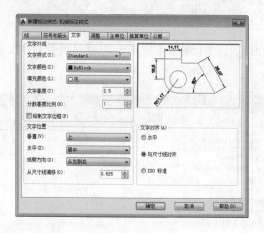

1. 设置文字外观

在【文字外观】选项区域中可以设置文字的样式、颜色、高度和分数高度比例，以及控制是否绘制文字边框。

- 【文字高度】：用于设置标注文字的高度。但是如果选择的文字样式已经在【文字样式】对话框中设定了具体高度而不是0，该选项不能用。

- 【分数高度比例】：用于设置标注文字中的分数相对于其他标注文字的比例，AutoCAD将该比例值与标注文字高度的乘积作为分数的高度。仅当在【主单位】选项卡中选择"分数"作为"单位格式"时，此选项才可用。
- 【绘制文字边框】：用于设置是否给标注文字加边框。

2. 设置文字位置

- 【文字位置】选项区域可以设置文字的垂直、水平位置以及距尺寸线的偏移量。
- 【垂直】下拉列表框中包含"居中""上""外部""JIS""下"5个选项，用于控制标注文字相对尺寸线的垂直位置。选择某项时，在【文字】选项卡的预览框中可以观察到尺寸文本的变化。
- 【水平】下拉列表框包含"居中""第一条尺寸界线""第二条尺寸界线""第一条尺寸界线上方""第二条尺寸界线上方"5个选项，用于设置标注文字相对于尺寸线和尺寸界线在水平方向的位置。
- 【观察方向】下拉列表框包含"从左到右"和"从右到左"两个选项，用于设置标注文字的观察方向。
- 【从尺寸线偏移】用于设置尺寸线断开时标注文字周围的距离，若不断开，即为尺寸线与文字之间的距离。

3. 设置文字对齐

- 【文字对齐】选项区域中可以设置标注文字放置方向。
- 【水平】：标注文字水平放置。
- 【与尺寸线对齐】：标注文字方向与尺寸线方向一致。
- 【ISO标准】：标注文字按ISO标准放置，当标注文字在尺寸界线之内时，它的方向与尺寸线方向一致，而在尺寸界线之外时将水平放置。

8.2.5 设置调整

在【新建标注样式】对话框的【调整】选项卡中可以设置标注文字、尺寸线、尺寸箭头的位置。

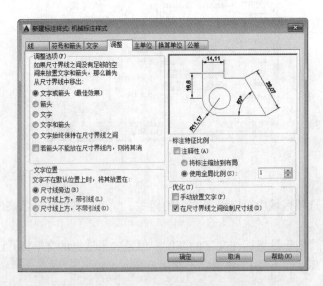

1. 调整选项

在【调整选项】区域中可以确定当尺寸界线之间没有足够的空间同时放置标注文字和箭头时，应首先从尺寸界线之间移出的对象。

- 【文字或箭头（最佳效果）】：按最佳布局将文字或箭头移动到尺寸界线外部。当尺寸界线间的距离仅能够容纳文字时，将文字放在尺寸界线内，而箭头放在尺寸界线外。当尺寸界线间的距离仅能够容纳箭头时，将箭头放在尺寸界线内，而文字放在尺寸界线外。当尺寸界线间的距离既不够放文字又不够放箭头时，文字和箭头都放在尺寸界线外。
- 【箭头】：尺寸界面之间空间不足时，先将箭头移动到尺寸界线外，然后移动文字。
- 【文字】：尺寸界面之间空间不足时，先将文字移动到尺寸界线外，然后移动箭头。
- 【文字和箭头】：当尺寸界线间距不足以放下文字和箭头时，文字和箭头都放在尺寸界线外。
- 【文字始终保持在尺寸界线之间】：始终将文字放在尺寸界线之间。
- 【若箭头不能放在尺寸界线内，则将其消除】：若尺寸界线内没有足够的空间，则隐藏箭头。

2. 标注特征比例

- 【"标注特征比例"选项区域】：可以设置全局标注比例值或图纸空间比例。
- 【使用全局比例】：可以为所有标注样式设置一个比例，指定大小、距离或间距，包括文字和箭头大小，该值改变的仅仅是这些特征符号的大小并不改变标注的测量值。
- 【将标注缩放到布局】：可以根据当前模型空间视口与图纸空间之间的缩放关系设置比例。

8.2.6 设置主单位

在【主单位】选项卡中可以设置主单位的格式与精度等属性，如下图所示。

1. 线性标注

- 【"线性标注"选项区域】：可以设置线性标注的单位格式与精度。
- 【分数格式】：用于设置分数的格式，包括"水平""对角""非堆叠"3种方式。当"单位格式"选择"建筑"或"分数"时，此选项才可用。
- 【小数分隔符】：用于设置小数的分隔符，包括"逗点""句点""空格"3种方式。"舍入"用于设置除角度标注以外的尺寸测量值的舍入值，类似于数学中的四舍五入。
- 【"前缀"和"后缀"】：用于设置标注文字的前缀和后缀，用户在相应的文本框中输入文本符即可。

2. 测量单位比例

【比例因子】：设置测量尺寸的缩放比例，AutoCAD的实际标注值为测量值与该比例的积；勾选【仅应用到布局标注】复选框，可以设置该比例关系是否仅适应于布局。该值不应用到角度标注，也不应用到舍入值或者正负公差值。

3. 消零

- 消零选项：用于设置是否显示尺寸标注中的"前导"0和"后续"0。
- 【前导】：勾选该复选框，标注中前导"0"将不显示，例如，"0.5"将显示为".5"。
- 【后续】：勾选该复选框，标注中后续"0"将不显示，例如，"5.0"将显示为"5"。

4. 角度标注

在【角度标注】选项区域中可以使用【单位格式】下拉列表框设置标注角度时的单位；使用【精度】下拉列表框设置标注角度的尺寸精度；使用【消零】选项设置是否消除角度尺寸的前导0和后续0。

小提示

标注特征比例改变的是标注的箭头、起点偏移量、超出尺寸线以及标注文字的高度等参数值。

测量单位比例改变的是标注的尺寸数值，例如，将测量单位改为2，那么当标注实际长度为5的尺寸时候，显示的数值为10。

8.2.7 设置单位换算

在【换算单位】选项卡中可以设置换算单位的格式，如下图所示。

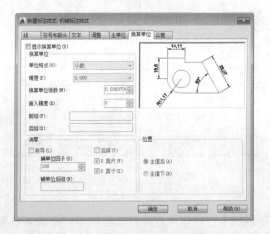

通过换算标注单位，可以转换使用不同测量单位制的标注，通常是将英制标注换算成等效的公制标注，或将公制标注换算成等效的英制标注。在标注中，换算单位显示在主单位旁边的方括号[ ]中。

勾选【显示换算单位】复选框，这时对话框的其他选项才可用，用户可以在【换算单位】选项区域中设置换算单位中的各选项，方 7法与设置主单位的方法相同。

8.2.8 设置公差

【公差】选项卡用于设置是否标注公差，以及用何种方式进行标注，如下图所示。

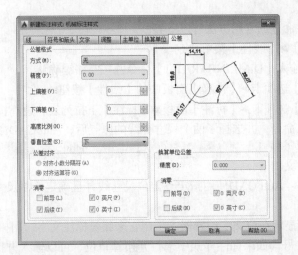

● 【方式】下拉列表框：确定以何种方式标注公差，包括"无""对称""极限偏差""极限尺寸"和"基本尺寸"选项。

● 【"高度比例"微调框】：用于确定公差文字的高度比例因子。确定后，AutoCAD将该比例因子与尺寸文字高度之积作为公差文字的高度，也可以使用变量Dimtfac设置。

小提示

公差有三种，即尺寸公差、形状公差和位置公差，形状公差和位置公差统称为形位公差。

【标注样式管理器】中设置的"公差"是尺寸公差，而且在【标注样式管理器】中一旦设置了公差，那么在接下来的标注过程中，所有的标注值都将附加上这里设置的公差值。因此，实际工作中一般不采用【标注样式管理器】中的公差设置，而是采用选择【特性】选项板中的公差选项来设置公差。

关于"形位公差"的有关介绍请参见8.5.2节的内容。

8.3 尺寸标注

🔖 **本节视频教程时间：23分钟**

尺寸标注的类型众多，包括线性标注、对齐标注、半径标注、直径标注、角度标注、基线标注、连续标注等类型，如下图所示。

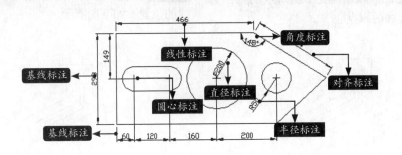

8.3.1 线性标注

线性标注用于标注平面中的两个点之间的水平距离或竖直距离测量值，通过指定点或选择一个对象来实现。

调用【线性】标注命令的常用方法有以下4种。

（1）选择【标注】➤【线性】菜单命令。

（2）在命令行中输入【DIMLINEAR/DLI】命令并按空格键确认。

（3）单击【默认】选项卡➤【注释】面板中的【线性】按钮⊢。

（4）单击【注释】选项卡➤【标注】面板➤【标注】下拉列表，选择按钮⊢。

执行【线性标注】命令，并选择了两个尺寸界线的原点后，AutoCAD命令行提示如下。

指定尺寸线位置或 [多行文字 (M)/ 文字 (T)/ 角度 (A)/ 水平 (H)/ 垂直 (V)/ 旋转 (R)]：

命令行中各选项含义如下。

• 【尺寸线位置】：AutoCAD使用指定点定位尺寸线并且确定绘制尺寸界线的方向。指定位置之后，将绘制标注。

• 【多行文字】：显示在位文字编辑器，可用它来编辑标注文字。用控制代码和Unicode字符串来输入特殊字符或符号。如果标注样式中未打开换算单位，可以输入方括号"【 】"来显示它们。当前标注样式决定生成的测量值的外观。

• 【文字】：在命令提示下，自定义标注文字。生成的标注测量值显示在尖括号中。要包括生成的测量值，请用尖括号"<>"表示生成的测量值。如果标注样式中未打开换算单位，可以通过输入方括号"【 】"来显示换算单位。标注文字特性在【新建文字样式】【修改标注样式】【替代标注样式】对话框的【文字】选项卡上进行设定。

• 【角度】：修改标注文字的角度。

• 【水平】：创建水平线性标注。

• 【垂直】：创建垂直线性标注。

• 【旋转】：创建旋转线性标注。

下面以标注水平、垂直的直线段为例，对线性标注命令的应用进行详细介绍。

步骤 01 打开"素材\CH08\线性对齐标注.dwg"素材文件，如下图所示。

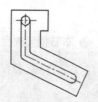

步骤 02 在命令行中输入【DLI】命令并按空格键确认，在绘图区域中捕捉下图所示端点作为第一个尺寸界线的原点。

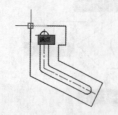

步骤 03 在绘图区域中拖动光标并捕捉下图所示端点作为第二个尺寸界线的原点。

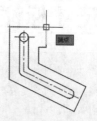

步骤 04 在绘图区域中拖动光标并单击指定尺寸线的位置，如下图所示。

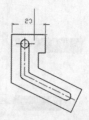

步骤 05 结果如下图所示。

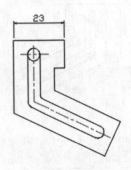

步骤 06 重复上述步骤，对垂直边进行线性尺寸标注，结果如下图所示。

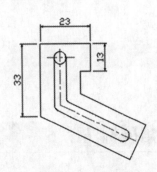

8.3.2 对齐标注

【对齐标注】命令主要用来标注斜线，也可用于水平线和竖直线的标注。对齐标注的方法以及命令行提示与线性标注基本相同，只是所适合的标注对象和场合不同。

调用【对齐】标注命令的常用方法有以下4种。

（1）选择【标注】➤【对齐】菜单命令。

（2）在命令行中输入【DIMALIGNED/DAL】命令并按空格键确认。

（3）单击【默认】选项卡➤【注释】面板中的【对齐】按钮。

（4）单击【注释】选项卡➤【标注】面板➤【标注】下拉列表，选择按钮。

下面以标注倾斜的直线段为例，对对齐标注命令的应用进行详细介绍。

步骤 01 继续上一节的案例进行对齐标注，在命令行中输入【DAL】命令并按空格键确认，在绘图区域中捕捉如下图所示端点作为第一个尺寸界线的原点。

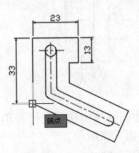

步骤 02 在绘图区域中拖动光标并捕捉如下图所示端点作为第二个尺寸界线的原点。

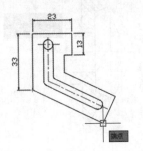

步骤 03 在绘图区域中拖动光标并单击指定尺寸线的位置，如下图所示。

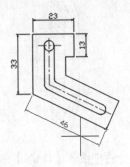

步骤 04 结果如下图所示。

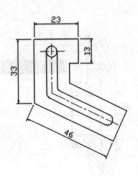

步骤 05 重复上述步骤，对倾斜的直线段的另外一条边进行对齐尺寸标注，结果如图所示。

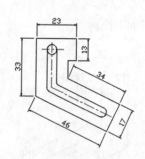

8.3.3 角度标注

角度尺寸标注用于标注两条直线之间的夹角、三点之间的角度以及圆弧的角度。

调用【角度】标注命令的方法通常有以下4种。

（1）选择【标注】▶【角度】菜单命令。

（2）在命令行中输入【DIMANGULAR/DAN】命令并按空格键确认。

（3）单击【默认】选项卡▶【注释】面板中的【角度】按钮△。

（4）单击【注释】选项卡▶【标注】面板▶【标注】下拉列表，选择按钮△。

执行【角度标注】命令后，AutoCAD命令行提示如下。

命令：_dimangular
选择圆弧、圆、直线或＜指定顶点＞：

下面以标注两条直线的夹角为例，对角度标注命令的应用进行详细介绍。

步骤 01 打开"素材\CH08\角度标注.dwg"素材文件，如下图所示。

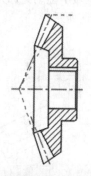

步骤 02 在命令行中输入【DAN】命令并按空格键确认，然后在绘图区域中单击选择第一条直线，如下图所示。

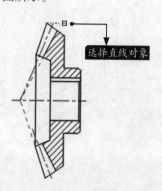

选择直线对象

步骤 03 在绘图区域中拖动光标并单击选择第二条直线，如下图所示。

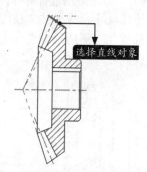

选择直线对象

步骤 04 在绘图区域中拖动光标并单击确定尺寸线的位置，如下图所示。

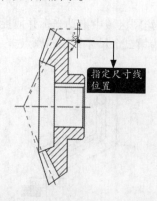

指定尺寸线位置

步骤 05 结果如下图所示。

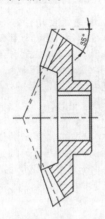

步骤 06 重复上述步骤，继续进行角度标注，结果如下图所示。

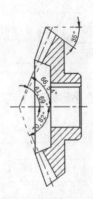

8.3.4 基线标注

　　基线标注是指从上一个标注或选定标注的基线处创建线性标注、角度标注或坐标标注。可以通过【标注样式管理器】和【基线间距】（DIMDLI系统变量）设定基线标注之间的默认距离。

　　调用【基线】标注命令通常有以下3种。

　　（1）选择【标注】➤【基线】菜单命令。

　　（2）在命令行中输入【DIMBASELINE/DBA】命令并按空格键确认。

　　（3）单击【注释】选项卡➤【标注】面板➤【基线】标注按钮⊟。

　　下面将对装饰图案图形进行线性尺寸的基线标注，具体操作步骤如下。

步骤 01 打开"素材\CH08\基线标注.dwg"素材文件，如下图所示。

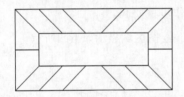

步骤 02 单击【默认】选项卡➤【注释】面板中的【线性】按钮⊢，在绘图区域中创建一个线性标注，如下图所示。

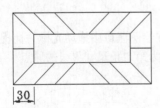

步骤 03 在命令行输入【DIMDLI】并按空格键确认，命令行提示如下。

```
命令：DIMDLI
输入 DIMDLI 的新值 <3.7500>：22
```

步骤 04 在命令行中输入【DBA】并按空格键确认，系统自动将前面创建的距离值为"30"的线性标注作为基线标注的基准，如下图所示。

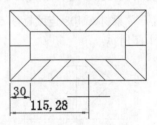

步骤 05 在绘图区域中拖动光标并捕捉如下图所示端点作为第二条尺寸界线的原点。

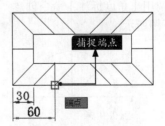

步骤 06 继续在绘图区域中拖动光标并捕捉相应端点分别作为第二条尺寸界线的原点。

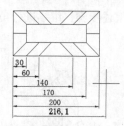

步骤 07 按两次空格键结束【基线】命令，结果如下图所示。

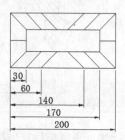

8.3.5 连续标注

连续标注自动从创建的上一个线性标注、角度标注或坐标标注继续创建其他标注，或者从选定的尺寸界线继续创建其他标注。系统将自动排列尺寸线。

调用【连续】标注命令的方法通常有以下3种。

（1）选择【标注】▶【连续】菜单命令。

（2）在命令行中输入【DIMCONTINUE/DCO】命令并按空格键确认。

（3）单击【注释】选项卡▶【标注】面板▶【连续】标注按钮┞┞。

下面将对圆弧图形进行角度尺寸的连续标注，具体操作步骤如下。

步骤 01 打开"素材\CH08\连续标注.dwg"素材文件，如下图所示。

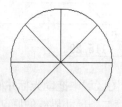

步骤 02 调用【角度标注】命令创建一个圆弧标注，如下图所示。

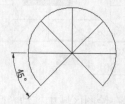

步骤 03 在命令行中输入【DCO】命令并按空格

键确认，绘图区域显示如下图所示。

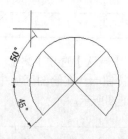

步骤 04 在绘图区域中拖动光标并捕捉如下图所示端点作为第二条尺寸界线的原点。

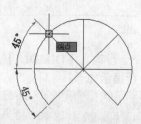

步骤 05 继续在绘图区域中捕捉相应端点分别作为第二条尺寸界线的原点，如下图所示。

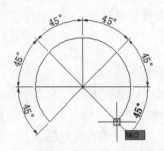

步骤 06 按两次空格键结束【连续】标注命令，结果如下图所示。

8.3.6 半径标注

半径标注常用于标注圆弧和圆角。在标注时，AutoCAD将自动在标注文字前添加半径符号"R"。

调用【半径】标注命令的方法通常有以下4种。

（1）选择【标注】➤【半径】菜单命令。

（2）在命令行中输入【DIMRADIUS/DRA】命令并按空格键确认。

（3）单击【默认】选项卡➤【注释】面板中的【半径】按钮◯。

（4）单击【注释】选项卡➤【标注】面板➤【标注】下拉列表，选择按钮◯。

下面以标注圆弧半径为例，对【半径标注】命令的应用进行详细介绍。

步骤 01 打开"素材\CH08\半径直径标注.dwg"素材文件，如下图所示。

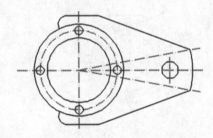

步骤 02 在命令行中输入【DRA】命令并按空格键确认，单击选择下图所示圆弧作为标注对象。

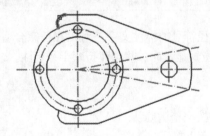

步骤 03 在绘图区域中拖动光标并单击指定尺寸线的位置，如下图所示。

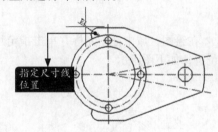

步骤 04 结果如下图所示。

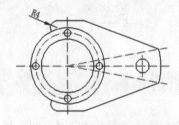

步骤 05 继续半径标注，结果如下图所示。

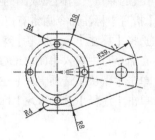

8.3.7 直径标注

直径标注常用于标注圆的大小。在标注时，AutoCAD将自动在标注文字前添加直径符号"Φ"。

调用【直径】标注命令的方法通常有以下4种。

（1）选择【标注】➤【直径】菜单命令。

（2）在命令行中输入【DIMDIAMETER/DDI】命令并按空格键确认。

（3）单击【默认】选项卡➤【注释】面板中的【直径】按钮◎。

（4）单击【注释】选项卡➤【标注】面板➤【标注】下拉列表，选择按钮◎。

下面以标注圆形的直径为例，对【直径标注】命令的应用进行详细介绍。

步骤01 继续上一节的结果进行直径标注，在命令行中输入【DDI】命令并按空格键确认，在绘图区域中单击选择如下图所示圆形作为标注对象。

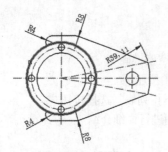

步骤02 在绘图区域中拖动光标并单击指定尺寸线的位置，如下图所示。

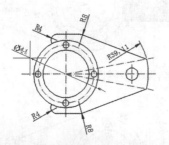

步骤03 结果如下图所示。

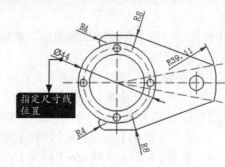

步骤04 重复上述步骤，对其他圆形进行直径标注，结果如下图所示。

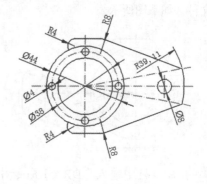

8.3.8 折弯标注

折弯标注用于测量选定对象的半径，并显示带有半径符号的标注文字。可以在任意合适的位置指定尺寸线的原点。当圆弧或圆的中心无法在其实际位置显示时，将创建折弯半径标注。

调用【折弯】标注命令通常有以下4种方法。

（1）选择【标注】➤【折弯】菜单命令。

（2）在命令行中输入【DIMJOGGED/DJO】命令并按空格键确认。

（3）单击【默认】选项卡➤【注释】面板中的【折弯】按钮◎。

（4）单击【注释】选项卡➤【标注】面板➤【标注】下拉列表，选择按钮◎。

下面将对圆弧图形进行折弯标注，具体操作步骤如下。

步骤 01 打开"素材\CH08\折弯标注.dwg"素材文件，如下图所示。

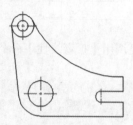

步骤 02 在命令行中输入【DJO】命令并按空格键确认，在绘图区域中单击选择如下图所示的圆弧作为标注对象。

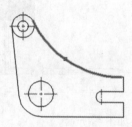

步骤 03 在绘图区域中拖动光标并单击指定图示中心位置，如下图所示。

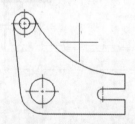

步骤 04 在绘图区域中拖动光标并单击指定尺寸线的位置，如下图所示。

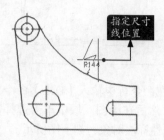

步骤 05 在绘图区域中拖动光标并单击指定折弯位置，如下图所示。

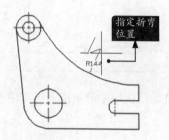

步骤 06 结果如下图所示。

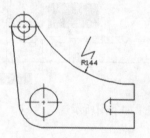

8.3.9 创建折弯线性标注

在线性标注或对齐标注中添加或删除折弯线。标注中的折弯线表示所标注的对象中的折断，标注值表示实际距离，而不是图形中测量的距离。

调用【折弯线性】标注命令的方法通常有以下3种。

（1）选择【标注】➤【折弯线性】菜单命令。

（2）在命令行中输入【DIMJOGLINE/DJL】命令并按空格键确认。

（3）单击【注释】选项卡➤【标注】面板➤【折弯线性】标注按钮 ⌄。

下面将对线性标注对象添加以及删除折弯线，具体操作步骤如下。

步骤 01 打开"素材\CH08\折弯线性标注.dwg"素材文件，如下图所示。

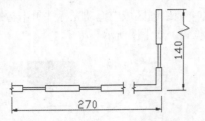

步骤02 在命令行中输入【DJL】命令并按空格键确认，然后在绘图区域中单击选择需要添加折弯的线性标注对象，如下图所示。

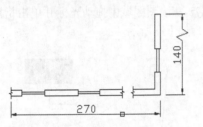

步骤03 在绘图区域中单击指定折弯位置。

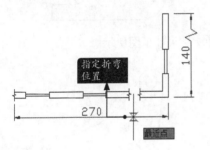

指定折弯位置

最近点

步骤04 结果如下图所示。

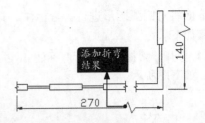

添加折弯结果

步骤05 重复调用【折弯线性】命令，命令行提示如下。

```
命令：_DIMJOGLINE
选择要添加折弯的标注或 [ 删除 (R)]:
r
```

步骤06 在绘图区域中单击选择需要删除折弯的线性标注对象，如下图所示。

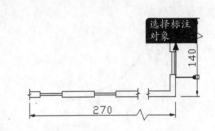

选择标注对象

步骤07 结果如下图所示。

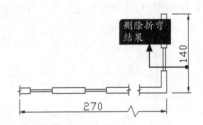

删除折弯结果

8.3.10 弧长标注

　　圆弧标注用于测量圆弧或多段线圆弧上的距离，弧长标注的尺寸界线可以正交或径向，在标注文字的上方或前面将显示圆弧符号。

　　调用【弧长】标注命令的方法通常有以下4种。

　　（1）选择【标注】➤【弧长】菜单命令。

　　（2）在命令行中输入【DIMARC/DAR】并空格键确认。

　　（3）单击【默认】选项卡➤【注释】面板中的【弧长】按钮 。

　　（4）单击【注释】选项卡➤【标注】面板➤【标注】下拉列表，选择按钮 。

　　执行【弧长标注】命令，并选择了圆弧后，AutoCAD命令行提示如下。

　指定弧长标注位置或 [多行文字 (M)/ 文字 (T)/ 角度 (A)/ 部分 (P)/ 引线 (L)]:

命令行中各选项含义如下。

● 【部分】：缩短弧长标注的长度。

● 【引线】：添加引线对象。仅当圆弧（或圆弧段）大于90°时才会显示此选项。引线是按径向绘制的，指向所标注圆弧的圆心。

下面以标注多段线圆弧上的距离为例，对【弧长标注】命令的应用进行详细介绍。

步骤 01 打开"素材\CH08\弧长标注.dwg"素材文件，如下图所示。

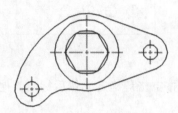

步骤 02 在命令行中输入【DAR】并按空格键确认，在绘图区域中单击选择如图所示的圆弧作为标注对象，如下图所示。

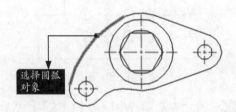

步骤 03 在绘图区域中拖动光标并单击指定尺寸线的位置，如下图所示。

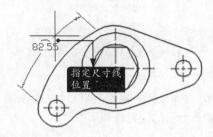

步骤 04 结果如下图所示。

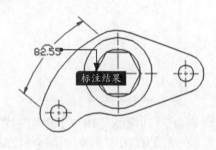

8.3.11 坐标标注

坐标标注用于测量从原点到要素的水平或垂直距离。这些标注通过保持特征与基准点之间的精确偏移量来避免误差增大。

调用【坐标标注】命令的方法通常有以下4种。

（1）选择【标注】▶【坐标】菜单命令。

（2）在命令行中输入【DIMORDINATE/DOR】命令并按空格键确认。

（3）单击【默认】选项卡▶【注释】面板中的【坐标】按钮。

（4）单击【注释】选项卡▶【标注】面板▶【坐标】标注按钮。

执行【坐标标注】命令，根据提示指定了点坐标后，AutoCAD命令行提示如下。

指定引线端点或 [X 基准(X)/Y 基准(Y)/ 多行文字 (M)/ 文字 (T)/ 角度 (A)]:

命令行中各选项含义如下。

● 【指定引线端点】：使用点坐标和引线端点的坐标差可确定它是X坐标标注还是Y坐标标注。如果Y坐标的标注差较大，标注就测量X坐标，否则就测量Y坐标。

● 【X基准】：测量X坐标并确定引线和标注文字的方向。将显示"引线端点"提示，从中可以指定端点。

● 【Y基准】：测量Y坐标并确定引线和标注文字的方向。将显示"引线端点"提示，从中可以指定端点。

下面将对直线段上面的节点对象进行坐标标注，具体操作步骤如下。

步骤 01 打开"素材\CH08\坐标标注.dwg"素材文件，如下图所示。

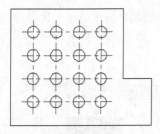

步骤 02 在命令行中输入【USC】，然后将坐标系移动到合适的位置，如下图所示。

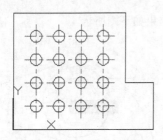

步骤 03 在命令行中输入【DOR】命令并按空格键确认，在绘图窗口中以端点为坐标的原点。

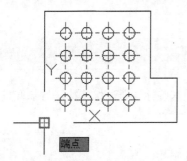

步骤 04 然后拖动光标来指定引线端点位置。

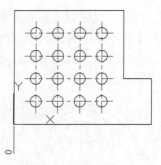

步骤 05 按空格键确定，然后标出其他的坐标标注。

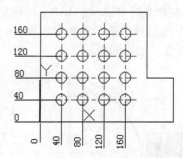

步骤 06 再次在命令行中输入【UCS】，然后将坐标系移动到合适的位置，结果如下图所示。

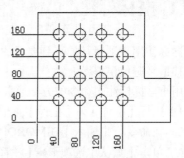

8.3.12 快速标注

为了提高标注尺寸的速度，AutoCAD提供了【快速标注】命令。启用【快速标注】命令后，一次选择多个图形对象，AutoCAD将自动完成标注操作。

调用【快速标注】命令的方法通常有以下3种。

（1）选择【标注】➤【快速标注】菜单命令。

（2）在命令行中输入【QDIM】命令并按空格键确认。

（3）单击【注释】选项卡➤【标注】面板➤【快速】标注按钮。

执行【快速标注】命令，根据提示选择了标注对象后，AutoCAD命令行提示如下。

指定尺寸线位置或 [连续 (C)/ 并列 (S)/ 基线 (B)/ 坐标 (O)/ 半径 (R)/ 直径 (D)/ 基准点 (P)/ 编辑 (E)/ 设置 (T)] < 连续 >:

选择命令行的选项，将创建该选项的一系列标注。

- 【基准点】：为基线和坐标标注设置新的基准点。
- 【编辑】：在生成标注之前，删除出于各种考虑而选定的点位置。

● 【设置】：为指定尺寸界线原点（交点或端点）设置对象捕捉优先级。

下面将对【快速标注】命令的应用进行详细介绍，具体操作步骤如下。

步骤 01 打开"素材\CH08\快速标注.dwg"素材文件，如下图所示。

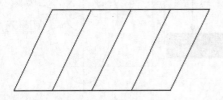

步骤 02 单击【注释】选项卡▶【标注】面板▶【快速】标注按钮，在绘图区域中选择如下图所示的部分区域作为标注对象，并按空格键确认。

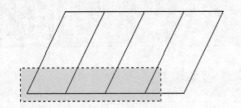

步骤 03 在绘图区域中拖动光标并单击指定尺寸线的位置，如下图所示。

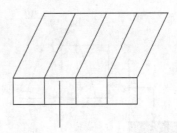

步骤 04 结果如下图所示。

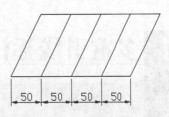

> **小提示**
>
> 快速标注不是万能的，它的使用是受很大限制的，只有当图形非常适合使用快速标注的时候，快速标注才能显示出它的优势。

8.3.13 创建检验标注

检验标注指定需要零件制造商检查其度量的频率，以及允许的公差。检验标注是从AutoCAD 2008开始新增的功能。通过选择现有标注可以创建检验标注。

选择检验标注值，通过【特性】选项板的"其他"部分可以对检验标注值进行修改。

调用【检验标注】命令的方法通常有以下3种。

（1）选择【标注】▶【检验】菜单命令。

（2）在命令行中输入【DIMINSPECT】命令并按空格键确认。

（3）单击【注释】选项卡▶【标注】面板▶【检验】标注按钮。

创建检验标注的具体操作步骤如下。

步骤 01 打开"素材\CH08\检验标注.dwg"素材文件，如下图所示。

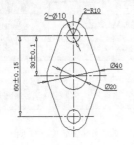

步骤 02 单击【注释】选项卡▶【标注】面板▶【检验】标注按钮，弹出【检验标注】对话框。

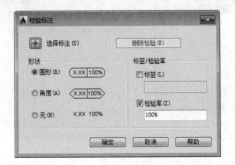

步骤 03 单击【选择标注】按钮，然后选择需要创建检验标注的尺寸，如下图所示。

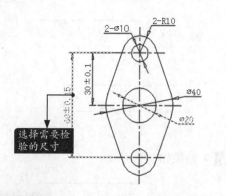

步骤 04 按【Enter】键回到【检验标注】对话框后单击【确定】按钮，结果如下图所示。

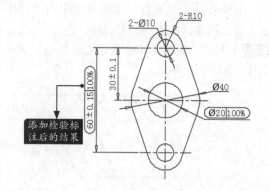

8.4 多重引线标注

🔹 本节视频教程时间：17 分钟

引线对象包含一条引线和一条说明。多重引线对象可以包含多条引线，每条引线可以包含一条或多条线段，因此，一条说明可以指向图形中的多个对象。

8.4.1 设置多重引线样式

在创建多重引线之前，首先应该创建适合自己的多重引线样式，在AutoCAD 2018中，调用【多重引线样式】命令的方法通常有以下4种。

（1）选择【格式】▶【多重引线样式】菜单命令。

（2）在命令行中输入【MLEADERSTYLE/MLS】命令并按空格键确认。

（3）单击【默认】选项卡▶【注释】面板的下拉按钮，然后单击多重引线样式按钮。

（4）单击【注释】选项卡▶【引线】面板右下角的 ⌄ 符号。

设置多重引线的具体操作步骤如下。

步骤 01 在命令行输入【MLS】并按空格键，打开【多重引线样式管理器】对话框。如下图所示。

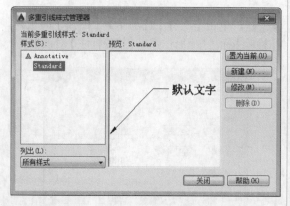

步骤 02 单击【新建】按钮，创建一个"样式1"，如下图所示。

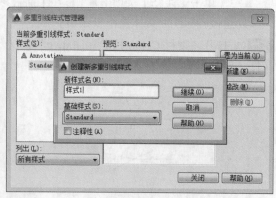

步骤 03 单击【继续】按钮，在弹出的【修改多

重引线样式：样式1】对话框中选择【引线格式】选项卡，并将"箭头符号"改为"小点"，大小设置为"25"，其他不变，如下图所示。

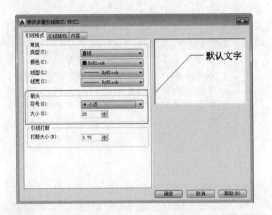

步骤 04 单击【引线结构】选项卡，将【自动包含基线】选项的"√"去掉，其他设置不变，如下图所示。

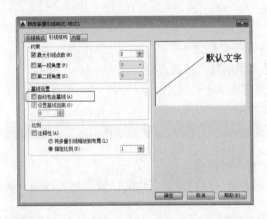

步骤 05 单击【内容】选项卡，将文字高度设置为"25"，将最后一行加下划线，并且将基线间隙设置为"0"，其他设置不变，如下图所示。

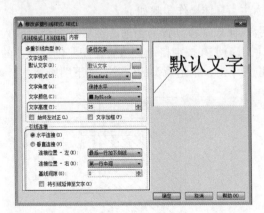

步骤 06 单击【确定】按钮，回到【多重引线样

式管理器】对话窗口后，单击【新建】按钮，以"样式1"为基础创建"样式2"，如下图所示。

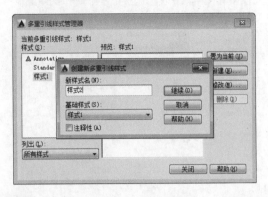

步骤 07 单击【继续】按钮，在弹出的对话框中单击【内容】选项卡，将"多重引线类型"设置为"块"，"源块"设置为"圆"，比例设置为"5"，如下图所示。

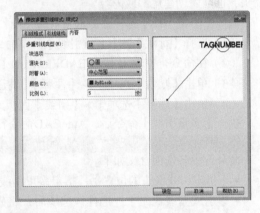

步骤 08 单击【确定】按钮，回到【多重引线样式管理器】对话窗口后，单击【新建】按钮，以"样式2"为基础创建"样式3"，如图所示。

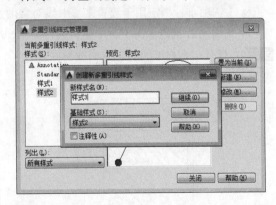

步骤 09 单击【继续】按钮，在弹出的对话框中单击【引线格式】选项卡，将引线类型改为"无"，其他设置不变。单击【确定】按钮并

关闭【多重引线】对话框，如下图所示。

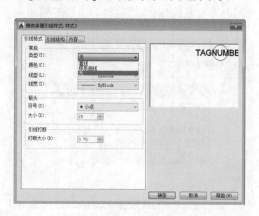

8.4.2 多重引线的应用

用户可以从图形中的任意点或部件创建多重引线并在绘制时控制其外观。多重引线可先创建箭头，也可先创建尾部或内容。

调用【多重引线】标注命令通常有以下4种方法。

（1）选择【标注】➤【多重引线】菜单命令。

（2）在命令行中输入【MLEADER/MLD】命令并按空格键。

（3）单击【默认】选项卡➤【注释】面板➤【多重引线】按钮。

（4）单击【注释】选项卡➤【引线】面板➤【多重引线】按钮。

执行【多重引线】命令后，AutoCAD命令行提示如下。

指定引线箭头的位置或 [引线基线优先 (L)/ 内容优先 (C)/ 选项 (O)] < 选项 >：

命令行中各选项含义如下。

- 【指定引线箭头的位置】：指定多重引线对象箭头的位置。

- 【引线基线优先】：选择该选项后，将先指定多重引线对象的基线的位置，然后再输入内容，AutoCAD默认引线基线优先。

- 【内容优先】：选择该选项后，将线指定与多重引线对象相关联的文字或块的位置，然后在指定基线位置。

- 【选项】：指定用于放置多重引线对象的选项

下面将对建筑施工图中所用材料进行多重引线标注，具体操作步骤如下。

步骤 01 打开 "素材\CH08\多重引线标注.dwg" 素材文件，如下图所示。

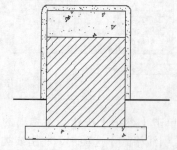

步骤 02 创建一个和8.4.1节中样式1相同的多重

引线样式并将其置为当前。然后在命令行输入【MLD】并按空格键，然后在需要创建标注的位置单击，指定箭头的位置，如下图所示。

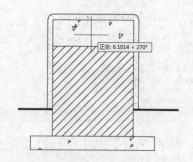

步骤 03 然后拖动光标，在合适的位置单击，作为引线基线位置，如下图所示。

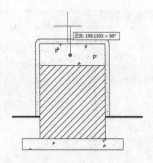

步骤 04 在弹出的文字输入框中输入相应的文字，如下图所示。

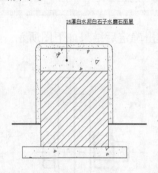

步骤 05 重复上一步操作，选择上一步选择的"引线箭头"位置，在合适的高度指定引线基线的位置，然后输入文字，结果如下图所示。

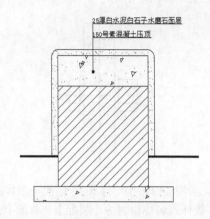

8.4.3 编辑多重引线

多重引线的编辑主要包括对齐多重引线、合并多重引线、添加多重引线和删除多重引线。

调用【对齐引线】标注命令通常有以下几种方法。

（1）在命令行中输入【MLEADERALIGN/MLA】命令并按空格键。

（2）单击【默认】选项卡▶【注释】面板▶【对齐多重引线】按钮。

（3）单击【注释】选项卡▶【引线】面板▶【对齐多重引线】按钮。

调用【合并引线】标注命令通常有以下几种方法。

（1）在命令行中输入【MLEADERCOLLECT/MLC】命令并按空格键。

（2）单击【默认】选项卡▶【注释】面板▶【合并多重引线】按钮。

（3）单击【注释】选项卡▶【引线】面板▶【合并多重引线】按钮。

调用【添加引线】标注命令通常有以下几种方法。

（1）在命令行中输入【MLEADEREDIT/MLE】命令并按空格键。

（2）单击【默认】选项卡▶【注释】面板▶【添加多重引线】按钮。

（3）单击【注释】选项卡▶【引线】面板▶【添加多重引线】按钮。

调用【删除引线】标注命令通常有以下几种方法。

（1）在命令行中输入【AIMLEADEREDITREMOVE】命令并按空格键。

（2）单击【默认】选项卡▶【注释】面板▶【删除多重引线】按钮。

（3）单击【注释】选项卡▶【引线】面板▶【删除多重引线】按钮。

下面将对装配图进行多重引线标注并编辑多重引线，具体操作步骤如下。

● 1. 创建零件编号

步骤 ① 打开"素材\CH08\编辑多重引线.dwg"素材文件，如下图所示。

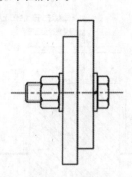

步骤 ② 参照8.4.1节中"样式2"创建一个多线样式，多线样式名称设置为【装配】，单击【引线结构】选项卡，将"自动包含基线"距离设置为"12"，其他设置不变，如下图所示。

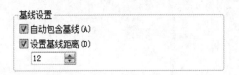

步骤 ③ 然后单击【注释】选项卡➤【引线】面板➤【多重引线】按钮，在需要创建标注的位置单击，指定箭头的位置，如下图所示。

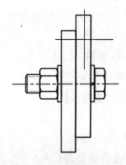

步骤 ④ 拖动光标，在合适的位置单击，作为引线基线位置，如下图所示。

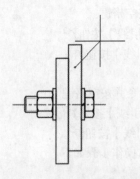

步骤 ⑤ 在弹出的【编辑属性】对话框中输入标记编号"1"，如下图所示。

步骤 ⑥ 单击确定后结果如下图所示。

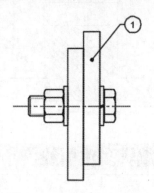

步骤 ⑦ 重复多重引线标注，结果如下图所示。

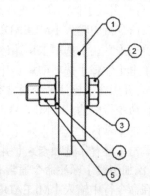

● 2. 对齐和合并多重引线

步骤 ① 单击【注释】选项卡➤【引线】面板➤【对齐多重引线】按钮，然后选择所有的多重引线，如下图所示。

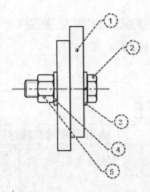

步骤 02 捕捉多重引线 "2"，将其他多重引线与其对齐，如下图所示。

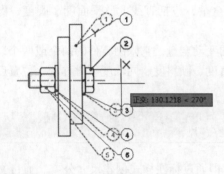

步骤 03 对齐后结果如下图所示。

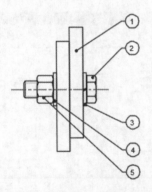

步骤 04 单击【注释】选项卡➤【引线】面板➤【合并多重引线】按钮，然后选择多重引线 "2~5"，如下图所示。

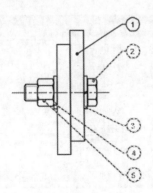

步骤 05 选择后拖动光标指定合并后的多重引线的位置，如下图所示。

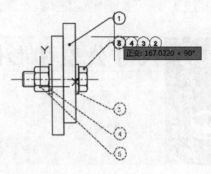

步骤 06 合并后如下图所示。

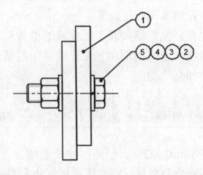

步骤 07 单击【注释】选项卡➤【引线】面板➤【添加多重引线】按钮，然后选择多重引线 1并拖动光标指定添加的位置，如下图所示。

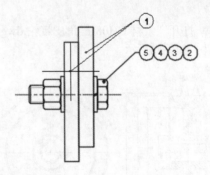

步骤 08 添加完成后结果如下图所示。

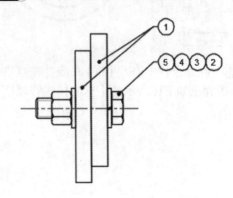

为了便于指定点和引线的位置，在创建多重引线时可以关闭对象捕捉和正交模式。

8.5 尺寸公差和形位公差标注

🌐 本节视频教程时间：**9分钟**

☕ 尺寸公差是指允许尺寸发生的变动量，即最大极限尺寸和最小极限尺寸的代数差的绝对值。

形状公差是指单一实际要素的形状所允许的变动全量，包括直线度、平面度、圆度、圆柱度、线轮廓度和面轮廓度。

位置公差是指关联实际要素的位置对基准所允许的变动全量，它限制零件的两个或两个以上的点、线、面之间的相互位置关系，包括平行度、垂直度、倾斜度、同轴度、对称度、位置度、圆跳动和全跳动。

8.5.1 标注尺寸公差

在AutoCAD中，创建尺寸公差的方法通常有3种，即通过标注样式创建尺寸公差、通过文字形式创建公差和通过特性选项板创建公差。

1. 通过标注样式创建尺寸公差

通过标注样式创建尺寸公差的具体方法如下。

步骤01 打开"素材\CH08\三角皮带轮.dwg"素材文件，如下图所示。

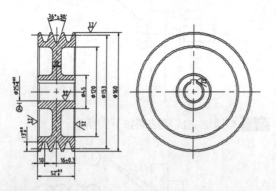

步骤02 在命令行中输入【D】命令并按空格键确认后弹出如下图所示的【标注样式管理器】对话框。

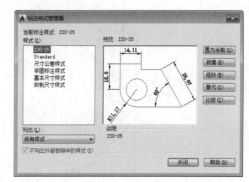

步骤03 选中"ISO-25"样式，然后单击【替代】按钮，弹出【替代当前样式：ISO-25】对话框，如下图所示。

步骤 04 单击【公差】选项卡，将公差的方式设置为"对称"，精度设置为"0.000"，偏差值设置为"0.0018"，垂直位置设置为"中"，如下图所示。

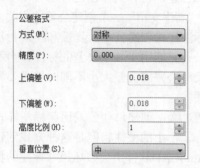

步骤 05 设置完成后单击【确定】按钮，最后关闭【标注样式】对话框。然后在命令行中输入【DLI】命令并按空格键确认，对图形进行线性标注，结果如下图所示。

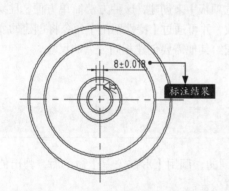

小提示

标注样式中的公差一旦设定，在标注其他尺寸时也会被加上设置的公差，因此，为了避免其他再标注的尺寸受影响，用户要在添加公差的尺寸标注完成后及时切换其他标注样式为当前样式。

---

2. 通过文字形式创建尺寸公差

通过文字形式创建尺寸公差的具体方法如下。

步骤 01 继续上一节的案例，在命令行中输入【D】命令并按空格键确认，在弹出的【标注样式管理器】对话框中选择"ISO-25"标注样式，然后单【置为当前】按钮，最好单击关闭按钮。

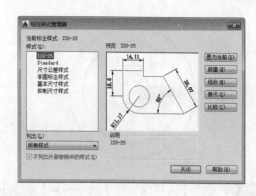

步骤 02 在命令行中输入【DLI】命令并按空格键确认，对图形进行线性标注，结果如下图所示。

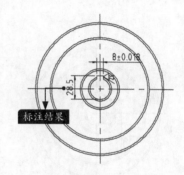

步骤 03 双击上一步创建的线性标注，使其进入编辑状态，如下图所示。

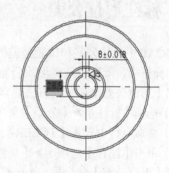

步骤 04 然后在标注的尺寸后面输入"+0.2^0"，如下图所示。

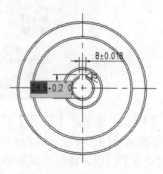

步骤 05 选中刚输入的文字，如下图所示。

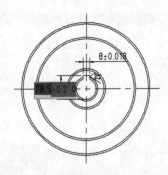

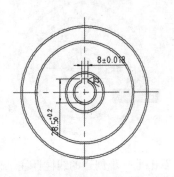

步骤 06 单击【文字编辑器】选项卡➤【格式】选项卡➤ 按钮，上面输入的文字会自动变成尺寸公差形式，退出文字编辑器后结果如下图所示。

● 3. 通过特性选项板创建尺寸公差

特性选项板创建公差的具体步骤是，先创建尺寸标注，然后在特性选项板中给创建的尺寸添加公差即可，具体创建方法可以参见本书第6章"高手支招"一节创建公差的相关内容。

标注样式创建公差太死板和烦琐，每次创建的公差只能用于一个公差的标注，当不需要标注尺寸公差或公差大小不同时就需要更换标注样式。

通过文字创建尺寸公差比起标注样式创建公差有了不小的便捷，但是这种方式创建的公差在AutoCAD软件中会破坏尺寸标注的特性，使创建公差后的尺寸失去原来的部分特性，如使用这种方式创建的公差不能通过"特性匹配"命令将该公差匹配给其他尺寸。

综上所述，创建尺寸公差时，最好使用【特性选项板】来创建，这种方法简单方便，且易于修改，并可通过【特性匹配】命令将创建的公差匹配给其他需要创建相同公差的尺寸。

8.5.2 标注形位公差

AutoCAD中形状公差和位置公差的调用命令是相同的，调用【形位公差】命令后，弹出的形位公差选择框中，既可以选择形状公差也可以选择位置公差。

调用【形位公差】命令的方法通常有以下3种。

（1）选择【标注】➤【公差】菜单命令。

（2）在命令行中输入【TOLERANCE/TOL】命令并按空格键确认。

（3）单击【注释】选项卡➤【标注】面板中的【公差】按钮 。

执行【形位公差】命令后，AutoCAD弹出形位公差选择框，如下图所示。

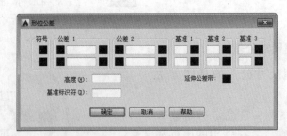

● 【符号】：显示从【符号】对话框中选择的几何特征符号。单击"符号"下面的"■"后，弹出下图所示的选择框，选择形位公差符号。

● 【公差1】：创建特征控制框中的第一个公差值。公差值指明了几何特征相对于精确形状的允许偏差量。可在公差值前插入直径符号，在其后插入包容条件符号。

- 【公差2】：在特征控制框中创建第二个公差值。以与第一个相同的方式指定第二个公差值。
- 【基准1】：在特征控制框中创建第一级基准参照。基准参照由值和修饰符号组成。基准是理论上精确的几何参照，用于建立特征的公差带。
- 【基准2】：在特征控制框中创建第二级基准参照，方式与创建第一级基准参照相同。
- 【基准3】：在特征控制框中创建第三级基准参照，方式与创建第一级基准参照相同。
- 【高度】：创建特征控制框中的投影公差零值。投影公差带控制固定垂直部分延伸区的高度变化，并以位置公差控制公差精度。
- 【延伸公差带】：在延伸公差带值的后面插入延伸公差带符号。
- 【基准标识符】：创建由参照字母组成的基准标识符。基准是理论上精确的几何参照，用于建立其他特征的位置和公差带。点、直线、平面、圆柱或者其他几何图形都能作为基准。

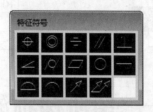

【特征符号】选择框中各符号含义如下表所示。

位置公差		形状公差	
符号	含义	符号	含义
⌖	位置符号	⌭	圆柱度符号
◎	同轴（同心）度符号	▱	平面度符号
⊜	对称度符号	○	圆度符号
∥	平行度符号	—	直线度符号
⊥	垂直度符号	⌓	面轮廓度符号
∠	倾斜度符号	⌒	线轮廓度符号
↗	圆跳动符号		
⌰	全跳动符号		

形位公差标注具体操作步骤如下。

步骤01 继续上一节的案例，在命令行中输入【TOL】命令并按空格键确认，系统弹出【形位公差】选择框，如下图所示。

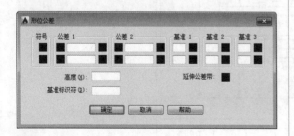

步骤02 单击【符号】按钮，系统弹出【特征符号】选择框，如下图所示。

步骤03 单击【垂直度符号】按钮⊥。

步骤04 在【形位公差】对话框中输入公差1的

值为"0.02"，基准1的值为"A"。

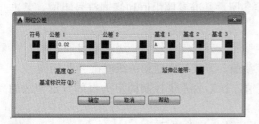

步骤05 单击【确定】按钮，在绘图区域中单击指定公差位置，如下图所示。

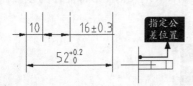

步骤06 结果如下图所示。

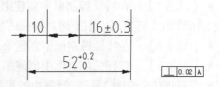

步骤07 在命令行中输入【MLD】命令并按空格键确认，在绘图区域中创建多重引线将形位公差指向相应的尺寸标注，结果下图所示。

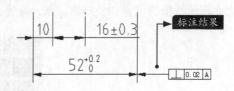

8.6 综合实战——给阶梯轴添加标注

本节视频教程时间：34分钟

阶梯轴是机械设计中常见的零件，本例通过线性标注、基线标注、连续标注、直径标注、半径标注、公差标注、形位公差标注等给阶梯轴添加标注，标注完成后最终结果如下图所示。

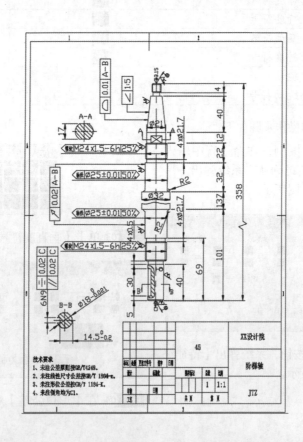

1. 给阶梯轴添加尺寸标注

步骤 01 打开"素材\CH08\给阶梯轴添加标注.dwg"素材文件，如下图所示。

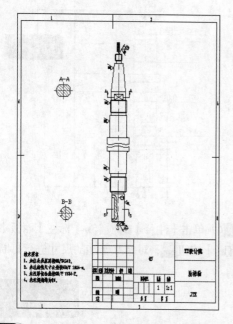

步骤 02 在命令行输入【D】并按空格键确定，在弹出的【标注样式】对话框上单击【修改】按钮，单击【线】选项卡，将尺寸基线修改为"20"。

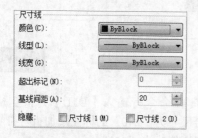

步骤 03 在命令行输入【DLI】并按空格键确认，然后捕捉轴的两个端点为尺寸界线原点，在合适的位置放置尺寸线，如下图所示。

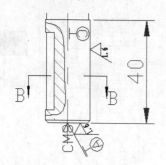

步骤 04 在命令行输入【DBA】并按空格键，创建基线标注，如下图所示。

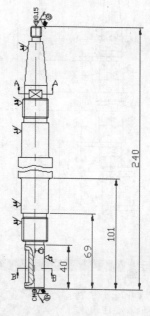

步骤 05 在命令行输入【DCO】并按空格键确认，然后输入【S】选择连续标注的第一条尺寸线，创建连续标注，如下图所示。

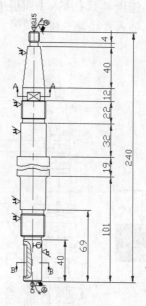

步骤 06 在命令行输入【MULTIPLE】并按空格键，然后输入【DLI】，标注退刀槽和轴的直径。

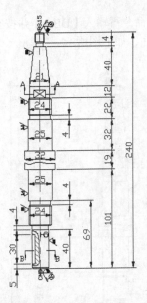

小提示

【MULTIPLE】命令是连续执行命令，输入该命令后，再输入要连续执行的命令，可以重复操作需重复执行的命令，直至按【Esc】键退出。

步骤 07 双击标注为25的尺寸，在弹出的【文字编辑器】选项卡下【插入】面板中选择【符号】按钮，插入直径符号和正负号，并输入公差值。

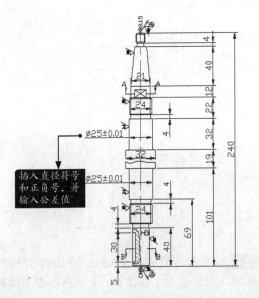

步骤 08 重复步骤7，修改退刀槽和螺纹标注等，结果如下图所示。

步骤 09 单击【注释】选项卡➤【标注】面板中的【打断】按钮，对相互干涉的尺寸进行打断。

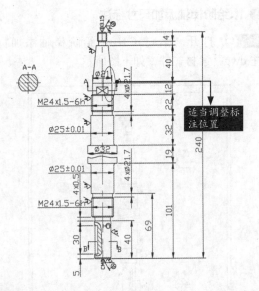

步骤 10 在命令行输入【DJL】并按空格键确认，给尺寸为"240"的标注添加折弯符号，并将其标注值改为"358"。

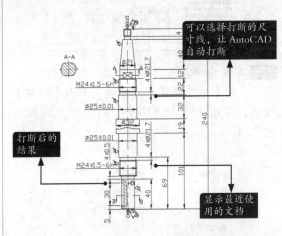

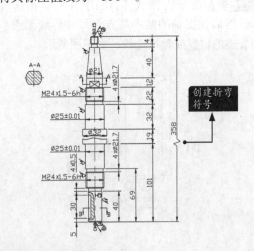

2. 添加检验标注和多重引线标注

步骤 01 单击【注释】选项卡➤【标注】面板➤【检验】标注按钮，弹出检验标注对话框。

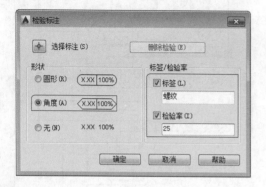

步骤 02 然后选择两个螺纹标注。

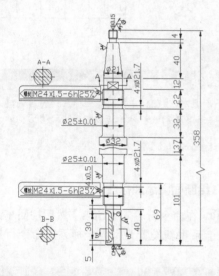

步骤 03 重复步骤1~2，继续给阶梯轴添加检验标注，如下图所示。

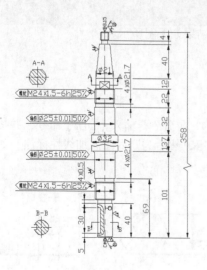

步骤 04 在命令行输入【DRA】并按空格键确定，给圆角添加半径标注，如下图所示。

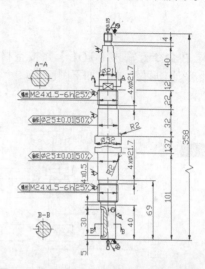

步骤 05 在命令行输入【MLS】，然后单击【修改】按钮，在弹出的【修改多重引线样式：Standard】对话框中单击【引线结构选项卡】，将【设置基线距离】复选框的"√"去掉。

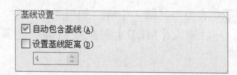

步骤 06 单击【内容】选项卡，将【多重引线类型】设置为"无"，然后单击【确定】并将修改后的多重引线样式设置为当前样式，如下图所示。

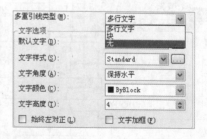

步骤 07 在命令行输入【UCS】，将坐标系绕z轴旋转90°，AutoCAD提示如下。

当前 UCS 名称：* 世界 *
指定 UCS 的原点或 [面 (F)/ 命名 (NA)/ 对象 (OB)/ 上一个 (P)/ 视图 (V)/ 世界 (W)/X/Y/Z/Z 轴 (ZA)] < 世界 >: Z
指定绕 Z 轴的旋转角度 <90>: 90
旋转后的坐标如下图所示。

步骤 08 在命令行输入【TOL】并按空格键确认，然后创建形位公差，如下图所示。

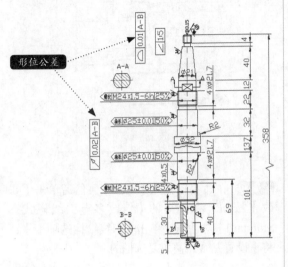

步骤 09 在命令行输入【MULTIPLE】并按空格键，然后输入【MLD】并按空格键创建多重引线。

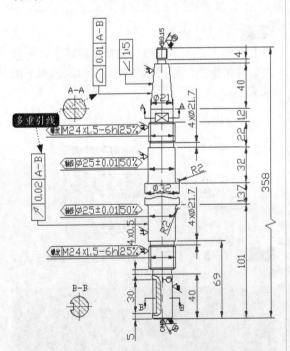

步骤 10 在命令行输入【UCS】并按空格键，将坐标系统z轴旋转180°，然后在命令行输入【MLD】并按空格键创建一条多重引线。

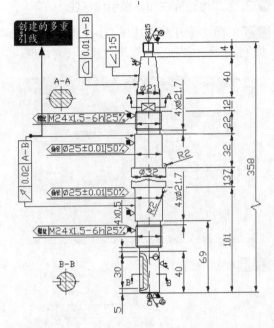

小提示

步骤7和步骤10中，只有坐标系旋转后创建的形位公差和多重引线标注才可以标注成竖直方向的。

3. 给断面图添加标注

步骤 01 在命令行输入【UCS】然后按回车键，将坐标系重新设置为世界坐标系，命令行提示如下。

当前 UCS 名称：* 没有名称 *
指定 UCS 的原点或 [面 (F)/ 命名 (NA)/ 对象 (OB)/ 上一个 (P)/ 视图 (V)/ 世界 (W)/ X/ Y/Z/Z 轴 (ZA)] < 世界 >:
结果如下图所示。

步骤 02 在命令行输入【DLI】命令，并按空格键确定，然后为断面图添加线性标注，如下图所示。

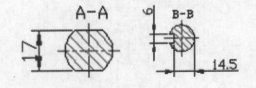

步骤 03 在命令行输入【PR】并按空格键，然后选择标注为"14.5"的尺寸，在弹出的【特性选项板】上进行如下图所示的设置。

步骤 04 关闭【特性选项板】后结果如下图所示。

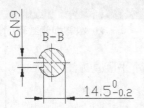

步骤 05 在命令行输入【D】并按空格键，然后选择【替代】按钮，在弹出的对话框上选择【公差】选项卡，进行如下图所示的设置。

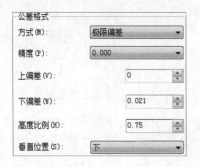

步骤 06 将替代样式设置为当前样式，然后在命令行输入【DDI】并按空格键，选择断面图的圆弧进行标注，如下图所示。

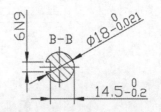

步骤 07 在命令行输入【UCS】并按空格键确认，将坐标系绕z轴旋转90°。

当前 UCS 名称：* 世界 *
指定 UCS 的原点或 [面 (F)/ 命名 (NA)/ 对象 (OB)/ 上一个 (P)/ 视图 (V)/ 世界 (W)/X/ Y/Z/Z 轴 (ZA)] < 世界 >：z
指定绕 Z 轴的旋转角度 <90>：90
旋转后的坐标如下图所示。

步骤 08 然后在命令行输入【TOL】创建形位公差，在弹出的【形位公差】输入框中进行下图所示的设置。

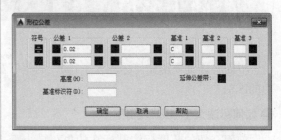

步骤 09 单击【确定】按钮，然后将创建的形位公差放到合适的位置，如下图所示。

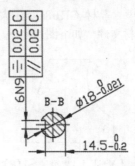

步骤 10 所有尺寸标注完成后将坐标系重新设置为世界坐标系，最终结果如下图所示。

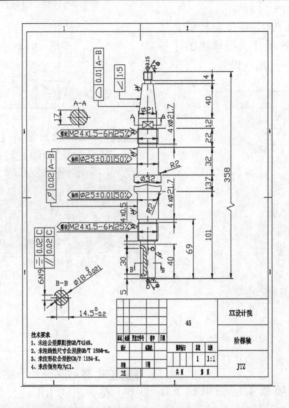

高手支招

下面将详细介绍如何标注大于180°的角以及对齐标注的水平竖直标注与线性标注的区别。

如何标注大于180°的角

前面介绍的角度标注其标注的角都是小于180°的，那么如何标注大于180°的角呢？下面就通过案例来详细介绍如何标注大于180°的角。

步骤 01 打开"素材\CH08\标注大于180°的角.dwg"素材文件，如下图所示。

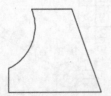

步骤 02 单击【默认】选项卡▶【注释】面板中的【角度】按钮△，当命令行提示选择"圆弧、圆、直线或 <指定顶点>"时直接按空格键接受【指定顶点】选项。

命令：_dimangular

选择圆弧、圆、直线或 <指定顶点>：

步骤 03 用光标捕捉下图所示的端点为角的顶点。

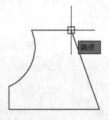

步骤 04 用光标捕捉下图所示的中点为角的第一个端点。

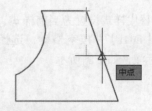

步骤 05 用光标捕捉下图所示的中点为角的第二个端点。

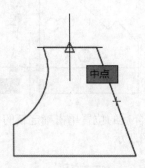

步骤 06 拖动光标在合适的位置单击放置角度标注，如图所示。

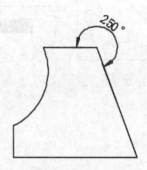

对齐标注的水平竖直标注与线性标注的区别

对齐标注也可以标注水平或竖直直线，但是当标注完成后，再重新调节标注位置时，往往得不到想要的结果。因此，在标注水平或竖直尺寸时最好用线性标注。

步骤 01 打开"素材\CH08\用对齐标注标注水平竖直线.dwg"素材文件，如下图所示。

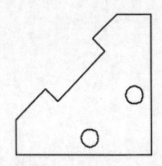

步骤 02 单击【默认】选项卡➤【注释】面板中的【对齐】按钮，然后捕捉下图所示的端点为标注的第一点。

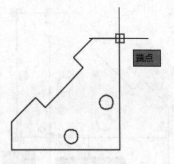

步骤 03 捕捉下图所示的垂足为标注的第二点。

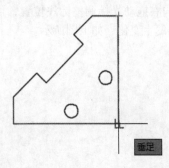

步骤 04 拖动光标在合适的位置单击放置对齐标注线，如图所示。

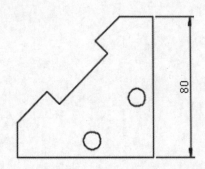

步骤 05 重复对齐标注，对水平直线进行标注，结果如图所示。

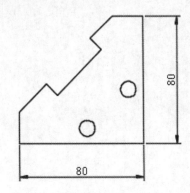

步骤 06 选中竖直标注，然后单击下图所示的夹点。

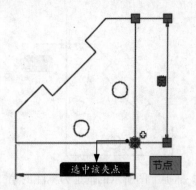

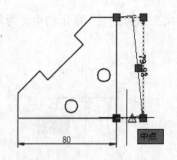

步骤07 向右拖动光标调整标注位置，可以看到标注尺寸发生变化，如下图所示。

步骤08 在合适的位置单击确定新的标注位置，结果如下图所示。

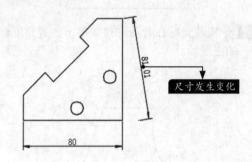

第3篇
辅助绘图

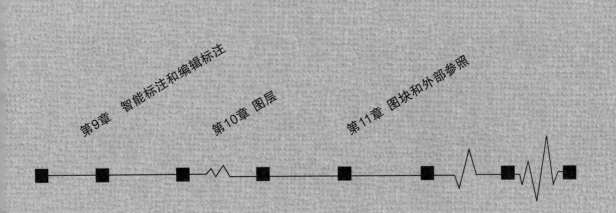

第 9 章

智能标注和编辑标注

学习目标

智能标注（DIM）命令可以实现在同一命令任务中创建多种类型的标注。智能标注（DIM）命令支持的标注类型包括垂直标注、水平标注、对齐标注、旋转的线性标注、角度标注、半径标注、直径标注、折弯半径标注、弧长标注、基线标注和连续标注。

标注对象创建完成后可以根据需要对其进行编辑操作，以满足工程图纸的实际标注需求，前面介绍了图形对象的各种标注，本章将介绍如何编辑这些标注。

学习效果

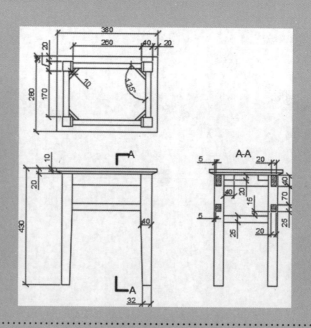

9.1 智能标注——DIM功能

🔘 本节视频教程时间：4分钟

【DIM】命令可以理解为智能标注，几乎一个命令搞定日常的标注，非常实用。

调用【DIM】命令后，将光标悬停在标注对象上时，AutoCAD将自动推荐合适的标注类型，并显示预览效果。选择对象、线或点进行标注，然后单击绘图区域中的任意位置即可绘制标注。

【DIM】标注命令的几种常用调用方法如下。

（1）在命令行中输入【DIM】命令并按空格键确认。

（2）单击【默认】选项卡➤【注释】面板➤【标注】按钮。

（3）单击【注释】选项卡➤【标注】面板➤【标注】按钮。

调用【DIM】命令后，命令行提示如下。

> 命令：_dim
> 选择对象或指定第一个尺寸界线原点或[角度(A)/基线(B)/连续(C)/坐标(O)/对齐(G)/分发(D)/图层(L)/放弃(U)]：

命令行各选项的含义如下。

● 【选择对象】：自动为所选对象选择合适的标注类型，并显示与该标注类型相对应的提示。圆弧：默认显示半径标注；圆：默认显示直径标注；直线：默认为线性标注。

● 【第一个尺寸界线原点】：选择两个点时创建线性标注。

● 【角度】：创建一个角度标注来显示3个点或两条直线之间的角度（同 DIMANGULAR 命令）。

● 【基线】：从上一个或选定标准的第一条界线创建线性、角度或坐标标注（同 DIMBASELINE 命令）。

● 【连续】：从选定标注的第二条尺寸界线创建线性、角度或坐标标注（同 DIMCONTINUE 命令）。

● 【坐标】：创建坐标标注（同 DIMORDINATE 命令），相比坐标标注，可以调用一次命令进行多个标注。

● 【对齐】：将多个平行、同心或同基准标注对齐到选定的基准标注。

● 【分发】：指定可用于分发一组选定的孤立线性标注或坐标标注的方法，有相等和偏移两个选项。相等：均匀分发所有选定的标注，此方法要求至少3条标注线；偏移：按指定的偏移距离分发所有选定的标注。

● 【图层】：为指定的图层指定新标注，以替代当前图层，该选项在创建复杂图形时尤为有用，选定标注图层后即可标注，不需要在标注图层和绘图图层之间来回切换。

● 【放弃】：反转上一个标注操作。

9.2 编辑标注

🔵 **本节视频教程时间：5分钟**

标注对象创建完成后，用户可以根据需要对其进行编辑操作，以满足工程图纸的实际标注需求，下面将对标注对象的编辑方法分别进行详细介绍。

9.2.1 标注间距调整

调整线性标注或角度标注之间的间距。平行尺寸线之间的间距将设为相等，也可以通过使用间距值"0"使一系列线性标注或角度标注的尺寸线齐平。间距仅适用于平行的线性标注或共用一个顶点的角度标注。

【标注间距】命令的几种常用调用方法如下。

（1）选择【标注】➤【标注间距】菜单命令。

（2）在命令行中输入【DIMSPACE】命令并按空格键确认。

（3）单击【注释】选项卡➤【标注】面板中的【调整间距】按钮。

下面将对线性标注对象的标注间距进行调整，具体操作步骤如下。

步骤01 打开"素材\CH09\标注间距.dwg"素材文件，如下图所示。

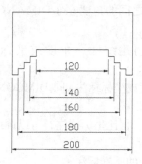

步骤02 单击【注释】选项卡➤【标注】面板中的【调整间距】按钮，在绘图区域中选择如下图所示的线性标注对象作为基准标注。

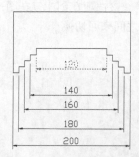

步骤03 在绘图区域中将其余线性标注对象全部选择，以作为要产生间距的标注对象。

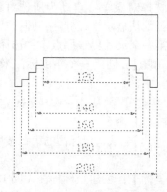

步骤04 按空格键确认，命令行提示如下。

> 输入值或 [自动 (A)] < 自动 >：

【自动】：基于在选定基准标注的标注样式中指定的文字高度自动计算间距。所得的间距值是标注文字高度的两倍。

步骤05 按空格键接受【自动】选项，结果如下图所示。

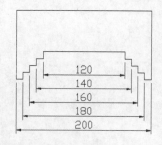

9.2.2 标注打断处理

在标注和尺寸界线与其他对象的相交处打断或恢复标注和尺寸界线。

【标注打断】命令的几种常用调用方法如下。

（1）选择【标注】▶【标注打断】菜单命令。

（2）在命令行中输入【DIMBREAK】命令并按空格键确认。

（3）单击【注释】选项卡▶【标注】面板中的【打断】按钮 。

调用【标注打断】命令后，命令行提示如下。

> 选择要折断标注的对象或 [自动 (A)/ 手动 (M)/ 删除 (R)] < 自动 >:

下面将对线性标注对象进行打断处理，具体操作步骤如下。

步骤 01 打开 "素材\CH09\标注打断.dwg" 素材文件。

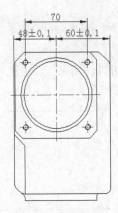

步骤 02 单击【注释】选项卡▶【标注】面板中的【打断】按钮 ，在绘图区域中选择如下图所示的线性标注对象作为需要添加打断标注的对象。

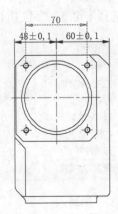

步骤 03 在命令行中输入【M】并按空格键确认，命令行提示如下。

> 选择要折断标注的对象或 [自动 (A)/ 手动 (M)/ 删除 (R)] < 自动 >: M

步骤 04 在绘图区域中捕捉第一个打断点。

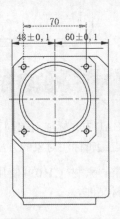

步骤 05 拖动光标捕捉第二个打断点。

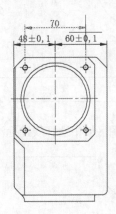

步骤 06 结果如下图所示。

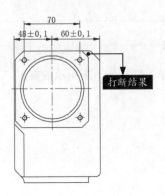

打断结果

步骤 07 重复【标注打断】命令，继续对线性标注对象进行"手动"打断处理，结果如下图所示。

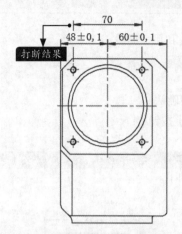

为了便于打断点的选择，在打断时可以关闭对象捕捉。

9.2.3 使用夹点编辑标注

在AutoCAD中，标注对象同直线、多段线等图形对象一样可以使用夹点功能进行编辑，下面将对使用夹点编辑标注对象的方法进行详细介绍，具体操作步骤如下。

步骤 01 打开"素材\CH09\使用夹点编辑标注.dwg"素材文件。

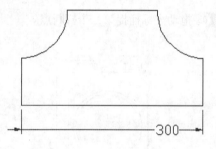

步骤 02 在绘图区域中选择线性标注对象。

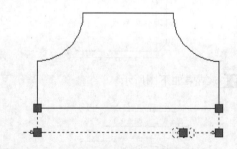

步骤 03 单击选择如下图所示的夹点。

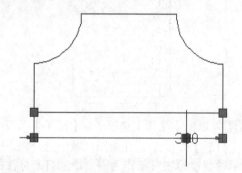

步骤 04 在绘图区域中单击鼠标右键，在弹出的快捷菜单中选择【重置文字位置】选项。

步骤 05 结果如下图所示。

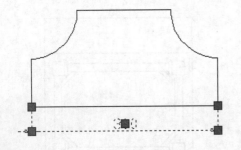

步骤 06 在绘图区域中单击选择如下图所示的夹点。

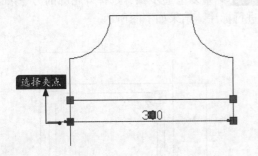

步骤 07 在绘图区域中单击鼠标右键，在弹出的快捷菜单中选择【翻转箭头】选项。

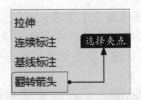

步骤 08 结果如下图所示。

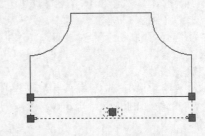

步骤 09 按【Esc】键取消对标注对象的选择，结果如下图所示。

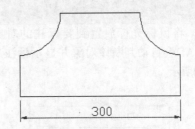

9.3 综合实战——给方凳三视图添加标注

🌐 **本节视频教程时间：9分钟**

前面介绍了智能标注各选项的含义，本节我们以标注方凳三视图为例，对智能标注命令各选项的应用进行详细介绍。

9.3.1 标注仰视图

这一节我们首先来对方凳的仰视图进行标注，具体操作步骤如下。

步骤 01 打开"素材\CH09\方凳.dwg"素材文件。

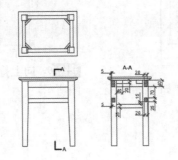

步骤 02 单击【默认】选项卡➤【注释】面板➤【标注】按钮，然后在命令行输入【L】，然后输入【标注】，在标注层上进行标注，命令行提示如下。

```
命令：_dim
    选择对象或指定第一个尺寸界线原点或 [角度(A)/ 基线(B)/ 连续(C)/ 坐标(O)/ 对齐(G)/ 分发(D)/ 图层(L)/ 放弃(U)]:L
    输入图层名称或选择对象来指定图层以放置标注或输入 . 以使用当前设置 [?/ 退出(X)]<"轮廓线">：标注
    输入图层名称或选择对象来指定图层以放置标注或输入 . 以使用当前设置 [?/ 退出(X)]<"标注">：
    选择对象或指定第一个尺寸界线原点或 [角度(A)/ 基线(B)/ 连续(C)/ 坐标(O)/ 对齐(G)/ 分发(D)/ 图层(L)/ 放弃(U)]:
```

步骤 03 将鼠标光标放置到要标注的对象上，AutoCAD会自动判断该对象并显示标注尺寸，如下图所示。

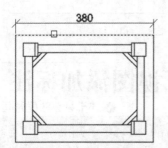

步骤 04 单击鼠标选中对象，然后拖动鼠标光标选择尺寸线的放置位置，如下图所示。

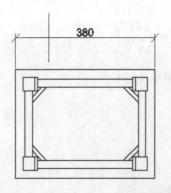

步骤 05 确定标注位置后单击，结果如下图所示。

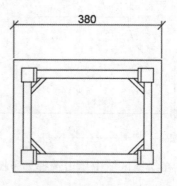

步骤 06 重复上述步骤，选择外轮廓的另一条边进行标注，结果如下图所示。

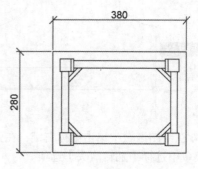

步骤 07 继续标注，选择下图所示的端点作为标注的第一点。

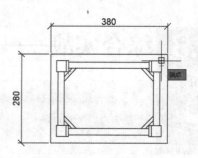

步骤 08 捕捉下图所示的节点为标注的第二点。

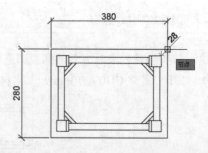

步骤 09 向上拖动鼠标光标进行线性标注，如下图所示。

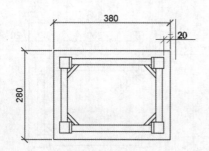

步骤⑩ 在合适的位置单击，结果如下图所示。

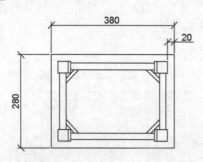

步骤⑪ 重复上述步骤，标注另一个长度为"20"的尺寸，结果如下图所示。

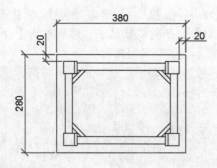

步骤⑫ 继续标注，选择下图所示的中点作为标注的第一点。

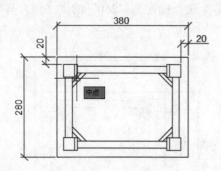

步骤⑬ 捕捉下图所示的另一条斜线的中点为标注的第二点。

步骤⑭ 沿标注尺寸方向拖动鼠标光标进行对齐标注，结果如下图所示。

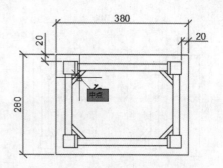

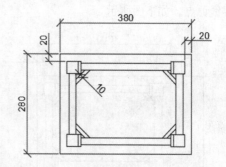

步骤⑮ 在命令行输入【A】进行角度标注，然后选择角度标注的第一条边，如下图所示。

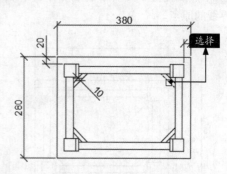

步骤⑯ 选择角度标注的另一条边。

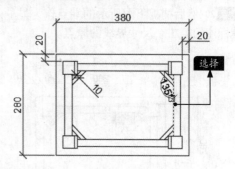

步骤⑰ 选择合适的位置放置尺寸线，结果如下图所示。

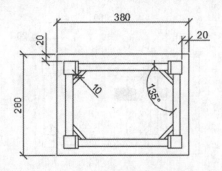

步骤 18 在命令行输入【C】进行连续标注，然后将下图所示的标注的尺寸界线作为第一个尺寸界线原点，如下图所示。

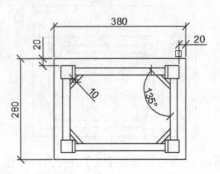

步骤 19 然后捕捉下图所示的端点作为第二个尺寸界线的原点。

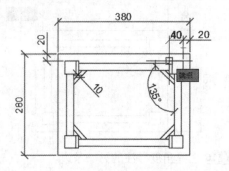

步骤 20 然后捕捉下图所示的端点作为另一条连续标注的第二个尺寸界线的原点。

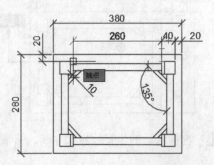

步骤 21 按空格键结束连续标注后结果如下图所示。

步骤 22 重复连续标注，对另一边也进行连续标注，结果如下图所示。

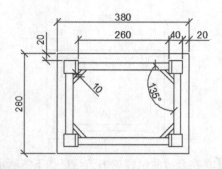

步骤 23 连续按空格键退出连续标注回到【DIM】命令的初始状态，然后输入【D】并根据提示设置分发距离。

> 选择对象或指定第一个尺寸界线原点或 [角度(A)/ 基线(B)/ 连续(C)/ 坐标(O)/ 对齐(G)/ 分发(D)/ 图层(L)/ 放弃(U)]: D ↙
> 当前设置：偏移(DIMDLI) = 3.750000
> 指定用于分发标注的方法 [相等(E)/ 偏移(O)] <相等>:O ↙
> 选择基准标注或 [偏移(O)]:O ↙
> 指定偏移距离 <3.750000>:6 ↙

步骤 24 选择标注为"260"的尺寸作为基准标注，如下图所示。

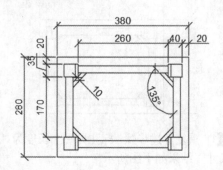

步骤 25 选择标注为"380"的尺寸作为要分发的标注，如下图所示。

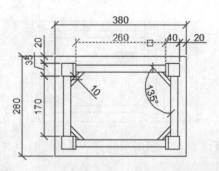

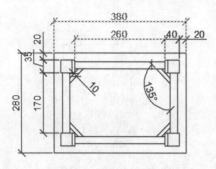

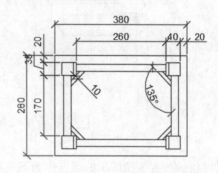

步骤26 按空格键后结果如下图所示。

步骤27 重复分发标注，选择标注为"170"的尺寸作为基准标注，标注为"280"的尺寸为分发标注，结果如下图所示。

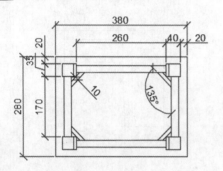

9.3.2 标注主视图

上一节对方凳的仰视图进行了标注，这一节来对主视图进行标注，主视图标注的具体操作步骤如下。

步骤01 将鼠标光标放置到要标注的对象上单击鼠标选中对象，然后拖动鼠标光标选择尺寸线的放置位置，如下图所示。

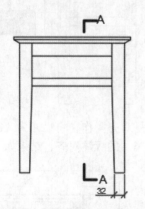

步骤02 继续标注，捕捉两点进行线性标注，结果如下图所示。

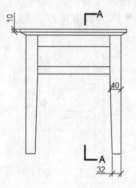

步骤03 然后输入【B】进行基线标注，并捕捉尺寸为"10"的标注的上尺寸界线为基线的第一个尺寸界线原点，如下图所示。

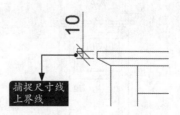

步骤04 捕捉下图所示的端点为第二尺寸界线的

原点。

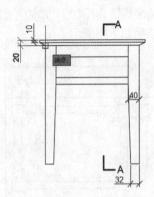

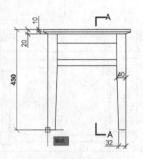

步骤 06 标注完成后结果如下图所示。

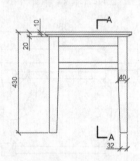

步骤 05 继续捕捉下图所示的端点作为下一尺寸线界线的原点。

9.3.3 调整左视图标注

仰视图和主视图标注完成后，接下来通过智能标注对原来的左视图标注进行调整。

步骤 01 退出基础标注回到【DIM】命令的初始状态，然后输入【G】进行对齐，选择尺寸为"70"的标注作为基准标注，如下图所示。

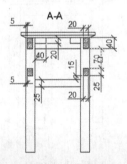

步骤 03 按空格键后如下图所示。

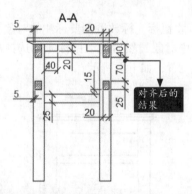

对齐后的结果

步骤 02 选择尺寸为"40"的标注为要对齐到的标注，如下图所示。

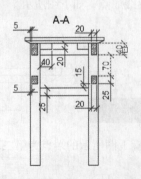

步骤 04 重复对齐操作，将尺寸为"20"的标注和尺寸为"5"的标注对齐，结果如下图所示。

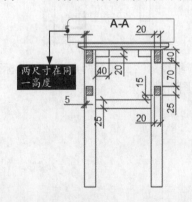

两尺寸在同一高度

步骤 05 在命令行输入【D】并根据提示设置分发距离。

> 选择对象或指定第一个尺寸界线原点或[角度 (A)/ 基线 (B)/ 连续 (C)/ 坐标 (O)/ 对齐 (G)/ 分发 (D)/ 图层 (L)/ 放弃 (U)]：　D
> 　　当前设置：偏移 (DIMDLI) =6.000000
> 　　指定用于分发标注的方法 [相等 (E)/ 偏移(O)] < 相等 >:O
> 　　选择基准标注或 [偏移 (O)]:O
> 　　指定偏移距离 <6.000000>:4

步骤 06 选择标注为"20"的尺寸作为基准标注。

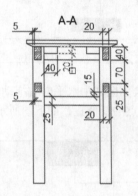

步骤 07 选择标注为"25"和"15"的尺寸作为要分发的标注，如下图所示。

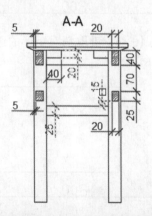

步骤 08 按空格键后结果如下图所示。

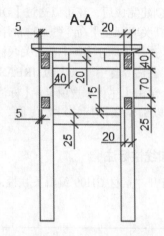

步骤 09 按空格键或【Esc】键退出【DIM】命令后结果如下图所示。

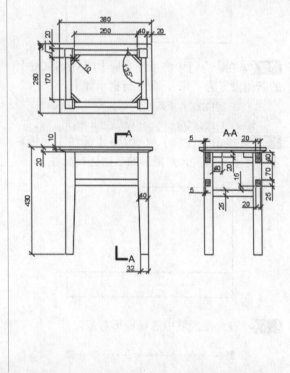

 # 高手支招

本节视频教程时间：6 分钟

下面将对如何编辑标注的关联性以及如何仅移动标注文字的方法进行详细介绍。

编辑关联性

标注可以是关联的、无关联的或分解的。关联标注根据所测量的几何对象的变化而进行调整。当系统变量DIMASSOC设置为"2"时，将创建关联标注；当系统变量DIMASSOC设置为

"1"时，将创建非关联标注；当系统变量DIMASSOC设置为"0"时，将创建已分解的标注。

标注创建完成后，还可以通过【DIMREASSOCIATE】命令对其关联性进行编辑。

【重新关联标注】命令的几种常用调用方法如下。

（1）选择【标注】▶【重新关联标注】菜单命令。

（2）在命令行中输入【DIMREASSOCIATE】命令并按空格键确认。

（3）单击【注释】选项卡▶【标注】面板中的【重新关联】按钮 。

下面以编辑线性标注对象为例，对标注关联性的编辑过程进行详细介绍，具体操作步骤如下。

1. 添加线性标注

步骤01 打开"素材\CH09\编辑关联性.dwg"素材文件。

步骤02 在命令行中将系统变量【DIMASSOC】的新值设置为"1"，命令行提示如下。

```
命令：DIMASSOC
输入 DIMASSOC 的新值 <2>：1
```

步骤03 单击【注释】选项卡▶【标注】面板▶【线性】按钮 ，对矩形的长边进行标注。

步骤04 在绘图区域中选择矩形对象。

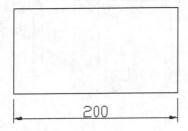

步骤05 在绘图区域中单击选择如下图所示的矩形夹点。

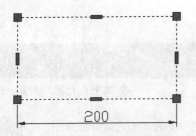

步骤06 在绘图区域中水平向右拖动鼠标光标并单击指定夹点的新位置，如下图所示。

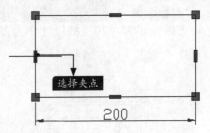

步骤07 按【Esc】键取消对矩形的选择，结果如下图所示。

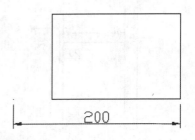

步骤08 利用【线性】标注命令对矩形的短边进行标注，结果如下图所示。

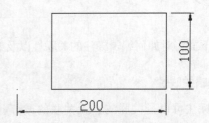

2. 创建关联标注

步骤01 单击【注释】选项卡➤【标注】面板中的【重新关联】按钮，在绘图区域中选择下图所示的标注对象作为编辑对象。

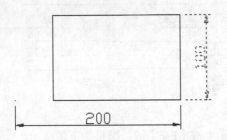

步骤02 按【Enter】键确认后，在绘图区域中捕捉下图所示的端点作为第一个尺寸界线原点。

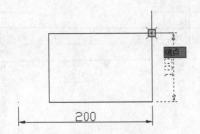

步骤03 在绘图区域中拖动鼠标光标并捕捉下图所示端点作为第二个尺寸界线原点。

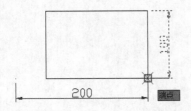

步骤04 结果如下图所示。

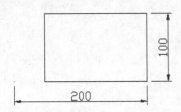

步骤05 在绘图区域中选择矩形对象。

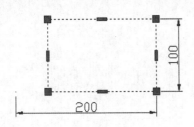

步骤06 在绘图区域中单击选择下图所示的矩形夹点。

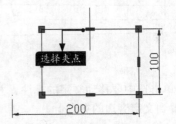

步骤07 在绘图区域中垂直向下拖动鼠标光标并单击指定夹点的新位置，如下图所示。

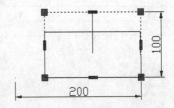

步骤08 按【Esc】键取消对矩形的选择，结果如下图所示。

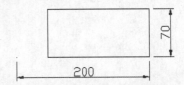

> **小提示**
>
> 从上图可以看出，编辑后的线性标注与矩形对象为关联状态。

如何仅移动标注文字

在标注过程中，尤其是当标注比较紧凑时，AutoCAD会根据设置自行放置文字的位置，但有些放置未必美观，未必符合绘图者的要求，这时候用户可以通过"仅移动文字"来调节文字的位置。

"仅移动文字"的具体操作步骤如下。

步骤01 打开"素材\CH09\仅移动标注文字.dwg"素材文件。

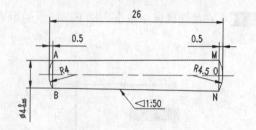

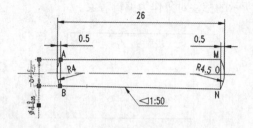

步骤 03 在自动弹出的快捷菜单上选择【仅移动文字】选项，然后拖动鼠标光标将文字放置到合适的位置。

步骤 02 单击选中要移动文字的标注，并将鼠标光标放置到文字旁边的夹点上。

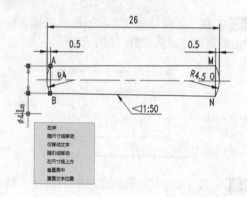

步骤 04 按【Esc】键，结果如下图所示。

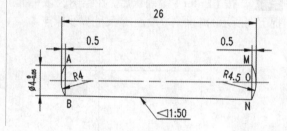

第 10 章

图层

学习目标

图层相当于重叠的透明"图纸"，每张"图纸"上面的图形都具备自己的颜色、线宽、线型等特性，将所有"图纸"上面的图形绘制完成后，用户可以根据需要对其进行相应的隐藏或显示操作，使其得到最终的图形结果。为方便对AutoCAD对象进行统一管理和修改，用户可以把类型相同或相似的对象指定给同一图层。

学习效果

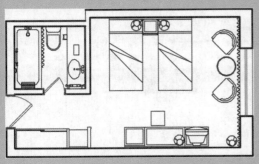

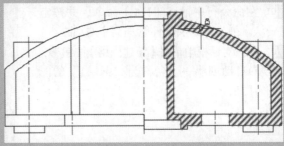

10.1 图层特性管理器

⊗ 本节视频教程时间：8分钟

图层特性管理器可以显示图形中的图层列表及其特性，可以添加、删除和重命名图层，还可以更改图层特性、设置布局视口的特性替代或添加说明等。

打开图层特性管理器通常有以下3种方法。

（1）选择【格式】➤【图层】菜单命令。

（2）在命令行输入【LAYER/LA】命令并按空格键。

（3）选择【默认】选项卡➤【图层】面板➤【图层特性】按钮🔲。

【图层特性管理器】对话框打开后如下图所示。

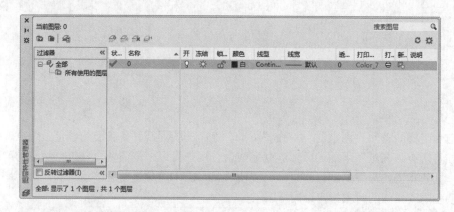

小提示

AutoCAD中的新建图形均包含一个名称为"0"的图层，该图层无法进行删除或重命名操作。图层"0"尽量用于放置图块，可以根据需要多创建几个图层，然后在相应图层上进行图形的绘制。

10.1.1 创建新图层

根据工作需要，可以在一个工程文件中创建多个图层，而每个图层可以控制相同属性的对象。下面将创建一个"文字"图层。

步骤 01 在命令行中输入【LA】命令，并按空格键确认。弹出【图层特性管理器】对话框。

步骤 02 在该对话框中单击【新建图层】按钮📄，AutoCAD自动创建一个名称为"图层1"的图层，如右图所示。

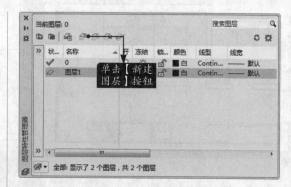

步骤 03 单击"图层1",在亮显的图层名上输入新图层名"文字",结果如下图所示。

小提示

> 在AutoCAD中,创建的新图层默认名字为"图层1""图层2"……单击图层的名字即可对图层名称进行修改,图层创建完毕后关闭【图层特性管理器】即可。
>
> 新图层将继承图层列表中当前选定图层的特性,比如颜色或开关状态等。

10.1.2 更改图层颜色

AutoCAD系统中提供了256种颜色,通常在设置图层的颜色时,都会采用7种标准颜色:红色、黄色、绿色、青色、蓝色、紫色以及白色。这7种颜色区别较大但都有名称,便于用户识别和调用。下面将通过更改瓶子标签颜色来介绍设置图层颜色的具体操作步骤。

步骤 01 打开"素材\CH10\更改图层颜色.dwg"素材文件,如下图所示。

步骤 02 在命令行中输入【LA】命令,并按空格键确认。弹出【图层特性管理器】对话框,如下图所示。

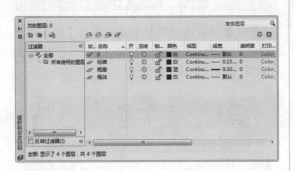

步骤 03 单击"标牌"右侧的颜色按钮■,弹出【选择颜色】对话框,从中选择"红色"并单

击【确定】按钮关闭该对话框,如下图所示。

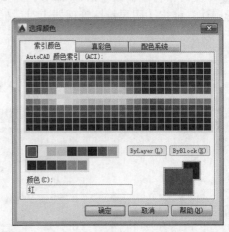

步骤 04 设置完成后标签的颜色变更为红色。

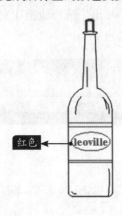

10.1.3 更改图层线型

图层的线型用来表示图层中图形线条的特性，通过设置图层的线型可以区分不同对象所代表的含义和作用，默认的线型方式为"Continuous（连续）"。AutoCAD提供了实线、虚线及点划线等45种线型，可以满足用户的各种不同需求。下面将通过更改点画线的线型来介绍设置图层线型的操作步骤。

步骤 01 打开"素材\CH10\更改图层线型.dwg"素材文件，如下图所示。

步骤 02 在命令行中输入【LA】命令，并按空格键确认。弹出【图层特性管理器】对话框，如下图所示。

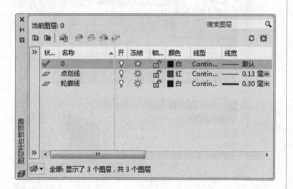

步骤 03 单击"点划线"右侧的线型按钮 Continuous，弹出【选择线型】对话框，如下图所示。

步骤 04 单击【加载】按钮，弹出【加载或重载线型】对话框，如下图所示。

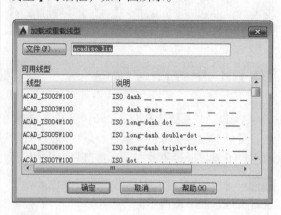

步骤 05 单击选择线型"CENTER"，并单击【确定】按钮。

步骤 06 系统自动返回至【选择线型】对话框。选择刚才加载的线型"CENTER"，并单击【确定】按钮，如下图所示。

步骤 07 系统自动返回至【图层特性管理器】对话框，将其关闭后绘图区域显示如下图所示。

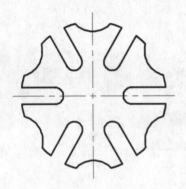

小提示

如果中心线设置后仍显示为实线，可以选择相应线条，然后选择【修改】▶【特性】命令，在弹出的【特性】面板中对"线型比例"进行相应的更改。

10.1.4 更改图层线宽

线宽是指定给图层对象和某些类型的文字的宽度值。使用线宽，可以用粗线和细线清楚地表现出截面的剖切方式、标高的深度、尺寸线和小标记以及细节上的不同。

AutoCAD中有20多种线宽可供选择，其中TrueType 字体、光栅图像、点和实体填充（二维实体）无法显示线宽。

下面将通过更改瓶子手柄线宽介绍设置图层线宽的具体操作步骤。

步骤 01 打开"素材\CH10\更改图层线宽.dwg"素材文件，如下图所示。

步骤 02 在命令行中输入【LA】命令，并按空格键确认。弹出【图层特性管理器】对话框，如下图所示。

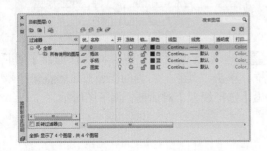

步骤 03 单击"手柄"右侧的线宽按钮 —— 默认，弹出【线宽】选择框，并选择"0.30mm"作为新的线宽，如下图所示。

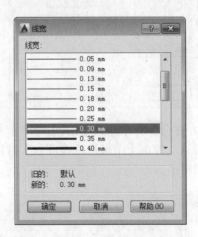

步骤 04 单击【确定】按钮回到【图层特性管理器】对话框，"手柄"的线宽变成了0.30mm，如下图所示。

只有在线宽按钮显示打开时，线宽才能显示，打开线宽显示按钮的方法有如下两种。

（1）在状态栏上右击【显示/隐藏线宽】按钮。

（2）在命令行中输入【LWEIGHT /LW】后按空格键，在弹出的【线宽设置】对话框中勾选【显示线宽】，如下图所示。

步骤 05 单击【关闭】按钮，图中"手柄"的线宽发生改变，如下图所示。

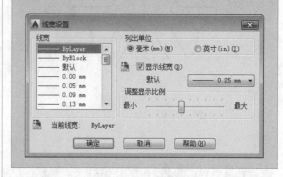

10.1.5 实例：修改平面图图层特性

本实例利用图层命令修改住宅平面图图层的特性。通过该实例的练习，读者可以熟练掌握修改装饰图图层特性的过程。使用图层命令修改住宅平面图图层特性的具体操作步骤如下。

步骤 01 打开"素材\CH10\修改平面图图层特性.dwg"素材文件，如下图所示。

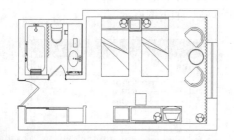

步骤 02 在命令行中输入【LA】命令，并按空格键确认。弹出【图层特性管理器】对话框，如下图所示。

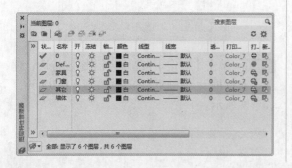

步骤 03 单击"门窗"后面的■按钮，弹出【选择颜色】对话框，选择"红色"并单击【确定】按钮，如下图所示。

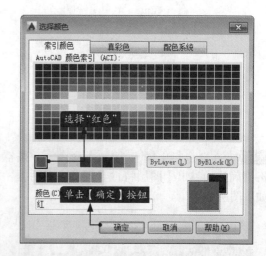

步骤 04 系统返回至【图层特性管理器】对话框，单击"其它"右侧的线型按钮Contin...，弹出【选择线型】对话框，如下图所示。

步骤 05 单击【加载】按钮，弹出【加载或重载线型】对话框，选择线型"DASHED2"，并单击【确定】按钮。

步骤 06 系统自动返回至【选择线型】对话框。选择刚才加载的线型"DASHED2"，并单击【确定】按钮，将"其它"层的线型改为"DASHED2"，如下图所示。

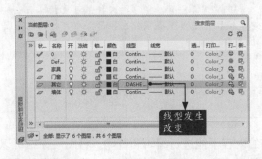

步骤 07 系统返回至【图层特性管理器】对话框，单击"墙体"右侧的线宽按钮 —— 默认，弹出【线宽】对话框，选择线框为"0.30mm"，如下图所示。

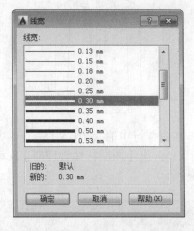

步骤 08 单击【确定】按钮，系统返回至【图层特性管理器】对话框，单击【关闭】按钮关闭【图层特性管理器】对话框，结果如下图所示。

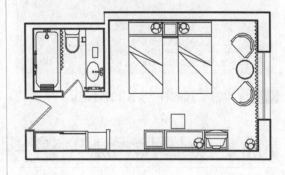

10.2 更改图层的控制状态

🔵 **本节视频教程时间：7分钟**

　　图层可通过图层状态进行控制，以便于对图形进行管理和编辑。在 AutoCAD 2018中有3个地方可以更改图层的控制状态：图层特性管理器、快速工具栏图层下拉列表以及图层面板。下面将分别对图层状态的设置进行详细介绍。

10.2.1 打开/关闭图层

　　通过将图层打开或关闭可以控制图形的显示或隐藏。图层处于关闭状态时图层中的内容将被隐藏且无法编辑和打印。

步骤 **01** 打开"素材\CH10\打开或关闭图层.dwg"素材文件，如下图所示。

步骤 **02** 在命令行中输入【LA】命令，并按空格键确认。弹出【图层特性管理器】对话框，如下图所示。

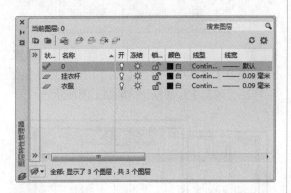

步骤 **03** 单击"挂衣杆"后面的灯泡 💡（开/关按钮），关闭该图层。

灯泡变蓝色，表示该图层关闭

步骤 **04** 关闭【图层特性管理器】后挂衣杆处于不显示状态，如下图所示。

小提示

若要显示图层中隐藏的文件，可重新单击【灯泡】按钮，使其呈亮显状态显示，即可打开被关闭的 图层。

10.2.2 冻结/解冻图层

图层冻结时图层中的内容被隐藏，且该图层上的内容不能进行编辑和打印。将图层冻结可以减少复杂图形的重生成时间。图层冻结时将以灰色的雪花图标显示，图层解冻时将以明亮的太阳图标显示。

步骤 **01** 打开"素材\CH10\冻结或解冻图层.dwg"素材文件，如下图所示。

步骤 **02** 单击快速访问工具栏的图层下拉列表，单击"灯芯"后面的太阳图标，将该层冻结，如下图所示。

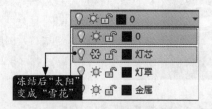

冻结后"太阳"变成"雪花"

步骤 **03** 关闭【图层特性管理器】后灯芯处于不显示状态，结果如下图所示。

10.2.3 锁定/解锁图层

图层锁定后图层上的内容依然可见，但是不能被编辑。其具体操作步骤如下。

步骤 01 打开"素材\CH10\锁定或解锁图层.dwg"素材文件，如下图所示。

步骤 02 单击【默认】选项卡▶【图层】面板中的图层选项，单击"植物"前面的锁定按钮，使"植物"图层锁定，如下图所示。

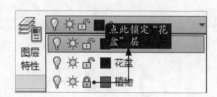

步骤 03 结果植物呈灰色显示，将光标移至锁定对象上，系统自动出现锁定符号，如下图所示。

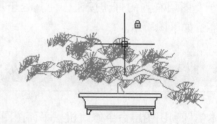

步骤 04 在命令行输入【M】并按空格键调用【移动】命令，选择绘图区域中的所有对象进行移动，命令提示如下。

```
命令：_move
选择对象：找到 612 个，总计 25 个
587 个在锁定的图层上。
```

步骤 05 结果花盆可以移动，但盆景不可以移动，如下图所示。

10.2.4 打印/不打印图层

图层的不打印设置只对图形中可见的图层（即图层是打开的并且是解冻的）有效。若图层设为打印但该层是冻结的或关闭的，此时AutoCAD将不打印该图层。

步骤 01 打开"素材\CH10\打印或不打印图层.dwg"素材文件，如下图所示。

步骤 02 在命令行中输入【LA】命令，并按空格键确认。弹出【图层特性管理器】对话框。

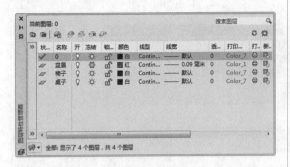

步骤 03 "盆景"图层当前处于冻结状态。单击"桌子"图层右侧的打印按钮，使其处于不打印状态，如下图所示。

步骤 04 将【图层特性管理器】对话框关闭，然后选择【文件】▶【打印】命令，打印结果如下图所示。

10.2.5 实例：修改平面图图层的显示状态

本实例利用图层命令修改机械平面图图层的显示状态，具体操作步骤如下。

步骤 01 打开"素材\CH10\修改平面图图层的显示状态.dwg"素材文件。

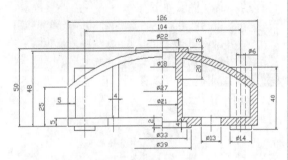

步骤 02 单击快速访问工具栏的图层下拉列表，将"标注"关闭，如下图所示。

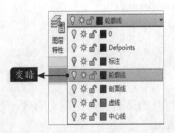

步骤 03 标注层关闭后，尺寸标注将不再显示，如下图所示。

步骤 04 重复步骤2将"虚线"层"冻结"，如下图所示。

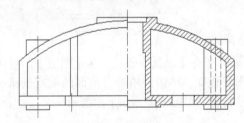

步骤 05 "虚线"层冻结后，"虚线"层上的对象将不再显示，如下图所示。

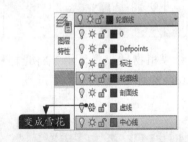

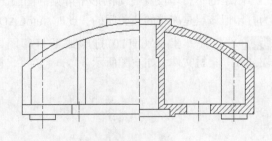

步骤 06 重复步骤2将"剖面线"层"锁定"，如下图所示。

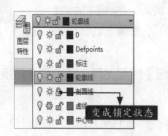

步骤 07 "剖面线"层锁定后，剖面线仍然显示，而且被选中后出现一个锁状图标，如下图所示。

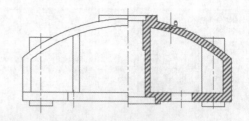

步骤 08 在弹出【图案填充编辑器】中对填充图案进行任何修改都会弹出下图所示的警告框。

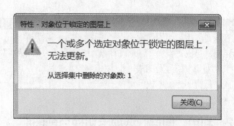

10.3 管理图层

● 本节视频教程时间：5分钟

通过对图层的有效管理，不仅可以提高绘图效率，保证绘图质量，而且还可以及时将无用图层删除，节约磁盘空间。下面将以实例的形式分别对图层的管理进行详细介绍。

10.3.1 切换当前层

根据绘图需要，可能会经常切换当前图层。切换当前图层的方法很多，例如可以利用【图层工具】菜单命令切换；可以利用图层选项板中的相应选项切换；可以利用【图层特性管理器】对话框切换；可以利用快速访问工具栏来切换等。下面分别介绍切换当前图层的具体操作步骤。

 1. 利用【图层特性管理器】对话框切换当前图层

步骤 01 打开"素材\CH10\切换当前层.dwg"素材文件，如下图所示。

步骤 02 在命令行中输入【LA】命令，并按空

格键确认。弹出【图层特性管理器】对话框。

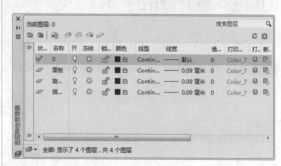

步骤 03 当前图层为图层"0"，选择"旋转按钮"层并单击【置为当前】按钮，结果如下图所示。

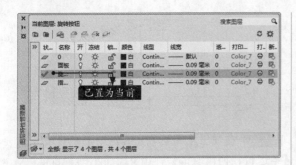

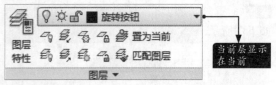

2. 利用"图层"选项卡切换当前图层

步骤 01 打开"素材\CH10\切换当前层.dwg"素材文件。

步骤 02 单击【默认】选项卡➤【图层】面板中的图层选项，将其展开，如下图所示。

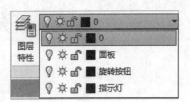

步骤 03 选择"旋转按钮"层，即可将该图层置为当前层，如图所示。

3. 利用【图层工具】菜单命令切换当前图层

步骤 01 打开"素材\CH10\切换当前层.dwg"素材文件。

步骤 02 选择【格式】➤【图层工具】➤【将对象的图层置为当前】选项，如下图所示。

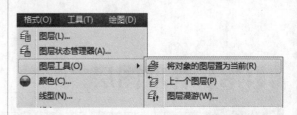

步骤 03 在绘图窗口中选择圆形，如下图所示。

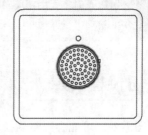

步骤 04 系统自动将"旋转按钮"层置为当前。

10.3.2 删除图层

删除不用的图层可以有效减少图形所占的空间。其具体操作步骤如下。

步骤 01 打开"素材\CH10\删除图层.dwg"素材文件，如下图所示。

步骤 02 在命令行中输入【LA】命令，并按空格键确认。弹出【图层特性管理器】对话框。

步骤 03 选择"全家福"图层，然后单击【删除】按钮，结果如下图所示。

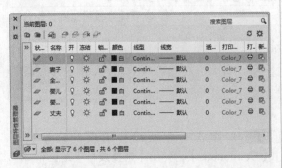

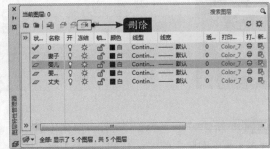

小提示

系统默认的图层"0"、包含图形对象的层、当前图层以及使用外部参照的图层是不能被删除的。

10.3.3 改变图形对象所在图层

在利用AutoCAD绘图的过程中可以将其他图层的对象切换至当前图层，以改变其显示状态。其具体操作步骤如下。

步骤 01 打开"素材\CH10\改变图形对象所在图层.dwg"素材文件，如下图所示。

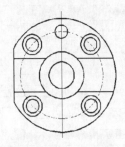

步骤 02 选择图中的中心线，如下图所示。

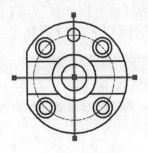

步骤 03 单击快速访问工具栏的图层下拉列表，选择"点划线"层，如下图所示。

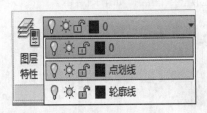

步骤 04 结果如下图所示。

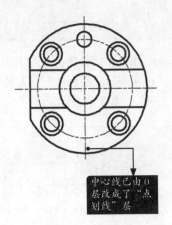

中心线已由0层改成了"点划线"层

10.4 综合实战——创建机械制图图层

⊙ **本节视频教程时间：5分钟**

为了便于使绘制的图形有层次感，一般在绘图之前先根据需要设置若干图层，接下来就以机械制图为例，创建机械制图中常用到的图层。

步骤01 新建一个"dwg"文件，单击【默认】选项卡➤【图层】面板➤【图层特性】按钮，弹出【图层特性管理器】对话框，如下图所示。

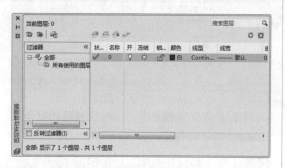

步骤02 连续单击【新建图层】按钮，除了0层再创建6个图层，如下图所示。

步骤03 将新建的6个图层的名字依次更改为"标注""粗实线""剖面线""文字""细实线""中心线"，如下图所示。

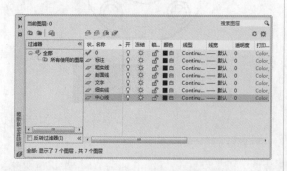

步骤04 单击"中心线"图层的线型按钮【Continuous】，弹出【选择线型】对话框。

步骤05 单击【加载】按钮，弹出【加载或重载线型】对话框，选择【CENTER】线型。

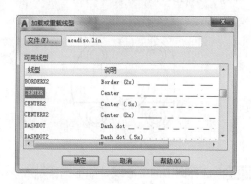

步骤06 单击【确定】按钮后返回【选择线型】对话框并选择【CENTER】线型。

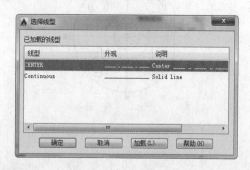

步骤07 单击【确定】按钮后返回【图层特性管理器】对话框，"中心线"图层的线型已变

成【CENTER】线型，如下图所示。

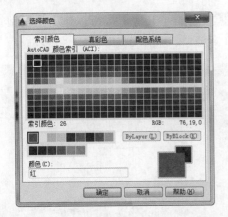

步骤 08 单击颜色按钮【■白】，弹出【选择颜色】对话框，选择"红色"。

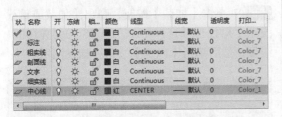

步骤 09 单击【确定】按钮，返回到【图层特性管理器】后，颜色变成了红色。

步骤 10 单击线宽按钮 —— **默认**，弹出【线宽】对话框，选择线宽为"0.15mm"。

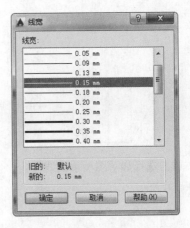

步骤 11 单击【确定】按钮，返回到【图层特性管理器】后，线宽变成了0.15。

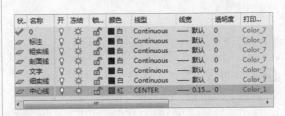

步骤 12 重复步骤2~11，设置其他图层的颜色、线型和线宽，结果如下图所示。

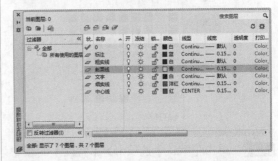

步骤 13 设置完成后关闭【图层特性管理器】对话框。

高手支招

本节视频教程时间：7分钟

在同一个图层上显示不同的线型、线宽和颜色

对于图形较小、结构较明确、较容易绘制的图形而言，新建图层会显得很烦琐，在这种情况下，可以在同一个图层上为图形对象的不同区域进行不同线型、不同线宽及不同颜色的设置，以便于实现对图层的管理。其具体操作步骤如下。

步骤 01 打开"素材\CH10\同一个图层上显示不同的线型、线宽和颜色.dwg"素材文件，如下图所示。

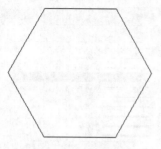

步骤 02 单击选择如下图所示的线段。

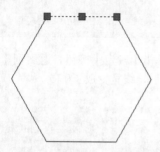

步骤 03 单击【默认】选项卡➤【特性】面板中的颜色下拉按钮,并选择"红色"。

步骤 04 单击【默认】选项卡➤【特性】面板中的线宽下拉按钮,并选择线宽值"0.30毫米"。

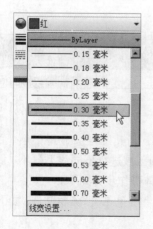

步骤 05 单击【默认】选项卡➤【特性】面板中的线型下拉按钮,如下图所示。

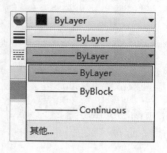

步骤 06 单击【其他】按钮,弹出【线型管理器】对话框,如下图所示。

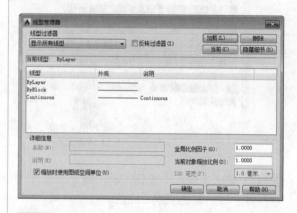

步骤 07 单击【加载】按钮,弹出【加载或重载线型】对话框并选择"ACAD_ISO003W100"线型,然后单击【确定】按钮,如下图所示。

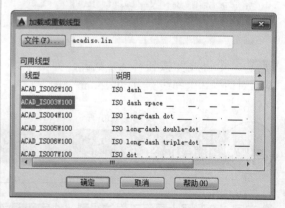

步骤 08 回到【线型管理器】后,可以看到"ACAD_ISO003W100"线型已经存在。

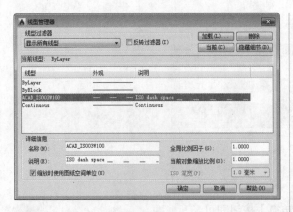

步骤 09 单击【关闭】按钮，关闭【线型管理器】，然后单击【默认】选项卡➤【特性】面板中的线型下拉按钮，并选择刚加载的"ACAD_ISO03W100"线型，如下图所示。

步骤 10 所有设置完成后结果如下图所示。

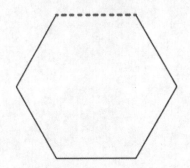

如何删除顽固图层

方法1：

打开一个AutoCAD文件，将无用图层全部关闭，然后在绘图窗口中将需要的图形全部选中，并按下键盘上的【Ctrl+C】组合键。之后新建一个图形文件，并在新建图形文件中按下键盘上的【Ctrl+V】组合键，无用图层将不会被粘贴至新文件中。

方法2：

步骤 01 打开一个AutoCAD文件，把要删除的图层关闭，在绘图窗口中只保留需要的可见图形，然后选择【文件】➤【另存为】命令，确定文件名及保存路径后，将文件类型指定为"*.DXF"格式，并在【图形另存为】对话框中选择【工具】➤【选项】命令，如下图所示。

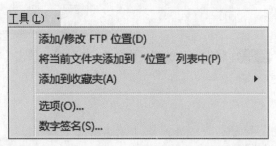

步骤 02 在弹出的【另存为选项】对话框中选择【DXF选项】，并勾选【选择对象】复选框。如下图所示。

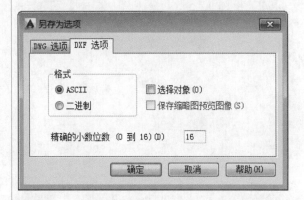

步骤 03 单击【另存为选项】对话框中的【确定】按钮后，系统自动返回至【图形另存为】对话框。单击【保存】按钮，系统自动进入绘图窗口，在绘图窗口中选择需要保留的图形对象，然后按【Enter】键确认并退出当前文件即可完成相应对象的保存。在新文件中无用的图块被删除。

方法3：

使用【LAYTRANS】命令可将需删除的图层影射为0层，这个方法可以删除具有实体对象或被其他块嵌套定义的图层。

步骤 01 在命令行中输入【LAYTRANS】，并按【Enter】键确认。

> 命令：LAYTRANS

步骤 02 打开【图层转换器】对话框，如下图所示。

步骤 03 将需删除的图层影射为"0"层，单击【转换】按钮即可。

第11章

图块和外部参照

图块是一组图形实体的总称，在应用过程中，AutoCAD图块将作为一个独立的、完整的对象来操作，用户可以根据需要按指定比例和角度将图块插入到指定位置。

外部参照是一种类似于块图形的引用方式，它和块最大的区别在于块在插入后，其图形数据会存储在当前图形中，而使用外部参照，其数据并不增加在当前图形中，而是始终存储在原始文件中，当前文件只包含对外部文件的一个引用。因此，不可以在当前图形中编辑外部参照。

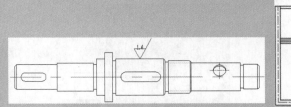

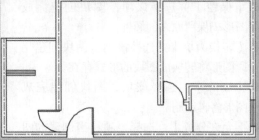

11.1 创建内部块和全局块

● 本节视频教程时间：3分钟

图块分为内部块和全局块（即写块），顾名思义，内部块只能在当前图形中使用，不能使用到其他图形中。全局块不仅能在当前图形中使用，也可以使用到其他图形中。

11.1.1 创建内部块

在AutoCAD 2018中创建内部块通常有以下4种方法。

（1）选择【绘图】➤【块】➤【创建】菜单命令。

（2）在命令行输入【BLOCK/B】命令并按空格键。

（3）选择【默认】选项卡➤【块】面板➤【创建】按钮 。

（4）选择【插入】选项卡➤【块定义】面板➤【创建块】按钮 。

【块定义】对话框打开后如下图所示。

【块定义】对话框中各选项含义如下。

● 【基点】区：指定块的插入基点，默认值是 (0,0,0)。用户可以选中【在屏幕上指定】复选框，也可单击【拾取点】按钮，在绘图区单击指定。

● 【保留】：选择该项，图块创建完成后，原图形仍保留原来的属性。

● 【转换为块】：选择该项，图块创建完成后，原图形将转换成图块的形式存在。

● 【删除】：选择该项，图块创建完成后，原图形将自动删除。

● 【允许分解】：选择该项，当创建的图块插入到图形后，可以通过【分解】命令进行分解，如果没选择该选项，则创建的图块插入到图形后，不能通过【分解】命令进行分解。

下面将对使用对话框创建块的方法进行详细介绍，具体操作步骤如下。

步骤01 打开"素材\CH11\创建内部块.dwg"素材文件，如下图所示。

步骤02 在命令行中输入【B】命令，并按空格键确认。弹出【块定义】对话框。

步骤03 单击【选择对象】前的 按钮，并在绘图区域中选择下图所示的图形对象作为组成块的对象。

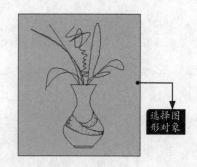

选择图形对象

步骤 04 按空格键确认，返回【块定义】对话框，为块添加名称【花瓶】，并单击【确定】按钮完成操作，如下图所示。

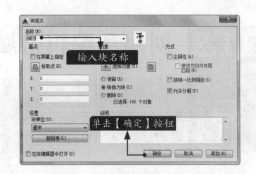

11.1.2 创建全局块（写块）

全局块（写块）就是将选定对象保存到指定的图形文件或将块转换为指定的图形文件。

在AutoCAD 2018中创建全局块通常有以下两种方法。

（1）在命令行输入【WBLOCK/W】命令并按空格键。

（2）选择【插入】选项卡➤【块定义】面板➤【写块】按钮 。

下面将对外部块的创建方法进行详细介绍，具体操作步骤如下。

步骤 01 打开"素材\CH011\双扇门.dwg"素材文件，如下图所示。

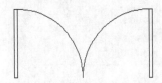

步骤 02 在命令行中输入【W】命令后按空格键，弹出【写块】对话框，如下图所示。

步骤 03 单击【选择对象】前的 按钮，在绘图区选择对象，如下图所示，然后按空格键确认。

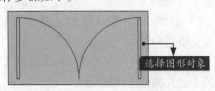

步骤 04 单击【拾取点】前的 按钮，在绘图区选择如下图所示的点作为插入基点。

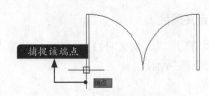

步骤 05 在【文件名和路径】栏中可以设置保存路径，如下图所示。

步骤 06 设置完成后单击【确定】按钮。

11.2 创建和编辑带属性的块

要想创建属性，首先要创建包含属性特征的属性定义。属性特征主要包括标记（标识属性的名称）、插入块时显示的提示、值的信息、文字格式、块中的位置和所有可选模式（不可见、常数、验证、预设、锁定位置和多行）。

11.2.1 创建带属性的块

属性是所创建的包含在块定义中的对象，属性可以存储数据，例如部件号、产品名等。在AutoCAD 2018中调用【属性定义】对话框的方法有以下3种。

（1）选择【绘图】➤【块】➤【定义属性】菜单命令。

（2）在命令行中输入【ATTDEF/ATT】命令并按空格键确认。

（3）单击【插入】选项卡➤【块定义】面板中的【定义属性】按钮。

下面将利用【属性定义】对话框创建带属性的块，具体操作步骤如下。

◎ 1. 定义属性

步骤 01 打开"素材\CH11\树木.dwg"素材文件，如下图所示。

步骤 02 在命令行中输入【ATT】命令后按空格键，弹出【属性定义】对话框，在【属性】区中的【标记】文本框中输入"tree"，如下图所示。

属性	
标记(T):	tree
提示(M):	
默认(L):	

步骤 03 在【文字设置】区的【文字高度】文本框中输入"700"，如下图所示。

文字设置	
对正(J):	左对齐
文字样式(S):	Standard
□注释性(N)	
文字高度(E):	700
旋转(R):	0
边界宽度(W):	0

步骤 04 单击【确定】按钮，在绘图区域中单击指定起点，如下图所示。

步骤 05 结果如下图所示。

2. 创建块

步骤 01 在命令行中输入【B】命令后按空格键，弹出【块定义】对话框，如下图所示。

步骤 02 单击【选择对象】按钮，并在绘图区域中选择如下图所示的图形对象作为组成块的对象。

步骤 03 按【Enter】键确认，然后单击【拾取点】前的按钮，并在绘图区域中单击指定插入基点，如下图所示。

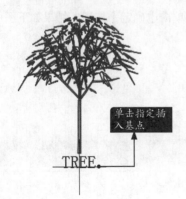

单击指定插入基点

TREE

步骤 04 返回【块定义】对话框，为块添加名称，如下图所示。

步骤 05 单击【确定】按钮，弹出【编辑属性】对话框，如下图所示。

步骤 06 在【编辑属性】对话框中输入参数值"树木1"，如下图所示。

步骤 07 单击【确定】按钮，结果如下图所示。

树木1

11.2.2 修改属性定义

在AutoCAD 2018中修改单个属性命令的方法有以下5种。

（1）选择【修改】➤【对象】➤【属性】➤【单个】菜单命令。

（2）在命令行中输入【EATTEDIT】命令并按空格键确认。

（3）单击【默认】选项卡➤【块】面板中的【编辑单个属性】按钮。

（4）单击【插入】选项卡➤【块】面板中的【编辑单个属性】按钮。

（5）双击块的属性。

下面将利用单个属性编辑命令对块的属性进行修改，具体操作步骤如下。

步骤01 打开"素材\CH11\修改属性定义.dwg"素材文件，如下图所示。

步骤02 双击图块，弹出【增强属性编辑器】对话框，如下图所示。

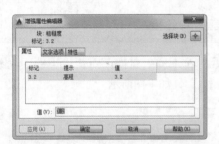

步骤03 修改【值】参数为"1.6"，如下图所示。

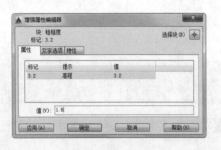

步骤04 选中【文字选项】选项卡，修改【倾斜角度】参数为"15"，如下图所示。

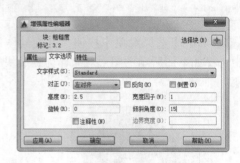

步骤05 选择【特性】选项卡，修改【颜色】为"红色"，如下图所示。

步骤06 单击【确定】按钮，结果如下图所示。

11.2.3 插入块

● 1. 【插入】对话框

在AutoCAD 2018中调用【插入】对话框的方法有以下4种。

（1）选择【插入】➤【块】菜单命令。

（2）在命令行中输入【INSERT/I】命令并按空格键确认。

（3）单击【默认】选项卡➤【块】面板中的【插入】按钮。

（4）单击【插入】选项卡➤【块】面板中的【插入】按钮。

调用【插入】命令后，弹出【插入】对话框，如下图所示。

【插入】对话框中各选项含义如下。

比例：指定插入块的缩放比例。如果指定负的x、y和z缩放比例因子，则插入块的镜像图像。

旋转：在当前UCS中指定插入块的旋转角度。

分解：分解块并插入该块的各个部分。选中时，只可以指定统一的比例因子。

● 2. 插入"电视机"图块

步骤01 打开"素材\CH11\电视柜.dwg"素材文件，如下图所示。

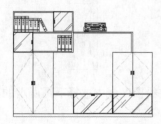

步骤02 在命令行中输入【I】命令后按空格键，弹出【插入】对话框，如下图所示。

步骤03 单击【名称】下拉列表，选择【hgh】图块，如下图所示。

步骤04 单击【确定】按钮，在命令行中输入【FRO】并按空格键确认，命令行提示如下。

指定插入点或 [基点 (B)/ 比例 (S)/ 旋转 (R)]: FRO

步骤05 在绘图区域中捕捉如下图所示的端点作为基点。

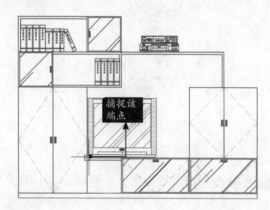

步骤06 在命令行中输入偏移值并按【Enter】键确认，命令行提示如下。

基点：< 偏移 >: @185,0

步骤07 结果如下图所示。

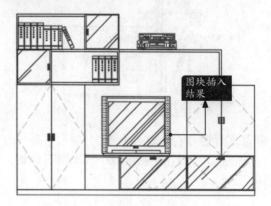

11.3 图块管理

🕐 本节视频教程时间：**6分钟**

在AutoCAD中较为常见的图块管理操作包括分解块、编辑已定义的块以及对已定义的块进行重定义等，下面将分别对相关内容进行详细介绍。

11.3.1 分解块

块是以复合对象的形式存在的，可以利用【分解】命令对图块进行分解。

下面将对图块的分解过程进行详细介绍，具体操作步骤如下。

步骤 01 打开"素材\CH11\分解块.dwg"素材文件，如下图所示。

步骤 02 在绘图区域中将鼠标光标放到下图所示图形对象上面，该图形对象当前以块的形式存在。

步骤 03 在命令行中输入【X（分解）】命令后按空格键，然后在绘图区域中选择图形对象，如下图所示。

步骤 04 按空格键确认分解，结果如下图所示。

步骤 05 在绘图区域中选择下图所示的部分图形对象。

步骤 06 选择结果如下图所示。

11.3.2 块编辑器

块编辑器包含一个特殊的编写区域，在该区域中，可以像在绘图区域中一样绘制和编辑几何图形。

在AutoCAD 2018中调用【块编辑器】对话框的方法有以下5种。

（1）选择【工具】➤【块编辑器】菜单命令。

（2）在命令行中输入【BEDIT/BE】命令并按空格键确认。

（3）单击【默认】选项卡➤【块】面板中的【编辑】按钮。

（4）单击【插入】选项卡➤【块定义】面板中的【块编辑器】按钮。

（5）双击要编辑的块。

下面将对已定义的图块进行相关编辑，具体操作步骤如下。

步骤 01 打开"素材\CH11\编辑块.dwg"素材文件，如下图所示。

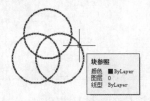

步骤 02 双击圆，弹出【编辑块定义】对话框，并选择"圆"对象，如下图所示。

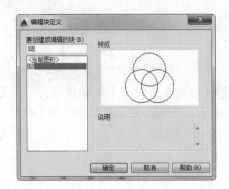

步骤 03 单击【确定】按钮，然后在绘图区域中单击选择要编辑的图形，如下图所示。

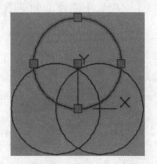

步骤 04 按键盘【Del】键将所选圆形删除，如下图所示。

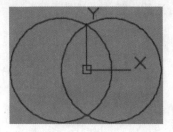

步骤 05 在【块编辑器】选项卡的【打开/保存】面板上单击【保存块】按钮 🖫，然后单击【关闭块编辑器】按钮，关闭【块编辑器】选项卡，如下图所示。

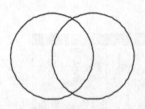

步骤 06 将鼠标光标放到剩余的图形上，可以看到剩余的两个圆仍是一个整体，如下图所示。

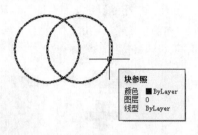

11.3.3 重定义块

对于已定义的块，用户可以根据需要对已经存在的图块进行重定义，重定义图块也是在【块定义】对话框下进行的。

下面将对重定义块的方法进行详细介绍，具体操作步骤如下。

步骤 01 打开"素材\CH11\重定义块.dwg"素材文件，如下图所示。

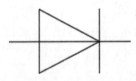

步骤 02 在命令行中输入【I】命令后按空格键，弹出【插入】对话框，单击【名称】下拉列表，选择【二极管】图块，如下图所示。

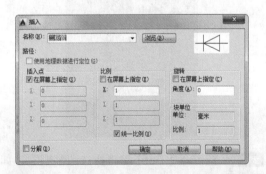

步骤 03 单击【确定】按钮，将"二极管"插入到图中合适的位置，如下图所示。

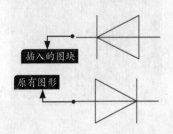

步骤 04 在命令行中输入【B】命令，并按空格键确认。弹出【块定义】对话框，单击"名称"下拉列表，选择"二极管"，如下图所示。

步骤 05 单击【拾取点】按钮 🖫，选择如下图所示的端点为拾取点。

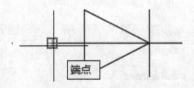

步骤 06 回到【块定义】对话框后，单击【选择对象】按钮 ➕，然后在绘图区域选择原有图形，如下图所示。

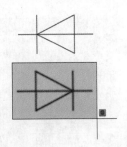

步骤 07 按空格键结束选择，回到【块定义】对话框后单击【确定】按钮，系统弹出【块-重新定义块】询问对话框，如下图所示。

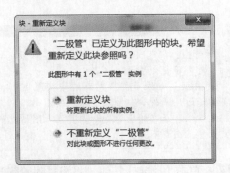

步骤 08 单击【重新定义块】，完成操作。块重新定义以后，原来的块即被删除，结果如下图所示。

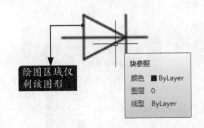

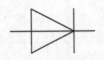

步骤 09 重复步骤2~3，重新插入"二极管"图块，结果如下图所示。

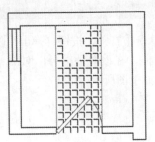

11.4 外部参照

⊗ 本节视频教程时间：11 分钟

外部参照相对于图块具有节省空间、自动更新、便于区分和处理，以及能进行局部裁剪的优点。AutoCAD 2018增强了外部参照功能，解决了参照路径中断引起的问题。

11.4.1 附着外部参照

附着外部参照可以是DWG、DWF、DGN、PDF文件以及图像或点云等，具体要附着哪种文件，可以在【外部参照】选项板中选择。

在AutoCAD 2018中调用【外部参照】选项板通常有以下3种方法。

（1）选择【插入】➤【外部参照】菜单命令。

（2）命令行输入【EXTERNALREFERENCES /ER】命令并按空格键。

（3）选择【插入】选项卡➤【参照】面板➤右下角的 按钮。

下面通过将浴缸和坐便器附着到盥洗室来介绍附着外部参照的具体操作步骤。

步骤 01 打开"素材\CH11\盥洗室.dwg"素材文件，如下图所示。

步骤 02 在命令行中输入【ER】命令，并按空格键确认。弹出【外部参照】选项板，如下图所示。

步骤 03 单击左上角的附着下拉按钮，选择附着的文件类型，这里选择【附着DWG】。

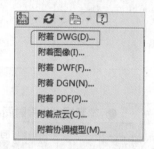

步骤 04 在弹出的【选择参照文件】对话框中选择素材文件"浴缸"，如下图所示。

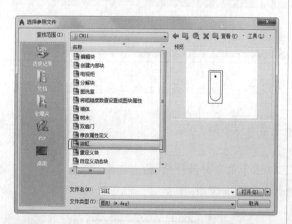

步骤 05 单击【打开】按钮，弹出【附着外部参照】对话框，在该对话框可以对附着的参照进行设置，如下图所示。

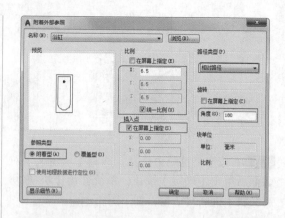

小提示

附着型：该选项可确保在其他人参照当前的图形时，外部参照会显示。

覆盖型：如果是在联网环境中共享图形，并且不想通过附着外部参照改变自己的图形，则可以使用该选项。正在绘图时，如果其他人附着您的图形，则覆盖图形不显示。

步骤 06 单击【确定】按钮，将浴缸附着到当前图形后，如下图所示。

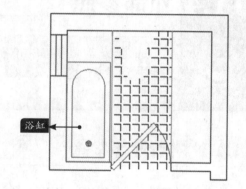

步骤 07 重复步骤3，添加"坐便器"外部参照，设置比例为"2"，【路径类型】设置为【完整路径】如下图所示。

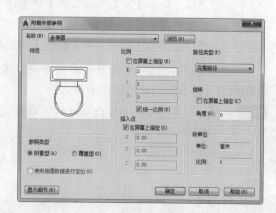

在【外部参照】选项板中可以对两种保存路径进行对比，如下图所示。

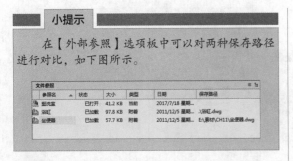

步骤 08 单击【确定】按钮，将坐便器附着到当前图形后，如下图所示。

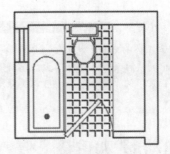

11.4.2 外部参照的保存路径

外部参照的保存路径有3种，即完整路径、相对路径和无路径。AutoCAD 2018默认保存路径为相对路径，之前版本默认保存路径为完整路径。

如果【相对路径】不是默认选项，可使用新的系统变量REFPATHTYPE进行修改。该系统变量值设为 0 时表示"无路径"，设为 1 时表示"相对路径"，设为 2 时则表示"完整路径"。

在之前版本的 AutoCAD 中，如果主图形未命名（未保存），则无法指定参照文件的相对路径，如下图所示，AutoCAD会提示先保存当前图形。

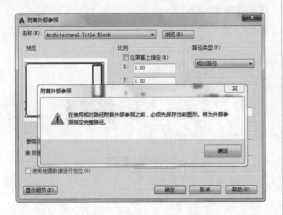

AutoCAD 2018中即使当前主图形未保存，也可以指定参照文件的保存路径为相对路径，此时如果在【外部参照】选项板中选择参照文件，则【保存路径】列将显示带有"*"前缀的完整路径，指示保存当前主图形时将生效。

如果将已保存的主图形保存到其他位置，还会收到需要更新相对路径的提示，如将上一节附着外部参照后的图形保存到其他位置，则会弹出如下提示框。

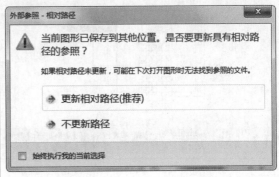

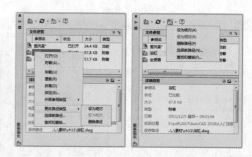

小提示

在【外部参照】选项板的参照中，单击右键，在弹出的快捷菜单上选择【更改路径类型】或单击工具栏菜单的【更改路径】可以更改路径类型，如图所示。

11.4.3 卸载和重载

外部参照卸载了，可以通过重载重新添加外部参照。外部参照虽然被卸载了，但是在【外部参照】选项板中仍然保留有记录，可以通过打开选项来查看该参照图形。

步骤 01 右键单击【外部参照】选项板中的"浴缸"，如下图所示。

步骤 02 在弹出的快捷菜单中选择【卸载】，结果如下图所示。

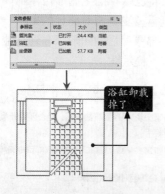

步骤 03 右键单击【外部参照】选项板中的"浴缸"，在弹出的快捷菜单中选择【打开】，"浴缸"文件打开后如下图所示。

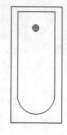

步骤 04 右键单击【外部参照】选项板中的"浴缸"，在弹出的快捷菜单中选择【重载】，重载后如下图所示。

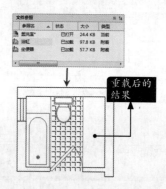

11.4.4 选择新路径和查找替换

【选择新路径】和【查找替换】是AutoCAD 2018新增的两个功能。

【选择新路径】可以浏览到缺少参照文件的新位置，然后将显示于回复所有文件相关的选项。

【查找和替换】可从选定的所有参照中找出需查找路径的所有参照，并将查找到的所有匹配项替换为指定的新路径。

步骤 01 如果参照文件被移动到其他位置，则打开附着外部参照的文件时，会弹出未找到文件警示，例如将"坐便器"移动到桌面，重新再打开附着该文件的"盥洗室"时，系统弹出下图所示警示。

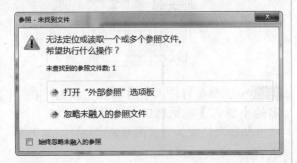

步骤 02 选择【打开"外部参照"选项板】选项，结果如下图所示。

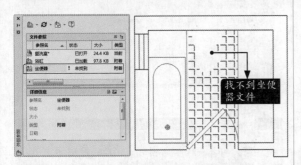

步骤 03 右键单击【外部参照】选项板中的"坐便器"，在弹出的快捷菜单中选择【选择新路径】，如下图所示。

步骤 04 在弹出的【选择新路径】对话框中选择新的文件路径，如下图所示。

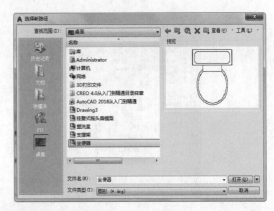

步骤 05 单击【打开】，结果如下图所示。

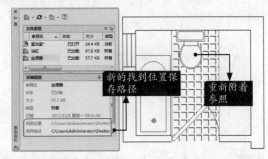

小提示

除了【选择新路径】，也可以通过【查找和替换】来重新为外部参照指定新路径。

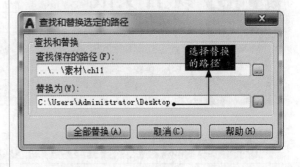

11.4.5 绑定外部参照

将外部参照图形绑定到当前图形后，外部参照图形将以当前图形的"块"的形式存在，从而在【外部参照】选项板中消失。绑定外部参照可以很方便地对图形进行分发和传递，而不会出现无法显示参照的错误提示。

步骤 01 选择"浴缸"和"坐便器"并单击右键，如下图所示。

步骤 02 在弹出的快捷菜单中选择【绑定】，弹出【绑定外部参照/DGN参考底图】对话框，如下图所示。

步骤 03 选择【绑定】，然后单击确定，结果"浴缸"和"坐便器"参照从【外部参照】选项板中删除（但并不从图形中删除），如下图所示。

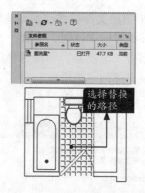

步骤 04 在命令行输入【I】并按空格键，在弹出的【插入】对话框中可以看到"浴缸"和"坐便器"已成为当前图形的"块"，如下图所示。

> **小提示**
>
> 将外部参照与当前图形绑定后，即使删除了外部参照，也可以通过【插入】命令将其重新插入到图形中，而不会出现无法显示参照的错误提示。

11.5 综合实战

◎ 本节视频教程时间：6分钟

前面对图块的创建和插入进行了介绍，下面通过综合案例来进一步加深用户对这些操作的理解和应用。

11.5.1 创建并插入带属性的"粗糙度"图块

本实例是一张粗糙度符号图，下面介绍制作带属性的块来实现给机械制图中粗糙度符号的调用和插入。通过该实例的练习，读者应熟练掌握附着属性和插入块的方法。

● 1. 创建带属性的块

步骤 01 打开"素材\CH11\将粗糙度数值设置成图块属性.dwg"素材文件，如下图所示。

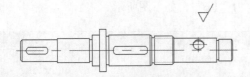

步骤 02 在命令行中输入【ATT】命令后按空格键，弹出【属性定义】对话框，如下图所示。

步骤 03 在【标记】文本框中输入"粗糙度"，将【对正】方式设置为"居中"，在【文字高度】文本框中输入"2.5"，如下图所示。

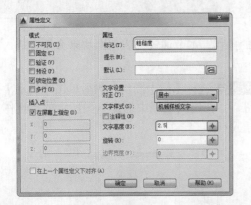

步骤 04 单击【确定】按钮后，在绘图区域将粗糙度符号的横线中点作为插入点，并单击鼠标确认，结果如下图所示。

步骤 05 在命令行中输入【B】命令后按空格键，弹出【块定义】对话框，输入名称"粗糙度符号"，如下图所示。

步骤 06 单击【选择对象】按钮，在绘图区域选择对象，并按空格键确认，如下图所示。

步骤 07 单击【拾取点】前的按钮，在绘图区域选择下图所示的点作为插入时的基点。

步骤 08 返回【块定义】对话框，单击【确定】按钮后，弹出【编辑属性】对话框，输入粗糙度的初始值为"3.2"，如下图所示。

步骤 09 单击【确定】按钮，结果如下图所示。

● 2. 插入块

步骤 01 在命令行中输入【I】命令后按空格

键，弹出【插入】对话框，选择插入块的【名称】"粗糙度符号"，单击【确定】按钮，如下图所示。

步骤 02 选择下图位置作为插入点，如下图所示。

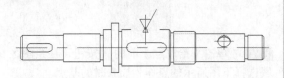

步骤 03 弹出【编辑属性】对话框，将粗糙度指定为"1.6"，如下图所示。

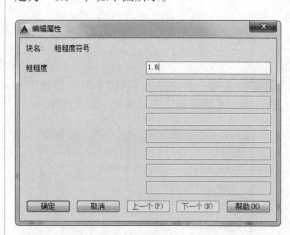

步骤 04 单击【确定】按钮，结果如下图所示。

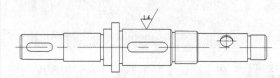

11.5.2 插入门图块

前面简单介绍了【插入】对话框在插入图块时的操作，本节通过插入门图块来介绍在插入图块时的各种插入设置，具体操作步骤如下。

步骤 01 打开"素材\CH11\墙体.dwg"素材文件，如下图所示。

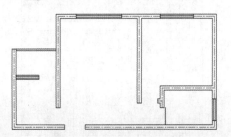

步骤 02 在命令行中输入【I】命令后按空格键，弹出【插入】对话框，如下图所示。

步骤 03 选择【门】图块，然后单击【确定】按钮，并在绘图区域中捕捉下图所示的端点作为插入点。

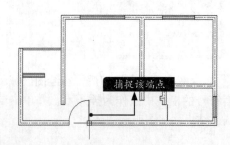

步骤 04 结果如下图所示。

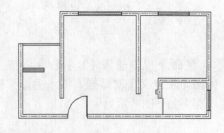

步骤 05 重复步骤2~3，并将比例设置为 "0.8"，旋转角度设置为 "90"，如下图所示。

步骤 06 单击【确定】按钮，并在绘图区域中捕捉下图所示的端点作为插入点。

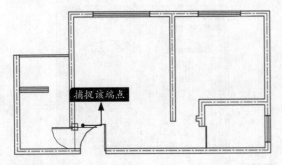

步骤 07 结果如下图所示。

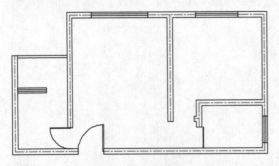

步骤 08 重复步骤2~3，将【统一比例】复选框

的 "√" 去掉，然后将X比例设置为 "−0.8"，Y和Z的比例设置为 "0.8"，旋转角度设置为 "0"，如下图所示。

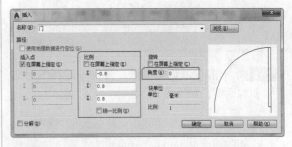

步骤 09 单击【确定】按钮，并在绘图区域中捕捉下图所示的端点作为插入点。

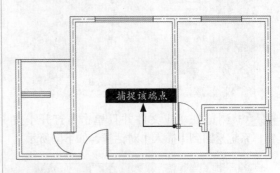

步骤 10 结果如下图所示。

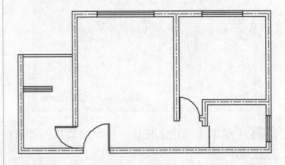

 高手支招

🔊 本节视频教程时间：8分钟

以图块的形式打开无法修复的文件

当文件遭到损坏并且无法修复的时候，可以尝试使用图块的方法打开该文件。

步骤 01 新建一个AutoCAD文件，然后在命令行中输入【I】命令后按空格键，弹出【插入】对话框，如下图所示。

步骤 02 单击【浏览】按钮，弹出【选择图形文件】对话框，如下图所示。

步骤 03 浏览到相应文件并且单击【打开】按钮，系统返回到【插入】对话框，如下图所示。

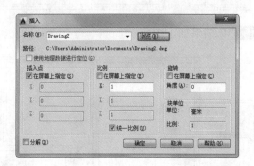

步骤 04 单击【确定】按钮，按命令行提示即可完成操作。

自定义动态块

动态块包含规则或参数，用于说明当块参照插入图形时如何更改块参照的外观。

用户可以使用动态块插入可更改形状、大小或配置的一个块，而不是插入许多静态块定义中的一个。例如，用户可以创建一个可改变大小的门挡，而无需创建多种不同大小的内部门挡。

创建动态块的步骤是，首先创建一个图块，然后在【块编辑器】下进行动态定义。关于调用【块编辑器】命令，请参照本章

11.3.2节。

步骤 01 打开"素材\CH11\自定义动态块"素材文件，如下图所示。

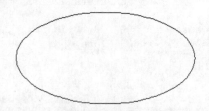

步骤 02 在绘图区域中双击椭圆图块，系统弹出【编辑块定义】对话框，如下图所示。

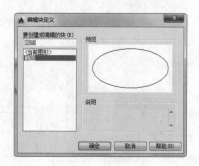

步骤 03 选择【椭圆】并单击【确定】按钮，弹出【块编写选项板-所有选项板】，如下图所示。

步骤 04 选择【参数】选项卡并单击【线性】按钮，然后在绘图区域中捕捉下图所示的象限点。

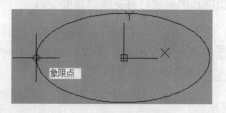

步骤 05 在绘图区域中拖动鼠标光标并捕捉下图

所示的象限点。

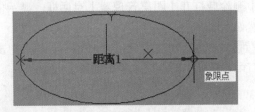

步骤 06 在绘图区域中单击指定标签位置，如下图所示。

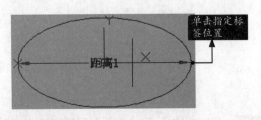

步骤 07 结果如下图所示。

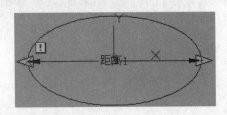

步骤 08 选择【动作】选项卡并单击【缩放】按钮，然后在绘图区域中单击选择【距离1】，如下图所示。

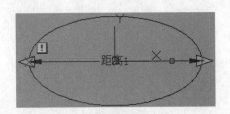

步骤 09 在绘图区域中选择椭圆，按【Enter】键确认，然后单击【关闭块编辑器】按钮✕，弹出【块-未保存更改】询问对话框，如下图所示。

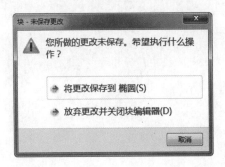

步骤 10 单击【将更改保存到 椭圆（S）】。然后在绘图区域中选择椭圆，并单击选择下图所示的夹点。

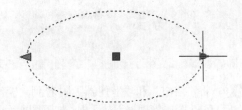

步骤 11 在绘图区域中拖动鼠标光标可以对椭圆进行缩放，如下图所示。

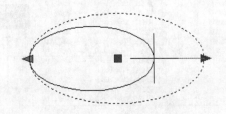

步骤 12 缩放结果如下图所示。

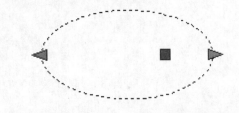

拆离外部参照与删除外部参照的区别

删除外部参照不会删除与其关联的图层定义。使用【拆离】选项才能删除外部参照和所有关联信息。

步骤 01 打开"素材\CH11\盥洗室"素材文件，如下图所示。

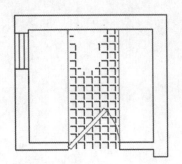

步骤 02 在命令行输入【LA】并按空格键，弹出【图层管理器】对话框，如下图所示。

步骤 03 将"浴缸"和"坐便器"附着到"盥洗室"后打开【图层管理器】对话框,如下图所示。

增加的图层

步骤 04 将"浴缸"和"坐便器"从"盥洗室"中删除后打开【图层管理器】对话框,显示依然如上图。

步骤 05 选中"浴缸"和"坐便器",然后单击右键,在弹出的快捷菜单中选择【拆离】。

步骤 06 将"浴缸"和"坐便器"拆离后,打开【图层管理器】对话框,结果显示和步骤2图层相同。

第4篇
三维建模

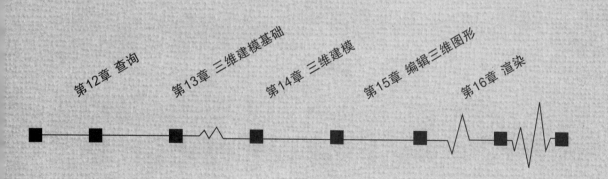

第 **12** 章

查询

AutoCAD 2018中包含许多辅助绘图功能供用户随时进行调用，其中查询是应用较广的辅助功能，本章将对相关工具的使用进行详细介绍。

学习效果

12.1 查询对象信息

● 本节视频教程时间：10 分钟

在AutoCAD中，查询命令包含众多的功能，如查询两点之间的距离，查询面积、体积、质量、半径等。利用AutoCAD的各种查询功能，既可以辅助绘制图形，也可以对图形的各种状态进行查询。

12.1.1 点坐标查询

点坐标查询用于显示指定位置的 UCS 坐标值。ID 列出了指定点的x、y和z值，并将指定点的坐标存储为最后一点。用户可以通过在要求输入点的下一个提示中输入 @ 来引用最后一点。

在AutoCAD 2018中调用【点坐标】查询命令通常有以下3种方法。

（1）选择【工具】▶【查询】▶【点坐标】菜单命令。

（2）在命令行中输入【ID】命令并按空格键确认。

（3）单击【默认】选项卡▶【实用工具】面板中的【点坐标】按钮。

点坐标查询的具体操作步骤如下。

步骤 01 打开"素材\CH12\点坐标距离半径查询.dwg"素材文件。

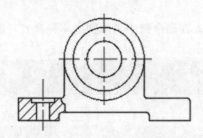

步骤 02 在命令行中输入【ID】命令并按空格键

确认，然后捕捉下图所示的端点。

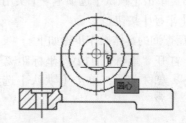

步骤 03 在命令行中显示出了查询结果。

> 指定点：X = 169.1898　　Y = 225.0438
> Z = 0.0000

12.1.2 查询距离

查询距离用于测量两点之间的距离和角度。

在AutoCAD 2018中调用【距离】查询命令通常有以下3种方法。

（1）选择【工具】▶【查询】▶【距离】菜单命令。

（2）在命令行输入【DIST/DI】命令并按空格键。

（3）单击【默认】选项卡▶【实用工具】面板▶【距离】按钮。

距离查询的具体操作步骤如下。

步骤 01 打开"素材\CH12\点坐标距离半径查询"，单击【默认】选项卡▶【实用工具】面板▶【距离】按钮，在绘图区域单击指定第一点。

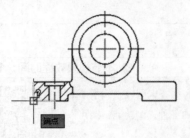

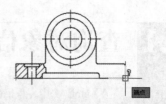

步骤 02 在绘图区域单击指定第二点。

步骤 03 命令行的显示结果如下。

> 距离 = 172.0000，XY 平面中的倾角 = 0，
> 与 XY 平面的夹角 = 0
> X 增量 = 172.0000， Y 增量 = 0.0000，
> Z 增量 = 0.0000

12.1.3 查询半径

查询半径功能用于测量指定圆弧、圆或多段线圆弧的半径和直径。

在AutoCAD 2018中调用【半径】查询命令通常有以下3种方法。

（1）选择【工具】➤【查询】➤【半径】菜单命令。

（2）在命令行输入【MEASUREGEOM/MEA】命令并按空格键（然后选择"R"选项）。

（3）单击【默认】选项卡➤【实用工具】面板➤【半径】按钮◎。

半径查询的具体操作步骤如下。

步骤 01 打开"素材\CH12\点坐标距离半径查询.dwg"素材文件，单击【默认】选项卡➤【实用工具】面板➤【半径】按钮◎，在绘图区域单击选择要查询的对象。

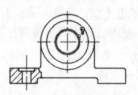

步骤 02 在命令行中显示圆的半径和直径的 大小。

> 半径 = 17.5000
> 直径 = 35.0000

12.1.4 查询角度

查询角度用于测量与选定的圆弧、圆、多段线线段和线对象关联的角度。

在AutoCAD 2018中调用【角度】查询命令通常有以下3种方法。

（1）选择【工具】➤【查询】➤【角度】菜单命令。

（2）在命令行输入【MEASUREGEOM/MEA】命令并按【Enter】键（选择"A"选项）。

（3）单击【默认】选项卡➤【实用工具】面板➤【角度】按钮△。

角度查询的具体操作步骤如下。

步骤 01 打开"素材\CH12\角度查询.dwg"素材文件，如下图。

步骤 02 单击【默认】选项卡➤【实用工具】面板➤【角度】按钮△，在绘图区域单击选择需要查询的角度的起始边。

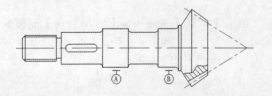

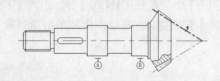

步骤 03 在绘图区域单击选择需要查询的角度的另一条边。

步骤 04 在命令行中显示角度的大小。

角度 = 63d14'42"

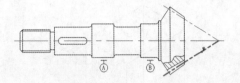

12.1.5　查询面积和周长

面积和周长查询用于计算对象或所定义区域的面积和周长。

在AutoCAD 2018中调用【面积和周长】查询命令通常有以下3种方法。

（1）选择【工具】➤【查询】➤【面积】菜单命令。

（2）在命令行输入【AREA/AA】命令并按空格键。

（3）单击【默认】选项卡➤【实用工具】面板➤【面积】按钮。

面积查询和周长查询的具体操作步骤如下。

步骤 01 打开"素材\CH12\面积查询.dwg"素材文件，如下图所示。

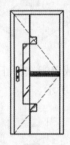

步骤 02 单击【默认】选项卡➤【实用工具】面板➤【面积】按钮，根据命令行提示依次指定下图所示的四个端点，然后按空格键结束指定点操作。

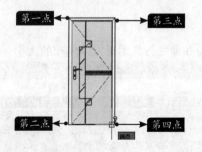

步骤 03 在命令行中显示查询结果。

区域 = 1600000.0000，周长 = 5600.0000

步骤 04 重复【面积查询】命令，当命令行提示指定第一个角点时输入【O】，然后选择最外侧的矩形，如下图所示。

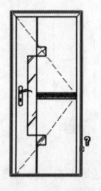

步骤 05 在命令行中显示查询结果。

区域 = 1895200.0000，修剪的区域 = 0.0000，周长 = 5960.0000

12.1.6　查询体积

体积查询用于测量对象或定义区域的体积。

在AutoCAD 2018中调用【体积】查询命令通常有以下3种方法。

（1）选择【工具】▶【查询】▶【体积】菜单命令。

（2）命令行输入【MEASUREGEOM/MEA】命令并按空格键（选择"V"选项）。

（3）单击【默认】选项卡▶【实用工具】面板▶【体积】按钮▦。

下面将对立方体图形进行体积查询，具体操作步骤如下。

步骤01 打开"素材\CH12\体积查询.dwg"素材文件，如下图所示。

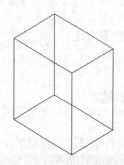

步骤02 单击【默认】选项卡▶【实用工具】面板▶【体积】按钮▦，在绘图区域单击选择正方体底面的第一个角点，如下图所示。

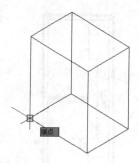

步骤03 在绘图区域单击选择正方体底面的第二个角点，如下图所示。

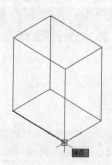

步骤04 在绘图区域单击选择正方体底面的第三个角点，如下图所示。

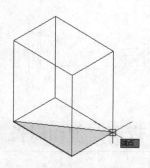

步骤05 在绘图区域单击选择正方体底面的第四个角点，如下图所示，最后按【Enter】键确认。

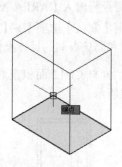

步骤06 在绘图区域单击选择正方体顶点，以指定其高度，如下图所示。

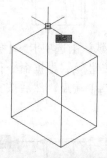

步骤07 在命令行显示正方体体积的大小。

体积 = 1734.3856

小提示

如果测量的对象是个平面图，则在选择好底面之后，还需要指定一个高度才能测量出体积。

12.1.7 查询质量特性

质量特性查询用于计算和显示选定面域或三维实体的质量特性。

在AutoCAD 2018中调用【面域/质量特性】查询命令通常有以下两种方法。

（1）选择【工具】▶【查询】▶【面域/质量特性】菜单命令。

（2）在命令行输入【MASSPROP】命令并按空格键。

面域/质量特性查询的具体操作步骤如下。

步骤01 打开"素材\CH12\质量特性查询.dwg"素材文件，如下图所示。

步骤02 选择【工具】▶【查询】▶【面域/质量特性】菜单命令，在绘图区域选择需要查询的图形对象，如下图所示。

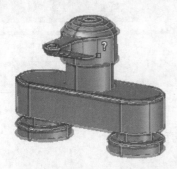

步骤03 按【Enter】键确认后弹出查询结果。

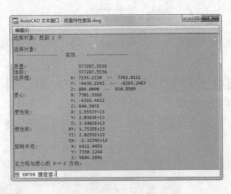

步骤04 按【Enter】键可继续查询，如下图所示。

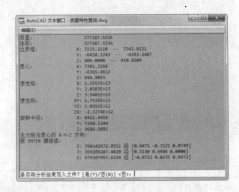

步骤05 按【Enter】键不将分析结果写入文件。

小提示

测量的质量密度的单位为"1g/cm³"，所以测量后应根据结果乘以实际的密度才能得到真正的质量。

12.1.8 查询对象列表

列表显示命令用来显示任何对象的当前特性，如下图层、颜色、样式等。此外，根据选定的对象不同，该命令还将给出相关的附加信息。

在AutoCAD 2018中调用【列表】查询命令通常有以下两种方法。

（1）选择【工具】▶【查询】▶【列表】菜单命令。

（2）在命令行输入【LIST/LI/LS】命令并按空格键。

下面将对运行的移动变电站符号图形进行对象列表查询，具体操作步骤如下。

步骤01 打开"素材\CH12\对象列表查询.dwg"素材文件，如下图所示。

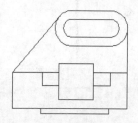

步骤02 选择【工具】▶【查询】▶【列表】菜单命令，在绘图区域将图形对象全部选择，如下图所示。

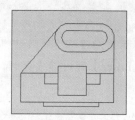

步骤03 按【Enter】键确定，弹出【AutoCAD文本窗口】窗口，在该窗口中可显示结果，如下图所示。

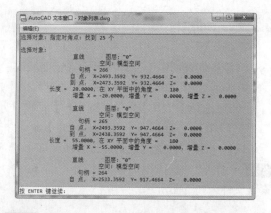

步骤04 按【Enter】键可继续查询，结果如下图所示。

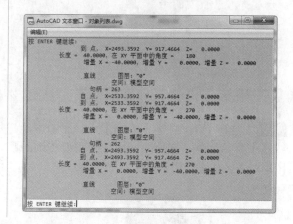

12.1.9 查询图纸绘制时间

查询后显示图形的日期和时间统计信息。

在AutoCAD 2018中调用【时间】查询命令通常有以下两种方法。

（1）选择【工具】▶【查询】▶【时间】菜单命令。

（2）在命令行中输入【TIME】命令并按空格键确认。

下面对图纸绘制时间的查询过程进行详细介绍，具体操作步骤如下。

步骤01 打开"素材\CH12\时间查询.dwg"素材文件。

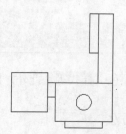

步骤02 选择【工具】▶【查询】▶【时间】菜单命令，执行命令后弹出【AutoCAD文本窗口】窗口，以显示时间查询，如图所示。

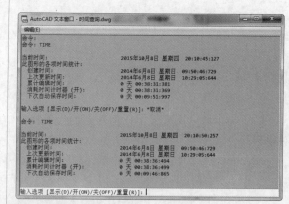

12.1.10　查询图纸状态

查询后显示图形的统计信息、模式和范围。

在AutoCAD 2018中调用【图纸状态】查询命令通常有以下两种方法。

（1）选择【工具】➤【查询】➤【状态】菜单命令。

（2）在命令行中输入【STATUS】命令并按空格键确认。

下面对图纸状态的查询过程进行详细介绍，具体操作步骤如下。

步骤 01 打开"素材\CH12\状态查询.dwg"素材文件。

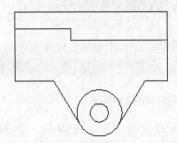

步骤 02 选择【工具】➤【查询】➤【状态】菜单命令，执行命令后弹出【AutoCAD文本窗口】窗口，以显示查询结果，如图所示。

步骤 03 按【Enter】键继续，如图所示。

12.2　综合实战——查询卧室对象属性

 本节视频教程时间：3分钟

 本案例通过查看门窗开洞的大小、房间的使用面积以及铺装面积来对本章所讲的查询命令进行重新回顾。

● 1. 查询门窗的开洞大小

步骤 01 打开"素材\CH12\查询卧室对象属性.dwg"素材文件，如下图所示。

步骤 02 在命令行中输入【DI】命令后按空格

键，然后指定门洞的第一点，如下图所示。

步骤 03 指定门洞的第二点，如下图所示。

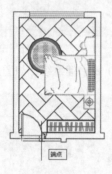

步骤 04 门洞尺寸显示结果如下。

距离 = 900.0000，XY 平面中的倾角 = 0，与 XY 平面的夹角 = 0

X 增量 = 900.0000， Y 增量 = 0.0000，Z 增量 = 0.0000

步骤 05 重复步骤2~4，测量窗洞的尺寸显示如下。

距离 = 2400.0000，XY 平面中的倾角 = 0，与 XY 平面的夹角 = 0

X 增量 = 2400.0000， Y 增量 = 0.0000，Z 增量 = 0.0000

2. 查询卧室面积和图中显示的铺装面积

步骤 01 在命令行中输入【AA】命令后按空格键，然后根据命令行提示依次选择下图所示的阴影部分的四个角点。

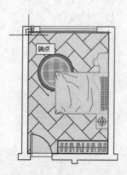

步骤 02 卧室的面积和周长结果显示如下。

区域 = 16329600.0000，周长 = 16440.0000

步骤 03 在命令行中输入【AA】命令后按空格键，当命令行提示选择第一个角点时，按空格键接受默认选项<对象>选项，然后在图中选择需要测量的铺装面积对象，如下图所示。

步骤 04 图中铺装面积和周长结果显示如下。

区域 = 9073120.0559， 周长 = 24502.4412

3. 列表查询床的信息

步骤 01 在命令行中输入【LI】命令后按空格键，然后根据命令行提示选择床，如下图所示。

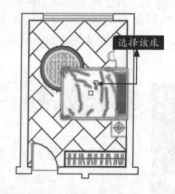

步骤 02 按空格键结束对象选择后，显示列表信息如下图所示。

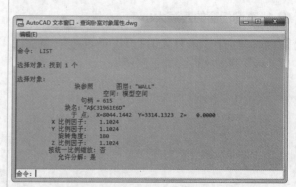

高手支招

● 本节视频教程时间：5分钟

● 核查与修复

为了便于设计和绘图，AutoCAD还提供了其他辅助功能，如修复图形数据和核查等。

1. 核查

使用【核查】命令可检查图形的完整性并更正某些错误。在文件损坏后，用户可以通过使用该命令查找并更正错误，以修复部分或全部数据。

在AutoCAD 2018中调用【核查】命令通常有以下3种方法。

（1）选择【文件】➤【图形实用工具】➤【核查】菜单命令。

（2）在命令行输入【AUDIT】命令并按空格键。

（3）应用程序按钮➤【图形实用工具】➤【核查】。

利用【核查】命令检查图像的具体操作步骤如下。

步骤01 选择【文件】➤【图形实用工具】➤【核查】菜单命令。

步骤02 执行命令后，命令行提示如下。

是否更正检测到的任何错误？[是(Y)/否(N)] <N>：

步骤03 在命令行中输入参数"Y"，按【Enter】键确认以更正检测到的错误。

2. 修复

使用【修复】命令可以修复损坏的图形。当文件损坏后，可以通过使用该命令查找并更正错误，以修复部分或全部数据。

在AutoCAD 2018中调用【修复】命令通常有以下3种方法。

（1）选择【文件】➤【图形实用工具】➤【修复】菜单命令。

（2）在命令行输入【RECOVER】命令并按空格键。

（3）应用程序按钮➤【图形实用工具】➤【修复】。

利用【修复】命令检查图像的具体操作步骤如下。

步骤01 选择【文件】➤【图形实用工具】➤【修复】菜单命令。

步骤02 弹出【选择文件】对话框，从中选择要修复的文件。

步骤03 单击【打开】按钮后系统自动进行修复，修复完成后弹出修复结果，如下图所示。

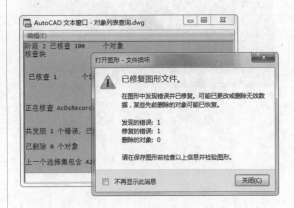

● LIST和DBLIST命令的区别

除LIST命令外，AutoCAD还提供了一个DBLIST命令，该命令和LIST命令区别在于，LIST命令根据提示选择对象进行查询，列表只显示选择的对象的信息，而DBLIST则不用选择直接列表显示整个图形的信息。

步骤01 打开"素材\CH12\LIST与DBLIST.dwg"素材文件，如下图所示。

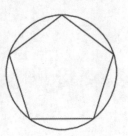

步骤02 在命令行输入【LI】命令并按空格键确认，然后在绘图区域中选择圆图形，如下图所示。

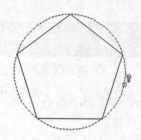

步骤 03 按【Enter】键确认，查询结果如下图所示。

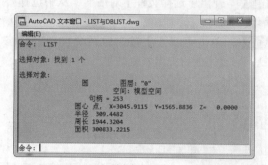

步骤 04 在命令行输入【DBLIST】命令并按空格键确认，命令行中显示查询结果如下图所示。

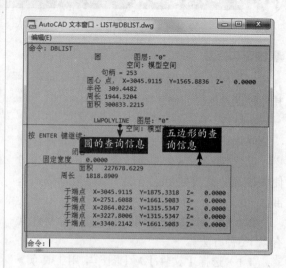

第 **13** 章

三维建模基础

相对于二维xy平面视图,三维视图多了一个维度,不仅有xy平面,还有zx平面和yz平面,因此,三维视图相对于二维视图更加直观,用户可以通过三维空间和视觉样式的切换从不同角度观察图形。

学习效果

13.1 三维建模空间与三维视图

本节视频教程时间：2分钟

三维图形是在三维建模空间下完成的,因此在创建三维图形之前,首先应该将绘图空间切换到三维建模模式。

视图是指从不同角度观察三维模型，对于复杂的图形可以通过切换视图样式来从多个角度全面观察图形。

13.1.1 三维建模空间

关于切换工作空间的方法，除了本书1.4.2介绍的方法外，还有以下两种方法。

（1）选择【工具】➤【工作空间】➤【三维建模】菜单命令。

（2）在命令行输入【WSCURRENT】命令并按空格键然后输入"三维建模"。

切换到三维建模空间后，可以看到三维建模空间是由快速访问工具栏、菜单栏、选项卡、控制面板、绘图区以及状态栏组成的集合，用户可以在专门的、面向任务的绘图环境中工作，三维建模空间如下图所示。

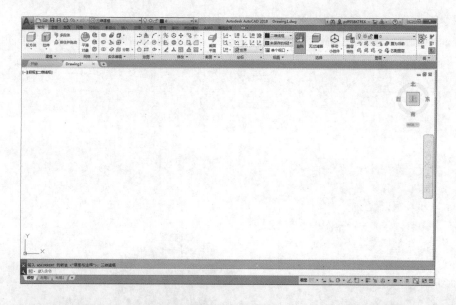

13.1.2 三维视图

三维视图可分为标准正交视图和等轴测视图。

标准正交视图：俯视、仰视、主视、左视、右视和后视。

等轴测视图：SW（西南）等轴测、SE（东南）等轴测、NE（东北）等轴测和 NW（西北）等轴测。

在AutoCAD 2018中切换【三维视图】通常有以下4种方法。

（1）选择菜单栏中的【视图】➤【三维视图】➤……菜单命令。

（2）单击【常用】选项卡➤【视图】面板➤【三维导航】下拉列表。

（3）单击【可视化】选项卡▶【视图】面板▶下拉列表。

（4）单击绘图窗口左上角的视图控件。

不同视图下显示的效果也不相同，例如同一个齿轮，在"西南等轴测"视图下效果如下左图所示，而在"西北等轴测"视图下的效果如下右图所示。

13.2 视觉样式

⊛ 本节视频教程时间：4 分钟

视觉样式用于观察三维实体模型在不同视觉下的效果，AutoCAD 2018中的视觉样式有10种类型：二维线框、概念、隐藏、真实、着色、带边缘着色、灰度、勾画、线框和X射线。程序默认的视觉样式为二维线框。

在AutoCAD 2018中切换【视觉样式】通常有以下4种方法。

（1）选择菜单栏中的【视图】▶【视觉样式】▶……菜单命令，如下左图所示。

（2）单击【常用】选项卡▶【视图】面板▶【视觉样式】下拉列表，如下中图所示。

（3）单击【可视化】选项卡▶【视觉样式】面板▶【视觉样式】下拉列表，如下中图所示。

（4）单击绘图窗口左上角的视图控件，如下右图所示。

 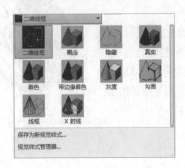 

1. 二维线框

二维线框视觉样式显示是通过使用直线和曲线表示对象边界的显示方法。光栅图像、OLE对象、线型和线宽均可见，如下左图所示。

2. 线框

线框是通过使用直线和曲线表示边界从而显示对象的方法，如下右图所示。

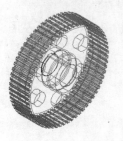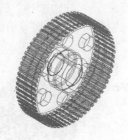

3. 隐藏（消隐）

隐藏（消隐）是用三维线框表示的对象，并且将不可见的线条隐藏起来，如下左图所示。

4. 真实

真实是将对象边缘平滑化，显示已附着到对象的材质，如下右图所示。

5. 概念

概念是使用平滑着色和古氏面样式显示对象的方法，它是一种冷色和暖色之间的过渡，而不是从深色到浅色的过渡。虽然效果缺乏真实感，但是可以更加方便地查看模型的细节，如下左图所示。

6. 着色

使用平滑着色显示对象，如下右图所示。

7. 带边缘着色

使用平滑着色和可见边显示对象，如下左图所示。

8. 灰度

使用平滑着色和单色灰度显示对象，如下右图所示。

9. 勾画

使用线延伸和抖动边修改器显示手绘效果的对象，如下左图所示。

10. X射线

以局部透明度显示对象，如下右图所示。

13.3 坐标系

本节视频教程时间：2分钟

AutoCAD系统为用户提供了一个绝对坐标系，即世界坐标系（WCS）。通常，AutoCAD构造新图形时将自动使用WCS。虽然WCS不可更改，但可以从任意角度、任意方向来观察或旋转。

相对于世界坐标系，用户可根据需要创建无限多的坐标系，这些坐标系称为用户坐标系（UCS，User Coordinate System）。用户可使用UCS命令来对用户坐标系进行定义、保存、恢复和移动等一系列操作。

在AutoCAD 2018中，用户可以根据工作需要定义UCS。【UCS】命令的常用调用方法有以下4种。

（1）选择【工具】▶【新建UCS】菜单命令（选择一种定义方式）。

（2）在命令行中输入【UCS】命令并按空格键确认。

（3）单击【常用】选项卡▶【坐标】面板中选择一种定义方式。

（4）单击【可视化】选项卡▶【坐标】面板中选择一种定义方式。

定义UCS的具体操作步骤如下。

步骤 01 在命令行中输入【UCS】命令并按空格键确认。

步骤 02 命令行提示如下，显示当前UCS名称为【世界】。

```
命令：_ucs
当前 UCS 名称：* 世界 *
指定 UCS 的原点或 [ 面(F)/ 命名(NA)/ 对象(OB)/ 上一个(P)/ 视图(V)/ 世界(W)/X/Y/Z/Z 轴(ZA)] < 世界 >：_w
```

13.4 综合实战——重命名UCS（用户坐标系）

本节视频教程时间：2分钟

上一节我们介绍了新建坐标系（用户坐标系）的方法，这一节我们来介绍如何重命名新建的UCS坐标系。

步骤 01 启动AutoCAD 2018新建一个图形文件，并将工作空间切换为【三维建模】。

步骤 02 单击绘图窗口左上角的视图控件，将视图切换为【西南等轴测】，如下图所示。

步骤 03 单击绘图窗口左上角的视图控件，将视觉样式切换为【真实】，如下图所示。

步骤 04 视图和视觉样式切换后如下图所示。

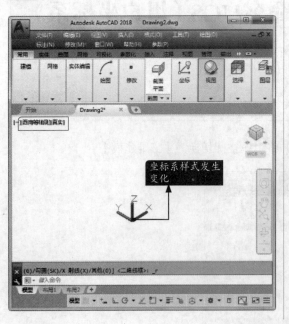

步骤 05 单击【常用】选项卡▶【坐标】面板▶【X】选项。

步骤 06 根据命令行提示将坐标系绕x轴旋转90°，结果如下图所示。

步骤 07 在命令行中输入【UC】命令并按空格键确认，弹出【UCS】对话框，如下图所示。

步骤 08 选中【未命名】坐标系并单击，将坐标系名称改为【工作UCS】，如下图所示。

在AutoCAD 2018中重命名UCS的常用方法有以下4种。

（1）选择【工具】➤【命名UCS】菜单命令。

（2）在命令行中输入【UCSMAN/UC】命令并按空格键确认。

（3）单击【常用】选项卡➤【坐标】面板中的【UCS，命名UCS】按钮 凵。

（4）单击【可视化】选项卡➤【坐标】面板中的【UCS，命名UCS】按钮 凵。

 高手支招

🌀 本节视频教程时间：2分钟

● 为什么坐标系会自动变化

在三维绘图中，当用户需要在各种视图之间切换时，经常会出现坐标系变动的情况，下左图是在"西南等轴测"下的视图，当把视图切换到"前视"视图，再切换回"西南等轴测"时，发现坐标系发生了变化，如下右图所示。

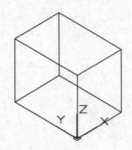 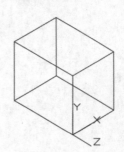

出现这种情况是因为"恢复正交"设定的问题，当设定为"是"时，就会出现坐标变动，当设定为"否"时，则可避免。

单击绘图窗口左上角的视图控件，然后选择【视图管理器】，如下左图所示。在弹出的【视图管理器】对话框中将【预设视图】中的任何一个视图的【恢复正交】改为"否"即可，如下右图所示。

 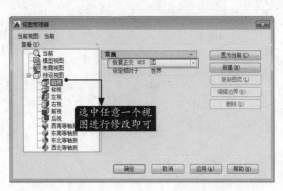

右手定则的使用

在三维建模环境中修改坐标系是一项很频繁的工作，而在修改坐标系中，旋转坐标系是最为常用的一种修改方式，在复杂的三维环境中，坐标系的旋转通常依据右手定则进行。

三维坐标系中x、y、z轴之间的关系如下左图所示。下右图即为右手定则示意图，右手大拇指指向旋转轴正方向，另外四指弯曲并拢所指方向即为旋转的正方向。

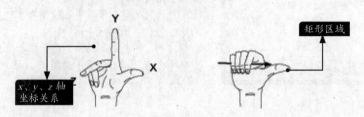

第 14 章

三维建模

学习目标

在三维界面内，除了可以绘制简单的三维图形外，还可以绘制三维曲面和三维实体。
绘制三维图有3种方法，即直接绘制，例如长方体、球体和圆柱体等基本实体；通过二维图
形生成，如通过拉伸、旋转等命令生成实体；利用布尔运算绘制组合体。

学习效果

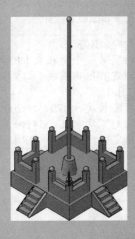
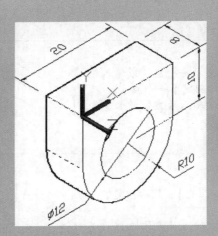

14.1 三维实体建模

⊗ **本节视频教程时间：28 分钟**

实体是能够完整表达对象几何形状和物体特性的空间模型。与线框和网格相比，实体的信息最完整，也最容易构造和编辑。

小提示

本章案例，如无特殊说明，新建文件均是"三维建模空间"，视图为"西南等轴测"视图，视觉样式采用"线框"样式。

14.1.1 长方体建模

长方体作为最基本的几何形体，其应用非常广泛。在系统默认设置下，长方体的底面总是与当前坐标系的xy面平行。

在AutoCAD 2018中调用【长方体】命令的常用方法有以下4种。

（1）选择【绘图】➤【建模】➤【长方体】菜单命令。

（2）在命令行中输入【BOX】命令并按空格键确认。

（3）单击【常用】选项卡➤【建模】面板➤【长方体】按钮。

（4）单击【实体】选项卡➤【图元】面板➤【长方体】按钮。

长方体的各种建模方法及过程如下表所示。

建模方法	建模步骤	结果模型	相应命令行显示
角点+角点	① 指定第一个角点（或输入绝对坐标确定第一个角点）； ② 输入第二角点坐标（可以是绝对坐标，也可以是相对坐标）	输入第二个点的绝对或相对三维坐标 指定第一个点	命令: BOX 指定第一个角点或 [中心(C)]: 100,100 指定其他角点或 [立方体(C)/长度(L)]: @200,100,50
角点＋长、宽、高	① 指定第一个点（或输入绝对坐标确定第一个点）； ② 依次输入长方体的长、宽、高		命令: BOX 指定第一个角点或 [中心(C)]: 指定其他角点或 [立方体(C)/长度(L)]: L 指定长度 <1.7993>: 200 指定宽度 <113.3341>: 100 指定高度或 [两点(2P)] <73.7923>: 50
中心点＋长、高、宽	① 输入【C】，然后指定中心点； ② 依次输入长方体的长、宽、高		命令: BOX 指定第一个角点或 [中心(C)]: C 指定中心: 指定角点或 [立方体(C)/长度(L)]: L 指定长度: 200 指定宽度: 100 指定高度或 [两点(2P)] <145.0400>: 50

在命令执行过程中，如果选择【立方体】选项，则可以创建指定边长的立方体。

14.1.2 圆柱体建模

圆柱体是一个具有高度特征的圆形实体，创建圆柱体时，首先需要指定圆柱体的底面圆心，然后指定底面圆的半径，再指定圆柱体的高度即可。

在AutoCAD 2018中调用【圆柱体】命令的常用方法有以下4种。

（1）选择【绘图】➤【建模】➤【圆柱体】菜单命令。

（2）在命令行中输入【CYLINDER/CYL】命令并按空格键确认。

（3）单击【常用】选项卡➤【建模】面板➤【圆柱体】按钮◻。

（4）单击【实体】选项卡➤【图元】面板➤【圆柱体】按钮◻。

圆柱体的各种建模方法如下表所示。

建模方法	建模步骤	结果模型	相应命令行显示
底面中心+半径/直径+高度	① 指定底面中心点（或输入绝对坐标确定底面中心点）； ② 指定半径或直径（也可以输入半径或直径值）； ③ 指定圆柱体的高度（也可以输入高度值）		命令: CYLINDER 指定底面的中心点或 [三点(3P)/两点(2P)/切点、切点、半径(T)/椭圆(E)]: 指定底面半径或 [直径(D)] <45.9031>: 50 指定高度或 [两点(2P)/轴端点(A)] <59.3468>:200
底面中心+半径/直径+轴端点	① 指定底面中心点（或输入绝对坐标确定底面中心点）； ② 指定半径或直径（也可以输入半径或直径值）； ③ 选择"轴端点"选项，然后指定圆柱体的轴端点（也可以输入轴端点的坐标）		命令: CYLINDER 指定底面的中心点或 [三点(3P)/两点(2P)/切点、切点、半径(T)/椭圆(E)]: 　　//指定底面中心点 指定底面半径或 [直径(D)] <61.5313>:↙ 指定高度或 [两点(2P)/轴端点(A)] <198.6532>: A 指定轴端点: //指定轴端点
底面圆+高度	① 选择一种创建底面圆的方法； ② 创建底面圆； ③ 指定圆柱体的高度（也可以输入高度值）		命令: CYLINDER 指定底面的中心点或 [三点(3P)/两点(2P)/切点、切点、半径(T)/椭圆(E)]: 3p 指定第一点: 指定第二点: 指定第三点: 指定高度或 [两点(2P)/轴端点(A)] <200.0000>: ↙
创建底面为椭圆的圆柱体	① 输入【E】，确定底面的形状； ② 指定创建底面椭圆的方法（指定端点或指定中心）； ③ 创建底面椭圆； ④ 指定高度（或指定轴端点）		命令: CYLINDER 指定底面的中心点或 [三点(3P)/两点(2P)/切点、切点、半径(T)/椭圆(E)]: E 指定第一个轴的端点或 [中心(C)]: 指定第一个轴的其他端点: 指定第二个轴的端点: 指定高度或 [两点(2P)/轴端点(A)] <281.0728>: ↙

小提示

系统变量"ISOLINES（线框密度）"可以控制线框的密度，它只决定显示效果，并不影响对象表面的平滑度。我们这里用的线框密度值为16，系统默认线框密度值为4，显示圆柱体效果如下图所示。

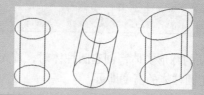

14.1.3 圆锥体建模

圆锥体可以看成是具有一定斜度的圆柱体变化而来的三维实体。如果底面半径和顶面半径的值相同，则创建的将是一个圆柱体；如果底面半径或顶面半径其中一项为0，则创建的将是一个椎体；如果底面半径和顶面半径是两个不同的值，则创建一个圆台体。

在AutoCAD 2018中调用【圆锥体】命令的常用方法有以下4种。

（1）选择【绘图】➤【建模】➤【圆锥体】菜单命令。

（2）在命令行中输入【CONE】命令并按【Enter】键确认。

（3）单击【常用】选项卡➤【建模】面板➤【圆锥体】按钮△。

（4）单击【实体】选项卡➤【图元】面板➤【圆锥体】按钮△。

圆锥体的各种建模方法如下表所示。

建模方法	建模步骤	结果模型	相应命令行显示
底面中心+半径/直径+高度	① 指定底面中心点（或输入绝对坐标确定底面中心点）； ② 指定半径或直径（也可以输入半径或直径值）； ③ 指定圆锥体的高度（也可以输入高度值）		命令: CONE 指定底面的中心点或 [三点(3P)/两点(2P)/切点、切点、半径(T)/椭圆(E)]: 指定底面半径或 [直径(D)] <150.0000>: ↙ 指定高度或 [两点(2P)/轴端点(A)/顶面半径(T)] <749.6685>: 600
底面中心+半径/直径+轴端点	① 指定底面中心点（或输入绝对坐标确定底面中心点）； ② 指定半径或直径（也可以输入半径或直径值）； ③ 选择【轴端点】选项，然后指定圆锥体的轴端点（也可以输入轴端点的坐标）		命令: CONE 指定底面的中心点或 [三点(3P)/两点(2P)/切点、切点、半径(T)/椭圆(E)]: 指定底面半径或 [直径(D)] <150.0000>: ↙ 指定高度或 [两点(2P)/轴端点(A)/顶面半径(T)] <600.0000>: A 指定轴端点:
底面圆+高度	① 选择一种创建底面圆的方法； ② 创建底面圆； ③ 指定圆锥体的高度（也可以输入高度值）		命令: CONE 指定底面的中心点或 [三点(3P)/两点(2P)/切点、切点、半径(T)/椭圆(E)]: 3p 指定第一点: 指定第二点: 指定第三点: 指定高度或 [两点(2P)/轴端点(A)/顶面半径(T)] <609.0291>: 400

建模方法	建模步骤	结果模型	相应命令行显示
创建底面为椭圆的圆锥体	① 输入E，确定底面的形状； ② 指定创建底面椭圆的方法（指定端点或指定中心）； ③ 创建底面椭圆； ④ 指定高度（或指定轴端点）		命令：CONE 指定底面的中心点或 [三点(3P)/两点(2P)/切点、切点、半径(T)/椭圆(E)]：E 指定第一个轴的端点或 [中心(C)]：C 指定中心点： 指定到第一个轴的距离 <210.1509>：100 指定第二个轴的端点：200 指定高度或 [两点(2P)/轴端点(A)/顶面半径(T)] <400.0000>：↙
通过圆锥命令创建圆台	① 创建底面圆； ② 选择顶面半径选项，并指定顶面半径大小； ③ 指定圆台体的高度（也可以输入高度值）		命令：_cone 指定底面的中心点或 [三点(3P)/两点(2P)/切点、切点、半径(T)/椭圆(E)]： 指定底面半径或 [直径(D)]：200 指定高度或 [两点(2P)/轴端点(A)/顶面半径(T)]：T 指定顶面半径 <0.0000>：100 指定高度或 [两点(2P)/轴端点(A)]：400

14.1.4 球体建模

创建球体时首先需要指定球体的中心点，然后指定球体的半径即可创建球体。

在AutoCAD 2018中调用【球体】命令的常用方法有以下4种。

（1）选择【绘图】➤【建模】➤【球体】菜单命令。

（2）在命令行中输入【SPHERE】命令并按空格键确认。

（3）单击【常用】选项卡➤【建模】面板➤【球体】按钮○。

（4）单击【实体】选项卡➤【图元】面板➤【球体】按钮○。

球体的各种建模方法如下表所示。

建模方法	建模步骤	结果模型	相应命令行显示
球心+半径/直径	① 指定球体的中心点（或输入绝对坐标确定球体的中心点）； ② 指定半径或直径（也可以输入半径或直径值）		命令：SPHERE 指定中心点或 [三点(3P)/两点(2P)/切点、切点、半径(T)]： 指定半径或 [直径(D)] <131.1169>：200
通过指定球体截面圆的大小创建球体	① 指定一种创建球体截面圆的方法； ② 创建球体截面圆，同时生成球体		命令：SPHERE 指定中心点或 [三点(3P)/两点(2P)/切点、切点、半径(T)]：2P 指定直径的第一个端点： 指定直径的第二个端点：

14.1.5 棱锥体建模

棱锥体是多个棱锥面构成的实体，棱锥体的侧面数至少为3个，最多为32。如果底面半径和顶面半径的值相同，则创建的将是一个棱柱体；如果底面半径或顶面半径其中一项为0，则创建的将是一个棱锥体；如果底面半径和顶面半径是两个不同的值，则创建一个棱台体。

在AutoCAD 2018中调用【棱锥体】命令的常用方法有以下4种。

（1）选择【绘图】➤【建模】➤【棱锥体】菜单命令。

（2）在命令行中输入【PYRAMID/PYR】命令并按空格键确认。

（3）单击【常用】选项卡➤【建模】面板➤【棱锥体】按钮◇。

（4）单击【实体】选项卡➤【图元】面板➤【棱锥体】按钮◇。

棱锥体的各种建模方法如下。

建模方法	建模步骤	结果模型	相应命令行显示
底面中心＋半径／直径＋高度	① 指定棱锥体的面数； ② 指定底面中心点（或输入绝对坐标确定底面中心点）； ③ 指定底面多边形的外切圆（或内切圆）半径或直径（也可以输入半径或直径值）； ④ 指定棱锥体的高度（也可以输入高度值）		命令: PYRAMID 4 个侧面 外切 指定底面的中心点或 [边(E)/侧面(S)]: S 输入侧面数 <4>: 6 指定底面的中心点或 [边(E)/侧面(S)]: 指定底面半径或 [内接(I)] <597.9450>:600 指定高度或 [两点(2P)/轴端点(A)/顶面半径(T)] <1249.8239>: 1250
底面中心＋半径／直径＋轴端点	① 指定棱锥体的面数； ② 指定底面中心点（或输入绝对坐标确定底面中心点）； ③ 指定底面多边形的外切圆（或内切圆）半径或直径（也可以输入半径或直径值）； ④ 选择【轴端点】选项，然后指定楞锥体的轴端点（也可以输入轴端点的坐标）		命令: PYRAMID 6 个侧面 外切 指定底面的中心点或 [边(E)/侧面(S)]: 指定底面半径或 [内接(I)] <671.2741>: 700 指定高度或 [两点(2P)/轴端点(A)/顶面半径(T)] <1815.0008>: A 指定轴端点:
边＋高度	① 指定棱锥体的面数； ② 选择【边】选项； ③ 指定边的长度； ④ 指定棱锥体的高度（也可以输入高度值）		命令: PYRAMID 6 个侧面 外切 指定底面的中心点或 [边(E)/侧面(S)]: E 指定边的第一个端点: 指定边的第二个端点: 指定高度或 [两点(2P)/轴端点(A)/顶面半径(T)] <2444.0550>: 2000
通过棱锥命令创建棱台	① 指定棱锥体的面数； ② 创建底面形状； ③ 选择顶面半径选项，并指定顶面半径大小； ④ 指定棱台体的高度（也可以输入高度值）		命令: PYRAMID 4 个侧面 外切 指定底面的中心点或 [边(E)/侧面(S)]: S 输入侧面数 <4>: 5 指定底面的中心点或 [边(E)/侧面(S)]: 指定底面半径或 [内接(I)] <200.0000>: 400 指定高度或 [两点(2P)/轴端点(A)/顶面半径(T)] <300.0000>: T 指定顶面半径 <141.4214>: 150 指定高度或 [两点(2P)/轴端点(A)] <300.0000>: 700

14.1.6 楔体建模

楔体是指底面为矩形或正方形，横截面为直角三角形的实体。楔体的建模方法与长方体相同，先指定底面参数，然后设置高度（楔体的高度与*z*轴平行）。

在AutoCAD 2018中调用【楔体】命令的常用方法有以下4种。

（1）选择【绘图】➤【建模】➤【楔体】菜单命令。

（2）在命令行中输入【WEDGE/WE】命令并按空格键确认。

（3）单击【常用】选项卡➤【建模】面板➤【楔体】按钮◣。

（4）单击【实体】选项卡➤【图元】面板➤【楔体】按钮◣。

楔体的各种建模方法如下。

建模方法	建模步骤	结果模型	相应命令行显示
角点+角点	① 指定第一个角点（或输入绝对坐标确定第一个角点）； ② 输入第二角点坐标（可以是绝对坐标，也可以是相对坐标）		命令: WEDGE 指定第一个角点或 [中心(C)]: 指定其他角点或 [立方体(C)/长度(L)]: @200,50,100
角点+长、宽、高	① 指定第一个点（或输入绝对坐标确定第一个点）； ② 依次输入楔体的长、宽、高		命令: WEDGE 指定第一个角点或 [中心(C)]: 指定其他角点或 [立方体(C)/长度(L)]: L 指定长度: 200 指定宽度: 50 指定高度或 [两点(2P)] <100.0000>: 100
中心点+长、高、宽	① 输入【C】，然后指定中心点； ② 依次输入楔体的长、宽、高		命令: WEDGE 指定第一个角点或 [中心(C)]: C 指定中心: 指定角点或 [立方体(C)/长度(L)]: L 指定长度 <200.0000>: ↙ 指定宽度 <50.0000>: ↙ 指定高度或 [两点(2P)] <100.0000>:↙

> **小提示**
>
> 在命令执行过程中，如果选择【立方体】选项，则可以创建指定边长的楔体。

14.1.7 圆环体建模

圆环体具有两个半径值，一个值定义圆管，另一个值定义从圆环体的圆心到圆管圆心之间的距离。默认情况下，圆环体的创建将以*xy*平面为基准创建圆环，且被该平面平分。

在AutoCAD 2018中调用【圆环体】命令的常用方法有以下4种。

（1）选择【绘图】➤【建模】➤【圆环体】菜单命令。

（2）在命令行中输入【TORUS/TOR】命令并按空格键确认。

（3）单击【常用】选项卡➤【建模】面板➤【圆环体】按钮◎。

（4）单击【实体】选项卡➤【图元】面板➤【圆环体】按钮◎。

圆环体的各种建模方法如下。

建模方法	建模步骤	结果模型	相应命令行显示
中心＋半径/直径＋管径	① 指定圆环体的中心点（或输入绝对坐标确定球体的中心点）； ② 指定圆环体的半径或直径（也可以输入半径或直径值）； ③ 指定圆管的半径或直径（也可以输入半径或直径值）		命令: _torus 指定中心点或 [三点(3P)/两点(2P)/切点、切点、半径(T)]: 指定半径或 [直径(D)]: 100 指定圆管半径或 [两点(2P)/直径(D)]: 10
圆环体水平截面圆＋管径	① 指定一种创建圆环体水平截面圆的方法； ② 创建水平截面圆； ③ 指定圆管的半径或直径（也可以输入半径或直径值）		命令: TORUS 指定中心点或 [三点(3P)/两点(2P)/切点、切点、半径(T)]: 3P 指定第一点: 指定第二点: 指定第三点: 指定圆管半径或 [两点(2P)/直径(D)] <10.0000>: ↙

14.1.8 多段体建模

多段体可以创建具有固定高度和宽度的三维墙状实体，三维多段体的建模方法与多段线的方法一样，只需要简单地在平面视图上从点到点进行绘制即可。

在AutoCAD 2018中调用【多段体】命令的常用方法有以下4种。

（1）选择【绘图】➤【建模】➤【多段体】菜单命令。

（2）在命令行中输入【POLYSOLID】命令并按空格键确认。

（3）单击【常用】选项卡➤【建模】面板➤【多段体】按钮⑦。

（4）单击【实体】选项卡➤【图元】面板➤【多段体】按钮⑦。

多段体的各种建模方法如下。

建模方法	建模步骤	结果模型	相应命令行显示
逐一指定端点创建多段体	① 设定多段体的高度、宽度以及对齐方式； ② 依次指定各端点（也可以输入各端点的绝对坐标或相对坐标）		命令: _Polysolid 高度 = 80.0000, 宽度 = 5.0000, 对正 = 居中 指定起点或 [对象(O)/高度(H)/宽度(W)/对正(J)] <对象>: h 指定高度 <80.0000>: 400 高度 = 400.0000, 宽度 = 5.0000, 对正 = 居中 指定起点或 [对象(O)/高度(H)/宽度(W)/对正(J)] <对象>: W 指定宽度 <5.0000>: 10 高度 = 400.0000, 宽度 = 10.0000, 对正 = 居中 指定起点或 [对象(O)/高度(H)/宽度(W)/对正(J)] <对象>: 指定下一个点或 [圆弧(A)/放弃(U)]: 指定下一个点或 [圆弧(A)/放弃(U)]: 指定下一个点或 [圆弧(A)/闭合(C)/放弃(U)]: ……

续表

建模方法	建模步骤	结果模型	相应命令行显示
通过选择对象生成多段体	① 设定多段体的高度、宽度以及对齐方式; ② 选择对象		命令: POLYSOLID 高度 = 400.0000, 宽度 = 10.0000, 对正 = 居中 指定起点或 [对象(O)/高度(H)/宽度(W)/对正(J)] <对象>: ↵ 选择对象: //指定对象

14.2 三维曲面建模

本节视频教程时间:31 分钟

 曲面模型主要定义三维模型的边和表面的相关信息,它可以解决三维模型的消隐、着色、渲染和计算表面等问题。

14.2.1 长方体表面建模

在AutoCAD 2018中调用【网格长方体】命令的常用方法有以下3种。
(1)选择【绘图】▶【建模】▶【网格】▶【图元】▶【长方体】菜单命令。
(2)在命令行中输入【MESH】命令并按空格键确认,然后选择【B】选项并按空格键确认。
(3)单击【网格】选项卡▶【图元】面板▶【网格长方体】按钮。
长方体表面建模的各种方法及过程如下表所示。

建模方法	建模步骤	结果模型	相应命令行显示
角点+角点	① 指定第一个角点(或输入绝对坐标确定第一个角点); ② 输入第二角点坐标(可以是绝对坐标,也可以是相对坐标)		命令: _MESH 当前平滑度设置为: 0 输入选项 [长方体(B)/圆锥体(C)/圆柱体(CY)/棱锥体(P)/球体(S)/楔体(W)/圆环体(T)/设置(SE)] <长方体>: _BOX 指定第一个角点或 [中心(C)]: 指定其他角点或 [立方体(C)/长度(L)]: @100,50,30
角点+长、宽、高	① 指定第一个点(或输入绝对坐标确定第一个点); ② 依次输入长方体的长、宽、高		命令: _MESH 当前平滑度设置为: 0 输入选项 [长方体(B)/圆锥体(C)/圆柱体(CY)/棱锥体(P)/球体(S)/楔体(W)/圆环体(T)/设置(SE)] <长方体>: _BOX 指定第一个角点或 [中心(C)]: 指定其他角点或 [立方体(C)/长度(L)]: L 指定长度: 100 指定宽度: 50 指定高度或 [两点(2P)] <300.0000>: 30

续表

建模方法	建模步骤	结果模型	相应命令行显示
中 心 点 + 长、高、宽	① 输入【C】，然后指定中心点； ② 依次输入长方体的长、宽、高		命令: _MESH 当前平滑度设置为: 0 输入选项 [长方体(B)/圆锥体(C)/圆柱体(CY)/棱锥体(P)/球体(S)/楔体(W)/圆环体(T)/设置(SE)] <长方体>: _BOX 指定第一个角点或 [中心(C)]: C 指定中心: 指定角点或 [立方体(C)/长度(L)]: L 指定长度 <100.0000>: 100 指定宽度 <50.0000>:50 指定高度或 [两点(2P)] <30.0000>:30

> **小提示**
>
> 在命令执行过程中，如果选择【立方体】选项，则可以创建指定边长的立方体表面。

14.2.2 圆柱体表面建模

在AutoCAD 2018中调用【网格圆柱体】命令的常用方法有以下3种。

（1）选择【绘图】▶【建模】▶【网格】▶【图元】▶【圆柱体】菜单命令。

（2）在命令行中输入【MESH】命令并按空格键确认，然后选择【CY】选项并按空格键确认。

（3）单击【网格】选项卡▶【图元】面板▶【网格圆柱体】按钮 。

圆柱体表面建模的各种方法如下表所示。

建模方法	建模步骤	结果模型	相应命令行显示
底面中心+ 半径/直径+ 高度	① 指定底面中心点（或输入绝对坐标确定底面中心点）； ② 指定半径或直径（也可以输入半径或直径值）； ③ 指定圆柱体表面模型的高度（也可以输入高度值）		命令: _MESH 当前平滑度设置为: 0 输入选项 [长方体(B)/圆锥体(C)/圆柱体(CY)/棱锥体(P)/球体(S)/楔体(W)/圆环体(T)/设置(SE)] <圆柱体>: _CYLINDER 指定底面的中心点或 [三点(3P)/两点(2P)/切点、切点、半径(T)/椭圆(E)]: 指定底面半径或 [直径(D)]: 50 指定高度或 [两点(2P)/轴端点(A)] <30.0000>: 200
底面中心+ 半径/直径+ 轴端点	① 指定底面中心点（或输入绝对坐标确定底面中心点）； ② 指定半径或直径（也可以输入半径或直径值）； ③ 选择"轴端点"选项，然后指定圆柱体表面模型的轴端点（也可以输入轴端点的坐标）		命令: _MESH 当前平滑度设置为: 0 输入选项 [长方体(B)/圆锥体(C)/圆柱体(CY)/棱锥体(P)/球体(S)/楔体(W)/圆环体(T)/设置(SE)] <圆柱体>: _CYLINDER 指定底面的中心点或 [三点(3P)/两点(2P)/切点、切点、半径(T)/椭圆(E)]: 指定底面半径或 [直径(D)] <50.0000>: 指定高度或 [两点(2P)/轴端点(A)] <200.0000>: A 指定轴端点: //指定轴端点

建模方法	建模步骤	结果模型	相应命令行显示
底面圆+高度	① 选择一种创建底面圆的方法； ② 创建底面圆； ③ 指定圆柱体表面模型的高度（也可以输入高度值）		命令：MESH 当前平滑度设置为：0 输入选项 [长方体(B)/圆锥体(C)/圆柱体(CY)/棱锥体(P)/球体(S)/楔体(W)/圆环体(T)/设置(SE)] <圆柱体>: CY 指定底面的中心点或 [三点(3P)/两点(2P)/切点、切点、半径(T)/椭圆(E)]: 3P 指定第一点: 指定第二点: 指定第三点: 指定高度或 [两点(2P)/轴端点(A)] <278.9866>:
创建底面为椭圆的圆柱体	① 输入【E】，确定底面的形状； ② 指定创建底面椭圆的方法（指定端点或指定中心）； ③ 创建底面椭圆； ④ 指定高度（或指定轴端点）		命令：MESH 当前平滑度设置为：0 输入选项 [长方体(B)/圆锥体(C)/圆柱体(CY)/棱锥体(P)/球体(S)/楔体(W)/圆环体(T)/设置(SE)] <圆柱体>: CY 指定底面的中心点或 [三点(3P)/两点(2P)/切点、切点、半径(T)/椭圆(E)]: E 指定第一个轴的端点或 [中心(C)]: C 指定中心点: 指定到第一个轴的距离 <147.1228>: 指定第二个轴的端点: 指定高度或 [两点(2P)/轴端点(A)] <278.9866>: 800

14.2.3 圆锥体表面建模

在AutoCAD 2018中调用【网格圆锥体】命令的常用方法有以下3种。

（1）选择【绘图】▶【建模】▶【网格】▶【图元】▶【圆锥体】菜单命令。

（2）在命令行中输入【MESH】命令并按空格键确认，然后选择【C】选项并按空格键确认。

（3）单击【网格】选项卡▶【图元】面板▶【网格圆锥体】按钮△。

圆锥体表面的各种建模方法如下表所示。

建模方法	建模步骤	结果模型	相应命令行显示
底面中心+半径/直径+高度	① 指定底面中心点（或输入绝对坐标确定底面中心点）； ② 指定半径或直径（也可以输入半径或直径值）； ③ 指定圆锥体表面模型的高度（也可以输入高度值）		命令：_MESH 当前平滑度设置为：0 输入选项 [长方体(B)/圆锥体(C)/圆柱体(CY)/棱锥体(P)/球体(S)/楔体(W)/圆环体(T)/设置(SE)] <圆柱体>: _CONE 指定底面的中心点或 [三点(3P)/两点(2P)/切点、切点、半径(T)/椭圆(E)]: 指定底面半径或 [直径(D)] <147.1228>: 150 指定高度或 [两点(2P)/轴端点(A)/顶面半径(T)] <800.0000>: 600

续表

建模方法	建模步骤	结果模型	相应命令行显示
底面中心+半径/直径+轴端点	① 指定底面中心点（或输入绝对坐标确定底面中心点）； ② 指定半径或直径（也可以输入半径或直径值）； ③ 选择【轴端点】选项，然后指定圆锥体表面模型的轴端点（也可以输入轴端点的坐标）		命令：MESH 当前平滑度设置为：0 输入选项 [长方体(B)/圆锥体(C)/圆柱体(CY)/棱锥体(P)/球体(S)/楔体(W)/圆环体(T)/设置(SE)] <圆锥体>：↙ 指定底面的中心点或 [三点(3P)/两点(2P)/切点、切点、半径(T)/椭圆(E)]： 指定底面半径或 [直径(D)] <150.0000>：↙ 指定高度或 [两点(2P)/轴端点(A)/顶面半径(T)] <600.0000>：A 指定轴端点：
底面圆+高度	① 选择一种创建底面圆的方法； ② 创建底面圆； ③ 指定圆锥体表面模型的高度（也可以输入高度值）		命令：MESH 当前平滑度设置为：0 输入选项 [长方体(B)/圆锥体(C)/圆柱体(CY)/棱锥体(P)/球体(S)/楔体(W)/圆环体(T)/设置(SE)] <圆锥体>：↙ 指定底面的中心点或 [三点(3P)/两点(2P)/切点、切点、半径(T)/椭圆(E)]：3P 指定第一点： 指定第二点： 指定第三点： 指定高度或 [两点(2P)/轴端点(A)/顶面半径(T)] <711.6138>：700
创建底面为椭圆的圆锥体表面	① 输入【E】，确定底面的形状； ② 指定创建底面椭圆的方法（指定端点或指定中心）； ③ 创建底面椭圆； ④ 指定高度（或指定轴端点）		命令：_MESH 当前平滑度设置为：0 输入选项 [长方体(B)/圆锥体(C)/圆柱体(CY)/棱锥体(P)/球体(S)/楔体(W)/圆环体(T)/设置(SE)] <圆锥体>：_CONE 指定底面的中心点或 [三点(3P)/两点(2P)/切点、切点、半径(T)/椭圆(E)]：E 指定第一个轴的端点或 [中心(C)]： 指定第一个轴的其他端点： 指定第二个轴的端点： 指定高度或 [两点(2P)/轴端点(A)/顶面半径(T)] <700.0000>：500

14.2.4 球体表面建模

在AutoCAD 2018中调用【网格球体】命令的常用方法有以下3种。

（1）选择【绘图】➤【建模】➤【网格】➤【图元】➤【球体】菜单命令。

（2）在命令行中输入【MESH】命令并按空格键确认，然后选择【S】选项并按空格键确认。

（3）单击【网格】选项卡➤【图元】面板➤【网格球体】按钮⊕。

球体表面的各种建模方法如下。

建模方法	建模步骤	结果模型	相应命令行显示
球心+半径/直径	① 指定球体表面模型的中心点（或输入绝对坐标确定球体表面模型的中心点）； ② 指定半径或直径（也可以输入半径或直径值）		命令: _MESH 当前平滑度设置为: 0 输入选项 [长方体(B)/圆锥体(C)/圆柱体(CY)/棱锥体(P)/球体(S)/楔体(W)/圆环体(T)/设置(SE)] <圆锥体>: _SPHERE 指定中心点或 [三点(3P)/两点(2P)/切点、切点、半径(T)]: 指定半径或 [直径(D)] <95.3535>: 200
通过指定球体截面圆的大小创建球体	① 指定一种创建球体截面圆的方法； ② 创建球体截面圆，同时生成球体		命令: _MESH 当前平滑度设置为: 0 输入选项 [长方体(B)/圆锥体(C)/圆柱体(CY)/棱锥体(P)/球体(S)/楔体(W)/圆环体(T)/设置(SE)] <球体>: _SPHERE 指定中心点或 [三点(3P)/两点(2P)/切点、切点、半径(T)]: 2P 指定直径的第一个端点: 指定直径的第二个端点:

14.2.5 棱锥体表面建模

在AutoCAD 2018中调用【网格棱锥体】命令的常用方法有以下3种。

（1）选择【绘图】➤【建模】➤【网格】➤【图元】➤【棱锥体】菜单命令。

（2）在命令行中输入【MESH】命令并按空格键确认，然后选择【P】选项并按空格键确认。

（3）单击【网格】选项卡➤【图元】面板➤【网格棱锥体】按钮△。

棱锥体表面的各种建模方法如下。

建模方法	建模步骤	结果模型	相应命令行显示
底面中心+半径/直径+高度	① 指定棱锥体的面数； ② 指定底面中心点（或输入绝对坐标确定底面中心点）； ③ 指定底面多边形的外切圆（或内切圆）半径或直径（也可以输入半径或直径值）； ④ 指定棱锥体的高度（也可以输入高度值）		命令: _MESH 当前平滑度设置为: 0 输入选项 [长方体(B)/圆锥体(C)/圆柱体(CY)/棱锥体(P)/球体(S)/楔体(W)/圆环体(T)/设置(SE)] <棱锥体>: _PYRAMID 4 个侧面 外切 指定底面的中心点或 [边(E)/侧面(S)]: S 输入侧面数 <4>: 5 指定底面的中心点或 [边(E)/侧面(S)]: 指定底面半径或 [内接(I)] <95.3535>: 100 指定高度或 [两点(2P)/轴端点(A)/顶面半径(T)] <500.0000>: ↙
底面中心+半径/直径+轴端点	① 指定棱锥体的面数； ② 指定底面中心点（或输入绝对坐标确定底面中心点）； ③ 指定底面多边形的外切圆（或内切圆）半径或直径（也可以输入半径或直径值）； ④ 选择【轴端点】选项，然后指定棱锥体的轴端点（也可以输入轴端点的坐标）		命令: MESH 当前平滑度设置为: 0 输入选项 [长方体(B)/圆锥体(C)/圆柱体(CY)/棱锥体(P)/球体(S)/楔体(W)/圆环体(T)/设置(SE)] <棱锥体>: ↙ 4 个侧面 外切 指定底面的中心点或 [边(E)/侧面(S)]: 指定底面半径或 [内接(I)] <95.3535>: 100 指定高度或 [两点(2P)/轴端点(A)/顶面半径(T)] <500.0000>: A 指定轴端点:

建模方法	建模步骤	结果模型	相应命令行显示
边+高度	① 指定棱锥体的面数； ② 选择【边】选项； ③ 指定边的长度； ④ 指定棱锥体的高度（也可以输入高度值）		命令：MESH 当前平滑度设置为：0 输入选项 [长方体(B)/圆锥体(C)/圆柱体(CY)/棱锥体(P)/球体(S)/楔体(W)/圆环体(T)/设置(SE)] <棱锥体>：↙ 4 个侧面 外切 指定底面的中心点或 [边(E)/侧面(S)]：E 指定边的第一个端点： 指定边的第二个端点： 指定高度或 [两点(2P)/轴端点(A)/顶面半径(T)] <500.0000>：↙
通过棱锥命令创建棱台	① 指定棱锥体的面数； ② 创建底面形状； ③ 选择顶面半径选项，并指定顶面半径大小； ④ 指定棱台体的高度（也可以输入高度值）		命令：MESH 当前平滑度设置为：0 输入选项 [长方体(B)/圆锥体(C)/圆柱体(CY)/棱锥体(P)/球体(S)/楔体(W)/圆环体(T)/设置(SE)] <棱锥体>：↙ 4 个侧面 外切 指定底面的中心点或 [边(E)/侧面(S)]： 指定底面半径或 [内接(I)] <95.3535>：400 指定高度或 [两点(2P)/轴端点(A)/顶面半径(T)] <500.0000>：T 指定顶面半径 <0.0000>：100 指定高度或 [两点(2P)/轴端点(A)] <500.0000>：↙

14.2.6　楔体表面建模

在AutoCAD 2018中调用【网格楔体】命令的常用方法有以下3种。

（1）选择【绘图】➤【建模】➤【网格】➤【图元】➤【楔体】菜单命令。

（2）在命令行中输入【MESH】命令并按空格键确认，然后选择【W】选项并按空格键确认。

（3）单击【网格】选项卡➤【图元】面板➤【网格楔体】按钮。

楔体表面的各种建模方法如下。

建模方法	建模步骤	结果模型	相应命令行显示
角点+角点	① 指定第一个角点（或输入绝对坐标确定第一个角点）； ② 输入第二角点坐标（可以是绝对坐标，也可以是相对坐标）		命令：_MESH 当前平滑度设置为：0 输入选项 [长方体(B)/圆锥体(C)/圆柱体(CY)/棱锥体(P)/球体(S)/楔体(W)/圆环体(T)/设置(SE)] <棱锥体>：_WEDGE 指定第一个角点或 [中心(C)]： 指定其他角点或 [立方体(C)/长度(L)]： @200,50,100

续表

建模方法	建模步骤	结果模型	相应命令行显示
角点+长、宽、高	① 指定第一个点（或输入绝对坐标确定第一个点）； ② 依次输入楔体的长、宽、高		命令：MESH 当前平滑度设置为：0 输入选项 [长方体(B)/圆锥体(C)/圆柱体(CY)/棱锥体(P)/球体(S)/楔体(W)/圆环体(T)/设置(SE)] <楔体>：↙ 指定第一个角点或 [中心(C)]： 指定其他角点或 [立方体(C)/长度(L)]: L 指定长度 <100.0000>：↙ 指定宽度 <50.0000>：↙ 指定高度或 [两点(2P)] <100.0000>：↙
中心点+长、高、宽	① 输入【C】，然后指定中心点； ② 依次输入楔体的长、宽、高		命令：MESH 当前平滑度设置为：0 输入选项 [长方体(B)/圆锥体(C)/圆柱体(CY)/棱锥体(P)/球体(S)/楔体(W)/圆环体(T)/设置(SE)] <楔体>：↙ 指定第一个角点或 [中心(C)]: C 指定中心： 指定角点或 [立方体(C)/长度(L)]: L 指定长度 <200.0000>：↙ 指定宽度 <50.0000>：↙ 指定高度或 [两点(2P)] <100.0000>：↙

小提示

在命令执行过程中，如果选择【立方体】选项，则可以创建指定边长的楔体表面。

14.2.7 圆环体表面建模

在AutoCAD 2018中调用【网格圆环体】命令的常用方法有以下3种。

（1）选择【绘图】▶【建模】▶【网格】▶【图元】▶【圆环体】菜单命令。

（2）在命令行中输入【MESH】命令并按空格键确认，然后选择【T】选项并按空格键确认。

（3）单击【网格】选项卡▶【图元】面板▶【网格圆环体】按钮 。

圆环体表面的各种建模方法如下。

建模方法	建模步骤	结果模型	相应命令行显示
中心+半径/直径+管径	① 指定圆环体的中心点（或输入绝对坐标确定球体的中心点）； ② 指定圆环体的半径或直径（也可以输入半径或直径值）； ③ 指定圆管的半径或直径（也可以输入半径或直径值）		命令：_MESH 当前平滑度设置为：0 输入选项 [长方体(B)/圆锥体(C)/圆柱体(CY)/棱锥体(P)/球体(S)/楔体(W)/圆环体(T)/设置(SE)] <楔体>：_TORUS 指定中心点或 [三点(3P)/两点(2P)/切点、切点、半径(T)]： 指定半径或 [直径(D)] <95.3535>: 100 指定圆管半径或 [两点(2P)/直径(D)]: 10

续表

建模方法	建模步骤	结果模型	相应命令行显示
圆环体水平截面圆＋管径	① 指定一种创建圆环体水平截面圆的方法； ② 创建水平截面圆； ③ 指定圆管的半径或直径（也可以输入半径或直径值）		命令：MESH 当前平滑度设置为：0 输入选项 [长方体(B)/圆锥体(C)/圆柱体(CY)/棱锥体(P)/球体(S)/楔体(W)/圆环体(T)/设置(SE)] <圆环体>： 指定中心点或 [三点(3P)/两点(2P)/切点、切点、半径(T)]：3P 指定第一点： 指定第二点： 指定第三点： 指定圆管半径或 [两点(2P)/直径(D)]：10

14.2.8 旋转曲面建模

旋转曲面是由一条轨迹线围绕指定的轴线旋转生成的曲面模型。

在AutoCAD 2018中调用【旋转曲面】命令的常用方法有以下3种。

（1）选择【绘图】➤【建模】➤【网格】➤【旋转网格】菜单命令。

（2）在命令行中输入【REVSURF】命令并按空格键确认。

（3）单击【网格】选项卡➤【图元】面板➤【建模，网格，旋转曲面】按钮。

下面将对旋转曲面的创建过程进行详细介绍，具体操作步骤如下。

步骤 01 打开"素材\CH14\旋转网格.dwg"素材文件，如下图所示。

如下图所示。

步骤 04 在命令行中输入起点角度"0"和旋转角度"360"，分别按空格键确认。命令行提示如下。

指定起点角度 <0>：0
指定包含角 (+= 逆时针，-= 顺时针)
<360>：360

步骤 05 结果如下图所示。

步骤 02 单击【网格】选项卡➤【图元】面板➤【建模，网格，旋转曲面】按钮，然后在绘图区域中单击选择需要旋转的对象，如下图所示。

单击选择该图形对象

步骤 03 在绘图区域中单击中心线作为旋转轴，

14.2.9　平移曲面建模

平移曲面是由一条轮廓曲线沿着一条指定方向的矢量直线拉伸而形成的曲面模型。

在AutoCAD 2018中调用【平移曲面】命令的常用方法有以下3种。

（1）选择【绘图】➤【建模】➤【网格】➤【平移网格】菜单命令。

（2）在命令行中输入【TABSURF】命令并按空格键确认。

（3）单击【网格】选项卡➤【图元】面板➤【建模，网格，平移曲面】按钮。

下面将对平移曲面的创建过程进行详细介绍，具体操作步骤如下。

步骤 01 打开"素材\CH14\平移网格.dwg"素材文件，如下图所示。

步骤 02 单击【网格】选项卡➤【图元】面板➤【建模，网格，平移曲面】按钮，然后在绘图区域中单击选择用作轮廓曲线的对象，如下图所示。

步骤 03 在绘图区域中单击选择用作方向矢量的直线对象，如下图所示。

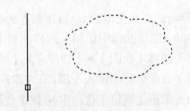

步骤 04 结果如下图所示。

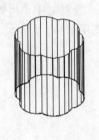

14.2.10　直纹曲面建模

直纹曲面是由若干条直线连接两条曲线时，在曲线之间形成的曲面建模。

在AutoCAD 2018中调用【直纹曲面】命令的常用方法有以下3种。

（1）选择【绘图】➤【建模】➤【网格】➤【直纹网格】菜单命令。

（2）在命令行中输入【RULESURF】命令并按空格键确认。

（3）单击【网格】选项卡➤【图元】面板➤【建模，网格，直纹曲面】按钮。

下面将对直纹曲面的创建过程进行详细介绍，具体操作步骤如下。

步骤 01 打开"素材\CH14\直纹网格.dwg"素材文件，如下图所示。

步骤 02 单击【网格】选项卡➤【图元】面板➤【建模，网格，直纹曲面】按钮，然后在绘图区域中单击选择第一条定义曲线，如下图所示。

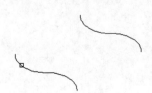

步骤 03 在绘图区域中单击选择第二条定义曲线，如下图所示。

步骤 04 结果如下图所示。

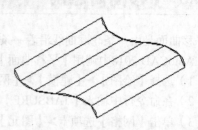

14.2.11 边界曲面建模

边界曲面是在指定的4个首尾相连的曲线边界之间形成的一个指定密度的三维网格。

在AutoCAD 2018中调用【边界曲面】命令的常用方法有以下3种。

（1）选择【绘图】➤【建模】➤【网格】➤【边界网格】菜单命令。

（2）在命令行中输入【EDGESURF】命令并按空格键确认。

（3）单击【网格】选项卡➤【图元】面板➤【建模，网格，边界曲面】按钮。

下面将对边界曲面的创建过程进行详细介绍，具体操作步骤如下。

步骤 01 打开"素材\CH14\边界网格.dwg"素材文件，如下图所示。

步骤 02 单击【网格】选项卡➤【图元】面板➤【建模，网格，边界曲面】按钮，然后在绘图区域中单击选择用作曲面边界的对象1，如下图所示。

步骤 03 在绘图区域中单击选择用作曲面边界的对象2，如下图所示。

步骤 04 在绘图区域中单击选择用作曲面边界的对象3，如下图所示。

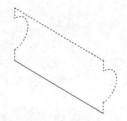

步骤 05 在绘图区域中单击选择用作曲面边界的对象4，如下图所示。

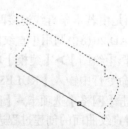

步骤 06 结果如下图所示。

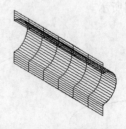

14.2.12 三维面建模

通过指定每个顶点来创建三维多面网格，常用来构造由3边或4边组成的曲面。

在AutoCAD 2018中调用【三维面】命令的常用方法有以下2种。

（1）选择【绘图】▶【建模】▶【网格】▶【三维面】菜单命令。

（2）在命令行中输入【3DFACE/3F】命令并按空格键确认。

下面将对三维面的创建过程进行详细介绍，具体操作步骤如下。

步骤 01 新建一个AutoCAD文件，然后在命令行输入【3DFACE/3F】命令并按空格键确认，在绘图区域中单击指定第一点，如下图所示。

步骤 02 在命令行中连续指定相应点的位置，并分别按空格键确认，命令行提示如下。

> 指定第二点或 [不可见 (I)]: @0,0,20 ↙
> 指定第三点或 [不可见 (I)] < 退出 >: @10,0,0 ↙
> 指定第四点或 [不可见 (I)] < 创建三侧面 >: @0,0,-20 ↙
> 指定第三点或 [不可见 (I)] < 退出 >: @0,-10,0 ↙
> 指定第四点或 [不可见 (I)] < 创建三侧面 >: @0,0,20 ↙
> 指定第三点或 [不可见 (I)] < 退出 >: @-10,0,0 ↙

> 指定第四点或 [不可见 (I)] < 创建三侧面 >: @0,0,-20 ↙
> 指定第三点或 [不可见 (I)] < 退出 >: ↙

步骤 03 结果如下图所示。

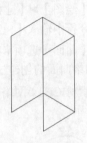

步骤 04 选择【视图】▶【视觉样式】▶【概念】菜单命令，结果如下图所示。

14.2.13 平面曲面建模

可以通过选择关闭的对象或指定矩形表面的对角点创建平面曲面，也可以拾取并选择闭合轮廓生成平面曲面。通过命令指定曲面的角点时，将创建平行于工作平面的曲面。

在AutoCAD 2018中调用【平面曲面】命令的常用方法有以下3种。

（1）选择【绘图】▶【建模】▶【曲面】▶【平面】菜单命令。

（2）在命令行中输入【PLANESURF】命令并按空格键确认。

（3）单击【曲面】选项卡▶【创建】面板▶【平面】按钮 。

下面将对平面曲面的创建过程进行详细介绍，具体操作步骤如下。

步骤 01 新建一个AutoCAD文件，然后单击【曲面】选项卡▶【创建】面板▶【平面】按钮 ，在绘图区域中单击指定第一个角点，如下图所示。

步骤 02 在绘图区域中拖动鼠标光标并单击指定其他角点，如下图所示。

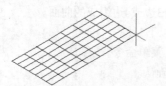

步骤 03 结果如下图所示。

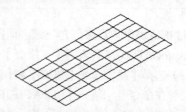

14.2.14 网络曲面建模

在AutoCAD 2018中调用【网络曲面】命令的常用方法有以下3种。

（1）选择【绘图】➤【建模】➤【曲面】➤【网络】菜单命令。

（2）在命令行中输入【SURFNETWORK】命令并按空格键确认。

（3）单击【曲面】选项卡➤【创建】面板➤【网络】按钮 ⊛。

下面将对网络曲面的创建过程进行详细介绍，具体操作步骤如下。

步骤 01 打开"素材\CH14\网络曲面.dwg"素材文件，如下图所示。

步骤 02 单击【曲面】选项卡➤【创建】面板➤【网络】按钮 ⊛，然后在绘图区域中选择如下图所示的两条圆弧对象，并按空格键确认。

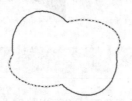

步骤 03 继续在绘图区域中选择其余的两条圆弧对象，并按【Enter】键确认，如下图所示。

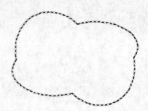

步骤 04 结果如下图所示。

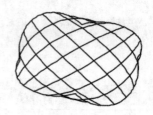

14.2.15 截面平面建模

截面平面对象可创建三维实体、曲面和网格的截面。使用带有截面平面对象的活动截面分析模型，并将截面另存为块，以便在布局中使用。

在AutoCAD 2018中调用【截面平面】命令的常用方法有以下4种。

（1）选择【绘图】➤【建模】➤【截面平面】菜单命令。

（2）在命令行中输入【SECTIONPLANE】命令并按空格键确认。

（3）单击【常用】选项卡➤【截面】面板➤【截面平面】按钮 ◰。

（4）单击【网格】选项卡➤【截面】面板➤【截面平面】按钮 ◰。

下面将对截面平面的创建过程进行详细介绍，具体操作步骤如下。

步骤 01 打开"素材\CH14\截面平面.dwg"素材文件，如下图所示。

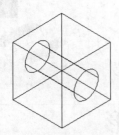

步骤 02 单击【常用】选项卡➤【截面】面板➤【截面平面】按钮，然后在绘图区域中单击选择图形的顶面，结果如下图所示。

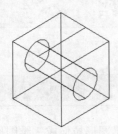

步骤 03 选择【修改】➤【移动】菜单命令，然后在绘图区域中选择下图所示的截面线，并按空格键确认。

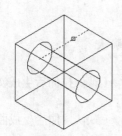

步骤 04 在绘图区域中任意单击一点作为基点，然后在命令行中输入第二个点的位置，命令行提示如下。

　　指定第二个点或＜使用第一个点作为位移＞: @0,0,-100

步骤 05 结果如下图所示。

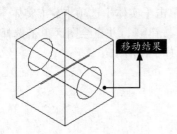

移动结果

步骤 06 单击【常用】选项卡➤【截面】面板➤【生成截面】按钮，弹出【生成截面/立面】对话框，如下图所示。

步骤 07 单击【选择截面平面】按钮，然后在绘图区域中单击选择下图所示的截面线。

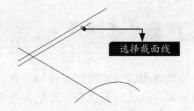

选择截面线

步骤 08 返回【生成截面/立面】对话框，在【二维/三维】区域中选择【三维截面】选项，如下图所示。

步骤 09 在【生成截面/立面】对话框中单击【创建】按钮，然后在绘图区域中单击指定插入点的位置，如下图所示。

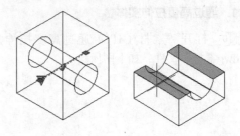

步骤 ⑩ 在命令行指定比例因子及旋转角度，命令行提示如下。

> 输入 X 比例因子，指定对角点，或 [角点 (C)/XYZ(XYZ)] <1>: 1
>
> 输入 Y 比例因子或 < 使用 X 比例因子 >: 1
>
> 指定旋转角度 <0>: 0

结果如下图所示。

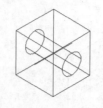

三维截面创建结果

14.3 由二维图形创建三维图形

🔘 本节视频教程时间：6 分钟

在AutoCAD中，用户不仅可以直接利用系统本身的模块创建基本三维图形，还可以利用编辑命令将二维图形生成三维图形，以便创建更为复杂的三维模型。

14.3.1 拉伸成型

拉伸生成型较为常用的有两种方式，即按一定的高度将二维图形拉伸成三维图形，这样生成的三维对象在高度形态上较为规则，通常不会有弯曲角度及弧度出现；还有一种方式为按路径拉伸，这种拉伸方式可以将二维图形沿指定的路径生成三维对象，相对而言较为复杂且允许沿弧度路径进行拉伸。

在AutoCAD 2018中调用【拉伸】命令的常用方法有以下5种。

（1）选择【绘图】➤【建模】➤【拉伸】菜单命令。

（2）在命令行中输入【EXTRUDE/ EXT】命令并按空格键确认。

（3）单击【常用】选项卡➤【建模】面板➤【拉伸】按钮 。

（4）单击【实体】选项卡➤【实体】面板➤【拉伸】按钮 （默认拉伸后生成实体，通过输入【MO】可以更改拉伸后生成的是实体还是曲面）。

（5）单击【曲面】选项卡➤【创建】面板➤【拉伸】按钮 （默认拉伸后生成曲面，通过输入【MO】可以更改拉伸后生成的是实体还是曲面）。

> **小提示**
>
> 当命令行提示选择拉伸对象时，输入【MO】，然后可以确定切换拉伸后生成的对象是实体还是曲面。后面介绍的旋转、扫掠、放样也可以通过修改模式来决定生成对象是实体还是曲面。

下面将分别通过高度拉伸实体和路径拉伸实体对两种拉伸方式进行介绍。其具体操作步骤如下。

🔵 1. 通过高度拉伸实体

步骤 ①① 打开"素材\CH14\通过高度拉伸成型.dwg素材"文件，如下图所示。

步骤 ②② 单击【实体】选项卡➤【实体】面板➤【拉伸】按钮 ，并在绘图区单击选择要拉伸的对象，如下图所示。

步骤03 按【Enter】键确认后在命令行输入"50"以指定拉伸高度，命令行提示如下。

> 指定拉伸的高度或 [方向 (D)/ 路径 (P)/ 倾斜角 (T)/ 表达式 (E)] <30.0000>: 50 ↙

步骤04 按【Enter】键确认拉伸高度后，绘图窗口显示如下图所示。

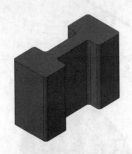

● 2. 通过路径拉伸实体

步骤01 打开"素材\CH14\通过路径拉伸成型.dwg"素材文件，如下图所示。

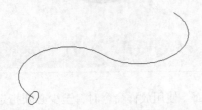

步骤02 单击【曲面】选项卡➤【创建】面板➤【拉伸】按钮，并在绘图区单击选择要拉伸的对象，如下图所示。

步骤03 按【Enter】键确认后在命令行输入【P】以指定按路径拉伸，命令行提示如下。

> 指定拉伸的高度或 [方向 (D)/ 路径 (P)/ 倾斜角 (T)/ 表达式 (E)] <0.4545>: p ↙

步骤04 按【Enter】键确认后，在绘图区域单击选择拉伸路径，如下图所示。

步骤05 创建结果如下图所示。

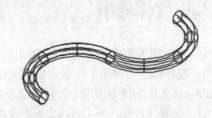

14.3.2 旋转成型

　　用于旋转的二维图形可以是多边形、圆、椭圆、封闭多段线、封闭样条曲线、圆环以及封闭区域，旋转过程中可以控制旋转角度，即旋转生成的实体可以是闭合的也可以是开放的。

　　在AutoCAD 2018中调用【旋转】命令的常用方法有以下5种。

　　（1）选择【绘图】➤【建模】➤【旋转】菜单命令。

　　（2）在命令行中输入【REVOLVE/ REV】命令并按空格键确认。

　　（3）单击【常用】选项卡➤【建模】面板➤【旋转】按钮。

　　（4）单击【实体】选项卡➤【实体】面板➤【旋转】按钮（默认旋转后生成实体，通过输入【MO】可以更改旋转后生成的是实体还是曲面）。

　　（5）单击【曲面】选项卡➤【创建】面板➤【旋转】按钮（默认旋转后生成曲面，通过输入【MO】可以更改旋转后生成的是实体还是曲面）。

　　旋转成型的具体操作步骤如下。

步骤01 打开"素材\CH14\通过旋转成型.dwg"素材文件，如下图所示。

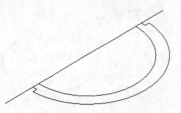

步骤 02 单击【实体】选项卡▶【实体】面板▶【旋转】按钮，在绘图区单击选择要旋转的对象，然后按【Enter】键确认，如下图所示。

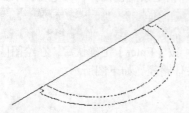

步骤 03 在命令行输入【O】并按【Enter】键确认，命令行提示如下。

> 指定轴起点或根据以下选项之一定义轴 [对象(O)/X/Y/Z]<对象>：O↙

步骤 04 在绘图窗口选择直线段作为旋转轴，如下图所示。

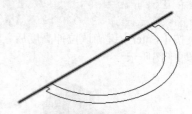

步骤 05 在命令行输入"−270"并按【Enter】键确认，创建结果如下图所示。

14.3.3 放样成型

放样命令用于在横截面之间的空间内绘制实体或曲面。使用放样命令时，至少必须指定两个横截面。放样命令通常用于变截面实体的绘制。

在AutoCAD 2018中调用【放样】命令的常用方法有以下5种。

（1）选择【绘图】▶【建模】▶【放样】菜单命令。

（2）在命令行中输入【LOFT】命令并按空格键确认。

（3）单击【常用】选项卡▶【建模】面板▶【放样】按钮。

（4）单击【实体】选项卡▶【实体】面板▶【放样】按钮（默认放样后生成实体，通过输入【MO】可以更改放样后生成的是实体还是曲面）。

（5）单击【曲面】选项卡▶【创建】面板▶【放样】按钮（默认放样后生成曲面，通过输入【MO】可以更改放样后生成的是实体还是曲面）。

放样成型的具体操作步骤如下。

步骤 01 打开"素材\CH14\通过放样成型.dwg"素材文件，如下图所示。

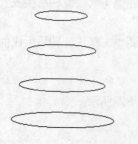

步骤 02 单击【实体】选项卡▶【实体】面板▶【放样】按钮，并在绘图区单击选择第一个横截面，如下图所示。

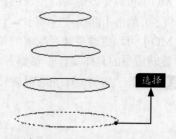
选择

步骤 03 继续在绘图区域单击选择第二个横截面，如下图所示。

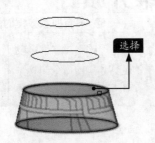

步骤 04 继续在绘图区域由下向上依次单击选择第三个和第四个横截面，如下图所示。

步骤 05 连续按两次【Enter】键确认后结果如下图所示。

14.3.4 扫掠成型

扫掠命令可以用来生成实体或曲面，当扫掠的对象是闭合图形时，扫掠的结果是实体，当扫掠的对象是开放图形时，扫掠的结果是曲面。

AutoCAD 2018中调用【扫掠】命令的常用方法有以下5种。

（1）选择【绘图】➤【建模】➤【扫掠】菜单命令。

（2）在命令行中输入【SWEEP】命令并按空格键确认。

（3）单击【常用】选项卡➤【建模】面板➤【扫掠】按钮 。

（4）单击【实体】选项卡➤【实体】面板➤【扫掠】按钮 （默认扫掠后生成实体，通过输入【MO】可以更改扫掠后生成的是实体还是曲面）。

（5）单击【曲面】选项卡➤【创建】面板➤【扫掠】按钮 （默认扫掠后生成曲面，通过输入【MO】可以更改扫掠后生成的是实体还是曲面）。

扫掠成型的具体操作步骤如下。

步骤 01 打开"素材\CH14\通过扫掠成型.dwg"素材文件，如下图所示。

步骤 02 单击【实体】选项卡➤【实体】面板➤【扫掠】按钮 ，并在绘图区域单击选择要扫掠的对象，如下图所示。

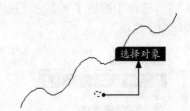

步骤 03 按空格键确认后在绘图区域单击选择多段线作为扫掠路径，结果如下图所示。

14.4 综合实战——创建三维升旗台

本节视频教程时间：22分钟

旗台的绘制过程中主要应用到长方体、圆柱体、球体、阵列、三维多段线、楔体、拉伸的使用以及布尔运算的应用，而布尔运算和拉伸命令的具体介绍将在下一章进行讲解。

旗台完成后结果如下图所示。

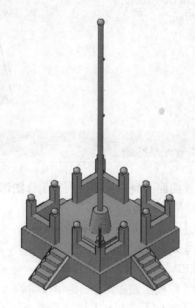

1.创建升旗台的底座

步骤01 新建一个AutoCAD图形文件，在命令行中输入【ISOLINES】命令，将值设置为"16"，然后选择【视图】▶【三维视图】▶【西南等轴测】选项。

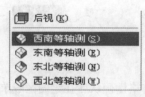

步骤02 打开正交模式，然后调用【长方体】命令，在绘图窗口中输入（-25,-25,0）、（@50,50,10）分别为第一个角点、第二个角点。

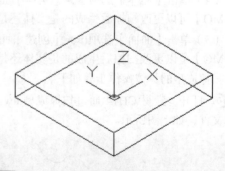

步骤03 重复【长方体】命令，分别以【（-23.5，-20.5,10），（@3,12,8）】【（-20.5,-23.5,10），（@12,3,8）】【（-23.5,-23.5,10），（@3,3,15）】为角点绘制三个长方体，结果如下图所示。

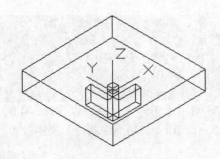

步骤 04 调用【球体】命令，以（−22，−22，26.5）为中心点，绘制一个半径为"1.5"的球体，结果如下图所示。

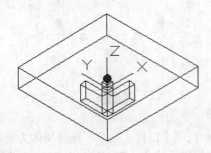

步骤 05 调用【复制】命令，选择下图所示的复制对象，然后在绘图窗口中指定基点。

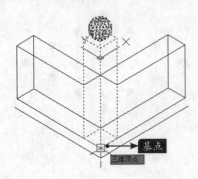

步骤 06 指定复制的第二点，如下图所示。

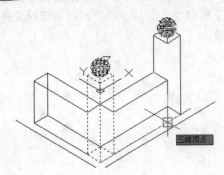

步骤 07 重复【复制】命令，将步骤5选择的对象复制到另一边，结果如下图所示。

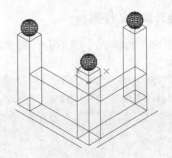

步骤 08 选择【修改】▶【实体编辑】▶【并集】菜单命令，然后在绘图窗口中选择要并集的对象。

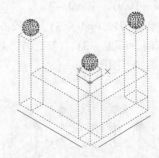

步骤 09 调用【环形阵列】命令，选择并集后的模型为阵列对象，如下图所示。

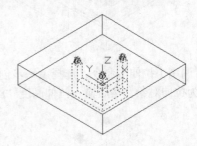

步骤 10 根据提示指定阵列的中心点为"（0,0）"，输入项目数"4"，填充角度"360"，阵列后结果如下图所示。

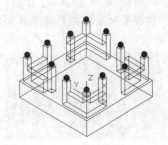

● 2.创建升旗台的楼梯

步骤01 在命令行输入【UCS】，将坐标系绕y轴旋转90°。

> 命令：UCS
> 当前 UCS 名称：* 世界 *
> 指定 UCS 的原点或 [面 (F)/ 命名 (NA)/ 对象 (OB)/ 上一个 (P)/ 视图 (V)/ 世界 (W)/X/ Y/Z/Z 轴 (ZA)] < 世界 >：Y
> 指定绕 Y 轴的旋转角度 <90>：90

步骤02 调用【多段线】命令，根据提示输入多段线的起点（0,−25,−4）。然后根据提示分别输入点(@−10,0)、（@0,−3）、（@2,0）、（@0,−3）、（@2,0）、（@0,−3）、（@2,0）、（@0,−3）、（@2,0）、（@0,−3）、（@2,0），最后输入【C】，结果如下图所示。

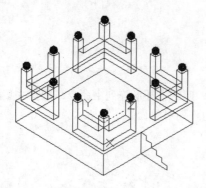

步骤03 调用【拉伸】命令，选择上一步创建的多段线为拉伸对象，然后输入拉伸高度"8"。

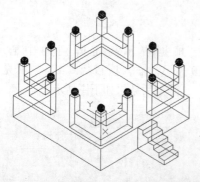

步骤04 在命令行中输入【UCS】，直接按回车键，先返回世界坐标系，然后将坐标系沿z轴方向旋转−90°。

> 命令：UCS   当前 UCS 名称：* 没有名称 *
> 指定 UCS 的原点或 [面 (F)/ 命名 (NA)/ 对象 (OB)/ 上一个 (P)/ 视图 (V)/ 世界 (W)/X/ Y/Z/Z 轴 (ZA)] < 世界 >：↙

> 命令：UCS   当前 UCS 名称：* 世界 *
> 指定 UCS 的原点或 [面 (F)/ 命名 (NA)/ 对象 (OB)/ 上一个 (P)/ 视图 (V)/ 世界 (W)/X/ Y/Z/Z 轴 (ZA)] < 世界 >：z
> 指定绕 Z 轴的旋转角度 <90>：−90

步骤05 调用【楔体】命令，以（25,−4,0）、（@15,−1.5,10）为角点绘制一个楔体，如下图所示。

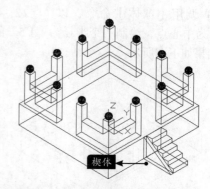

步骤06 调用【镜像】命令，选择楔体为镜像对象。根据提示输入（25,0）、（@40,0）为镜像线的第一点、第二点，选择不删除源对象。

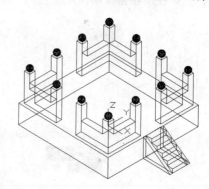

步骤07 选择【修改】▶【实体编辑】▶【并集】菜单命令，然后在绘图窗口中选择要并集的对象。

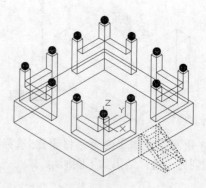

步骤08 调用【环形阵列】命令，选择并集后的

楼梯为阵列对象，根据提示指定阵列的中心点为"（0,0）"，输入项目数"4"，填充角度"360"，阵列后如下图所示。

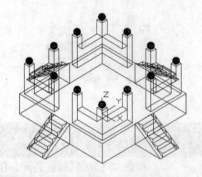

● 3.创建升旗台的旗杆

步骤 01 在命令行输入【UCS】，将坐标系切换到世界坐标系。

> 命令：UCS
> 当前 UCS 名称：* 世界 *
> 　指定 UCS 的原点或 [面 (F)/ 命名 (NA)/对象 (OB)/ 上一个 (P)/ 视图 (V)/ 世界 (W)/X/Y/Z/Z 轴 (ZA)] < 世界 >：✓

步骤 02 调用【圆锥体】命令，以"（0,0,10）"为底面中心，绘制一个底面半径为5，顶面半径为3.3，高度为10的圆台体，结果如下图所示。

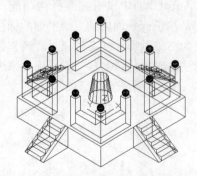

步骤 03 调用【圆柱体】命令，以"（0,0,20）"为底面中心，绘制一个底面半径为1，高度为100的圆柱体，结果如下图所示。

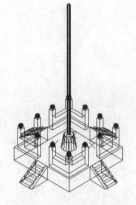

步骤 04 调用【球体】命令，以"（0,0,120.5）"为球心，绘制一个半径为1.5的球体。

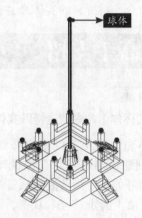

步骤 05 调用【圆环体】命令，以"（1.6,0,70）"为中心，绘制一个半径为0.5，圆管半径为0.1的圆环体，结果如下图所示。

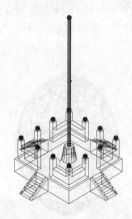

步骤 06 重复【圆环体】命令，创建两个圆环体，一个以"（1.6,0,100）"为中心0.5为半径，管径为0.1。另一个以"（1.6,0,40）"为中心0.5为半径，管径为0.1，结果如下图所示。

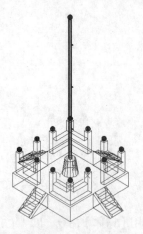

后将视觉样式切换为【灰度】，结果如下图所示。

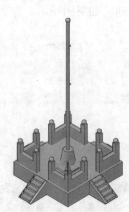

步骤 07 选择【修改】▶【实体编辑】▶【并集】菜单命令，将所有的实体合并在一起，最

 高手支招

🔘 本节视频教程时间：**9 分钟**

● 通过【圆环体】命令创建特殊实体

圆环体命令除了能创建出普通的圆环体外，还能创建出苹果形状和橄榄球形状的实体。如果圆环的半径为负值而圆管的半径大于圆环的绝对值（例如，−5和10），则得到一个橄榄球状的实体。如圆环半径为正值且小于圆管半径，则可以创建一个苹果样的实体。

步骤 01 新建一个AutoCAD文件，调用【圆环体】命令，指定圆环体的中心后，输入圆环体半径为"−4"，圆管半径"9"，结果如下图所示。

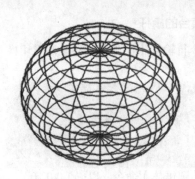

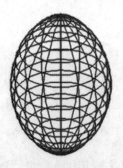

步骤 02 重复调用【圆环体】命令，指定圆环体中心后，输入圆环体半径为"4"，圆管半径"9"，结果如下图所示。

● 三维实体中如何进行尺寸标注

在AutoCAD中没有三维标注功能，尺寸标注都是基于xy平面内的二维平面的标注。因此，要为三维图形标注必须通过转换坐标系把需要标注的对象放置到xy二维平面上来进行标注。本实例标注完成后如下图所示。

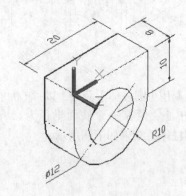

步骤 01 打开素材文件"给三维实体添加尺寸标注.dwg",如下图所示。

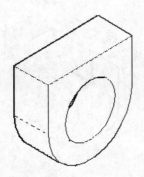

步骤 02 在命令行输入【UCS】,拖动鼠标光标将坐标系转换到圆心的位置,如下图所示。

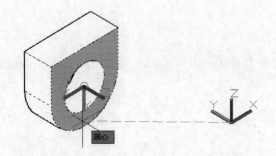

步骤 03 拖动鼠标光标指引x轴方向,如下图所示。

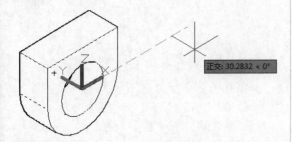

步骤 04 拖动鼠标光标指引y轴方向,如下图所示。

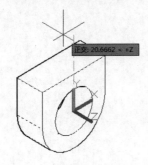

步骤 05 让xy平面与实体的前侧面平齐后如下图所示。

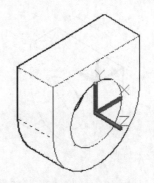

小提示

移动UCS坐标系前首先将对象捕捉和正交模式打开。

步骤 06 调用【直径标注】命令,然后选择前侧面的圆为标注对象,拖动鼠标光标在合适的位置放置尺寸线,结果如下图所示。

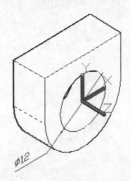

步骤 07 调用【半径标注】命令,然后选择前侧面的大圆弧为标注对象,拖动鼠标光标在合适的位置放置尺寸线,结果如下图所示。

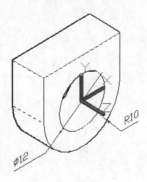

步骤 08 重复步骤2~4,将xy平面切换到与顶面平齐的位置,然后调用【线性标注】命令,给顶面进行尺寸标注,结果如下图所示。

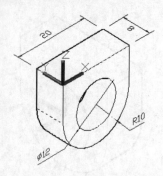

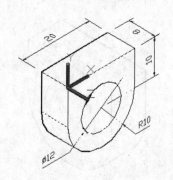

面平齐的位置，然后调用【线性标注】命令进行尺寸标注，结果如下图所示。

步骤 09 重复步骤2~4，将xy平面切换到与竖直

第 15 章

编辑三维图形

在绘图时，用户可以对图形进行三维图形编辑。三维图形编辑就是对图形对象进行阵列、镜像、旋转、对齐操作以及对模型的边、面等进行修改操作的过程。AutoCAD 2018提供了强大的三维图形编辑功能，可以帮助用户合理地构造和组织图形。

学习效果

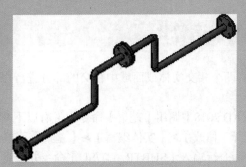

15.1 布尔运算和干涉检查

⏺ 本节视频教程时间：4分钟

布尔运算就是对多个面域和三维实体进行并集、差集和交集运算。

干涉检查是指把实体保留下来，并用两个实体的交集生成一个新的实体。

15.1.1 并集运算

并集运算可以在图形中选择两个或两个以上的三维实体，系统将自动删除实体相交的部分，并将不相交部分保留下来合并成一个新的组合体。

在AutoCAD 2018中调用【并集】命令通常有以下4种方法。

（1）选择【修改】➤【实体编辑】➤【并集】菜单命令。

（2）在命令行输入【UNION/UNI】命令并按空格键。

（3）单击【常用】选项卡➤【实体编辑】面板➤【实体，并集】按钮⬤。

（4）单击【实体】选项卡➤【布尔值】面板➤【并集】按钮⬤。

下面将对圆环体和长方体进行并集运算，具体操作步骤如下。

步骤 01 打开"素材\CH15\并集运算.dwg"素材文件，如下图所示。

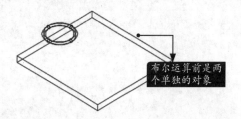

布尔运算前是两个单独的对象

步骤 02 单击【常用】选项卡➤【实体编辑】面板➤【实体，并集】按钮⬤，在绘图区域选择圆环体和长方体作为执行并集运算的对象，并按空格键确认，如下图所示。

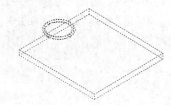

步骤 03 结果如下图所示。

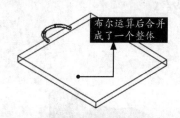

布尔运算后合并成了一个整体

15.1.2 差集运算

交集是将两个相交实体或面域中相交的部分进行保留，移除其余的实体，从而生成一个新的实体。

在AutoCAD 2018中调用【差集】命令通常有以下4种方法。

（1）选择【修改】➤【实体编辑】➤【差集】菜单命令。

（2）在命令行输入【SUBTRACT/SU】命令并按空格键。

（3）单击【常用】选项卡➤【实体编辑】面板➤【实体，差集】按钮⬤。

（4）单击【实体】选项卡➤【布尔值】面板➤【差集】按钮⬤。

下面将对圆柱体和球体进行差集运算，具体操作步骤如下。

步骤 **01** 打开"素材\CH15\差集运算.dwg"素材文件，如下图所示。

步骤 **02** 单击【常用】选项卡➤【实体编辑】面板➤【实体，差集】按钮⊙，在绘图区域选择要从中减去的实体或面域并按空格键确认。

步骤 **03** 在绘图区域单击选择要减去的实体或面域并按空格键确认，如下图所示。

步骤 **04** 结果如下图所示。

15.1.3 交集运算

交集运算可以对两个或两组实体进行相交运算。当对多个实体进行交集运算后，它会删除实体不相交的部分，并将相交部分保留下来生成一个新组合体。

在AutoCAD 2018中调用【交集】命令通常有以下4种方法。

（1）选择【修改】➤【实体编辑】➤【交集】菜单命令。

（2）在命令行输入【INTERSECT/IN】命令并按空格键。

（3）单击【常用】选项卡➤【实体编辑】面板➤【实体，交集】按钮⊙。

（4）单击【实体】选项卡➤【布尔值】面板➤【交集】按钮⊙。

下面将对长方体和球体进行交集运算，具体操作步骤如下。

步骤 **01** 打开"素材\CH15\交集运算.dwg"素材文件，如下图所示。

步骤 **02** 单击【常用】选项卡➤【实体编辑】面板➤【实体，交集】按钮⊙，在绘图区域选择需要执行交集运算的对象，并按空格键确认，如下图所示。

步骤 **03** 结果如下图所示。

15.1.4 干涉检查

在AutoCAD 2018中调用【干涉检查】命令通常有以下4种方法。

（1）选择【修改】➤【三维操作】➤【干涉检查】菜单命令。

（2）在命令行输入【INTERFERE】命令并按空格键。

（3）单击【常用】选项卡➤【实体编辑】面板➤【干涉】按钮🔲。

（4）单击【实体】选项卡➤【实体编辑】面板➤【干涉】按钮🔲。

下面将对球体和圆环体进行干涉运算，具体操作步骤如下。

步骤 01 打开"素材\CH15\干涉检查.dwg"素材文件，如下图所示。

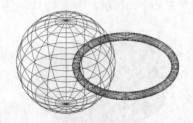

步骤 02 单击【常用】选项卡➤【实体编辑】面板➤【干涉】按钮🔲，在绘图区域选择第一组对象，如下图所示。

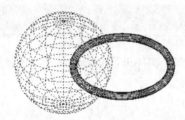

步骤 03 按空格键确认后在绘图区域选择第二组对象，如下图所示。

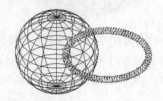

步骤 04 按空格键确认，系统弹出干涉检查对话框，如下图所示。

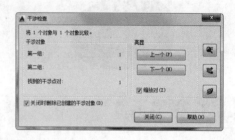

步骤 05 把对话框移到一边，结果如下图所示。

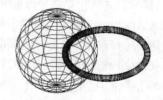

15.2 三维图形的操作

⚫ **本节视频教程时间：5分钟**

在三维空间中编辑对象时，除了直接使用二维空间中的【移动】【镜像】和【阵列】等编辑命令外，AutoCAD还提供了专门用于编辑三维图形的编辑命令。

15.2.1 三维旋转

三维旋转命令可以使指定对象绕预定义轴，按指定基点、角度旋转三维对象。

在AutoCAD 2018中调用【三维旋转】命令通常有以下3种方法。

（1）选择【修改】➤【三维操作】➤【三维旋转】菜单命令。

（2）在命令行输入【3DROTATE/3R】命令并按空格键。

（3）单击【常用】选项卡▶【修改】面板▶【三维旋转】按钮 ⊕。

下面将对机械模型进行旋转操作，具体操作步骤如下。

步骤 01 打开"素材\CH15\三维旋转.dwg"素材文件，如下图所示。

步骤 02 单击【常用】选项卡▶【修改】面板▶【三维旋转】按钮 ⊕，在绘图区域选择圆管作为旋转对象并按空格键确认，并在绘图区域指定旋转基点，如下图所示。

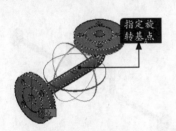

步骤 03 将鼠标移动到蓝色的圆环处，当出现蓝色轴线（z轴）时单击，选择z轴为旋转轴。

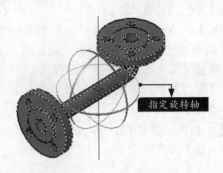

步骤 04 在命令行中输入旋转角度"180"并按空格键确认，结果如下图所示。

> **小提示**
>
> AutoCAD中默认x轴为红色，y轴为绿色，z轴为蓝色。

15.2.2 三维镜像

三维镜像是将三维实体模型按照指定的平面进行对称复制，选择的镜像平面可以是对象的面、三点创建的面，也可以是坐标系的三个基准平面。三维镜像与二维镜像的区别在于，二维镜像是以直线为镜像参考，而三维镜像则是以平面为镜像参考。

在AutoCAD 2018中调用【三维镜像】命令通常有以下3种方法。

（1）选择【修改】▶【三维操作】▶【三维镜像】菜单命令。

（2）在命令行输入【MIRROR3D】命令并按空格键。

（3）单击【常用】选项卡▶【修改】面板▶【三维镜像】按钮 %。

执行【三维镜像】命令并选择相应对象后，系统会提示【指定镜像平面 (三点) 的第一个点或[对象(O)/最近的(L)/Z 轴(Z)/视图(V)/XY 平面(XY)/YZ 平面(YZ)/ZX 平面(ZX)/三点(3)] <三点>:】，该提示中各选项含义如下。

- 【对象(O)】：使用选定平面对象的平面作为镜像平面。
- 【最近的(L)】：相对于最后定义的镜像平面对选定的对象进行镜像处理。
- 【Z 轴(Z)】：根据平面上的一个点和平面法线上的一个点定义镜像平面。
- 【视图(V)】：将镜像平面与当前视口中通过指定点的视图平面对齐。

- 【XY 平面(XY)/YZ 平面(YZ)/ZX 平面(ZX)】：将镜像平面与一个通过指定点的标准平面（XY、YZ 或 ZX）对齐。

- 【三点(3)】：通过三个点定义镜像平面。如果通过指定点来选择此选项，将不显示"在镜像平面上指定第一点"的提示。

下面将对机械模型进行镜像操作，具体操作步骤如下。

步骤 01 打开"素材\CH15\三维镜像.dwg"素材文件，如下图所示。

步骤 02 单击【常用】选项卡▶【修改】面板▶【三维镜像】按钮 ％，在绘图区域选择圆管作为需要镜像的对象并按空格键确认，在绘图区域单击指定镜像平面第一点，如下图所示。

步骤 03 在绘图区域单击指定镜像平面第二点，如下图所示。

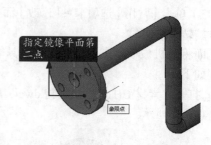

步骤 04 在绘图区域单击指定镜像平面第三点。

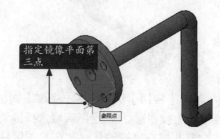

步骤 05 按【Enter】键确认不删除源对象，结果如下图所示。

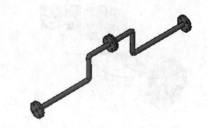

15.2.3 三维对齐

可以在二维和三维空间中将目标对象与其他对象对齐。

在AutoCAD 2018中调用【三维对齐】命令通常有以下3种方法。

（1）选择【修改】▶【三维操作】▶【三维对齐】菜单命令。

（2）在命令行输入【3DALIGN/3AL】命令并按空格键。

（3）单击【常用】选项卡▶【修改】面板▶【三维对齐】按钮 凸。

下面将对【三维对齐】命令的应用方法进行详细介绍，具体操作步骤如下。

步骤 01 打开"素材\CH15\三维对齐.dwg"素材文件，如下图所示。

步骤 02 调用【三维对齐】命令，在绘图区域中

选择如下图所示的图形对象，并按空格键确认。

步骤 03 在绘图区域中捕捉下图所示端点作为基点。

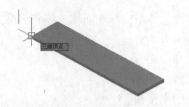

步骤 04 在绘图区域中拖动鼠标并捕捉下图所示端点作为第二个点。

步骤 05 在绘图区域中拖动鼠标并捕捉下图所示端点作为第三个点。

步骤 06 在绘图区域中拖动鼠标并捕捉下图所示端点作为第一个目标点。

步骤 07 在绘图区域中拖动鼠标并捕捉下图所示端点作为第二个目标点。

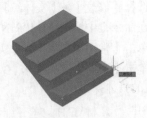

步骤 08 在绘图区域中拖动鼠标并捕捉下图所示端点作为第三个目标点。

步骤 09 结果如下图所示。

小提示

二维操作中的移动、阵列、缩放与三维操作中的三维移动、三维阵列、三维缩放操作的效果相同，用户用二维的方法进行操作即可。

15.3 三维实体边编辑

🔧 本节视频教程时间：17分钟

三维实体编辑（SOLIDEDIT）命令的选项分为三类，分别是边、面和体。这一节我们先来对边编辑进行介绍。

15.3.1 压印边

通过【压印边】命令可以压印三维实体或曲面上的二维几何图形，从而在平面上创建其他边。被压印的对象必须与选定对象的一个或多个面相交，才可以完成压印。【压印】选项仅限于以下对象执行：圆弧、圆、直线、二维和三维多段线、椭圆、样条曲线、面域、体和三维实体。

在AutoCAD 2018中调用【压印边】命令的常用方法有以下4种。

（1）选择【修改】➤【实体编辑】➤【压印边】菜单命令。

（2）在命令行中输入【IMPRINT】命令并按空格键确认。

（3）单击【常用】选项卡➤【实体编辑】面板➤【压印】按钮⬗。

（4）单击【实体】选项卡➤【实体编辑】面板➤【压印】按钮⬗。

压印边的具体操作步骤如下。

步骤 01 打开"素材\CH15\三维实体边编辑.dwg"素材文件，如下图所示。

步骤 02 单击【实体】选项卡➤【实体编辑】面板➤【压印】按钮⬗，并在绘图区单击选择三维实体对象，如下图所示。

步骤 03 在绘图区单击选择矩形作为要压印的对象。如下图所示。

步骤 04 在命令行中输入【N】并按【Enter】键确认，以确定不删除矩形对象。然后按【Enter】键确认后结果如下图所示。

步骤 05 选择矩形，然后按【Del】键将其删除，结果如下图所示。

15.3.2 圆角边

利用圆角边功能可以为选定的三维实体对象的边进行圆角，圆角半径可由用户自行设定，但不允许超过可圆角的最大半径值。

在AutoCAD 2018中调用【圆角边】命令的常用方法有以下3种。

（1）选择【修改】➤【实体编辑】➤【圆角边】菜单命令。

（2）在命令行中输入【FILLETEDGE】命令并按空格键确认。

（3）单击【实体】选项卡➤【实体编辑】面板➤【圆角边】按钮⬗。

圆角边的具体操作步骤如下。

步骤01 打开"素材\CH15\三维实体边编辑.dwg"素材文件，将矩形对象删除，然后单击【实体】选项卡▶【实体编辑】面板▶【圆角边】按钮，并在绘图区单击选择需要圆角的边，如下图所示。

步骤03 重复执行【圆角边】命令，对其他相应边进行圆角。最终圆角结果如下图所示。

步骤02 在命令行中输入【R】并按空格键确认。然后输入半径"2"并按空格键确认。最后连续按空格键确认并退出【圆角边】命令。结果如下图所示。

15.3.3 倒角边

利用倒角边功能可以为选定的三维实体对象的边进行倒角，倒角距离可由用户自行设定，不允许超过可倒角的最大距离值。

在AutoCAD 2018中调用【倒角边】命令的常用方法有以下3种。

（1）选择【修改】▶【实体编辑】▶【倒角边】菜单命令。

（2）在命令行中输入【CHAMFEREDGE】命令并按空格键确认。

（3）单击【实体】选项卡▶【实体编辑】面板▶【倒角边】按钮。

倒角边的具体操作步骤如下。

步骤01 打开"素材\CH15\三维实体边编辑.dwg"素材文件，将矩形对象删除，然后单击【实体】选项卡▶【实体编辑】面板▶【倒角边】按钮，并在绘图区单击选择需要倒角的边，如下图所示。

AutoCAD命令行提示如下。

> 选择同一个面上的其他边或 [环 (L)/ 距离 (D)]：D
> 指定距离 1 或 [表达式 (E)] <1.0000>：0.5
> 指定距离 2 或 [表达式 (E)] <1.0000>：0.5

步骤03 连续按【Enter】键确认并退出【倒角边】命令，结果如下图所示。

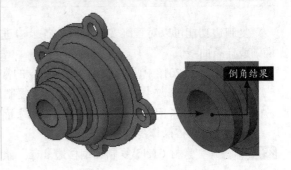

步骤02 在命令行中输入【D】并按空格键确认，然后将两个倒角的距离都设置为0.5，

15.3.4 着色边

利用着色边功能可以对选定的三维实体对象的边进行着色，着色颜色可由用户自行选定，默认情况下着色边操作完成后，三维实体对象在选定状态下会以最新指定颜色显示。

在AutoCAD 2018中调用【着色边】命令的常用方法有以下两种。

（1）选择【修改】➤【实体编辑】➤【着色边】菜单命令。

（2）单击【常用】选项卡➤【实体编辑】面板➤【着色边】按钮 。

着色边的具体操作步骤如下。

步骤 01 打开"素材\CH15\三维实体边编辑.dwg"素材文件，将矩形对象删除。单击绘图窗口左上角的视图控件，将视图切换为"东北视图"，如下图所示。

步骤 02 单击【常用】选项卡➤【实体编辑】面板➤【着色边】按钮 ，然后选择需要着色的边，如下图所示。

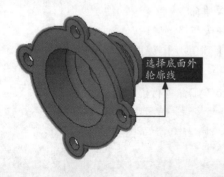

选择底面外轮廓线

步骤 03 选择完毕按空格键结束选择，AutoCAD自动弹出【选择颜色】对话框，选择【红色】，如下图所示。

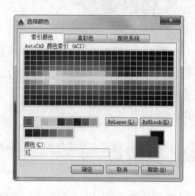

步骤 04 单击确定按钮退出【选择颜色】对话框，然后连续按空格键退出【着色边】命令。单击绘图窗口左上角的视觉样式控件，将视觉样式切换为"隐藏"，结果如下图所示。

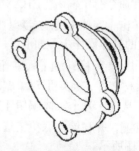

15.3.5 复制边

复制边功能可以对三维实体对象的各个边进行复制，所复制边将被生成为直线、圆弧、圆、椭圆或样条曲线。

在AutoCAD 2018中调用【复制边】命令的常用方法有以下两种。

（1）选择【修改】➤【实体编辑】➤【复制边】菜单命令。

（2）单击【常用】选项卡➤【实体编辑】面板➤【复制边】按钮 。

复制边的具体操作步骤如下。

步骤 01 打开"素材\CH15\复制和偏移边.dwg"素材文件，如下图所示。

步骤 **02** 单击【常用】选项卡➤【实体编辑】面板➤【复制边】按钮 ⬜，然后选择需要复制的边，如下图所示。

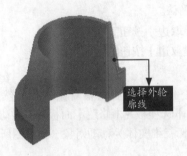

选择外轮廓线

步骤 **03** 按空格键确认后在绘图区域单击指定位移基点，然后拖动鼠标在绘图区域单击指定位移第二点，如下图所示。

步骤 **04** 连续按空格键确认并退出【复制边】命令，结果如下图所示。

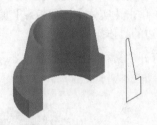

15.3.6 偏移边

【偏移边】命令可以偏移三维实体或曲面上平整面的边。其结果会产生闭合多段线或样条曲线，位于与选定的面或曲面相同的平面上，而且可以是原始边的内侧或外侧。

在AutoCAD 2018中调用【偏移边】命令的常用方法有以下3种。

（1）在命令行中输入【OFFSETEDGE】命令并按空格键确认。

（2）单击【实体】选项板➤【实体编辑】面板➤【偏移边】按钮 ⬜。

（3）单击【曲面】选项卡➤【编辑】面板➤【偏移边】按钮 ⬜。

偏移边的具体操作步骤如下。

步骤 **01** 打开"素材\CH15\复制和偏移边.dwg"素材文件。单击【实体】选项卡➤【实体编辑】面板➤【偏移边】按钮 ⬜，然后选择需要偏移的边，如下图所示。

选择外轮廓线

步骤 **02** 当命令行提示指定通过的距离时，输入【D】，然后设定通过的距离为2，AutoCAD命令行提示如下。

> 指定通过点或 [距离 (D)/ 角点 (C)]:D
> 指定距离 <0.0000>:2

步骤 **03** 然后在选定的边框外侧单击。结果如下图所示。

15.3.7 提取边

【提取边】命令可以从实体或曲面提取线框对象。通过【提取边】命令，可以提取所有边，创建线框的几何体有：三维实体、三维实体历史记录子对象、网格、面域、曲面、子对象（边和面）。

在AutoCAD 2018中调用【提取边】命令的常用方法有以下4种。

（1）选择【修改】➤【三维操作】➤【提取边】菜单命令。

（2）在命令行中输入【XEDGES】命令并按空格键确认。

（3）单击【常用】选项板➤【实体编辑】面板➤【提取边】按钮 。

（4）单击【实体】选项板➤【实体编辑】面板➤【提取边】按钮 。

提取边的具体操作步骤如下。

步骤01 打开"素材\CH15\提取边.dwg"素材文件，如下图所示。

步骤02 单击【常用】选项板➤【实体编辑】面板➤【偏移边】按钮 ，然后单击三维图形作为提取边对象，如下图所示。

步骤03 按空格键后结束对象选择。然后单击【常用】选项板➤【修改】面板➤【移动】按钮 ，选择三维实体为移动对象，如下图所示。

步骤04 将实体对象移动到合适位置后，结果如下图所示。

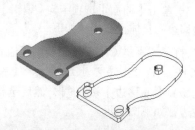

15.3.8 提取素线

通常将在U和V方向、曲面、三维实体或三维实体的面上创建曲线。曲线可以基于直线、多段线、圆弧或样条曲线，具体取决于曲面或三维实体的形状。

在AutoCAD 2018中【提取素线】命令常用方法有以下3种。

（1）选择【修改】➤【三维操作】➤【提取素线】菜单命令。

（2）在命令行中输入【SURFEXTRACTCURVE】命令并按空格键确认。

（3）单击【曲面】选项卡➤【曲线】面板➤【提取素线】按钮 。

下面将对【提取素线】命令的应用方法进行详细介绍，具体操作步骤如下。

步骤 01 打开"素材\CH15\提取素线.dwg"素材文件。

步骤 02 单击【曲面】选项卡▶【曲线】面板▶【提取素线】按钮，在绘图区域中选择下图所示的实体对象。

步骤 03 在绘图区域中捕捉下图所示的圆心点。

步骤 04 继续在绘图区域中捕捉圆心点。

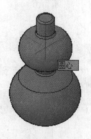

步骤 05 按【Enter】键确认，结果如下图所示。

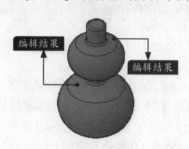

15.4 三维实体面编辑

🖱 本节视频教程时间：11分钟

上一节介绍了三维实体边编辑，这一节来介绍三维实体面编辑。

15.4.1 拉伸面

【拉伸面】命令可以根据指定的距离拉伸平面，或者将平面沿着指定的路径进行拉伸。【拉伸面】命令只能拉伸平面，对球体表面、圆柱体或圆锥体的曲面均无效。

在AutoCAD 2018中调用【拉伸面】命令通常有以下3种方法。

（1）选择【修改】▶【实体编辑】▶【拉伸面】菜单命令。

（2）单击【常用】选项卡▶【实体编辑】面板▶【拉伸面】按钮。

（3）单击【实体】选项卡▶【实体编辑】面板▶【拉伸面】按钮。

拉伸面的具体操作步骤如下。

步骤 01 打开"素材\CH15\三维实体面编辑.dwg"素材文件，如下图所示。

步骤 02 单击【常用】选项卡▶【实体编辑】面板▶【拉伸面】按钮 。并在绘图区域选择需要拉伸的面，如下图所示。

选择拉伸面

步骤 03 按空格键确认。并在命令行分别指定拉伸高度及角度。命令行提示如下。

> 指定拉伸高度或 [路径 (P)]: 15
> 指定拉伸的倾斜角度 <0>：0 ↙

步骤 04 连续按空格键确认并退出【拉伸面】命令，结果如下图所示。

15.4.2 移动面

【移动面】命令可以在保持面的法线方向不变的前提下移动面的位置，从而修改实体的尺寸或更改实体中槽和孔的位置。

在AutoCAD 2018中调用【移动面】命令通常有以下两种方法。

（1）选择【修改】▶【实体编辑】▶【移动面】菜单命令。

（2）单击【常用】选项卡▶【实体编辑】面板▶【移动面】按钮 。

移动面的具体操作步骤如下。

步骤 01 打开 "素材\CH15\编辑三维图形表面.dwg" 素材文件。单击【常用】选项卡▶【实体编辑】面板▶【移动面】按钮 ，在绘图区域单击选择需要移动的面并按空格键确认，如下图所示。

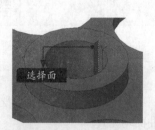

选择面

步骤 02 按空格键确认后在绘图区域单击指定移动基点，如下图所示。

移动基点

步骤 03 拖动鼠标并在绘图区域单击指定位移第二点，如下图所示。

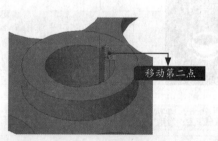

移动第二点

步骤 04 连续按空格键确认并退出【移动面】命令，结果如下图所示。

15.4.3 偏移面

【偏移面】命令不具备复制功能，它只能按照指定的距离或通过点均匀地偏移实体表面。在偏移面时，如果偏移面是实体轴，则正偏移值使得轴变大，如果偏移面是一个孔，正的偏移值将使得孔变小，因为它将最终使得实体体积变大。

在AutoCAD 2018中调用【偏移面】命令通常有以下3种方法。

（1）选择【修改】▶【实体编辑】▶【偏移面】菜单命令。

（2）单击【常用】选项卡▶【实体编辑】面板▶【偏移面】按钮 。

（3）单击【实体】选项卡▶【实体编辑】面板▶【偏移面】按钮 。

偏移面的具体操作步骤如下。

步骤 01 打开"素材\CH15\编辑三维图形表面.dwg"素材文件。单击【常用】选项卡▶【实体编辑】面板▶【偏移面】按钮 ，在绘图区域单击选择需要偏移的面并按空格键确认，如下图所示。

步骤 02 在命令行输入"15"以指定偏移距离。连续按空格键确认并退出【偏移面】命令，结果如下图所示。

15.4.4 删除面

使用【删除面】命令可以从选择集中删除以前选择的面。

在AutoCAD 2018中调用【删除面】命令通常有以下两种方法。

（1）选择【修改】▶【实体编辑】▶【删除面】菜单命令。

（2）单击【常用】选项卡▶【实体编辑】面板▶【删除面】按钮 。

删除面的具体操作步骤如下。

步骤 01 打开"素材\CH15\编辑三维图形表面.dwg"素材文件。单击【常用】选项卡▶【实体编辑】面板▶【删除面】按钮 ，在绘图区域单击选择需要删除的面，如下图所示。

选择面

步骤 02 连续按空格键确认并退出【删除面】命令，结果如下图所示。

15.4.5 着色面

【着色面】命令可以对三维实体的选定面进行相应颜色的指定。

在AutoCAD 2018中调用【着色面】命令通常有以下两种方法。

（1）选择【修改】➤【实体编辑】➤【着色面】菜单命令。

（2）单击【常用】选项卡➤【实体编辑】面板➤【着色面】按钮。

着色面的具体操作步骤如下。

步骤01 打开"素材\CH15\编辑三维图形表面.dwg"素材文件。单击【常用】选项卡➤【实体编辑】面板➤【着色面】按钮，选择需要着色的面，如下图所示。

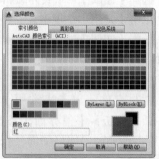

步骤03 单击【确定】按钮关闭【选择颜色】对话框，然后连续按空格键确认并退出【着色面】命令。结果如下图所示。

步骤02 按空格键确认后，系统自动弹出【选择颜色】对话框，在【选择颜色】对话框中选择"红色"作为着色颜色。如下图所示。

15.4.6 复制面

【复制面】命令可以将实体中的平面和曲面分别复制生成面域和曲面模型。

在AutoCAD 2018中调用【复制面】命令通常有以下两种方法。

（1）选择【修改】➤【实体编辑】➤【复制面】菜单命令。

（2）单击【常用】选项卡➤【实体编辑】面板➤【复制面】按钮。

复制面的具体操作步骤如下。

步骤01 打开"素材\CH15\编辑三维图形表面.dwg"素材文件。单击【常用】选项卡➤【实体编辑】面板➤【复制面】按钮，选择需要复制的面，如下图所示。

步骤02 在绘图区域单击指定移动基点，如下图所示。

步骤 03 拖动鼠标在绘图区域单击指定位移第二点，连续按空格键确认并退出【复制面】命令，结果如下图所示。

15.4.7 倾斜面

【倾斜面】命令可以使实体表面产生倾斜和锥化效果。

在AutoCAD 2018中调用【倾斜面】命令通常有以下3种方法。

（1）选择【修改】▶【实体编辑】▶【倾斜面】菜单命令。

（2）单击【常用】选项卡▶【实体编辑】面板▶【倾斜面】按钮 。

（3）单击【实体】选项卡▶【实体编辑】面板▶【倾斜面】按钮 。

倾斜面的具体操作步骤如下。

步骤 01 打开"素材\CH15\编辑三维图形表面.dwg"素材文件。单击【常用】选项卡▶【实体编辑】面板▶【倾斜面】按钮 ，选择需要倾斜的面，如下图所示。

选择面

步骤 02 在绘图区域单击指定倾斜基点。如下图所示。

步骤 03 在绘图区域拖动鼠标单击指定倾斜轴另一点。如下图所示。

步骤 04 在命令行输入"3"并按空格键确认以指定倾斜角度，连续按空格键确认并退出【倾斜面】命令，结果如下图所示。

15.4.8 旋转面

【旋转面】命令可以将选择的面沿着指定的旋转轴和方向进行旋转，从而改变实体的形状。

在AutoCAD 2018中调用【旋转面】命令通常有以下两种方法。

（1）选择【修改】▶【实体编辑】▶【旋转面】菜单命令。

（2）单击【常用】选项卡▶【实体编辑】面板▶【旋转面】按钮 。

旋转面的具体操作步骤如下。

步骤 01 打开"素材\CH15\编辑三维图形表面.dwg"素材文件。单击【常用】选项卡▶【实体编辑】面板▶【旋转面】按钮 ，选择需要旋转的面，如下图所示。

步骤 02 在绘图区域单击指定旋转轴上的第一点，如下图所示。

步骤 03 在绘图区域拖动光标并单击指定旋转轴上的第二点，如下图所示。

步骤 04 在命令行输入"3"并按空格键确认以指定旋转角度。连续按空格键确认并退出【旋转】命令，结果如下图所示。

15.5 三维实体体编辑

🌐 **本节视频教程时间：6分钟**

前面介绍了三维实体边编辑和面编辑，这一节来介绍三维实体体编辑。

15.5.1 剖切

为了发现模型内部结构上的问题，经常用【剖切】命令沿一个平面或曲面将实体剖切成两个部分，可以删除剖切实体的一部分，也可以两者都保留。

在AutoCAD 2018中调用【剖切】命令通常有以下4种方法。

（1）选择【修改】▶【三维操作】▶【剖切】菜单命令。

（2）在命令行输入【SLICE/SL】命令并按空格键。

（3）单击【常用】选项卡▶【实体编辑】面板▶【剖切】按钮 。

（4）单击【实体】选项卡▶【实体编辑】面板▶【剖切】按钮 。

剖切的具体操作步骤如下。

步骤 01 打开"素材\CH15\剖切对象.dwg"素材文件，如下图所示。

步骤 02 单击【常用】选项卡➤【实体编辑】面板➤【剖切】按钮。选择整个图形为剖切对象并按空格键确认，如下图所示。

步骤 03 以zx平面为剖切平面，并指定剖切平面上的点。命令行提示如下。

指定切面的起点或 [平面对象 (O)/ 曲面 (S)/z 轴 (Z)/ 视图 (V)/xy(XY)/yz(YZ)/zx(ZX)/ 三点 (3)] < 三点 >: zx

指定 ZX 平面上的点 <0,0,0>: 0,0,1

步骤 04 当命令行提示指定要保留的一侧时在图形下方单击，结果如下图所示。

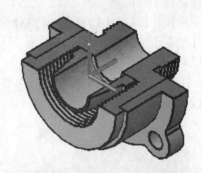

15.5.2 分割

分割可以将不相连的组合实体分割成独立的实体。虽然分离后的三维实体看起来没有什么变化，但实际上它们已是各自独立的三维实体了。

在AutoCAD 2018中调用【分割】命令通常有以下3种方法。

（1）选择【修改】➤【实体编辑】➤【分割】菜单命令。

（2）单击【常用】选项卡➤【实体编辑】面板➤【分割】按钮。

（3）单击【实体】选项卡➤【实体编辑】面板➤【分割】按钮。

分割对象的具体操作步骤如下。

步骤 01 打开"素材\CH15\分割对象.dwg"素材文件，如下图所示。

步骤 02 单击【常用】选项卡➤【实体编辑】面板➤【分割】按钮，然后选择三维实体，连续按空格键退出【分割】命令。实体分割后将鼠标放置到图形上，可以看到图形是两个独立的实体，如下图所示。

> **小提示**
>
> 分割不用设置分割面，分割不能将一个三维实体分解恢复到它的原始状态，也不能分割相连的实体。

15.5.3 抽壳

【抽壳】命令通过偏移被选中的三维实体的面，将原始面与偏移面之外的东西删除。也可以在抽壳的三维实体内通过挤压创建一个开口。该命令对一个特殊的三维实体只能执行一次。

在AutoCAD 2018中调用【抽壳】命令通常有以下3种方法。

（1）选择【修改】➤【实体编辑】➤【抽壳】菜单命令。

（2）单击【常用】选项卡➤【实体编辑】面板➤【抽壳】按钮圖。

（3）单击【实体】选项卡➤【实体编辑】面板➤【抽壳】按钮圖。

抽壳的具体操作步骤如下。

步骤01 打开"素材\CH15\抽壳.dwg"素材文件，如下图所示。

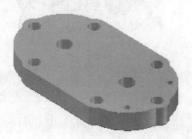

步骤02 单击【常用】选项卡➤【实体编辑】面板➤【抽壳】按钮圖。选择三维实体，如下图所示。

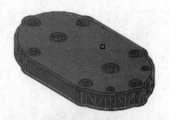

步骤03 当命令行提示选择删除面时选择上表面并按空格键，如图所示。

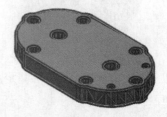

步骤04 当命令行输入抽壳距离时输入2，然后连续按空格键退出【抽壳】命令，结果如下图所示。

15.5.4 加厚

【加厚】命令可以加厚曲面，从而把它转换成实体。该命令只能将由平移、拉伸、扫描、放样或者旋转命令创建的曲面通过加厚后转换成实体。

在AutoCAD 2018中调用【加厚】命令通常有以下4种方法。

（1）选择【修改】➤【三维操作】➤【加厚】菜单命令。

（2）在命令行输入【THICKEN】命令并按空格键。

（3）单击【常用】选项卡➤【实体编辑】面板➤【加厚】按钮圙。

（4）单击【实体】选项卡➤【实体编辑】面板➤【加厚】按钮圙。

加厚的具体操作步骤如下。

步骤01 打开"素材\CH15\加厚对象.dwg"素材文件，如下图所示。

步骤02 单击【常用】选项卡➤【实体编辑】面板➤【加厚】按钮圙，然后选择上侧曲面为加厚对象，如下图所示。

步骤 03 当命令行提示输入厚度时，输入10，结果如下图所示。

小提示

当输入的厚度为正值时，向外加厚，当输入的厚度值为负值时，向内加厚。

15.6 综合实战——三维泵体建模

本节视频教程时间：22分钟

离心泵是一个复杂的整体，绘图时可以将其拆分成两部分，各自绘制完成后，再通过移动、并集、差集等命令将其合并成为一体。

15.6.1 泵体的连接法兰部分建模

下面将介绍泵体法兰部分的绘制方法，其具体操作步骤如下。

1. 创建圆柱体

步骤 01 新建一个AutoCAD文件，然后单击绘图区域左上角的视图控件，将视图样式切换为【西南等轴测】。

步骤 02 单击【常用】选项卡➤【建模】面板➤【圆柱体】按钮，指定圆柱体底面的中心点（200,200,0），并按空格键确认，如下图所示。

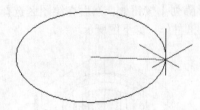

步骤 03 在命令行中输入指定圆柱体底面半径时，输入半径值"19"，并按空格键确认，如下图所示。

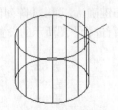

步骤 04 在命令行中输入圆柱体高度值"12"，并按空格键确认，结果如下图所示。

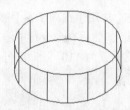

步骤 05 重复步骤2~4，绘制一个底面圆心在（200,200,-6），底面半径值为"14"，高度值为"22"的圆柱体，结果如下图所示。

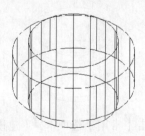

步骤 06 重复步骤2~4，绘制一个底面圆心在（200,200,16），底面半径值为"19"，高度值为"5"的圆柱体，结果如下图所示。

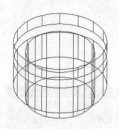

2. 创建法兰体的连接部分

步骤 01 单击【常用】选项卡➤【绘图】面板➤【矩形】按钮▢，命令行提示如下。

```
命令：_rectang
指定第一个角点或 [ 倒角 (C)/ 标高 (E)/
圆角 (F)/ 厚度 (T)/ 宽度 (W)]: 175,175,12
指定另一个角点或 [ 面积 (A)/ 尺寸 (D)/
旋转 (R)]: @50,50
```

步骤 02 矩形绘制完毕后结果如下图所示。

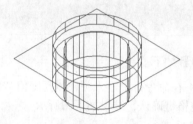

步骤 03 单击【常用】选项卡➤【修改】面板➤【圆角】按钮◱。然后在命令行中输入【R】，并将圆角半径值设置为"10"。命令行提示如下。

```
选择第一个对象或 [ 放弃 (U)/ 多段线 (P)/
半径 (R)/ 修剪 (T)/ 多个 (M)]: R
指定圆角半径 <0.0000>: 10
```

步骤 04 在命令行中输入【P】，并选择上一步中绘制的矩形，结果如下图所示。

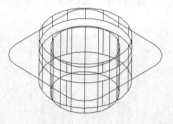

步骤 05 单击【常用】选项卡➤【建模】面板➤【拉伸】按钮◩，选择圆角矩形作为拉伸对象。

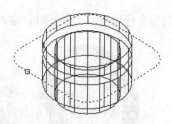

步骤 06 按【Enter】键确认，并输入拉伸高度值"9"，结果如下图所示。

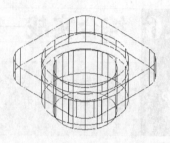

步骤 07 单击【常用】选项卡➤【建模】面板➤【圆柱体】按钮◩，以点（182,182,12）为底面中心，"3"为底面半径，绘制一个高度为"9"的圆柱体，如下图所示。

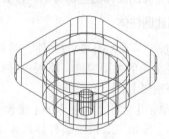

步骤 08 单击【常用】选项卡➤【修改】面板➤【矩形阵列】按钮⊞，然后在绘图区选择刚才绘制的圆柱体，如下图所示。

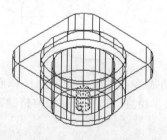

步骤 09 按空格键确认，弹出【阵列创建】面板，对阵列的列和行进行下图所示的设置。

	列数:	2		行数:	2
	介于:	36		介于:	36
	总计:	36		总计:	150.4598
	列			行 ▾	

步骤 ⑩ 设置完成后单击【关闭阵列】按钮，结果如下图所示。

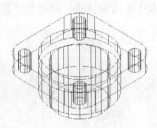

● 3. 合并和修整法兰体

步骤 ① 单击【常用】选项卡➤【实体编辑】面板➤【并集】按钮◎，选择圆角长方体和"1.绘制圆柱体"中绘制的前两个圆柱体，如下图所示。

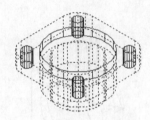

步骤 ② 按空格键后将圆角长方体和两个圆柱体合并成一个整体。单击【常用】选项卡➤【实体编辑】面板➤【差集】按钮◎，选择刚并集生成的实体，如下图所示。

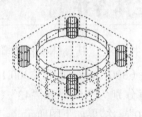

步骤 ③ 按空格键确认，然后选择"1.绘制圆柱体"中绘制的第3个圆柱体和阵列的4个小圆柱体作为减去的对象，如下图所示。

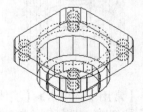

步骤 ④ 按空格键确认，单击绘图区域左上角的视觉样式控件，将视觉样式切换为【概念】，

结果如下图所示。

步骤 ⑤ 单击【常用】选项卡➤【修改】面板➤【三维旋转】按钮◉，选择所有的对象，绕x轴旋转，指定x轴上的点（200,200,-6）输入旋转角度为"90"。命令行提示如下。

```
命令：_3drotate
UCS 当前的正角方向： ANGDIR= 逆时针 ANGBASE=0
选择对象：选择全部对象
选择对象：
指定基点：200,200,-6
拾取旋转轴：在绘图窗口中拾取 X 轴
指定角的起点或键入角度：90
```

步骤 ⑥ 旋转后结果如下图所示。

● 4. 创建法兰体的其他细节

步骤 ① 为了绘图方便，重新将视觉样式切换到【二维线宽】视觉样式。

步骤 ② 单击【常用】选项卡➤【建模】面板➤【圆柱体】按钮◻，指定圆柱体底面的中心点（200,188,14），输入圆柱体底面半径值"6"，最后在命令行中输入圆柱体的高度值"30"，并按空格键确认，结果如下图所示。

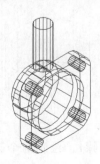

步骤 03 重复步骤2，绘制一个底面圆心在"（200,188,14）"，底面半径值为"3"，高度值为"30"的圆柱体，结果如下图所示。

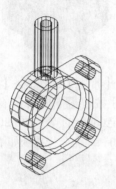

步骤 04 单击【常用】选项卡▶【实体编辑】面板▶【并集】按钮⓪。选择主体和上一步刚绘制的大圆柱体，如下图所示。

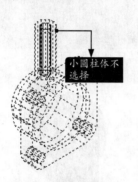

小圆柱体不选择

步骤 05 按空格键确认。单击【常用】选项卡▶【实体编辑】面板▶【差集】按钮⓪，将刚绘制的小圆柱体从主体中减去，结果如下图所示。

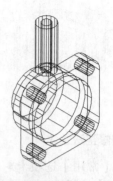

步骤 06 为了便于观察视图效果，选择【视图】▶【消隐】命令，将视觉样式切换到【消隐】样式，结果如下图所示。

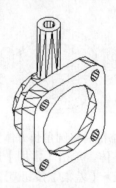

15.6.2 创建离心泵体主体并将主体和法兰体合并

下面将介绍离心泵体主体的建模方法及主体和法兰体的合并方法，其具体操作步骤如下。

● 1. 创建泵体主体圆柱体

步骤 01 单击【常用】选项卡▶【建模】面板▶【圆柱体】按钮⓪，指定圆柱体底面的中心点（300,188,−13.5），然后输入圆柱体底面半径值"40"，最后在命令行中输入圆柱体高度值"40"，并按空格键确认，结果如下图所示。

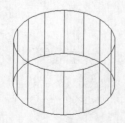

步骤 02 重复步骤1，绘制两个圆柱体，底面

圆心分别在（300,188,6.5）和（300,188,46.5），底面半径值分别为"50"和"43"，高度值为"40"和"30"，结果如下图所示。

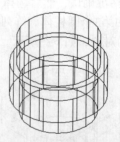

步骤 03 单击【常用】选项卡▶【实体编辑】面板▶【并集】按钮⓪，选择刚绘制的3个圆柱体将它们合并成一体，如下图所示。

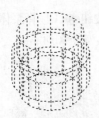

步骤 04 单击【常用】选项卡➤【修改】面板➤【三维旋转】按钮，选择刚才合并的3个圆柱体，指定*x*轴为旋转轴，并将旋转点设置为"（300,188,-13.5）"，旋转角度指定为90。命令行提示如下。

> 指定基点：300,188,-13.5
> 拾取旋转轴：在绘图窗口拾取 X 轴
> 指定角的起点或键入角度：90

步骤 05 按【Enter】键确认，结果如下图所示。

● 2. 创建泵体进出油口

步骤 01 单击【常用】选项卡➤【建模】面板➤【圆柱体】按钮，指定圆柱体底面的中心点"（264,148,-13.5）"，输入圆柱体底面半径值"13"，最后在命令行中输入圆柱体高度值"55"，并按空格键确认，结果如下图所示。

步骤 02 重复步骤1，绘制一个圆柱体，底面圆心在"（264,148,-13.5）"，底面半径值为"8"，高度值为"55"，结果如下图所示。

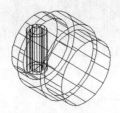

步骤 03 单击【常用】选项卡➤【实体编辑】面板➤【差集】按钮，将刚绘制的小圆柱体从大圆柱体中减去。为方便观察，将视觉样式切换为【概念】模式，结果如下图所示。

步骤 04 单击【常用】选项卡➤【修改】面板➤【镜像】按钮，选择刚差集后的圆柱体为镜像对象，并指定镜像线第一点坐标为（300,98），镜像线第二点的坐标为（300,188），结果如下图所示。

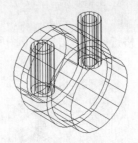

步骤 05 单击【常用】选项卡➤【实体编辑】面板➤【并集】按钮。选择刚才绘制的两个圆筒和柱体，如下图所示。

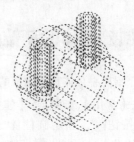

步骤 06 按【Enter】键确认，将所选对象合并为一体。结果如下图所示。

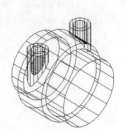

3. 合并法兰体和泵体主体

步骤 01 单击【常用】选项卡▶【修改】面板▶【移动】按钮✛，选择法兰体为移动对象。如下图所示。

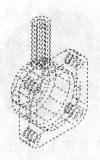

步骤 02 指定位移基点和位移的第二点，命令行提示如下。

> 指定基点或 [位移(D)] < 位移 >： 200，200，-6
> 指定第二个点或 < 使用第一个点作为位移 >：300,98,-13.5

步骤 03 按空格键确认，结果如下图所示。

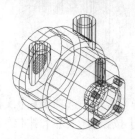

步骤 04 单击【常用】选项卡▶【实体编辑】面板▶【并集】按钮⊙，选择泵体主体和法兰体作为并集对象，如下图所示。

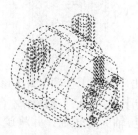

步骤 05 按空格键确认，结果如下图所示。

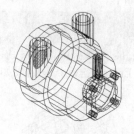

步骤 06 为便于观察，选择【视图】▶【消隐】命令，将视图切换到【消隐】视觉样式，结果如下图所示。

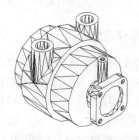

15.6.3 创建泵体的其他细节并将它合并到泵体上

下面将介绍离心泵体其他细节的创建及合并方法，其具体操作步骤如下。

步骤 01 单击【常用】选项卡▶【建模】面板▶【圆柱体】按钮▯，指定圆柱体底面的中心点"（350,40,0）"，输入圆柱体底面半径值"14"，最后在命令行中输入圆柱体高度值"108"，并按空格键确认，结果如下图所示。

步骤 02 单击【常用】选项卡▶【修改】面板▶【三维旋转】按钮⊕，选择刚才绘制的圆柱体，指定x轴为旋转轴，并将旋转点设置为"（350,40,16）"，旋转角度指定为90。命令行提示如下。

> 指定基点：350,40,16
> 拾取旋转轴：在绘图窗口拾取 X 轴
> 指定角的起点或键入角度：90

步骤 03 按空格键确认，结果如下图所示。

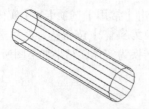

步骤 ④ 单击【常用】选项卡▶【修改】面板▶【移动】按钮，选择旋转后的圆柱体为移动对象。指定位移基点和位移的第二点。命令行提示如下。

> 指定基点或 [位移(D)] < 位移 >：350，-52,16
> 指定第二个点或 < 使用第一个点作为位移 >：300,76,-13.5

步骤 ⑤ 按空格键确认，结果如下图所示。

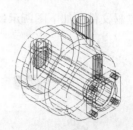

步骤 ⑥ 单击【常用】选项卡▶【实体编辑】面板▶【差集】按钮，将细节圆柱体从整个泵体中减去。将视觉样式切换为【概念】后结果如下图所示。

高手支招

本节视频教程时间：5分钟

● SOLIDEDIT命令

实际上关于边、面和体的编辑命令大多都可以通过【SOLIDEDIT】命令来调用并完成编辑操作，该命令虽然比较全面，但是调用后还需要进一步选择需要的操作，因此，没有用其他方法调用来得直接和简单，所以，前面介绍命令调用时没有介绍该方法。

执行该命令后，系统会提示【输入实体编辑选项 [面(F)/边(E)/体(B)/放弃(U)/退出(X)] <退出>:】，该提示中各选项含义如下。

● 【面(F)】：输入【F】后，可对面进行拉伸、移动、旋转、偏移、倾斜、删除、复制或更改颜色等编辑

● 【边(E)】：输入【E】后，可对边进行着色和复制等编辑

● 【体(B)】：输入【B】后，可对边进行压印、分割实体、抽壳、清除和检查等编辑

● 【放弃(U)】：放弃编辑操作

● 【退出(X)】：退出 SOLIDEDIT 命令

● 实体和曲面之间的相互转换

【实体转换曲面】命令可以将下列对象转换成曲面：利用SOLID命令创建的二维实体；面域；具有厚度的零线宽的多段线，并且没有生成封闭的图形；具有厚度的直线和圆弧。

【曲面转换实体】命令则可以将具有厚度的宽度均匀的多段线、宽度为0的闭合多段线和圆转换成实体。

AutoCAD 2018中调用"实体和曲面之间切换"的命令的常用方法有以下4种。

（1）选择【修改】▶【三维操作】▶【转换为实体/转换为曲面】菜单命令。

（2）在命令行中输入【CONVTOSURFACE】或【CONVTOSLID】命令并按空格键确认。

（3）单击【常用】选项卡▶【实体编辑】面板▶【转换为实体/转换为曲面】按钮。

（4）单击【网格】选项卡▶【转换网格】面板▶【转换为实体/转换为曲面】按钮。

实体和曲面之间相互转换的具体操作如下。

步骤 ① 打开"素材\CH15\实体和曲面间的相互

转换.dwg"素材文件，如下图所示。

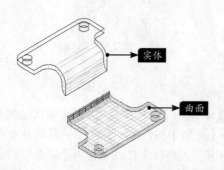

步骤 02 单击【常用】选项卡▶【实体编辑】面板▶【转换为曲面】按钮，然后选择上侧图形，将它转换为曲面，结果如下图所示。

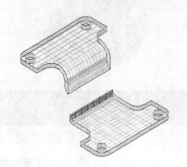

步骤 03 单击【常用】选项卡▶【实体编辑】面板▶【转换为实体】按钮，然后选择下侧图形，将它转换为实体，结果如下图所示。

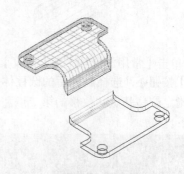

步骤 04 选择【视图】▶【视觉样式】▶【真实】菜单命令，结果如下图所示。

● 适用于三维的二维编辑命令

很多二维命令都可以在三维中使用，具体如下表所示。

命令	在三维绘图中的用法	命令	在三维绘图中的用法
删除（E）	与二维相同	缩放（SC）	可用于三维对象
复制（CO）	与二维相同	拉伸（S）	在三维空间可用于二维对象、线框和曲面
镜像（MI）	镜像线在二维平面上时，可以用于三维对象	拉长（LEN）	在三维空间只能用于二维对象
偏移（O）	在三维中也只能用于二维对象	修剪（TR）	有专门的三维选项
阵列（AR）	与二维相同	延伸（EX）	有专门的三维选项
移动（M）	与二维相同	打断（BR）	在三维空间只能用于二维对象
旋转（RO）	可用于xy平面上的三维对象	倒角（CHA）	有专门的三维选项
对齐（AL）	可用于三维对象	圆角（F）	有专门的三维选项
分解（X）	与二维相同		

第 16 章

渲染

学习目标

AutoCAD 2018为用户提供了更加强大的渲染功能，渲染图除了具有消隐图所具有的所有逼真感的措施之外，还提供了调解光源、在模型表面附着材质等功能，使三维图形更加形象逼真，更加符合视觉效果。

学习效果

16.1 渲染的基本概念

⊙ 本节视频教程时间：10 分钟

在AutoCAD中，三维模型对象可以对事物进行整体上的有效表达，使其更加直观，结构更加明朗，但是在视觉效果上面却与真实物体存在着很大差距，AutoCAD中的渲染功能有效弥补了这一缺陷，使三维模型对象表现得更加完美，更加真实。

16.1.1 渲染的功能

AutoCAD的渲染模块基于一个名为Acrender.arx的文件，该文件在使用【渲染】命令时自动加载。AutoCAD的渲染模块具有如下功能。

（1）支持3种类型的光源——聚光源、点光源和平行光源，另外还可以支持色彩并能产生阴影效果。

（2）支持透明和反射材质。

（3）可以在曲面上加上位图图像来帮助创建真实感的渲染。

（4）可以加上人物、树木和其他类型的位图图像进行渲染。

（5）可以完全控制渲染的背景。

（6）可以对远距离对象进行明暗处理来增强距离感。

渲染相对于其他视觉样式有更直观的表达，下图所示的3张图分别是圆锥体曲面模型的线框图、消隐处理的图像以及渲染处理后的图像。

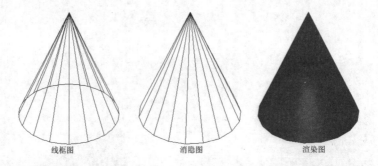

线框图　　　　　　消隐图　　　　　　渲染图

16.1.2 窗口渲染

渲染可以在窗口、视口和面域中进行，AutoCAD 2018默认是在窗口中进行中等质量的渲染。在AutoCAD 2018中调用【渲染】命令通常有以下两种方法。

（1）在命令行输入【RENDER/RR】命令并按空格键。

（2）单击【可视化】选项卡▶【渲染】面板▶【渲染】按钮 。

下面将使用系统默认的窗口中等质量渲染对电机模型进行渲染，具体操作步骤如下。

步骤 01 打开"素材\CH16\电机.dwg"素材文件，如下图所示。

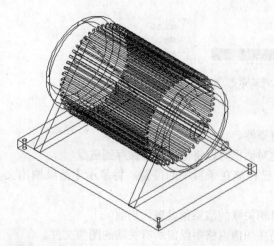

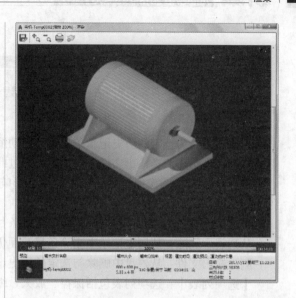

步骤 02 调用【渲染】命令，系统默认的窗口中等质量渲染结果如右图所示。

【渲染】窗口分为"图像"窗格、"历史记录"和"信息统计"窗格。所有图形的渲染始终显示在其相应的"渲染"窗口中。

在渲染窗口可以执行以下操作。

● 将图像保存为文件。

● 将图像的副本保存为文件。

● 监视当前渲染的进度。

● 追踪模型的渲染历史记录。

● 删除渲染历史记录中的图像。

● 放大渲染图像的某个部分，平移图像，然后再将其缩小。

【图像】窗格：渲染器的主输出目标。显示当前渲染的进度和当前渲染操作完成后的最终渲染图像。

缩放比例：缩放比例范围为 1% ~ 6400%。您可以单击【放大】和【缩小】按钮，或滚动鼠标滚轮来更改当前的缩放比例。

进度条：进度条显示完成的层数、当前迭代的进度以及总体渲染时间。通过单击位于"渲染"窗口顶部的【取消】按钮或按【Esc】键，即可取消渲染。

【历史记录】窗格：位于底部，默认情况下处于折叠状态，可以访问当前模型最近渲染的图像以及用于创建渲染图像的对象的统计信息。

预览：已完成渲染的图像的小缩略图。

输出文件名称：渲染图像的文件名。

输出大小：渲染图像的宽度和高度（以像素为单位）。

输出分辨率：渲染图像的分辨率，以每英寸点数 (DPI) 为单位。

视图：所渲染的视图的名称。如果没有任何命名视图是当前的，则将视图存储为当前。

渲染时间：测得的渲染时间（采用"时 : 分 : 秒"格式）。

渲染预设：用于渲染的渲染预设名称。

渲染统计信息：创建渲染图像的日期和时间，以及渲染视图中的对象数。对象计数包括几何图形、光源和材质。

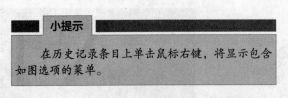

> **小提示**
>
> 　　在历史记录条目上单击鼠标右键，将显示包含如图选项的菜单。

再次渲染：为选定的历史记录条目重新启动渲染器。

保存：显示【渲染输出文件】对话框，通过此对话框可以将渲染图像保存到磁盘。

保存副本：将图像保存到新位置而不会影响已存储在条目中的位置。将显示【渲染输出文件】对话框。

将渲染设置置为当前：将与选定历史记录条目相关联的渲染预设置为当前。

从列表中删除：从历史记录中删除条目，而仍在图像窗格中保留所有关联的图像文件。

删除输出文件：从磁盘中删除与选定的历史记录条目相关联的图像文件。

【选项列表】：选项列表包括保存、放大、缩小、打印和取消5个选项，如下图所示。

保存：将图像保存为光栅图像文件。当渲染到"渲染"窗口时，不能使用 SAVEIMG 命令，此命令仅适用于在视口中进行渲染。

放大：放大"图像"窗格中的渲染图像。放大后，可以平移图像。

缩小：缩小"图像"窗格中的渲染图像。

打印：将渲染图像发送到指定的系统打印机。

取消：中止当前渲染。

16.1.3 高级渲染设置

高级渲染设置可以控制许多影响渲染器如何处理渲染任务的设置，尤其是在渲染较高质量的图像时。

在AutoCAD 2018中调用【高级渲染设置】命令通常有以下3种方法。

（1）选择【视图】➤【渲染】➤【高级渲染设置】菜单命令。

（2）在命令行输入【RPREF/RPR】命令并按空格键。

（3）单击【可视化】选项卡➤【渲染】面板右下角的 ↘。

单击【可视化】选项卡➤【渲染】面板右下角的 ↘，弹出【渲染预设管理器】面板，如下图所示。

【渲染位置】：确定渲染器显示渲染图像的位置，单击列表的下拉按钮，弹出【窗口】【视口】和【面域】等选项，如下图所示。

- 【窗口】：将当前视图渲染到"渲染"窗口。
- 【视口】：在当前视口中渲染当前视图。
- 【面域】：在当前视口中渲染指定区域。

【渲染尺寸】：指定渲染图像的输出尺寸和分辨率。选择"更多输出设置"以显示【'渲染到尺寸'输出设置】对话框并指定自定义输出尺寸。【渲染尺寸】下拉列表的选项如下图所示。

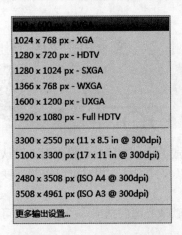

小提示

仅当从【渲染位置】下拉列表中选择"窗口"时，此选项才可用。

【渲染 📄】：创建三维实体或曲面模型的真实照片级图像或真实着色图像。

【当前预设】：指定渲染视图或区域时要使用的渲染预设。AutoCAD 2018有5种预设，默认为"中"，如下图所示。

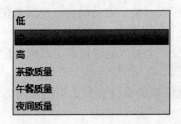

小提示

修改标准渲染预设的设置时会导致创建新的自定义渲染预设。

【创建副本 ⚙】：复制选定的渲染预设。将复制的渲染预设名称以及后缀"- CopyN"附加到该名称，以便为该新的自定义渲染预设创建唯一名称。N 所表示的数字会递增，直到创建唯一名称。

【删除 ✖】：从图形的"当前预设"下拉列表中，删除选定的自定义渲染预设。在删除选定的渲染预设后，将另一个渲染预设置为当前。

【预设信息】：显示选定渲染预设的名称和说明。

名称：指定选定渲染预设的名称。可以重命名自定义渲染预设而非标准渲染预设。

说明：指定选定渲染预设的说明。

【渲染持续时间】：控制渲染器为创建最终渲染输出而执行的迭代时间或层级数。增加时间

或层级数可提高渲染图像的质量。（RENDERTARGET 系统变量）

直到满意为止：渲染将继续，直到取消为止。

按级别渲染：指定渲染引擎为创建渲染图像而执行的层级数或迭代数。（RENDERLEVEL 系统变量）

按时间渲染：指定渲染引擎用于反复细化渲染图像的分钟数。（RENDERTIME 系统变量）

【光源和材质】：控制用于渲染图像的光源和材质计算的准确度。（RENDERLIGHTCALC 系统变量）

低：简化光源模型；最快但最不真实。全局照明、反射和折射处于禁用状态。

草稿：基本光源模型；平衡性能和真实感。全局照明处于启用状态，反射和折射处于禁用状态。

高：高级光源模型；较慢但更真实。全局照明、反射和折射处于启用状态。

16.2 创建光源

 本节视频教程时间：7 分钟

AutoCAD提供了3种光源单位：标准（常规）、国际（国际标准）和美制。

场景中没有光源时，将使用默认光源对场景进行着色或渲染。来回移动模型时，默认光源来自视点后面的两个平行光源。模型中所有的面均被照亮以使其可见。用户可以控制亮度和对比度，但不需要自己创建或放置光源。

插入自定义光源或启用阳光时，将会为用户提供禁用默认光源的选项。另外，用户可以仅将默认光源应用到视口，同时将自定义光源应用到渲染。

16.2.1 新建点光源

法线点光源不以某个对象为目标，而是照亮它周围的所有对象。使用类似点光源来获得基本照明效果。

目标点光源具有其他目标特性，因此它可以定向到对象。也可以通过将点光源的目标特性从【否】更改为【是】，从点光源创建目标点光源。

在标准光源工作流中可以手动设定点光源，使其强度随距离线性衰减（根据距离的平方反比）或者不衰减。默认情况下，衰减设定为【无】。

用户可以根据需要新建适合自己使用的"点光源"。

在AutoCAD 2018中调用【新建点光源】命令的方法通常有以下3种。

（1）选择【视图】▶【渲染】▶【光源】▶【新建点光源】菜单命令。

（2）在命令行中输入【POINTLIGHT】命令并按空格键确认。

（3）单击【可视化】选项卡▶【光源】面板▶【创建光源】下拉列表▶【点】按钮💡。

下面将对新建点光源的方法进行详细介绍。

步骤 01 打开"素材\CH16\新建光源.dwg"素材文件，如下图所示。

步骤02 选择【视图】➤【渲染】➤【光源】➤【新建点光源】菜单命令，系统弹出【光源-视口光源模式】询问对话框，如下图所示。

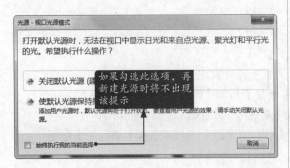

如果勾选此选项，再新建光源时将不出现该提示

步骤03 选择【关闭默认光源（建议）】选项，然后在命令提示下指定新建点光源的位置及强度因子，命令行提示如下。

```
命令：_pointlight
指定源位置 <0,0,0>: 0,0,50
输入要更改的选项 [ 名称 (N)/ 强度因子 (I)/状态 (S)/ 光度 (P)/ 阴影 (W)/ 衰减 (A)/ 过滤颜色 (C)/ 退出 (X)] < 退出 >: i
输入强度 (0.00 – 最大浮点数 ) <1>: 0.01
输入要更改的选项 [ 名称 (N)/ 强度因子 (I)/ 状态 (S)/ 光度 (P)/ 阴影 (W)/ 衰减 (A)/ 过滤颜色 (C)/ 退出 (X)] < 退出 >:
```

步骤04 结果如下图所示。

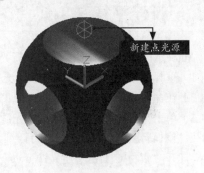

新建点光源

16.2.2 新建聚光灯

聚光灯（例如闪光灯、剧场中的跟踪聚光灯或前灯）分布投射一个聚焦光束。聚光灯发射定向锥形光，可以控制光源的方向和圆锥体的尺寸。像点光源一样，聚光灯也可以手动设定为强度随距离衰减，但是，聚光灯的强度始终还是根据相对于聚光灯的目标矢量的角度衰减，此衰减由聚光灯的聚光角角度和照射角角度控制。可以用聚光灯亮显模型中的特定特征和区域。

在AutoCAD 2018中调用【新建聚光灯】命令通常有以下3种方法。

（1）选择【视图】➤【渲染】➤【光源】➤【新建聚光灯】菜单命令。

（2）在命令行中输入【SPOTLIGHT】命令并按空格键确认。

（3）单击【可视化】选项卡➤【光源】面板➤【创建光源】下拉列表➤【聚光灯】按钮。

下面将对新建聚光灯的方法进行详细介绍。

步骤01 打开"素材\CH16\新建光源.dwg"素材文件。

步骤02 选择【视图】➤【渲染】➤【光源】➤【新建聚光灯】菜单命令，系统弹出【光源-视口光源模式】询问对话框，选择【关闭默认光源（建议）】选项，然后在命令提示下指定新建聚光灯的位置及强度因子，命令行提示如下。

```
命令：_spotlight
指定源位置 <0,0,0>: –120,0,0
指定目标位置 <0,0,-10>: –90,0,0
输入要更改的选项 [ 名称 (N)/ 强度因子 (I)/ 状态 (S)/ 光度 (P)/ 聚光角 (H)/ 照射角 (F)/ 阴影 (W)/ 衰减 (A)/ 过滤颜色 (C)/ 退出 (X)] < 退出 >: i
输入强度 (0.00 – 最大浮点数 ) <1>: 0.03
```

输入要更改的选项 [名称 (N)/ 强度因子 (I)/ 状态 (S)/ 光度 (P)/ 聚光角 (H)/ 照射角 (F)/ 阴影 (W)/ 衰减 (A)/ 过滤颜色 (C)/ 退出 (X)] < 退出 >:

步骤 03 结果如下图所示。

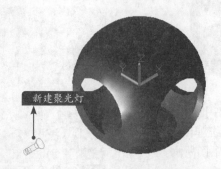

新建聚光灯

16.2.3 新建平行光

在AutoCAD 2018中调用【新建平行光】命令的方法通常有以下3种。

（1）选择【视图】▶【渲染】▶【光源】▶【新建平行光】菜单命令。

（2）在命令行中输入【DISTANTLIGHT】命令并按空格键确认。

（3）单击【可视化】选项卡▶【光源】面板▶【创建光源】下拉列表▶【平行光】按钮。

下面将对新建平行光的方法进行详细介绍。

步骤 01 打开 "素材\CH16\新建光源.dwg" 素材文件。

步骤 02 选择【视图】▶【渲染】▶【光源】▶【新建平行光】菜单命令，系统弹出【光源-视口光源模式】询问对话框，选择【关闭默认光源（建议）】选项，系统弹出【光源-光度控制平行光】询问对话框，如下图所示。

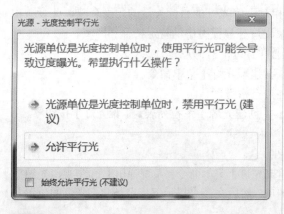

步骤 03 选择【允许平行光】选项，然后在命令提示下指定新建平行光的光源来向、光源去向及强度因子，命令行提示如下。

命令：_distantlight

指定光源来向 <0,0,0> 或 [矢量 (V)]: 0, 0,130

指定光源去向 <1,1,1>: 0,0,70

输入要更改的选项 [名称 (N)/ 强度因子 (I)/ 状态 (S)/ 光度 (P)/ 阴影 (W)/ 过滤颜色 (C)/ 退出 (X)] < 退出 >: i

输入强度 (0.00 – 最大浮点数) <1>: 2

输入要更改的选项 [名称 (N)/ 强度因子 (I)/ 状态 (S)/ 光度 (P)/ 阴影 (W)/ 过滤颜色 (C)/ 退出 (X)] < 退出 >:

步骤 04 结果如下图所示。

16.2.4 新建光域网灯光

光域灯光（光域）是光源的光强度分布的三维表示。光域灯光可用于表示各向异性（非统一）光分布，此分布来源于现实中的光源制造商提供的数据。与聚光灯和点光源相比，它提供了更加精确的渲染光源表示。

使用光度控制数据的IES LM-63-1991标准文件格式将定向光分布信息以IES格式存储在光度控制数据文件中。

要描述光源发出的光的方向分布，则通过置于光源的光度控制中心的点光源近似光源。使用此近似，将仅分布描述为发出方向的功能。提供用于水平角度和垂直角度预定组的光源的照度，并且系统可以通过插值计算沿任意方向的照度。

在AutoCAD 2018中调用【光域网光灯】命令通常有以下两种方法。

（1）在命令行中输入【WEBLIGHT】命令并按空格键确认。

（2）单击【可视化】选项卡▶【光源】面板▶【创建光源】下拉列表▶【光域网灯光】按钮 。

下面将对新建光域网灯光的方法进行详细介绍。

步骤01 打开"素材\CH16\新建光源.dwg"素材文件。

步骤02 单击【可视化】选项卡▶【光源】面板▶【创建光源】下拉列表▶【光域网灯光】按钮 ，系统弹出【光源-视口光源模式】询问对话框，选择【关闭默认光源（建议）】选项，然后在命令提示下指定新建光域网灯光的源位置、目标位置及强度因子，命令行提示如下。

```
命令：_WEBLIGHT
指定源位置 <0,0,0>：-30,0,130 ↙
指定目标位置 <0,0,-10>：0,0,0 ↙
输入要更改的选项 [名称(N)/ 强度因子
(I)/ 状态(S)/ 光度(P)/ 光域网(B)/ 阴影(W)/
过滤颜色(C)/ 退出(X)] < 退出 >：i ↙
输入强度 (0.00 – 最大浮点数) <1>：
0.1 ↙
```

```
输入要更改的选项 [名称(N)/ 强度因子
(I)/ 状态(S)/ 光度(P)/ 光域网(B)/ 阴影(W)/
过滤颜色(C)/ 退出(X)] < 退出 >： ↙
```

步骤03 结果如下图所示。

新建光域网灯光

16.3 材质

🔵 **本节视频教程时间：7 分钟**

材质能够详细描述对象如何反射或透射灯光，可使场景更加具有真实感。

16.3.1 材质浏览器

用户可以使用材质浏览器导航和管理材质。

在AutoCAD 2018中调用【材质浏览器】面板通常有以下3种方法。

（1）选择【视图】➤【渲染】➤【材质浏览器】菜单命令。

（2）在命令行中输入【MATBROWSEROPEN/MAT】命令并按空格键确认。

（3）单击【可视化】选项卡➤【材质】面板➤【材质浏览器】按钮⚙。

下面将对【材质浏览器】面板的相关功能进行详细介绍。

选择【视图】➤【渲染】➤【材质浏览器】菜单命令,系统弹出【材质浏览器】面板，如下图所示。

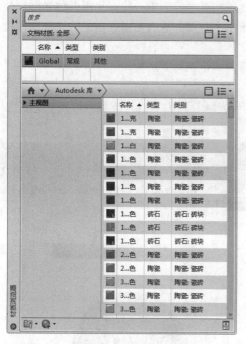

【创建材质】⚙：在图形中创建新材质，单击该按钮的下拉箭头，弹出下图所示的材质。

【文档材质：全部】：描述图形中所有应用材质。单击下拉列表后界面如下图所示。

【Autodesk库】：包含了Autodesk提供的所有材质，如下图所示。

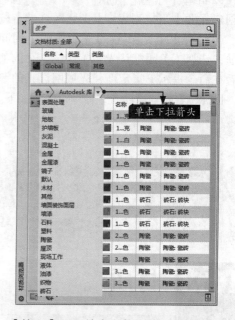

【管理】▥：单击下拉列表，如下图所示。

16.3.2 材质编辑器

编辑在【材质浏览器】中选定的材质。

在AutoCAD 2018中调用【材质编辑器】面板通常有以下3种方法。

（1）选择【视图】➤【渲染】➤【材质编辑器】菜单命令。

（2）在命令行中输入【MATEDITOROPEN】命令并按空格键确认。

（3）单击【可视化】选项卡➤【材质】面板右下角↘按钮。

下面将对【材质编辑器】面板的相关功能进行详细介绍。

选择【视图】➤【渲染】➤【材质编辑器】菜单命令，系统弹出【材质编辑器】面板，选择【外观】选项卡，如下左图所示。选择【信息】选项卡，如下右图所示。

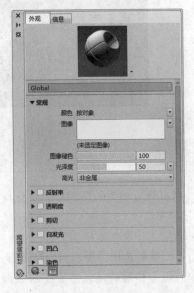

- 【材质预览】：预览选定的材质
- 【选项】下拉菜单：提供用于更改缩略图预览的形状和渲染质量的选项
- 【名称】：指定材质的名称
- 【显示材质浏览器】按钮▤：显示材质浏览器
- 【创建材质】按钮⊕▾：创建或复制材质
- 【信息】：指定材质的常规说明
- 【关于】：显示材质的类型、版本和位置

16.3.3 附着材质

下面将利用【材质浏览器】面板为三维模型附着材质，具体操作步骤如下。

步骤 01 打开"素材\CH16\附着材质.dwg"素材文件，如下图所示。

步骤02 选择【视图】▶【渲染】▶【材质浏览器】菜单命令，在弹出【材质浏览器】面板上选择【12英寸顺砌-紫红色】材质选项，如下图所示。

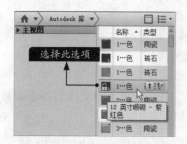

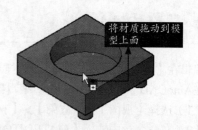
将材质拖动到模型上面

步骤03 将【12英寸顺砌-紫红色】材质拖动到三维建模空间中的三维模型上面，如下图所示。

步骤04 选择【视图】▶【渲染】▶【高级渲染设置】菜单命令，在【渲染预设管理器】窗格中单击【渲染】按钮，结果如下图所示。

16.3.4 设置贴图

将贴图频道和贴图类型添加到材质后，用户可以通过修改相关的贴图特性优化材质，可以使用贴图控件来调整贴图的特性。

在AutoCAD 2018中选择【贴图】通常有以下3种方法。

（1）选择【视图】▶【渲染】▶【贴图】菜单命令，然后选择一种适当的贴图方式。

（2）在命令行中输入【MATERIALMAP】命令并按空格键确认，然后在命令提示下输入相应选项按空格键确认。

（3）单击【可视化】选项卡▶【材质】面板▶【材质贴图】，然后选择一种适当的贴图方式。

下面将对【贴图】的几种类型进行详细介绍。

选择【视图】▶【渲染】▶【贴图】菜单命令，执行命令后，将显示下图所示4种贴图方式。

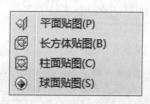

- 【平面贴图】：将图像映射到对象上，就像将其从幻灯片投影器投影到二维曲面上一样。图像不会失真，但是会被缩放以适应对象。该贴图最常用于面。

- 【长方体贴图】：将图像映射到类似长方体的实体上。该图像将在对象的每个面上重复使用。

- 【柱面贴图】：在水平和垂直两个方向上同时使图像弯曲。纹理贴图的顶边在球体的"北极"压缩为一个点，同样，底边在"南极"压缩为一个点。

- 【球面贴图】：将图像映射到圆柱形对象上，水平边将一起弯曲，但顶边和底边不会弯曲。图像的高度将沿圆柱体的轴进行缩放。

16.4 **综合实战——渲染书桌模型**

本节视频教程时间：5分钟

书桌在家庭中较为常见，通常摆放在书房，有很高的实用价值。本实例将为书桌三维模型附着材质及添加灯光，具体操作步骤如下。

● **1. 为书桌模型添加材质**

步骤 01 打开"素材\CH16\书桌模型.dwg"素材文件，如下图所示。

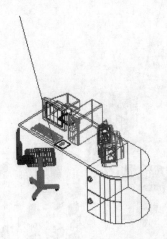

步骤 02 选择【视图】▶【渲染】▶【材质浏览器】菜单命令，系统弹出【材质浏览器】选项板，如下图所示。

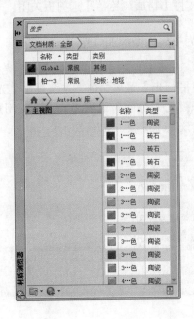

步骤 03 在【Autodesk库】中的【漆木】材质上单击鼠标右键，在快捷菜单中选择【添加到】▶【文档材质】选项，如下图所示。

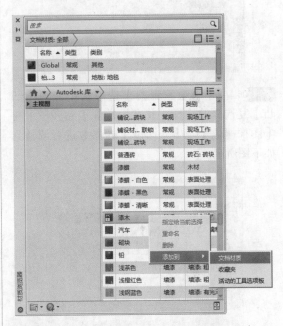

步骤 04 在【文档材质：全部】区域中单击【漆木】材质的编辑按钮 ，如下图所示。

步骤 05 系统弹出【材质编辑器】选项板，如下图所示。

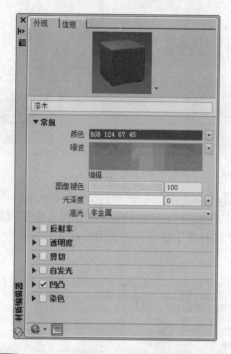

步骤 06 在【材质编辑器】选项板中取消【凹凸】复选框的选择，并在【常规】卷展栏下对【图像褪色】及【光泽度】的参数进行调整，如下图所示。

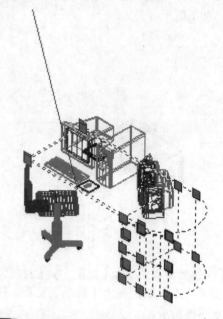

步骤 07 在【文档材质：全部】区域中右键单击【漆木】选项，在弹出的快捷菜单中选择【选择要应用到的对象】选项，如下图所示。

步骤 08 在绘图区域中选择书桌模型，如下图所示。

步骤 09 将【材质浏览器】选项板关闭。

2. 为书桌模型添加灯光

步骤 01 选择【视图】▶【渲染】▶【光源】▶【新建平行光】菜单命令，系统弹出【光源-视口光源模式】询问对话框，选择【关闭默认光源（建议）】选项，如下图所示。

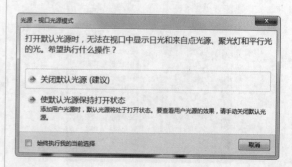

步骤 02 系统弹出【光源-光度控制平行光】询问对话框，选择【允许平行光】选项，如下图所示。

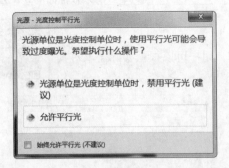

步骤 03 在绘图区域中捕捉下图所示端点以指定光源来向。

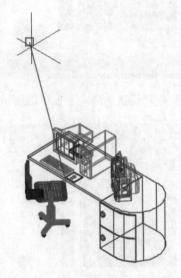

步骤 04 在绘图区域中拖动鼠标并捕捉下图所示端点以指定光源去向。

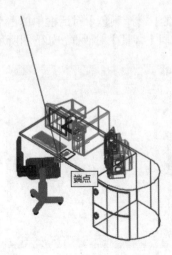

步骤 05 按空格键确认，然后在绘图区域中选择如下图所示的直线段，按【Del】键将其删除。

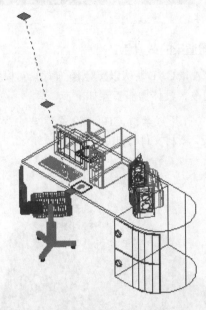

步骤 06 直线删除后结果如下图所示。

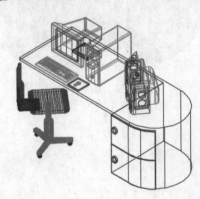

3. 渲染书桌模型

调用【渲染】命令，结果如下图所示。

高手支招

✦ 设置渲染的背景色

在AutoCAD默认以黑色作为背景对模型进行渲染，用户可以根据实际需求对其进行更改，具体操作步骤如下。

步骤01 打开"素材\CH16\设置渲染的背景颜色.dwg"素材文件，如下图所示。

步骤02 在命令行输入【BACKGROUND】命令并按空格键确认，弹出【背景】对话框，如下图所示。

步骤03 在【纯色选项】区域中的颜色位置单击，弹出【选择颜色】对话框，如下图所示。

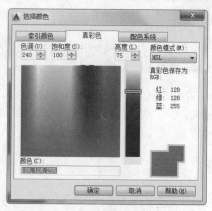

步骤04 将颜色设置为白色，如下图所示。

步骤05 在【选择颜色】对话框中单击【确定】按钮，返回【背景】对话框，如下图所示所示。

步骤 06 在【背景】对话框中单击【确定】按钮，然后调用【渲染】命令，结果如下图所示。

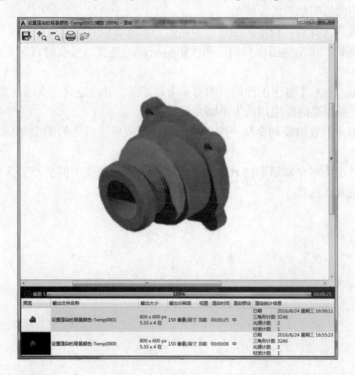

● **渲染环境和曝光**

渲染环境和曝光用于基于图像的照明的使用并控制要在渲染时应用的曝光设置。

在AutoCAD 2018中调用【渲染环境和曝光】命令通常有以下两种方法。

（1）在命令行中输入【RENDERENVIRONMENT】命令并按空格键确认。

（2）单击【可视化】选项卡▶【渲染】面板下拉列表▶【渲染环境和曝光】按钮 。

调用【渲染环境和曝光】命令，系统弹出【渲染环境和曝光】面板，如下图所示。

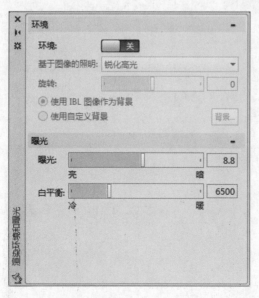

【环境】：控制渲染时基于图像的照明的使用及设置。

基于图像的照明：指定要应用的图像照明贴图。

旋转：指定图像照明贴图的旋转角度。

使用 IBL 图像作为背景：指定的图像照明贴图将影响场景的亮度和背景。

使用自定义背景：指定的图像照明贴图仅影响场景的亮度。可选的自定义背景可以应用到场景中。

"背景"按钮：显示【基于图像的照明背景】对话框，并指定自定义的背景。

【曝光】：控制渲染时要应用的摄影曝光设置。

曝光（亮度）：设置渲染的全局亮度级别，减小该值可使渲染的图像变亮，增加该值可使渲染的图像变暗。

白平衡：设置渲染时全局照明的开尔文色温值。低（冷温度）值会产生蓝色光，而高（暖温度）值会产生黄色或红色光。

第5篇
综合案例

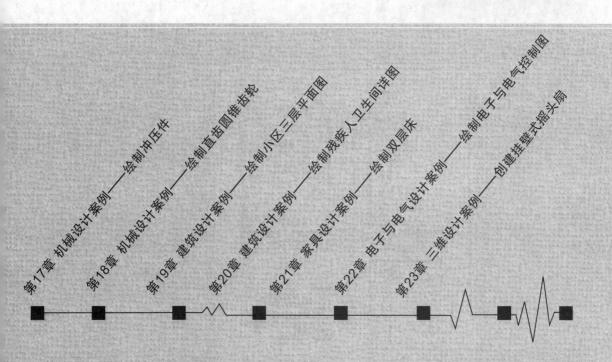

第**17**章

机械设计案例——绘制冲压件

学习目标————

通过冲床和模具对板材、带材、管材和型材等施加外力，使之产生塑性变形或分离，从而获得所需形状和尺寸的工件的成形加工方法称为冲压，用冲压方法得到的工件就是冲压件。

学习效果————

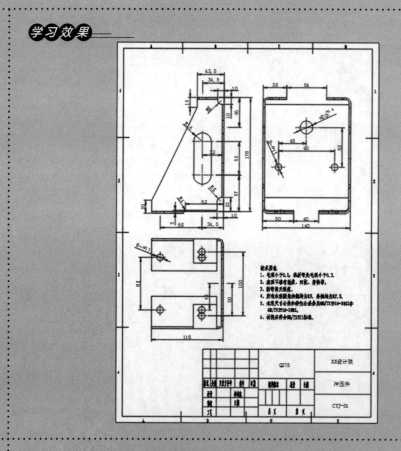

17.1 冲压的工序和材料选用

🔧 **本节视频教程时间：3分钟**

根据冲压材料的厚度不同，冲压可分为冷冲压和热冲压，我们通常所说的冲压是指冷冲压，只有当材料厚度超过8mm时采用热冲压。

17.1.1 冲压的工序

冲压的基本工序可分为两类，即分离和成形。分离工序是使板料按一定的轮廓线分离而获得一定形状、尺寸和切断面质量的冲压件。成形工序是坯料在不破裂的条件下产生塑性变形而得到的一定形状和尺寸的冲压件

分离工序及成形工序分别如下表所示。

工序名称	简图	特点及应用
切断		用剪刀或冲模切断板材，切断线不封闭
落料		用冲模沿封闭线冲击板料，冲下来的部分为制件
冲孔		用冲模沿封闭线冲压板料，冲下来的部分为废料
切边		将制件的边缘部分切掉
剖切		把半成品切开成两个或几个制件，常用于双冲压
切口		在坯料上沿不封闭线冲出缺口，切口部分发生弯曲，如通风板

工序名称	简图	特点及应用
弯曲		把板料弯成一定的形状
卷圆		把板料端部卷圆，如合页
扭曲		把制件扭转成一定角度
拉伸		把平板形坯料制成空心制件，壁厚基本不变

工序名称	简图	特点及应用
变薄拉伸	把平板形坯料制成空心制件，壁厚基本不变 把空心制件拉深成侧壁为薄的制件	把空心制件拉伸成侧壁比底部薄的制件
翻孔		在预先冲孔的板料上冲竖直的边缘
翻边		把制件的外缘翻起圆弧或曲线状的竖立边缘
扩口		把空心制件的口部扩大，常用在管子上
缩口		把空心件的口部缩小
起伏		在制件上压出肋条，花纹或文字，在起伏状的整个厚度上都有变形
滚弯		通过一系列压辊把平板卷料滚弯成复杂形状
卷边		把空心件的边缘卷成一定形状
胀形		使空心件或管状毛坯向外扩张，胀出所需的凸起曲面
整形		为了提高已成形零件的尺寸精度或为了获得小的圆角半径而采用的成形方法
校平		校正制件的平直度
旋压		把平板形坯料用小滚轮旋压出一定形状（分变薄与不变薄两种）
压印		在制件上压出文字或花纹，只在制件的一个平面上有变形

17.1.2 常用的冲压材料

冲压材料不仅要适合零件在机器中的工作条件，而且还要适合冲压过程中材料变形特点及变形程度所决定的制造工艺要求，即应具有足够的强度和较高的可塑性。常用的冲压材料如下表所示。

材料名称	常用冲压件类别
Q195，电工硅钢	平板冲压件
Q215、Q235、15、20	浅拉伸件、成型件和弯曲件（以圆角R＞0.5t作90°垂直于轧制方向的弯曲）
Q275、40、45、65Mn	冲裁件、成型件、弯曲件（以圆角R＞2t作90°垂直于轧制方向的弯曲）
08F、08、10F、10	深拉伸件、弯曲件（以圆角R＜0.5t作任意方向180°的弯曲）
08AL	复杂拉延件、弯曲件（以圆角R＜0.5t作任意方向180°的弯曲）

17.2 冲压件的结构设计技巧

本节视频教程时间：5分钟

同一个冲压件有不同的设计方法，合理的设计不仅能提高工作效率，还能很大程度上节约成本。下表列出了冲压件结构设计的常用技巧。

冲压件的结构设计技巧如下表所示。

工序	设计技巧	不合理结构	合理结构
落料	合理设计工作形状，节约材料		
	避免产生尖角		
	工件不宜过窄，太窄，冲模制造困难且寿命低		
	开口槽不宜过窄		
	圆弧边与过渡边不宜相切，这样不仅可以节约材料，而且还能避免咬边		

续表

工序	设计技巧	不合理结构	合理结构
切口	切口处应有斜度，避免工件从凹模推出时切口的舌头与凹模内壁摩擦		
拉伸	尽量简单并对称。圆筒形、锥形、球形、非回转体、空间曲面成形难度一次增大		
	法兰边宽度应一致，否则拉伸困难，需要增加工序，材料消耗大		
	法兰边直径不宜过大		
起伏	压肋应与零件外形相近或对称		
弯曲	窄料小半径弯曲时，为防止弯曲处变宽，工件弯曲处应有切口		
	处理弯曲带孔的工件时，如孔在弯曲线附近，可预冲出月牙槽或孔，以防止孔变形		
	在局部弯曲时，预冲防裂槽或外移弯曲线，以免交界处撕裂		

续表

工序	设计技巧	不合理结构	合理结构
弯曲	弯曲件形状尽量对称，否则工件受力不均，不易达到预定尺寸		
	弯曲部分增加筋，可增加工件刚度，减小回弹		
	为保证弯曲后支撑孔同轴，在弯曲时翻出短边		
	为防止弯曲部分起皱，弯曲部分预切		
组合冲压件	为了提高精度，降低制造难度，常以组合冲压件代替锻件		

17.3 冲压件三视图的绘制思路

🔧 本节视频教程时间：2分钟

冲压件三视图的绘制思路是先绘制主视图、左视图，最后绘制俯视图。在绘制左视图、俯视图时需要结合主视图来完成绘制，冲压件的主视图通过剖视图来反映，左视图和俯视图的孔也需要通过局部剖视来显示，最后通过插入图框、标注和文字说明来完成整个图形的绘制。

冲压件三视图的绘制思路如下表所示。

序号	绘图方法	结果	备注
1	通过【直线】【偏移】【修剪】【圆角矩形】【圆角】等命令绘制冲压件主视图的主要结构		绘图时，为了便于输入坐标和尺寸重新建立新的坐标系

序号	绘图方法	结果	备注
2	利用【圆角矩形】【分解】【偏移】【修剪】【创建新坐标系】以及【通过圆心标记创建中心线】等绘图命令绘制左视图主要结构和轮廓	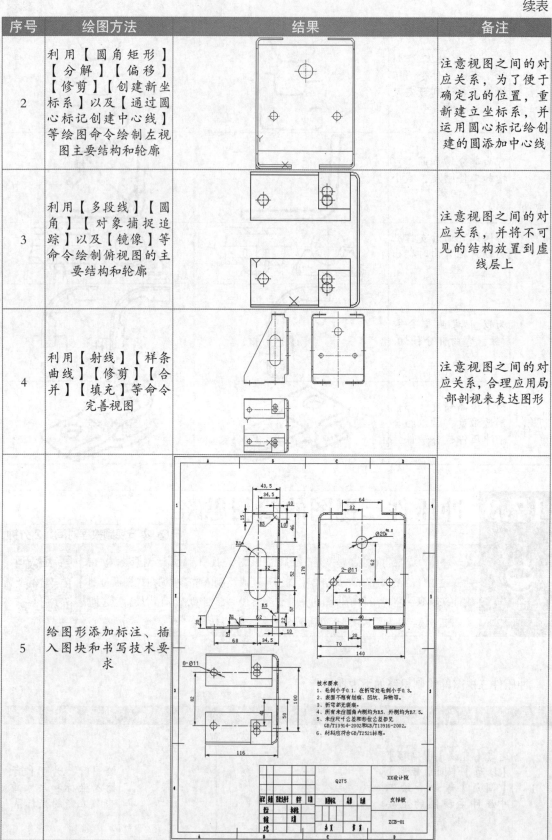	注意视图之间的对应关系，为了便于确定孔的位置，重新建立坐标系，并运用圆心标记给创建的圆添加中心线
3	利用【多段线】【圆角】【对象捕捉追踪】以及【镜像】等命令绘制俯视图的主要结构和轮廓		注意视图之间的对应关系，并将不可见的结构放置到虚线层上
4	利用【射线】【样条曲线】【修剪】【合并】【填充】等命令完善视图		注意视图之间的对应关系，合理应用局部剖视来表达图形
5	给图形添加标注、插入图块和书写技术要求		

17.4 绘制冲压件三视图

上一节介绍了冲压件三视图的绘制思路,本节将介绍三视图的绘制过程。

17.4.1 设置绘图环境

工欲善其事必先利其器,在绘图前我们首先要对绘图环境进行设置,本案例需要的绘图设置主要有图层设置、文字设置和标注设置。

步骤01 新建一个 "dwg" 文件,在命令行输入【LA】并按空格键,创建如下图层,并将"实线层"设置为当前层。

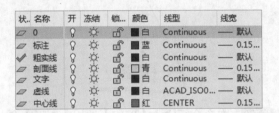

步骤02 在命令行输入【ST(文字样式管理器)】并按空格键,创建"机械样板文字",将字体设置为"仿宋_GB2312",宽度因子设置为0.8,然后将新创建的字体置为当前。

步骤03 输入【D】并按空格键,弹出【标注样式管理器】对话框,如下图所示。

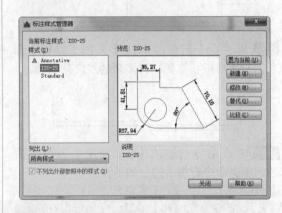

步骤04 单击【修改】按钮,在弹出的对话框中选择【调整】选项卡,将【标注特征比例】选项框中的"使用全局比例选项"的值改为2.5,然后单击【确定】按钮关闭修改对话框,单击【置为当前】按钮,最后单击【关闭】,如下图所示。

```
标注特征比例
☐ 注释性(A)
○ 将标注缩放到布局
◉ 使用全局比例(S):    2.5
```

17.4.2 绘制主视图

一般情况下,主视图是反映图形内容最多的视图,因此,我们先来绘制主视图,然后根据视图之间的相互关系绘制其他视图,具体的操作步骤如下。

步骤01 在命令行输入【L】并按空格键,绘制一条长106的水平直线和一条长20的垂直线。

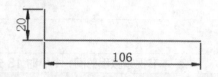

步骤 02 在命令行输入【O】调用偏移命令，将上一步绘制的水平直线向上偏移2.5和5，垂直线向右侧分别偏移51.5，54和106，结果如下图所示。

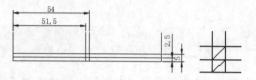

步骤 03 调用【直线】命令，连接端点，绘制两条直线，如下图所示。

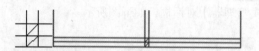

步骤 04 在命令行输入【TR】调用【修剪】命令，对图形进行修剪，将多余的线段修剪掉。

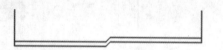

步骤 05 在命令行输入【F】调用【圆角】命令，根据命令行提示进行如下设置。

> 命令：_FILLET
> 当前设置：模式 = 修剪，半径 = 0.0000
> 选择第一个对象或 [放弃 (U)/ 多段线 (P)/ 半径 (R)/ 修剪 (T)/ 多个 (M)]：r 指定圆角半径 <0.0000>：1
> 选择第一个对象或 [放弃 (U)/ 多段线 (P)/ 半径 (R)/ 修剪 (T)/ 多个 (M)]：m
> ……   // 选择需要圆角的对象
> 选择第一个对象或 [放弃 (U)/ 多段线 (P)/ 半径 (R)/ 修剪 (T)/ 多个 (M)]：   // 按空格键结束命令

圆角后结果如下图所示。

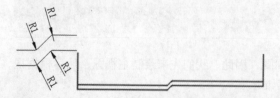

步骤 06 调用【直线】命令，根据命令行提示输入各个端点的坐标。

> 命令：_line
> 指定第一个点：   // 捕捉下图所示的端点
> 指定下一点或 [放弃 (U)]：@72.5,145.5
> 指定下一点或 [放弃 (U)]：@0,15
> 指定下一点或 [闭合 (C)/ 放弃 (U)]：@33.5,0
> 指定下一点或 [闭合 (C)/ 放弃 (U)]：@0,−2.5
> 指定下一点或 [闭合 (C)/ 放弃 (U)]：@−33.5,0
> 指定下一点或 [闭合 (C)/ 放弃 (U)]：   // 按空格键结束命令

结果如下图所示。

步骤 07 在命令行输入【REC】调用【矩形】命令，根据命令提示进行如下操作。

> 命令：_RECTANG
> 指定第一个角点或 [倒角 (C)/ 标高 (E)/ 圆角 (F)/ 厚度 (T)/ 宽度 (W)]：fro 基点：   // 捕捉下图所示的端点
> < 偏移 >：@10,22
> 指定另一个角点或 [面积 (A)/ 尺寸 (D)/ 旋转 (R)]：@−2.5,146

结果如下图所示。

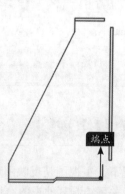

步骤 08 在命令输入【X】调用【分解】命令，将上一步绘制的矩形分解，然后调用【圆角】命令，将圆角半径设置为5，然后选择下图所示

的两条直线为生成圆角的两条相邻直线。

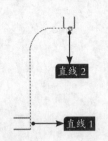

直线 2

直线 1

步骤 09 重复【圆角】命令，继续进行圆角，结果如下图所示。

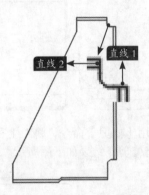

直线 2 ← 直线 1

步骤 10 调用【圆角】命令，根据命令行提示进行如下操作。

> 命令：_rectang
> 指定第一个角点或 [倒角 (C)/ 标高 (E)/ 圆角 (F)/ 厚度 (T)/ 宽度 (W)]: f
> 指定矩形的圆角半径 <0.0000>: 14
> 指定第一个角点或 [倒角 (C)/ 标高 (E)/ 圆角 (F)/ 厚度 (T)/ 宽度 (W)]: fro 基点：   //
> 捕捉下图所示的端点
> < 偏移 >: @-10.5,43
> 指定另一个角点或 [面积 (A)/ 尺寸 (D)/ 旋转 (R)]: @-28,80

结果如下图所示。

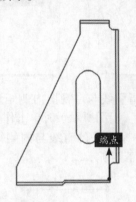

端点

17.4.3 绘制左视图

主视图绘制结束后，通过主视图和左视图之间的关系来绘制左视图，绘制左视图时，主要用到【矩形】【圆】【偏移】【修剪】等操作命令。具体绘制步骤如下。

步骤 01 调用【矩形】命令，将矩形的圆角半径设置为7.5，当命令行提示指定第一个角点时，将鼠标放到下图所示的端点处并向右拖动鼠标。

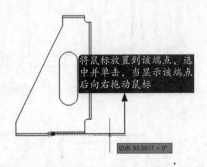

将鼠标放置到该端点、选中并单击，当显示该端点后向右拖动鼠标

切点：93.5677 < 0°

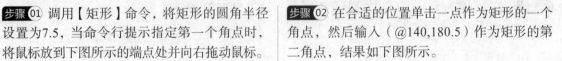

小提示

在绘制矩形前首先按【F11】键或单击状态栏的 ✎ 图标，将"显示捕捉参照线"打开。

步骤 02 在合适的位置单击一点作为矩形的一个角点，然后输入（@140,180.5）作为矩形的第二角点，结果如下图所示。

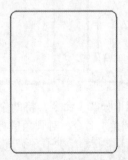

步骤 03 调用【偏移】命令，将上一步绘制的矩形向内侧偏移2.5，结果如下图所示。

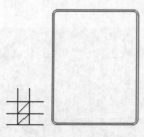

步骤 04 调用【直线】命令，将鼠标放置在主视图端点处捕捉端点后向右侧拖动鼠标。

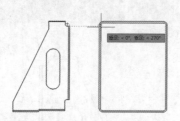

步骤 05 当指引线与左视图内侧矩形相交，出现交点符号（上图所示）时单击作为直线的起点，绘制一条水平的直线与内侧矩形的边相交，结果如下图所示。

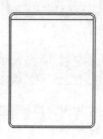

步骤 06 重复步骤4~5，在右视图绘制左视图上的其他投影线，结果如下图所示。

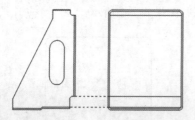

步骤 07 调用【分解】命令，将两个矩形分解，然后调用【圆角】命令，对圆角进行如下设置。

```
命令：FILLET
当前设置：模式 = 修剪，半径 = 0.0000
选择第一个对象或 [ 放弃 (U)/ 多段线 (P)/
半径 (R)/ 修剪 (T)/ 多个 (M)]: r 指定圆角半径
<0.0000>: 5
    选择第一个对象或 [ 放弃 (U)/ 多段线 (P)/
半径 (R)/ 修剪 (T)/ 多个 (M)]: T
```

```
    输入修剪模式选项 [ 修剪 (T)/ 不修剪 (N)]
< 修剪 >: N
    选择第一个对象或 [ 放弃 (U)/ 多段线 (P)/
半径 (R)/ 修剪 (T)/ 多个 (M)]: M
    ……              // 选择需要圆角的相邻
直线
    选择第一个对象或 [ 放弃 (U)/ 多段线 (P)/
半径 (R)/ 修剪 (T)/ 多个 (M)]:              // 按空
格键结束命令
圆角后结果如下图所示。
```

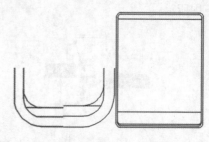

步骤 08 调用【修剪】命令，将对上一步圆角后的对象进行修剪，结果如下图所示。

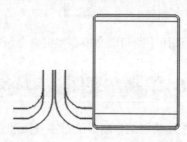

步骤 09 调用【直线】命令，通过视图的对应关系绘制两条直线。

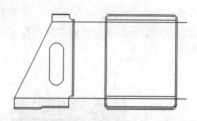

步骤 10 重复【直线】命令，连接左视图矩形两条边的中点。

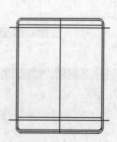

步骤11 调用【偏移】命令，将上一步绘制的直线向两侧各偏移20和32。

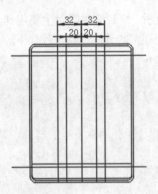

步骤12 调用【修剪】命令，对左视图进行修剪，结果如下图所示。

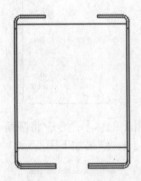

步骤13 在命令行输入【C】并按空格键，根据命令提示设置圆心的位置和圆的半径。

```
命令：CIRCLE
指定圆的圆心或 [ 三点 (3P)/ 两点 (2P)/ 切
点、切点、半径 (T)]: fro 基点：          //
捕捉下图图中的端点
< 偏移 >: @67.5,110
指定圆的半径或 [ 直径 (D)]: 10
命令：CIRCLE
指定圆的圆心或 [ 三点 (3P)/ 两点 (2P)/ 切
点、切点、半径 (T)]: fro 基点：          //
捕捉下图图中的端点
< 偏移 >: @22.5,48
指定圆的半径或 [ 直径 (D)] <10.0000>:
5.5
命令：CIRCLE
指定圆的圆心或 [ 三点 (3P)/ 两点 (2P)/ 切
点、切点、半径 (T)]: fro 基点：          //
捕捉下图图中的端点
< 偏移 >: @112.5,48
指定圆的半径或 [ 直径 (D)] <5.5000>: 5.5
结果如下图所示。
```

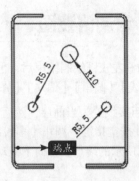

步骤14 单击快速访问工具栏的图层下拉列表，选择"中心线"层，将其设置为当前层。

步骤15 单击【注释】选项卡▶【中心线】面板▶【圆心标记】按钮⊕，然后选择刚创建的圆，给其添加中心线，结果如下图所示。

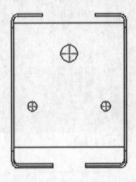

步骤16 选中圆的中心线，对中心线进行调整，结果如下图所示。

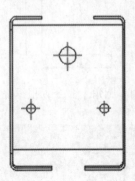

17.4.4 绘制俯视图

主视图和左视图绘制结束后，通过视图关系来绘制俯视图，绘制俯视图时主要用到【捕捉参照线】【多段线】【圆角】【偏移】【修剪】【镜像】等命令，俯视图的具体绘制过程如下。

步骤 01 将粗实线置为当前层，然后在命令行输入【PL】并按空格键，调用【多段线】命令然后捕捉下图所示的端点，并向下拖动鼠标。

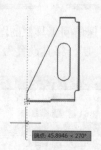

步骤 02 在合适的位置单击一点作为多段线的起点，根据命令提示进行如下操作。

命令：PLINE
指定起点：
当前线宽为 0.0000
指定下一个点或 [圆弧 (A)/ 半宽 (H)/ 长度 (L)/ 放弃 (U)/ 宽度 (W)]：@116,0
指定下一点或 [圆弧 (A)/ 闭合 (C)/ 半宽 (H)/ 长度 (L)/ 放弃 (U)/ 宽度 (W)]：@0,140
指定下一点或 [圆弧 (A)/ 闭合 (C)/ 半宽 (H)/ 长度 (L)/ 放弃 (U)/ 宽度 (W)]：@−116,0
指定下一点或 [圆弧 (A)/ 闭合 (C)/ 半宽 (H)/ 长度 (L)/ 放弃 (U)/ 宽度 (W)]：   // 按空格键结束命令
结果如下图所示。

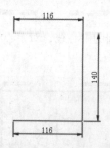

步骤 03 调用【圆角】命令，根据命令行提示，进行如下操作。

命令：FILLET
当前设置：模式 = 不修剪，半径 = 5.0000
选择第一个对象或 [放弃 (U)/ 多段线 (P)/ 半径 (R)/ 修剪 (T)/ 多个 (M)]：r 指定圆角半径 <5.0000>：7.5

选择第一个对象或 [放弃 (U)/ 多段线 (P)/ 半径 (R)/ 修剪 (T)/ 多个 (M)]：t
输入修剪模式选项 [修剪 (T)/ 不修剪 (N)] < 不修剪 >：t
选择第一个对象或 [放弃 (U)/ 多段线 (P)/ 半径 (R)/ 修剪 (T)/ 多个 (M)]：p
选择二维多段线或 [半径 (R)]：   // 选择刚绘制的多段线
结果如下图所示。

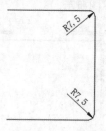

步骤 04 调用【偏移】命令，将圆角后的多段线向内侧偏移2.5，结果如下图所示。

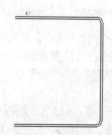

步骤 05 调用【直线】命令，利用捕捉参照线捕捉主视图相应位置的端点，并向下拖动鼠标到与俯视图相交，如下图所示。

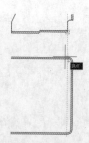

步骤 06 在交点处单击鼠标作为直线的起点，然后结合主视图和左视图绘制底部冲压件在俯视图的投影，如下图所示。

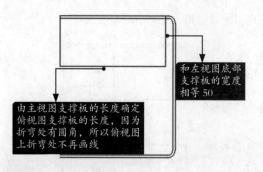

和左视图底部支撑板的宽度相等50

由主视图支撑板的长度确定俯视图支撑板的长度，因为折弯处有圆角，所以俯视图上折弯处不再画线

步骤 07 继续绘制直线，利用参照线捕捉主视图相应位置的端点，并向下拖动鼠标到与俯视图相交，如下图所示。

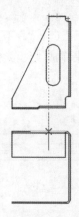

步骤 08 在交点处单击鼠标作为直线的起点，然后结合主视图和左视图绘制顶部冲压件在俯视图的投影，如下图所示。

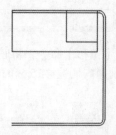

步骤 09 调用【圆】命令，通过视图的对应关系绘制三个圆。

命令：CIRCLE
指定圆的圆心或 [三点 (3P)/ 两点 (2P)/ 切点、切点、半径 (T)]：fro 基点：   //捕捉下图中的端点
＜偏移＞：@13.5,111
指定圆的半径或 [直径 (D)]：5.5
命令：CIRCLE
指定圆的圆心或 [三点 (3P)/ 两点 (2P)/ 切点、切点、半径 (T)]：fro 基点：   //捕捉下图中的端点

＜偏移＞：@81.5,111
指定圆的半径或 [直径 (D)] <10.0000>：5.5
命令：CIRCLE
指定圆的圆心或 [三点 (3P)/ 两点 (2P)/ 切点、切点、半径 (T)]：fro 基点：   //捕捉下图图中的端点
＜偏移＞：@81.5,120
指定圆的半径或 [直径 (D)] <5.5000>：5.5
结果如下图所示：

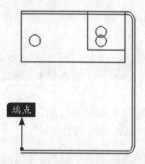

端点

步骤 10 将"中心线"层设置为当前层，然后单击【注释】选项卡➤【中心线】面板➤【圆心标记】按钮⊕，选择刚创建的圆，给其添加中心线，并调节中心线的长度，结果如下图所示。

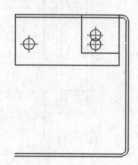

步骤 11 因为底部冲压件上的一个孔被顶部冲压件遮住了，所以该孔应用虚线画出，选择该孔，将它放置到虚线层上，结果如下图所示。

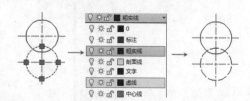

步骤 12 在命令行输入【MI】并按空格键，调用【镜像】命令，选择两个冲压件及其上面的孔作为镜像对象，沿俯视图中心线进行镜像，结果如下图所示。

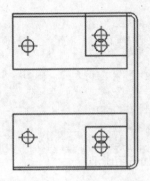

步骤 ⑬ 调用【修剪】命令，把顶部冲压件遮住

的部分修剪掉，结果如下图所示。

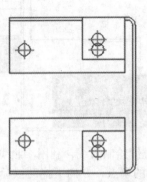

17.4.5 完善三视图

三视图的主要轮廓绘制结束后，通过三视图之间的相互结合来完成视图的细节部分，视图细节部分的具体操作步骤如下。

步骤 ⑴ 把"粗实线"层设置为当前层，然后在命令行输入【RAY】调用【射线】命令，由俯视图绘制孔在主视图上的投影，如下图所示。

如下图所示。

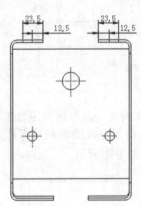

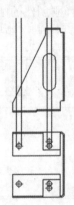

步骤 ⑵ 调用【修剪】命令对主视图上孔的投影进行修剪，结果如下图所示。

步骤 ⑷ 重复【偏移】命令，将底部冲压件内侧的两条边分别向内侧偏移15.5和26.5，结果如下图所示。

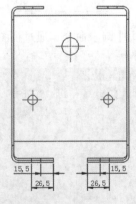

步骤 ⑶ 调用【偏移】命令，将左视图中顶部冲压件的两条边向内侧分别偏移12.5和23.5，结果

步骤 ⑸ 调用【射线】命令，由左视图的孔绘制主视图投影，如下图所示。

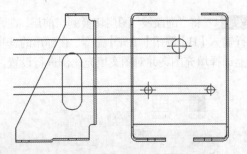

步骤 06 调用【修剪】命令，对主视图上孔的投影进行修剪，结果如下图所示。

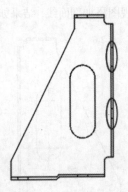

步骤 07 调用【直线】命令，绘制俯视图中右侧壁的中心线，如下图所示。

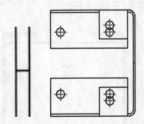

步骤 08 调用【偏移】命令，将上一步绘制的直线向两侧分别偏移10、39.5和50.5，然后将上一步绘制的直线删除，结果如下图所示。

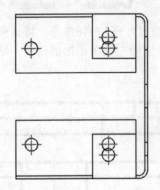

步骤 09 调用【射线】命令，由主视图的腰圆孔向左视图投影，如下图所示。

步骤 10 调用【修剪】命令，对腰圆孔在左视图上的投影进行修剪，结果如下图所示。

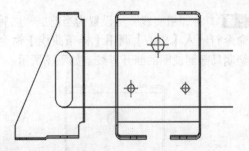

步骤 11 将"中心线"置为当前层，然后调用【圆心标记】命令，给主视图的腰圆孔添加中心线，并调节中心线的长度，结果如下图所示。

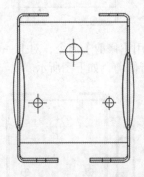

步骤 12 单击【注释】选项卡▶【中心线】面板▶【中心线】按钮⌁，选择投影为直线的圆的两条边，创建中心线后调节中心线的长度，结果如下图所示。

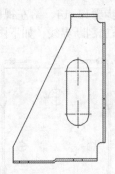

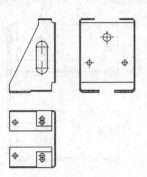

步骤⑬ 将"粗实线"层设置为当前层，然后在命令行输入【SPL】调用【样条曲线】命令，绘制局部剖视图的断开界线，如下图所示。

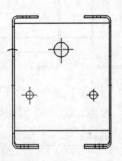

步骤⑭ 调用【修剪】命令，对上一步绘制的样条曲线进行修剪，如下图所示。

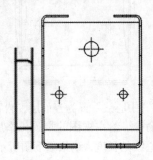

步骤⑮ 重复步骤13~14，给左视图中其他局部剖视的位置添加剖断界线，如下图所示。

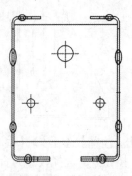

步骤⑯ 重复步骤13~14，给俯视图中局部剖视的位置添加剖断界线，如下图所示。

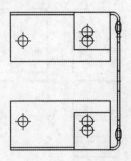

步骤⑰ 将"剖面线"图层切换到当前层，在命令行输入【H】调用【填充】命令，在弹出的选项卡上选择填充图案并对图案填充比例进行设置。

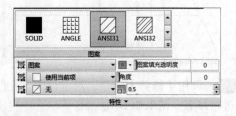

步骤⑱ 给主视图添加剖面线，结果如下图所示。

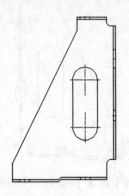

步骤⑲ 重复步骤17~18命令，给左视图添加剖面线，结果如下图所示。

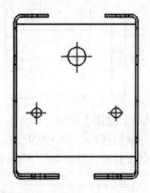

步骤⑳ 重复步骤17~18命令，将填充角度设置为90°，完善左视图添加剖面线，结果如下图所示。

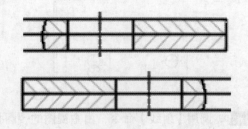

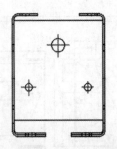

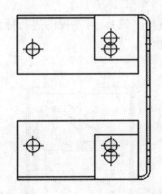

步骤 21 重复步骤17~18命令，给俯视图添加剖面线，结果如下图所示。

17.5 给三视图添加标注和文字

🔵 本节视频教程时间：23分钟

绘制完支撑架三视图后，需要给三视图添加标注与文字来完善图形。

步骤 01 在命令行输入【D】并按空格键调用【标注样式】对话框，如下图所示。

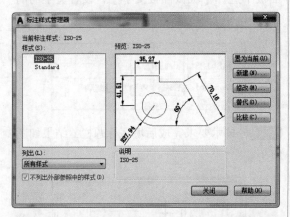

步骤 02 单击【修改】按钮，在弹出的对话框中选择【调整】选项卡，将【标注特征比例】选项框中的"使用全局比例选项"的值改为2.5，然后单击【确定】按钮关闭修改对话框，单击【置为当前】按钮，最后单击【关闭】。

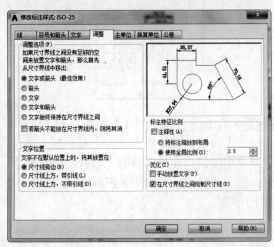

步骤 03 将标注层切换为当前层，然后给主视图添加标注，结果如下图所示。

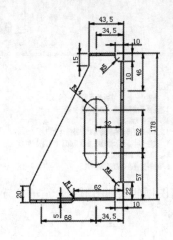

步骤 ④ 重复步骤3，对左视图进行标注，结果如下图所示。

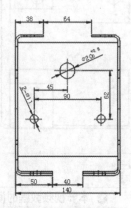

步骤 ⑤ 重复步骤3，对俯视图进行标注，结果如下图所示。

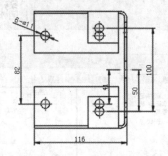

步骤 ⑥ 在命令行输入【I】并按空格键调用【插入】命令，在弹出【插入】对话框上单击【浏览】按钮，在弹出来的【选择图形文件】对话框中选择图块"冲压件图框.dwg"文件，如下图所示。

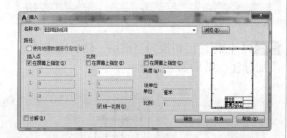

技术要求
1、毛刺小于0.1，在折弯处毛刺小于0.3。
2、表面不准有划痕、凹坑、异物等。
3、折弯部无裂痕。
4、所有未注圆角内侧均为R5，外侧均为R7.5。
5、未注尺寸公差和形位公差参见GB/T13914-2002和
 GB/T13916-2002。
6、材料应符合GB/T2521标准。

步骤 ⑦ 将图框插入到图形中合适的位置，结果如下图所示。

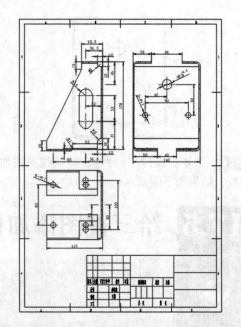

步骤 ⑧ 在命令行输入【T】调用【多行文字】命令，在绘图窗口的合适位置插入文字的输入点，然后在【文字编辑器】选项卡➤【样式】面板中选择【机械样板文字】，设置文字的高度为6，如下图所示。

步骤 ⑨ 技术要求完成后填写标题栏，结果如图所示。

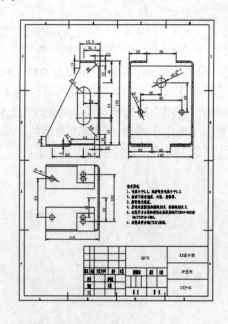

机械设计案例——绘制直齿圆锥齿轮

齿轮机构用于传递任意两轴之间的运动和动力，是一种应用十分广泛的机械传动方式。其中一端大一端小，齿厚、直径和模数逐渐变化的齿轮称为锥齿轮（也叫伞齿轮），而齿形为直齿的锥齿轮叫直齿圆锥齿轮。

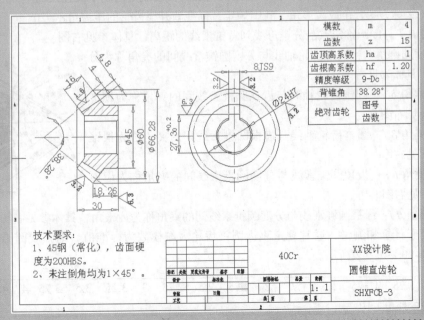

模数	m	4
齿数	z	15
齿顶高系数	ha	1
齿根高系数	hf	1.20
精度等级	9-Dc	
背锥角	38.28°	
绝对齿轮	图号	
	齿数	

技术要求：
1、45钢（常化），齿面硬度为200HBS。
2、未注倒角均为1×45°。

						40Cr		XX设计院
标记	处数	更改文件号	签字	日期				圆锥直齿轮
设计			标准化			阶段标记	重量	比例
								1：1
审核		日审				共 张	第 张	SHXFCB-3
工艺								

18.1 直齿圆锥齿轮概述

🌐 本节视频教程时间：5 分钟

圆锥齿轮按其齿形可分为：直齿、斜齿和曲齿，如下图所示。直齿圆锥齿轮的设计、制造和安装都比较简单，应用也最广泛，本节将重点介绍直齿圆锥齿轮。

18.1.1 直齿圆锥齿轮的基本参数

直齿圆锥齿轮的基本参数除了齿数（z）、模数（m）和压力角（α）外，还有锥距（R）、分度圆锥角（δ）、顶锥角（δa）、根锥角（δf）、齿顶角（θa）和齿根角（θf）。

由于圆锥齿轮的齿形是在圆锥体表面切制出来的，所以圆锥齿轮一端大一端小，为了便于设计制造，国家规定以大端参数为标准。

- 齿数z：齿轮上轮齿的个数，设计时根据传动比确定。
- 模数m：齿轮设计的重要参数。模数是个比值，它是分度圆的齿厚P与圆周率π的比值，即：$m=P/\pi$。模数是计算分度圆直径的重要参数，直齿圆锥齿轮大端模数国家已经做了一系列的规定，如下表所示。
- 压力角α：两齿轮啮合时，在节点处两齿廓的公法线与两轮中线连线的垂线之间的夹角称为压力角，又称为啮合角或齿形角。我国规定，标准渐开线齿轮的压力角$\alpha=20°$。
- 锥距R：分度圆锥定点沿分锥母线到背锥素线的距离，具体参见右图。
- 分度圆锥角δ：圆锥齿轮轴线与分度圆锥素线间的夹角称为分度圆锥角，具体参见右图。
- 顶锥角δa：圆锥齿轮轴线与齿顶圆锥素线间的夹角称为顶锥角，具体参见右图。
- 根锥角δf：圆锥齿轮轴线与齿根圆锥素线间的夹角称为根锥角，具体参见右图。

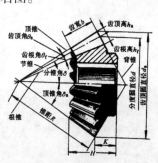

- 齿顶角θa：齿顶圆锥素线与分度圆锥素线间的夹角称为齿顶角，具体参见右图。
- 齿根角θf：齿根圆锥素线与分度圆锥素线间的夹角称为齿根角，具体参见右图。

为了便于计算和测量，通常规定直齿圆锥齿轮大端模数为标准值，渐开线圆锥直齿轮模数（GB 12368-90）如下表所示。

1	1.125	1.25	1.375	1.5	1.75	2	2.25	2.5	2.75	3	3.25	3.5	3.75	4	4.5	5	5.5
6	6.5	7	8	9	10												

18.1.2 各部分名称、代号及计算

在已知基本参数齿数z、模数m、压力角$\alpha = 20°$的情况下，直齿圆锥齿轮各部分名称、代号及计算如下表所示。

名称	符 号	计算公式
齿顶圆直径	da	$da=m(z+2\cos\delta)$
分度圆直径	d	$d=mz$
齿根圆直径	df	$df=m(z-2.4\cos\delta)$
齿顶高	ha	$ha=m$
齿根高	hf	$hf=1.2m$
齿高	h	$h=2.2m$
锥距	R	$R=mz/2\sin\delta$
分度圆锥角	δ	当两圆锥齿轮轴线垂直相交时，$\delta 1+\delta 2=90°$，$\tan\delta 1=z1/z2$，$\tan\delta 2=z2/z1$
顶锥角	δa	$\delta a=\delta+\theta a$
根锥角	δf	$\delta f=\delta-\theta f$
齿顶角	θa	$\tan\theta a=2\sin\delta /z$
齿根角	θf	$\tan\theta f=2.4\sin\delta /z$
齿宽	b	$b\leq R/3$
分度圆齿厚	s	$s=\pi m/2$

18.2 直齿圆锥齿轮的画法

本节视频教程时间：3分钟

圆锥齿轮的规定画法分为单个圆锥齿轮的画法和啮合时的画法两种。

18.2.1 单个圆锥齿轮的画法

单个直齿圆锥齿轮通常用两个视图表达，并且主视图采用全剖视图。在投影为圆的视图中只画大小端齿顶圆和大端分度圆。主视图不剖时则齿根线不画。

下左图为单个直齿圆锥齿轮的画法，下右图为单个斜齿和人字齿圆锥齿轮的画法。

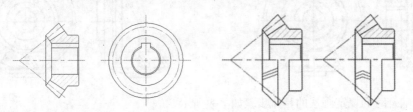

圆锥齿轮的规定画法的具体步骤如下表所示。

步骤	目 的	结 果
1	由分度圆锥和背锥画分度圆直径和分度圆锥角	
2	画齿顶线（圆）、齿根线，并确定齿宽	
3	画其他投影轮廓	
4	画剖面线、修饰完善图形	

18.2.2 直齿圆锥齿轮啮合时的画法

圆锥齿轮啮合时，两分度圆锥相切，它们的锥顶交于一点。画图时主视图多采用剖视表示，如下左图所示。当需要画外形时，如下右图所示。若为斜齿或人字齿，则在外形图上加三条平行的细实线表示轮齿的方向。

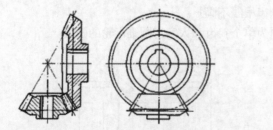
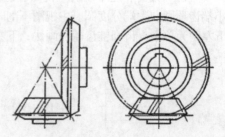

圆锥齿轮啮合时的规定画法的具体步骤如下表所示。

步骤	目　的	结　果
1	根据两轴线的交角φ画出两轴线（这里φ=90°），再根据分度圆锥角δ1、δ2和大端分度圆直径d1、d2画出两个圆锥的投影	
2	过1、2、3点分别作两分度圆锥母线的垂直线，得到两圆锥齿轮的背部轮廓；再根据齿顶高ha、齿根高hf、齿宽b画出两齿轮齿形的投影。齿顶、齿根各圆锥母线延长后必相交于最顶点O。	
3	在主视图上画出两齿轮的大致轮廓，再根据主视图画出齿轮的左视图	
4	画齿轮其余部分的投影、剖面线并修饰完善图形	

18.3 直尺圆锥齿轮零件图上应标注的尺寸数据

本节视频教程时间：4分钟

在绘制直齿圆锥齿轮时，国家标准（GB12371—90）规定了零件图上应有的尺寸和数据。

● 1. 一般标注尺寸数据

1）齿顶圆直径及其公差；2）齿宽；3）顶锥角；4）背锥角；5）孔（轴）径及其公差；6）定位面（安装基准面）；7）分度圆锥（或节锥）顶点至定位面的距离及公差；8）齿顶至定位面的距离及其公差；9）前锥端面至定位面的距离；10）齿面粗糙度。

● 2. 表格列出数据

1）齿数；2）模数；3）基本齿廓（符合GB 12369-90标准时，仅注明齿形角；不符合时，则应以图样详细叙述其特性）；4）分度圆直径；5）分度圆锥角；6）根锥角；7）锥距；8）测量齿厚及其公差；9）测量齿高；10）精度等级；11）接触斑点的高度沿齿高方向的百分比，长度沿齿长方向的百分比；12）齿高；

13）轴交角；14）侧隙；15）配对齿轮齿数；16）检查项目代号及其公差值。

3. 其他

1）齿轮的技术要求除在图样中以符号、公差在参数表中表示外，还可以在图右下方用文字逐条列出。

2）图样中的参数表一般放在图样的右上角。

3）参数表中列出的参数项目可根据需要增减；检查项目可根据使用要求确定，但应符合GB11365的规定。

下图是一幅完整的直齿圆锥齿轮零件图。

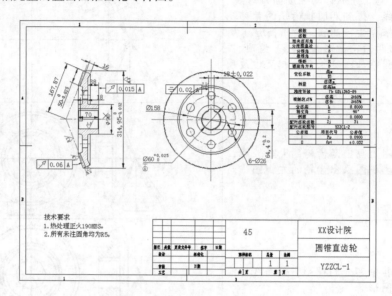

18.4　绘制直齿圆锥齿轮

🔖 **本节视频教程时间：1 小时 6 分钟**

前面介绍了直齿圆锥齿轮的基本参数以及通过基本参数计算齿轮其他各部分尺寸的方法。本节就通过一个已知大端模数$m=4$，齿数$z=15$，压力角$\alpha=20°$，分度圆锥角$\delta=38.28°$的直齿圆锥齿轮的绘制过程来对上面所讲的内容进行总结和巩固。

直齿圆锥齿轮的参数计算如下表所示。

基本参数：模数$m=4$　齿数$z=15$　压力角$\alpha=20°$　分度圆锥角$\delta=38.28°$			
名　　称	符　　号	计　算　公　式	计　算　结　果
齿顶高	ha	$ha=m$	4
齿根高	hf	$hf=1.2m$	4.8
齿高	h	$h=2.2m$	8.8
分度圆直径	d	$d=mz$	60
外锥距	R	$R=mz/2\sin\delta$	48.4
齿宽	b	$b<=R/3$	16

由上表绘制的直齿圆锥齿轮如下图所示。

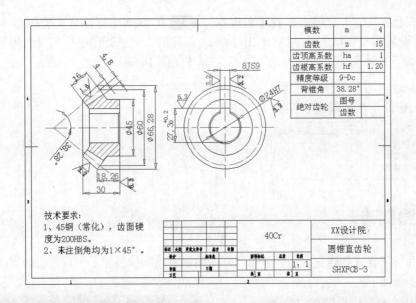

模数	m	4
齿数	z	15
齿顶高系数	ha	1
齿根高系数	hf	1.20
精度等级	9-Dc	
背锥角	38.28°	
绝对齿轮	图号	
	齿数	

技术要求：
1、45钢（常化），齿面硬度为200HBS。
2、未注倒角均为1×45°。

					40Cr			XX设计院
标记	处数	更改文件号	签名	日期				圆锥直齿轮
设计			标准化		阶段标记	重量	比例	
							1：1	
审核								SHXFCB-3
工艺			批准		共 张	第 张		

18.4.1 设置绘图环境

工欲善其事，必先利其器，在绘图前我们首先对绘图环境进行设置。本案例需要的绘图设置主要有图层设置和标注设置。

步骤 01 新建一个"dwg"文件，在命令行输入【LA】并按空格键，创建如下图层。

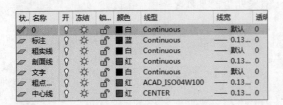

步骤 02 输入【D】并按空格键，弹出【标注样式管理器】对话框，如下图所示。

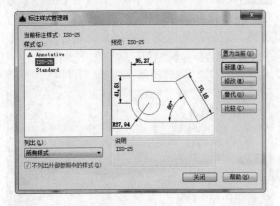

步骤 03 单击【新建】按钮，在弹出的【创建新标注样式】对话框中输入新样式名为【机械标注】，然后单击【继续】按钮，如下图所示。

步骤 04 进入【新建标注样式：机械标注】对话框中，选择【符号和箭头】选项卡，将箭头设置为【空心闭合】，如下图所示。

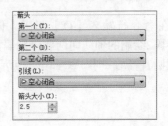

步骤 05 单击【调整】选项卡，将特征比例区域的【使用全局比例】选项的值改为"2"，如下图所示。

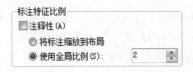

步骤06 选择【主单位】选项卡，将【角度标注】的精度设置为"0.00"，然后单击【确定】按钮，如下图所示。

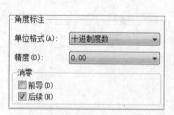

步骤07 回到【标注样式管理器】对话框，将新建的【机械标注】样式置为当前，然后单击【关闭】按钮。

18.4.2 绘制齿形

将图层和标注样式创建完成后，就可以开始绘制直齿圆锥齿轮了。首先绘制直齿圆锥齿轮的齿形，操作步骤如下。

步骤01 将"中心线"图层设置为当前层。

步骤02 在命令行输入【L】调用【直线】命令，绘制一条长为70的直线作为圆锥直齿轮的轴线，结果如下图所示。

步骤03 在命令行输入【O】调用【偏移】命令，将步骤2绘制的轴线向两侧分别偏移30（即大端分度圆直径的一半），如下图所示。

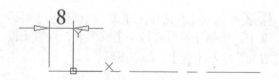

步骤04 调用【直线】命令，绘制两条与轴线夹角成38.28°的直线（即分度圆锥素线），根据命令行提示进行如下操作。

> 命令：LINE 指定第一个点：0,0
> 指定下一点或 [放弃 (U)]: 58<38.28
> 指定下一点或 [放弃 (U)]:   // 按 Enter 键结束命令
> 命令：LINE 指定第一个点：0,0
> 指定下一点或 [放弃 (U)]: 58<-38.28
> 指定下一点或 [放弃 (U)]:   // 按 Enter 键结束命令

结果如下图所示。

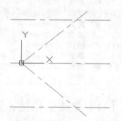

步骤05 在命令行输入【RO】调用【旋转】命令，将步骤4绘制的两条直线以交点为基点进行旋转，旋转的同时进行复制来绘制背锥线，根据AutoCAD命令行的提示进行如下操作。

> 命令：_rotate
> UCS 当前的正角方向：ANGDIR= 逆时 ANGBASE=0
> 选择对象：找到 1 个 // 选择夹角为 38.28° 的直线
> 选择对象：   //Enter 结束选择
> 指定基点：   // 捕捉与上侧水平直线的交点
> 指定旋转角度，或 [复制 (C)/ 参照 (R)] <0>: C
> 旋转一组选定对象。

指定旋转角度，或 [复制 (C)/ 参照 (R)]
<0>：90

　　命令：ROTATE

　　UCS 当前的正角方向： ANGDIR= 逆时针 ANGBASE=0

　　选择对象：找到 1 个　　// 选择另一条直线

　　选择对象：　　　　//Enter 结束选择

　　指定基点：　　　// 捕捉直线与下侧水平直线的交点

　　指定旋转角度，或 [复制 (C)/ 参照 (R)]
<90>：c

　　旋转一组选定对象。

　　指定旋转角度，或 [复制 (C)/ 参照 (R)]
<90>：−90

结果如下图所示。

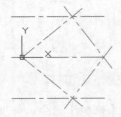

步骤 06 调用【偏移】命令，将步骤4绘制的两条分度圆锥线分别向外齿偏移4，向内侧偏移4.8，结果如下图所示。

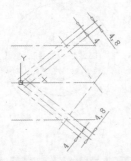

步骤 07 继续【偏移】命令，将步骤5旋转后的直线向内侧偏移16（齿宽），结果如下图所示。

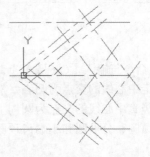

步骤 08 调用【直线】命令，绘制齿顶线和齿根线，结果如下图所示。

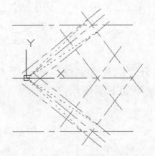

步骤 09 在命令行输入【TR】调用【修剪】命令，修剪出齿顶线、齿根线和齿宽，并将它们放置到粗实线层，结果如下图所示。

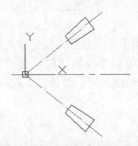

18.4.3　绘制左视图

利用直线、射线、圆、偏移、修剪等命令绘制左视图外轮廓和键槽，具体操作步骤如下。

步骤 01 调用【直线】命令，绘制齿轮左视图的中心线，结果如下图所示。

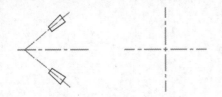

步骤 02 将"粗实线"图层设置为当前层，在命令行输入【RAY】调用【射线】命令，绘制大端齿顶圆、小端齿顶圆和分度圆在左视图中投影的辅助线，结果如下图所示。

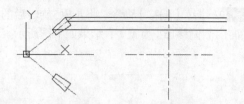

步骤 03 在命令行输入【C（圆）】调用【圆】命令，指定中心线的交点为圆心，然后依次捕捉射线与竖直中心线的交点为圆周上的点，绘制大端齿顶圆、分度圆和小端齿顶圆，结果如下图所示。

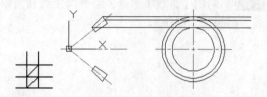

步骤 04 将分度圆放置到细点画线层上，并将射线删除，结果如下图所示。

步骤 05 调用【圆】命令，指定中心线的交点为圆心，分别绘制半径为"12"和"13"的两个圆，即轴孔和倒角圆，结果如下图所示。

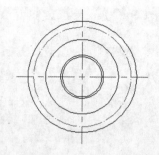

步骤 06 调用【偏移】命令，将竖直中心线分别向两侧各偏移4，将水平中心线向上偏移15.3，结果如下图所示。

步骤 07 调用【修剪】命令，修剪出键槽的形状，并将键槽投影线放置到"粗实线"层上，结果如下图所示。

18.4.4 完善主视图

左视图绘制完成后，通过视图关系由左视图来完善主视图，具体操作步骤如下。

步骤 01 调用【直线】命令，连接齿形的两个端点绘制一条直线，如下图所示。

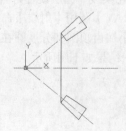

步骤 02 调用【偏移】命令，将上一步绘制的直线向右侧偏移30（即齿轮的整个厚度），将中心线向两侧各偏移22.5（齿轮凸圆的半径），结果如下图所示。

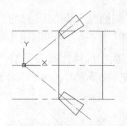

步骤 03 在命令行输入【EX】调用【延伸】命令，将背锥线延伸到与凸圆相交，结果如下图所示。

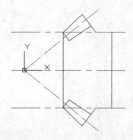

步骤 04 调用【修剪】命令，将多余的线修剪掉，并将凸圆外轮廓线放置到"粗实线"层上，结果如下图所示。

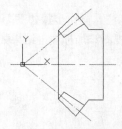

步骤 05 调用【射线】命令，绘制轴孔和键槽在主视图上投影的辅助线，如下图所示。

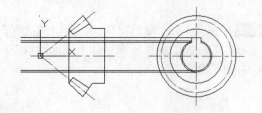

步骤 06 调用【延伸】命令，将小端投影线延伸到键槽底部投影线，如下图所示。

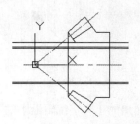

步骤 07 调用【直线】命令绘制一条竖直线，如下图所示。

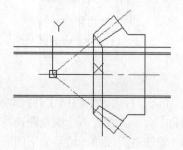

步骤 08 调用【延伸】命令，将小端延伸到刚绘制的直线处，如下图所示。

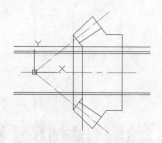

步骤 09 调用【偏移】命令，将主视图最右侧的直线向内偏移1，结果如下图所示。

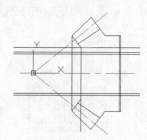

步骤 10 调用【直线】命令，连接两端点，绘制轴孔的倒角，结果如下图所示。

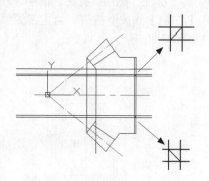

步骤 11 调用【修剪】命令，对主视图进行修剪，结果如下图所示。

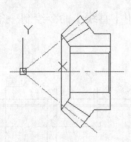

步骤 12 在命令行输入【CHA】并按空格键，调用【倒角】命令，设置两个倒角距离均为1，对主视图外轮廓进行倒角，结果如下图所示。

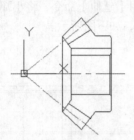

步骤 13 将"剖面线"图层设置为当前层，在命令行输入【H】并按回车键调用【填充】命令，在"图案"面板中选择图案为"ANSI31"，在主视图中要填充的区域单击，结果如下图所示。

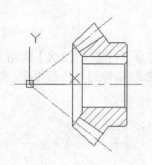

18.4.5 给图形添加尺寸标注

至此，圆锥直齿轮已经绘制完成。下面来给图形添加尺寸标注，操作步骤如下。

步骤 01 选中坐标系，用鼠标按住原点将它移动到下图所示的位置。

步骤 02 将"标注"图层设置为当前层，在命令行输入【DIM】并按空格键，给主视图添加标注，结果如下图所示。

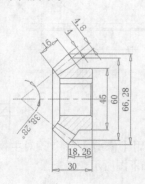

步骤 03 给左视图添加标注，结果如下图所示。

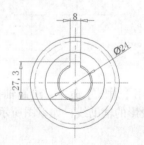

步骤 04 按【Esc】键退出标注命令，然后双击"45"的标注，使标注文字处于可编辑状态，结果如下图所示。

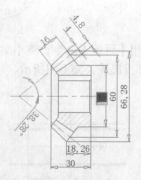

步骤 05 在弹出的【文字编辑器】的【插入】面

板中单击【符号】下拉按钮，选择"直径"，如下图所示。

步骤 06 插入直径符号后，在其他空白地方单击，退出标注文字编辑。重复步骤4~5，给主视图其他标注添加直径符号，结果如下图所示。

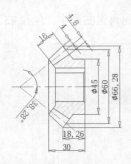

步骤 07 选择左视图中的"27.3"的标注，然后在命令行输入【PR】并按空格键，在弹出的【特性】面板上给选择的尺寸添加公差，设置如下图所示。

步骤 08 公差标注完成后如下图所示。

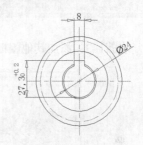

步骤 09 双击左视图中的其他尺寸，在文字后面输入相应的公差代号。

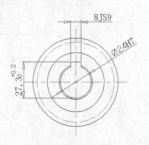

18.4.6 插入粗糙度和图框

为了更真实具体地反映图形，还需要给图形添加粗糙度图块和图框，具体操作步骤如下。

步骤 01 在命令行输入【I】并按空格键，弹出【插入】对话框，选择要插入的块为"粗糙度"，将旋转角度设置为-90，然后单击【确定】按钮，如下图所示。

步骤 02 回到绘图区域，指定插入点，当命令行提示输入粗糙度时输入6.3。

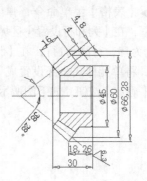

步骤 03 双击刚插入的粗糙度，弹出【增强属性编辑器】对话框，选择【文字选项】选项卡，将对正样式改为【右上】，然后勾选【反向】和【倒置】，如下图所示。

步骤 04 修改完成后单击【确定】按钮，粗糙度文字显示发生变化，如下图所示。

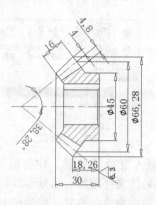

步骤 05 重复步骤1~3，添加其他粗糙度。使用插入命令将图框插入到图形中，结果如下图所示。

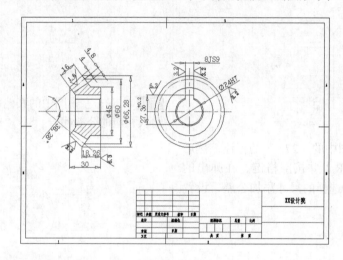

18.4.7 创建表格

为了更好地表达图形，还需要创建表格来对圆锥齿轮的齿形参数进行说明，具体操作步骤如下。

步骤 01 将"粗实线"图层设置为当前层，选择【绘图】▶【表格】菜单命令，弹出【插入表格】对话框，在【列和行设置】区域，设置4列6行，列宽为19，行高为1行；在【设置单元样式】区域，将单元样式全部设置成【数据】，最后单击【确定】按钮，如下图所示。

步骤 02 回到绘图区，单击确定表格的插入点，

如下图所示。

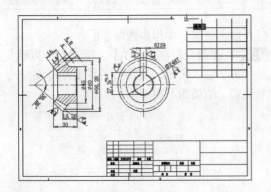

步骤 03 按【Esc】键退出文字输入，拖动光标，选中表格中间的两列单元格。

步骤 04 在弹出的【表格单元】选项卡里，单击【合并】面板的【合并单元】按钮的下拉箭头，然后选择【按行合并】选项。

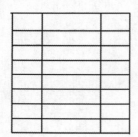

步骤 05 退出表格单元编辑，合并后的表格如下图所示。

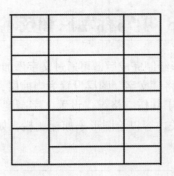

步骤 06 重复步骤3~5，将表格左下角的两个单元格按列合并，结果如下图所示。

步骤 07 单击表格外轮廓，弹出表格编辑夹点，如下图所示。

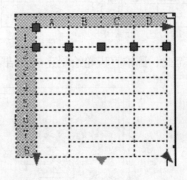

步骤 08 按住第二排夹点并拖动以改变列宽，结果如下图所示。

步骤 09 双击单元格，在各单元格里直接输入文字即可，结果如下图所示。

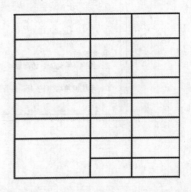

模数	m	4
齿数	z	15
齿顶高系数	ha	1
齿根高系数	hf	1.20
精度等级	9-Dc	
背锥角	38.28°	
绝对齿轮	图号	
	齿数	

18.4.8 填写标题栏和技术要求

图形绘制完成后，再通过文字添加必要的标题栏和技术要求，操作步骤如下。

步骤01 将"文字"图层设置为当前层，然后输入【DT】并按空格键，设置文字高度为5，并输入相关内容以给图形添加标题栏，如下图所示。

步骤02 在命令行输入【T】，拖动光标以确定多行文字输入区域，设置文字高度为5，输入技术要求，结果如下图所示。

40Cr			XX设计院
			圆锥直齿轮
图样标记	总量	比例	
		1：1	SHXFCB-3
共1页		第1页	

技术要求：
1、45钢（常化），齿面硬度为200HBS。
2、未注倒角均为1×45°。

步骤03 至此，圆锥直齿轮绘制完成，结果如图所示。

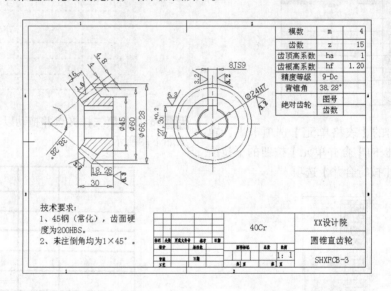

第 **19** 章

建筑设计案例——绘制小区三层平面图

学习目标

建筑平面图是建筑施工必不可少的部分，是绘制结构图的基础部分。本章案例是使用建筑平面图中常见的中轴线和多线命令进行绘制的。本章主要介绍使用"直线"命令、"构造线"命令、"偏移"命令、"分解"命令、"多行文字"命令和"修剪"命令等操作来绘制建筑平面图的基本方法。在绘制建筑平面图时要遵循很多规定，但可以使用以前的工作成果，将旧图中使用过的标题栏和相关图块直接添加到新图中，稍加修改即可。

学习效果

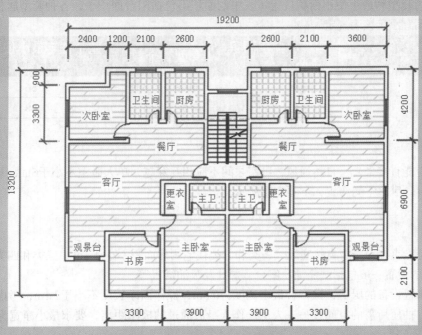

19.1 住宅设计规范

☉ 本节视频教程时间：13分钟

2011年国家发布了新的《住宅设计规范》，并于2012年8月1日起生效。新规范中对住宅设计的许多标准重新进行了规定。

19.1.1 套内空间的设计标准

套内空间设计主要包括套型、卧室、厨房和卫生间等设计标准。

● 1. 套型

住宅应按套型设计，每套应设卧室、起居室、厨房和卫生间等基本空间。普通住宅套型分为四类，如下图所示。

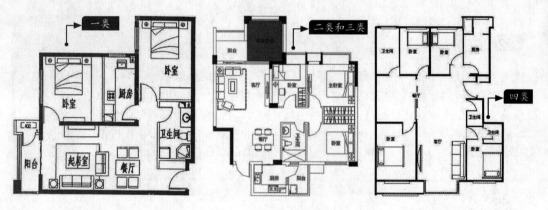

下表为套型和最小使用面积规定（表中的面积不包括阳台面积），各种套型居住空间个数和使用面积不宜小于该表规定。

套型	个数	整个住宅最小使用面积 （m²）	套型	个数	整个住宅最小使用面积 （m²）
一类	2	34	三类	3	56
二类	3	45	四类	4	68

● 2. 卧室

卧室应能直接采光、自然通风，卧室之间不应相互穿越，单人卧室不小于6m²，双人卧室面积不小于10m²。卧室空间布置如下页左图所示。

● 3. 厨房

厨房应能直接采光、自然通风，一类和二类住宅厨房面积不小于4m²，三类和四类住宅不小于5m²。厨房的设置一般包括洗涤池、案台、炉灶及吸油烟机等。

单排布置设备的厨房，操作台最小宽度为0.5m，操作面净长度不小于2.1m，考虑操作人下蹲打开柜门、抽屉所需的空间或另一人从操作人身后通过的极限距离，要求最小净宽为1.5m。双排布置设备的厨房两排设备的净距离不小于0.9m，操作面净长度不小于2.1m。

厨房空间布置和设置如下右图所示。

● 4. 卫生间

不论哪种套型的住宅，至少都要设置一个卫生间，对于第四类住宅宜设置两个或两个以上卫生间。每套住宅至少应配置3件卫生洁具，不同洁具组合的卫生间使用面积应不小于下表中的面积。卫生间的空间布置和设置如右图所示。

设施配置	便器、洗浴器、洗面器三件卫生洁具	便器、洗面器二件卫生洁具	单设便器
面积（m²）	3	2.5	1.1

> **小提示**
>
> 无前室的卫生间的门不应直接开向起居室或厨房。卫生间不应直接布置在下层住户的卧室和厨房的上层，可布置在本套内的卧室和厨房的上层，并都要有防水、隔声和便于检修的设计。

● 5. 层高和室内净高

普通住宅层的高度一般为2.8m，卧室的室内净高不低于2.4m，局部净高不低于2.1m。厨房、卫生间的室内净高不低于2.2m，排水横管下表面与楼面、地面的净距离不低于1.9m，并且不能影响门、窗的开启。

19.1.2 套外空间的设计标准

这里的套外空间主要是指过道、储藏空间、套内楼梯、阳台、门窗等。

● 1. 过道、储藏空间和套内楼梯

套内入口过道净宽不小于1.2m；通往卧室的过道净宽不小于1m；通往厨房、卫生间、储藏室的过道净宽不小于0.9m，过道在拐弯处的尺寸应便于搬运家具。

套内吊柜净高不小于0.4m；壁柜净深不小于0.5m，底层或靠外墙、卫生间的壁柜内部应采取防潮措施；壁柜内应平整、光洁。

套内楼梯的净宽，当一边悬空时，不小于0.75m；当两侧有墙时，不小于0.9m。套内楼梯的踏步宽度不小于0.22m，高度不大于0.2m，扇形踏步转角距扶手边0.25m处，宽度不小于0.22m。

楼梯过道的空间布置和设置如右图所示。

2. 阳台

阳台栏杆设计应防儿童攀登，栏杆的垂直杆件间净距离不大于0.11m，放置花盆处必须采取防坠落措施。

低层、多层住宅的阳台栏杆净高不低于1.05m；中高层、高层住宅的阳台栏杆净高不低于1.1m。封闭阳台栏杆也应满足阳台栏杆净高要求。中高层、高层及寒冷、严寒地区住宅的阳台宜采用实体栏板。

阳台应设置晾、晒衣物的设施；顶层阳台应设雨罩，雨罩应做有防水和组织排水结构。各套住宅之间毗邻的阳台应设分户隔板。

阳台的空间布置和设置如右图所示。

3. 门窗

住宅门户应采用安全防盗门。向外开启的户门不应妨碍交通。各部位门洞的最小尺寸应符合下表的规定。

类别	公用	户（套）	起居室	卧室	厨房	卫生间	阳台（单扇）
门洞宽度（m）	1.2	0.9	0.9	0.9	0.8	0.7	0.7
洞口高度（m）	2	2	2	2	2	2	2

> **小提示**
>
> 表中门洞高度不包括门上亮子高度。门洞两侧地面有高低差时，以高地面为起算高度。

底层外窗和阳台门、下沿低于2m且紧邻走廊或公用层面的窗和门，应采取防卫措施。

外窗窗台距楼面、地面的高度低于0.9m时，应有防护设施，窗外有阳台或平台时可不受此限制。窗台的净高度或防护栏杆的高度均应从可踏面积算起，保证净高0.9m。

面临走廊或凹口的窗，应避免视线干扰。向走廊开启的窗扇不应妨碍交通。

19.1.3 室内环境

我们这里讲的室内环境主要是指日照、采光、通风、保温、隔热、隔声等。

1. 日照、天然采光、自然通风

每套住宅至少有一个居住空间能获得日照，当一套住宅的居住空间总数超过四个时，其中最好能有二个或二个以上获得日照。设计采光面积时距离地面高度低于0.5m的窗口面积不应计入采光面积内。

采用自然通风的房间，卧室、卫生间的通风口面积不小于该房间地板面积的1/20。厨房的通风口面积不小于该房间地板面积的1/10，而且不得小于0.6㎡。

● 2. 保温和隔热

住宅室内采取冬季保温夏季隔热措施。严寒、寒冷地区住宅的起居室的节能应符合现行行业标准《民用建筑节能设计标准（采暖居住建筑部分）》（JGJ26）的有关规定。

寒冷、夏热冬冷和夏热冬暖地区，住宅建筑的西向居住空间朝西外窗均应采取遮阳措施；屋顶和向西外墙应采取隔热措施。设有空调的住宅，其维护结构应采取保温隔热措施。

● 3. 隔声

住宅卧室内的允许噪声级（A声级）白天应不大于50dB，夜间应不大于40dB，分户墙与楼板的空气声的计权隔声量不小于40dB，楼板的计权标准撞击声压不大于75dB。

住宅的卧室宜布置在背向噪声源的一侧。电梯不应与卧室紧邻布置，凡受条件限制需要紧邻布置时，必须采取隔声、减振措施。

19.2 建筑平面图内容与分类

● 本节视频教程时间：4分钟

建筑平面图是建筑施工图中的一种，是整个建筑平面的真实写照，用于表现建筑物的平面形状、布局、墙体、柱子、楼梯以及门窗的位置等。

19.2.1 建筑平面图的内容

一般情况下，绘制建筑平面图时，需要对不同的楼层绘制不同的平面图，并在图的正下方标注相应的楼层，如"顶层平面图""首层平面图"等。

如果各楼层的房间、布局完全相同或基本相同（如学校、宾馆等），则可以用一张平面图来表示，如"标准层平面图""二到六层平面图"；对于局部不同的地方则需要单独进行绘制。

一般情况下，建筑平面图主要包括如下内容。

（1）建筑物的朝向、内部布局、形状、入口、楼梯、窗户等。一般情况下，平面图需要标注房间的名称和编号。

（2）平面图中要标明门窗、过梁编号以及门的开启方向等。门窗除了图例外，还应该通过编号加以区分，如M表示门，C表示窗户，编号一般为M1、M2和C1、C2等。同一个编号的门窗尺寸、材料和样式是相同的。

（3）要标明室内的装修做法，包括室内地面、墙面和顶棚等处的材料和做法等。

（4）首层平面图应该标注指北针，来表明建筑物的朝向。

建筑平面图一般采用3种比例来绘制，即1∶50，1∶100和1∶200。其中，1∶100的比例使用较多。本实例为了讲解方便，采用的绘图比例是1∶1。

19.2.2 建筑平面图的分类

建筑平面图可以根据不同的分类方法来进行划分，主要有以下两种。

（1）根据不同的设计阶段

按不同的设计阶段，建筑绘图可以分为方案平面图、初设平面图，以及施工平面图。不同阶段图纸表达的深度也不同。

（2）根据剖切位置来分

除了设计阶段的划分外，用户还可以根据剖切位置来划分，建筑平面图可以分为底层平面图、标准层平面图、x层平面图等。

19.3 小区三层平面图的绘制思路

本节视频教程时间：2分钟

 绘制建筑平面图的思路是先绘制轴线、墙体、楼梯及扶手、开门洞和窗洞，再绘制门窗、添加文字、填充图案，最后添加标注，具体绘制思路如下表所示。

小区三层平面图的绘制思路如下表所示。

序号	绘图方法	结果	备注
1	通过构造线和偏移命令绘制中轴线		注意中轴线的显示比例
2	绘图前先进行多线样式设置，然后利用多线命令绘制墙体，最后通过多线编辑、分解及修剪命令对墙体进行编辑		绘制墙体时注意交点的选择，编辑多线时注意选择对象的先后顺序
3	利用偏移、矩形、直线、旋转、修剪、多段线等命令绘制楼梯及楼梯的扶手		在利用旋转命令时，注意以复制的形式旋转。用多段线绘制箭头时，注意线宽的变换

序号	绘图方法	结果	备注
4	利用直线、偏移、修剪、镜像以及删除等命令绘制门洞和窗洞	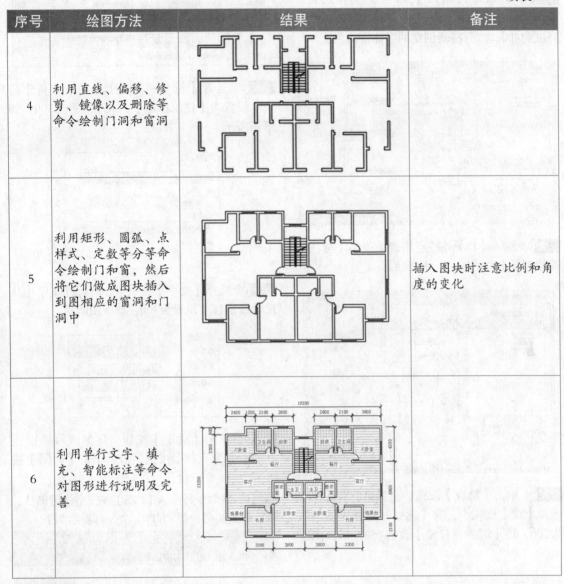	
5	利用矩形、圆弧、点样式、定数等分等命令绘制门和窗，然后将它们做成图块插入到图相应的窗洞和门洞中		插入图块时注意比例和角度的变化
6	利用单行文字、填充、智能标注等命令对图形进行说明及完善		

19.4 设置绘图环境

🛠 本节视频教程时间：7分钟

本案例需要的绘图设置主要有图层设置、文字设置、标注设置和线性比例设置。

 新建一个"dwg"文件，在命令行输入【LA】并按空格键，创建如右图所示图层。

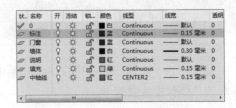

步骤 ⑫ 在命令行输入【ST（文字样式管理器）】并按空格键，将字体设置为"宋体"，高度为400，然后将新创建的字体置为当前。

步骤 ⑬ 输入【D】并按空格键，弹出【标注样式管理器】对话框，如下图所示。

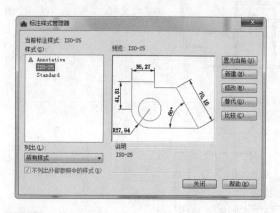

步骤 ⑭ 单击【修改】按钮，在弹出的对话框中选择【线】选项卡，将【超出尺寸线】的值改为300，将【起点偏移量】改为150，如下图所示。

步骤 ⑮ 选择【符号和箭头】选项卡，将【箭头】设置为【建筑标记】，大小设置为300，如下图所示。

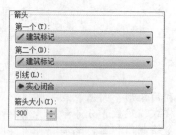

步骤 ⑯ 选择【文字】选项卡，将标注文字【从尺寸线偏移】设置为300，如下图所示。

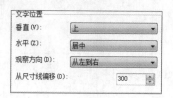

步骤 ⑰ 单击【确定】按钮关闭修改对话框，单击【置为当前】按钮，最后单击【关闭】按钮。

步骤 ⑱ 在命令行输入【LTS】并按空格键确认，输入新的线型比例"60"，命令行提示如下。

```
命令：LTSCALE
输入新线型比例因子 <1.0000>：60
```

19.5 绘制平面图

🌐 **本节视频教程时间：1 小时 11 分钟**

建筑平面图是建筑设计中最基础的一部分，只有把平面图绘制完成，才能根据平面图进行下一步的设计工作。

19.5.1 绘制中轴线

中轴线相当于建筑图形的定位线，如果中轴线确定了，那么各结构的位置也就确定了，绘制中轴线的具体操作步骤如下。

步骤 **01** 选择【默认】选项卡➤【图层】面板中的图层右侧的下拉按钮，在弹出的下拉列表中选择"中轴线"图层。

步骤 **02** 在命令行输入【XL】调用【构造线】命令，绘制一条水平构造线，结果如下图所示。

步骤 **03** 重复【构造线】命令，绘制一条垂直的构造线，如下图所示。

步骤 **04** 在命令行输入【O】调用【偏移】命令，将水平构造线向下依次偏移"900""1300""3000""4200""6600""8400""9600"

"11100""13200"，结果如下图所示。

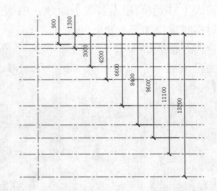

步骤 **05** 重复【偏移】命令，将垂直构造线向右依次偏移"2400""3600""5700""7200""8300""9600""10900""12000""13500""15600""16800""19200"，结果如下图所示。

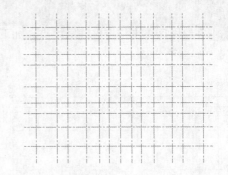

19.5.2 绘制墙体

绘制墙体主要用到多线和多段线编辑命令。在绘制多线前，首先应对多线样式进行设置。绘制墙体的具体绘制步骤如下。

步骤 **01** 单击【格式】➤【多线样式】菜单命令，弹出【多线样式】对话框，如下图所示。

步骤 **02** 单击【修改】按钮，在弹出的对话框中勾选【封口】区的【起点】和【端点】复选框，如下图所示。

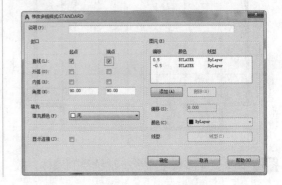

步骤 03 将"墙体"层切换为当前层，然后在命令行输入【ML】调用【多线】命令，根据命令提示对多线进行如下设置。

命令：MLINE
当前设置：对正 = 上，比例 = 20.00，样式 = STANDARD
指定起点或 [对正(J)/ 比例(S)/ 样式(ST)]：S
输入多线比例 <20.00>：240
当前设置：对正 = 上，比例 = 240.00，样式 = STANDARD
指定起点或 [对正(J)/ 比例(S)/ 样式(ST)]：J
输入对正类型 [上(T)/ 无(Z)/ 下(B)] < 上 >：Z
当前设置：对正 = 无，比例 = 240.00，样式 = STANDARD
指定起点或 [对正(J)/ 比例(S)/ 样式(ST)]：

步骤 04 在绘图区单击指定多线第一点，如下图所示。

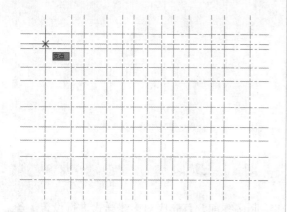

步骤 05 在绘图区拖动光标并在相应的交点处单击，绘制效果如下图所示。

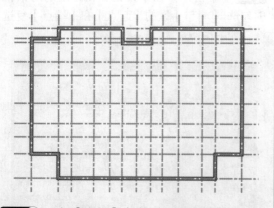

步骤 06 重复【多线】命令，继续绘制墙体，效果如图所示。

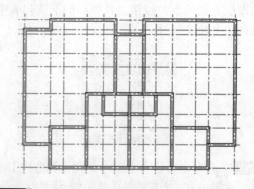

步骤 07 重复【多线】命令，继续绘制墙体，效果如图所示。

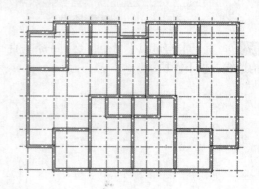

步骤 08 选择【默认】选项卡➤【图层】面板中的图层右侧的下拉按钮，在弹出的下拉列表中单击"中轴线"图层的开关按钮，关闭"中轴线"图层。

步骤 09 中轴线关闭后如下图所示。

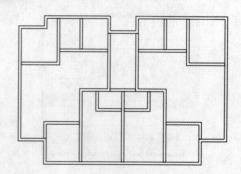

19.5.3 编辑墙体

墙体绘制完成后要通过多线编辑命令，将墙体相交的地方打开，编辑墙体的具体操作步骤如下。

步骤01 选择【修改】➤【对象】➤【多线】菜单命令，弹出【多线编辑工具】对话框，如下图所示。

步骤02 单击【T形打开】按钮，然后在绘图区选择要修改的第一条多线。

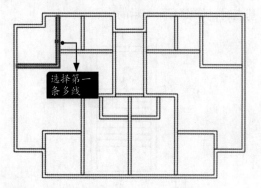

步骤03 选择选择要修改的第二条多线。

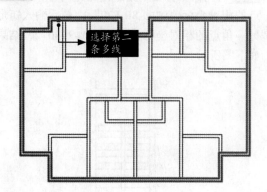

步骤04 结果如下图所示。

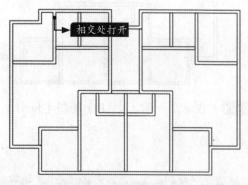

步骤05 继续执行【T形打开】命令，对其他相同结构的位置均执行此操作，执行完成后按【Enter】键确认，结果如下图所示。

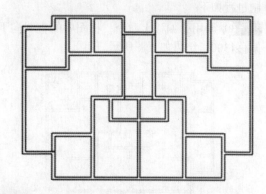

步骤06 在命令行输入【X】，将"T形打开"后的整个墙体分解，然后选择要删除的对象。

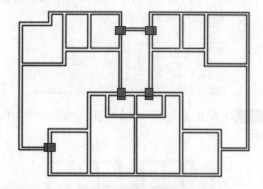

步骤07 按【Del】键删除后结果如图所示。

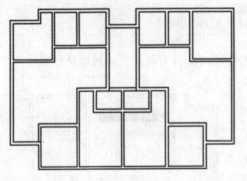

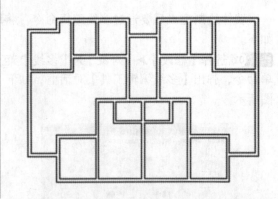

令，对墙体连接处的封口处进行修剪，结果如下图所示。

步骤 08 在命令行输入【TR】调用【修剪】命

19.5.4 绘制楼梯台阶和扶手

绘制楼梯台阶和扶手时主要用到偏移、阵列、矩形和修剪等命令，楼梯台阶和扶手的具体绘制过程如下。

步骤 01 调用【偏移】命令，将图中的直线向下偏移1300，结果如下图所示。

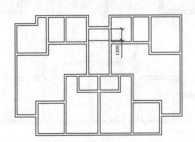

步骤 02 单击【默认】选项卡▶【修改】面板▶【矩形阵列】按钮，选择偏移后的直线为阵列对象，然后对矩形阵列进行如下设置。

列数:	1	行数:	11
介于:	3540	介于:	-270
总计:	3540	总计:	-2700
列		行 ▾	

步骤 03 单击【关闭阵列】按钮，结果如下图所示。

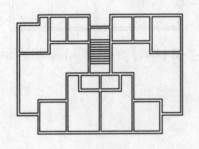

步骤 04 在命令行输入【REC】调用【矩形】命令，当命令提示指定第一个角点时，输入【FRO】并按空格键确认，当命令行提示指定基点时，捕捉下图所示的中点。

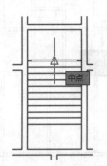

步骤 05 当命令行提示指定偏移距离时，输入基点的相对坐标值"@-80,120"，最后输入矩形另一角点的相对坐标值"@160,-2940"，结果如下图所示。

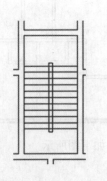

步骤 06 调用【偏移】命令，将刚绘制的矩形向内侧偏移50，结果如下图所示。

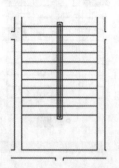

步骤 07 调用修剪命令，将和矩形相交部分的台阶修剪掉，结果如下图所示。

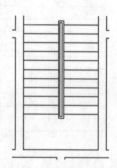

19.5.5 绘制折断符号和箭头

绘制折断符号和箭头时主要用到直线、偏移、旋转、修剪和多段线等命令，折断符号和箭头的具体绘制过程如下。

步骤 01 在命令行输入【L】并按空间调用【直线】命令，连接图中的两个点作为直线的两个端点，如下图所示。

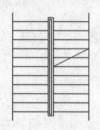

步骤 02 继续调用【直线】命令，根据命令行提示进行如下操作。

命令：LINE
指定第一个点：　　　// 捕捉水平直线与斜线的交点
指定下一点或 [放弃 (U)]: @150<135
指定下一点或 [放弃 (U)]: _nea 到　// 向下捕捉最近点
指定下一点或 [闭合 (C)/ 放弃 (U)]: // 按空格键退出命令
结果如下图所示。

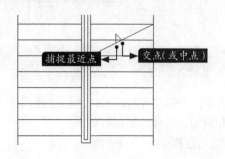

> ■ **小提示**
>
> 绘制直线前可以先选中"最近点"对象捕捉，也可在绘图过程中通过临时捕捉来捕捉最近点。

步骤 03 在命令行输入【RO】并按空格键调用【旋转】命令，选择步骤2刚绘制的两段直线为旋转对象，根据命令提示进行如下操作。

命令：RO ROTATE
UCS 当前的正角方向：ANGDIR= 逆时针 ANGBASE=0
选择对象：指定对角点：找到 2 个
选择对象：　// 按空格键结束选择
指定基点：　// 捕捉上图中的交点（或中点）
指定旋转角度，或 [复制 (C)/ 参照 (R)] <180>: C
旋转一组选定对象。
指定旋转角度，或 [复制 (C)/ 参照 (R)] <180>: 180
结果如下图所示。

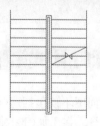

步骤 04 调用【偏移】命令，将第一步绘制的直

线向上方偏移30，结果如下图所示。

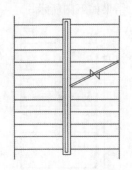

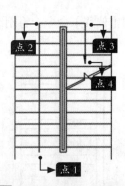

步骤 05 调用【修剪】命令，对斜线和折弯线相交处进行修剪，如下图所示。

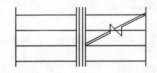

步骤 06 在命令行输入【PL】并按空格键调用【多段线】命令，根据命令行提示进行如下操作。

```
命令：PLINE
指定起点：    // 指定图中 1 点
当前线宽为 0
指定下一个点或 [ 圆弧 (A)/ 半宽 (H)/ 长度 (L)/ 放弃 (U)/ 宽度 (W)]:    // 指定图中 2 点
指定下一点或 [ 圆弧 (A)/ 闭合 (C)/ 半宽 (H)/ 长度 (L)/ 放弃 (U)/ 宽度 (W)]:    // 指定图中 3 点
指定下一点或 [ 圆弧 (A)/ 闭合 (C)/ 半宽 (H)/ 长度 (L)/ 放弃 (U)/ 宽度 (W)]:    // 指定图中 4 点
指定下一点或 [ 圆弧 (A)/ 闭合 (C)/ 半宽 (H)/ 长度 (L)/ 放弃 (U)/ 宽度 (W)]: W
指定起点宽度 <0>: 60
指定端点宽度 <60>: 0
指定下一点或 [ 圆弧 (A)/ 闭合 (C)/ 半宽 (H)/ 长度 (L)/ 放弃 (U)/ 宽度 (W)]: @0,−200
指定下一点或 [ 圆弧 (A)/ 闭合 (C)/ 半宽 (H)/ 长度 (L)/ 放弃 (U)/ 宽度 (W)]:    // 按空格键结束命令
```

小提示

4个点的位置不做特殊限制，大致位置如上图所示即可。

步骤 07 重复【多段线】命令，绘制另一条箭头，命令行提示如下。

```
命令：PLINE
指定起点：    // 指定图中 1 点
当前线宽为 0
指定下一个点或 [ 圆弧 (A)/ 半宽 (H)/ 长度 (L)/ 放弃 (U)/ 宽度 (W)]:    // 指定图中 2 点
指定下一点或 [ 圆弧 (A)/ 闭合 (C)/ 半宽 (H)/ 长度 (L)/ 放弃 (U)/ 宽度 (W)]: W
指定起点宽度 <0>: 60
指定端点宽度 <60>: 0
指定下一点或 [ 圆弧 (A)/ 闭合 (C)/ 半宽 (H)/ 长度 (L)/ 放弃 (U)/ 宽度 (W)]: @0, 200
指定下一点或 [ 圆弧 (A)/ 闭合 (C)/ 半宽 (H)/ 长度 (L)/ 放弃 (U)/ 宽度 (W)]:    // 按空格键结束命令
```

结果如下图所示。

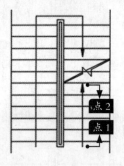

19.5.6 开门洞和窗洞

完整的平面图不仅包括房间的尺寸和墙体的厚度，还应当包含门窗，因为门窗也是墙体的一个重要组成部分，在添加门窗前先要绘制出门洞和窗洞，具体绘制过程如下。

步骤 01 调用【偏移】命令，将下图中的水平直线向上偏移360，如下图所示。

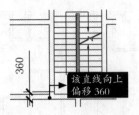

步骤 02 重复【偏移】命令，将偏移后的直线再向上偏移800，结果如下图所示。

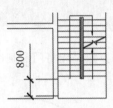

步骤 03 调用【修剪】命令，修剪出门洞。

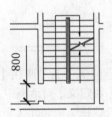

步骤 04 重复【偏移】和【修剪】命令，绘制其他门洞，结果如下图所示。

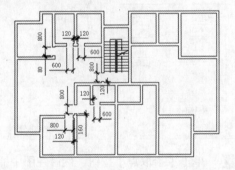

步骤 05 调用【直线】命令，捕捉图中的两个中点绘制一条竖直线，如下图所示。

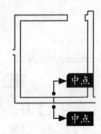

步骤 06 调用【偏移】命令，将步骤5绘制的直线向两侧分别偏移750，结果如下图所示。

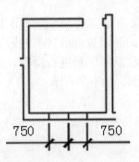

步骤 07 调用【修剪】命令，修剪出窗洞并将步骤5绘制的辅助线删除，结果如下图所示。

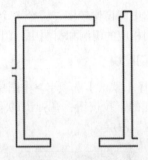

步骤 08 重复步骤5~7，绘制其他窗洞，结果如下图所示。

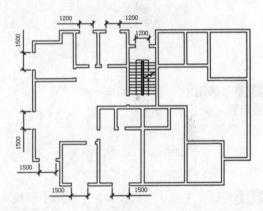

步骤 09 选中下图所示的门洞和窗洞的边框，如下图所示。

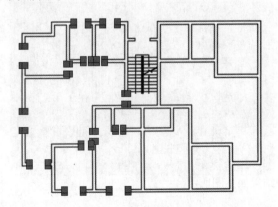

步骤⑩ 在命令输入【MI】调用【镜像】命令，将选中的开洞边框沿扶手的竖直中心线进行镜像。镜像后对图形进行修剪，得到另一侧的门洞和窗洞，如下图所示。

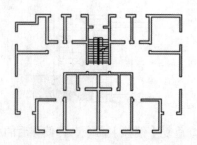

19.5.7 创建门、窗图块

建筑图中门窗比较多，一个一个进行绘制比较烦琐。一般的方法是先将门窗制作成图块，然后再插入到相应的门洞和窗洞中，门窗图块的具体绘制过程如下。

1. 创建门图块

步骤① 选择【默认】选项卡▶【图层】面板中的图层右侧的下拉按钮，在弹出的下拉列表中选择"门窗"图层。

步骤② 调用矩形命令，绘制一个"800×35"的矩形，如下图所示。

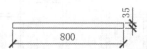

步骤③ 选择【默认】选项卡▶【绘图】面板▶【起点、圆心、圆弧】，根据命令行提示进行如下操作。

```
命令：_arc
指定圆弧的起点或 [ 圆心 (C)]:  // 捕捉矩形的左下端点
指定圆弧的第二个点或 [ 圆心 (C)/ 端点 (E)]: _c
指定圆弧的圆心：  // 捕捉矩形的右下端点
指定圆弧的端点 ( 按住 Ctrl 键以切换方向 ) 或 [ 角度 (A)/ 弦长 (L)]: _a
指定夹角 ( 按住 Ctrl 键以切换方向 ): −90
结果如下图所示。
```

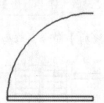

步骤④ 在命令输入【B】调用【创建块】命令，在弹出的【块定义】对话框中单击【选择对象】按钮，然后选择矩形和圆弧为创建对象。

步骤⑤ 单击【拾取点】按钮，然后在图中捕捉矩形的右下端点为插入点，如下图所示。

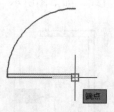

步骤⑥ 返回到【块定义】对话框，单击【确定】按钮即可完成门图块的创建。

2. 创建窗图块

步骤 01 调用矩形命令，创建一个"1500×240"的矩形，结果如下图所示。

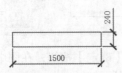

步骤 02 选择【格式】➤【点样式】菜单命令，在弹出的对话框中选择并设置点样式。

步骤 03 在命令行输入【X】调用【矩形】命令，选择矩形将其分解。然后在命令行输入

【DIV】调用【定数等分】命令，选择分解后右侧的竖直线将其三等分。

步骤 04 调用【直线】命令，绘制两条通过节点的水平线，然后将节点删除，结果如下图所示。

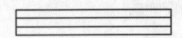

步骤 05 调用【创建块】命令，在弹出的【块定义】对话框中单击【选择对象】按钮，然后选择分解后的矩形和两条水平直线为创建对象。单击【拾取点】按钮，然后在图中捕捉矩形的左下端点，如下图所示。

步骤 06 返回到【块定义】对话框，单击【确定】按钮即可完成门图块的创建。

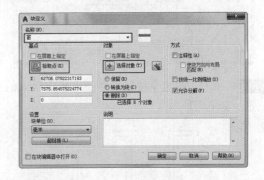

19.5.8 插入门、窗图块

上一节创建了门窗图块，这一节我们将创建的图块插入到相应的门洞和窗洞中，具体操作过程如下。

1. 插入门图块

步骤 01 在命令行输入【I】调用【插入】命令，选择"门"图块为插入对象，如下图所示。

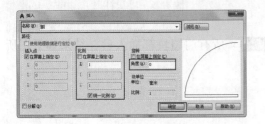

步骤 02 单击【确定】按钮，在图中指定插入的位置，如下图所示。

步骤 03 重复调用【插入】命令，对插入比例和插入角度进行如下设置。

步骤 04 单击【确定】按钮，在图中指定插入的位置，如下图所示。

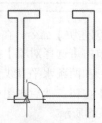

步骤 05 重复调用【插入】命令，对插入比例和插入角度进行如下设置。

步骤 06 单击【确定】按钮，在图中指定插入的位置，如下图所示。

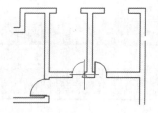

步骤 07 重复调用【插入】命令，对插入比例和插入角度进行如下设置。

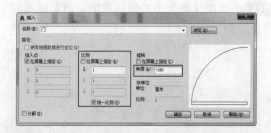

步骤 08 单击【确定】按钮，在图中指定插入的位置，如下图所示。

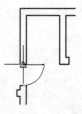

步骤 09 重复调用【插入】命令，对插入比例和插入角度进行如下设置。

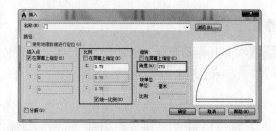

步骤 10 单击【确定】按钮，在图中指定插入的位置，如下图所示。

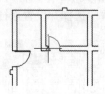

步骤 11 重复调用【插入】命令，对插入比例和插入角度进行如下设置。

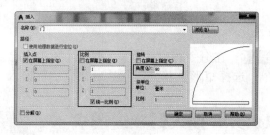

步骤 12 单击【确定】按钮，在图中指定插入的位置，如下图所示。

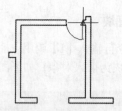

步骤 13 所有门图块都插入后，结果如下图所示。

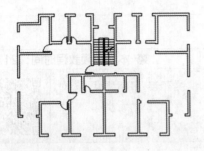

2. 插入窗图块

步骤 01 调用插入命令，选择"窗"图块为插入对象，如下图所示。

步骤 02 单击【确定】按钮，在图中指定插入的位置，如下图所示。

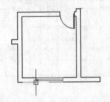

步骤 03 重复调用【插入】命令，将插入角度设置为90°。

步骤 04 单击【确定】按钮，在图中指定插入的位置，如下图所示。

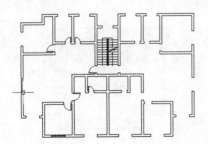

步骤 05 重复调用插入命令，将X方向上的插入比例设置为0.8。

步骤 06 单击【确定】按钮，在图中指定插入的位置，如下图所示。

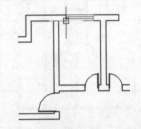

步骤 07 重复调用【插入】命令，将所有窗户插入窗洞后，如下图所示。

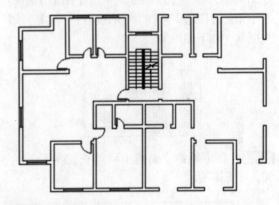

步骤 08 调用【镜像】命令，选择所有门和窗为镜像对象，以扶梯竖直中心线为镜像线，将所有的门窗镜像到另一侧，如下图所示。

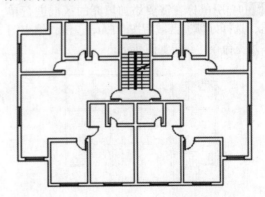

19.6 完善图形

本节视频教程时间：21 分钟

图形绘制完毕后，需要添加文字说明、地面铺设填充以及标注尺寸来对图形进行完善。

步骤 01 将"说明"层设置为当前层，然后在命令行输入【DT】调用【单行文字】命令，给平面图各空间添加文字注明，如下图所示。

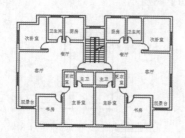

步骤 02 将"填充"层设置为当前层，然后在命令行输入【H】调用【填充】命令，在弹出的【图案填充创建】选项卡上单击【图案】面板右下角的 按钮，选择 "DOLMIT"图案为填充图案，如下图所示。

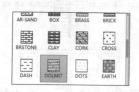

步骤 03 在【特性】面板上将填充比例设置为50，如下图所示。

步骤 04 用鼠标在需要添加填充的区域进行单击，选择好填充区域后按【Enter】键，结束图案填充命令，结果如图所示。

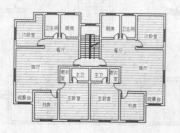

步骤 05 重复步骤2~4，更改填充图案类型为"ANGLE"，最终结果如图所示。

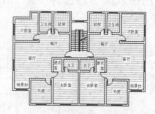

步骤 06 将"标注"层设置为当前层，并将"中轴线"图层打开，显示效果如下图所示。

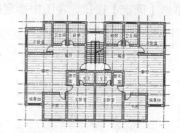

步骤 07 在命令行输入【DIM】对平面图进行标注，结果如下图所示。

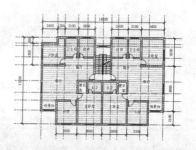

步骤 08 将"中轴线"图层关闭后，最终效果如下图所示。

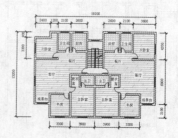

第 20 章

建筑设计案例——绘制残疾人卫生间详图

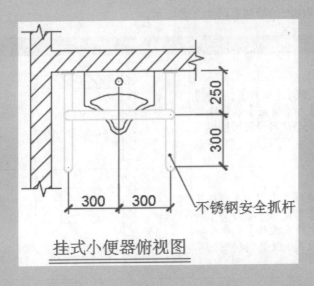

挂式小便器俯视图

20.1 残疾人卫生间设计的注意事项

本节视频教程时间：3分钟

残疾人卫生间主要是为了给残障者、老人或病人提供方便而设立的无障碍卫生间。

设计残疾人卫生间时通常需要注意以下几点。

（1）门的宽度：无障碍卫生间门的宽度不应低于800mm，以便于轮椅的出入。

（2）门的种类：应当使用移动推拉门，并在门上安装横向拉手，便于乘坐轮椅的人开门或关门。在条件允许的情况下，可以使用电动门，使用者可以通过按钮控制门的打开和关闭。

（3）内部空间：无障碍卫生间内部空间不应少于1.5m×1.5m。

（4）安全扶手：必须配备安全扶手，座便器扶手距离地面高度不应低于700mm，小便器扶手离地不应低于1180mm，台盆扶手离地不应低于850mm。

（5）紧急呼叫系统：必须配备紧急呼叫系统，紧急呼叫系统可以选择安装于墙面，也可以选择安装于安全扶手上面。

20.2 残疾人卫生间详图的绘制思路

本节视频教程时间：3分钟

绘制残疾人卫生间详图的思路是先绘制挂式小便器俯视图，并为其添加标注及文字说明，然后绘制挂式小便器右视图，同样为其添加标注及文字说明。具体绘制思路如下表所示。

残疾人卫生间详图的绘制思路如下表所示。

序号	绘图方法	结 果	备 注
1	利用【直线】【偏移】【复制】【修剪】和【填充】等命令绘制挂式小便器俯视图墙体		注意"FRO"的应用
2	利用【直线】【圆】【圆弧】【偏移】【镜像】【圆角】和【参数化约束操作】等命令绘制挂式小便器俯视图		注意参数化约束操作
3	利用【直线】【圆】【偏移】【复制】和【修剪】等命令绘制挂式小便器俯视图安全抓杆		注意"FRO"的应用

续表

序号	绘图方法	结　果	备　注
4	利用【直线】【线性标注】【多重引线标注】和【单行文字】等命令为挂式小便器俯视图添加注释	挂式小便器俯视图	
5	利用【直线】【矩形】【偏移】【填充】和【删除】等命令绘制挂式小便器右视图墙体及地面		注意"FRO"的应用
6	利用【直线】【圆】【矩形】【修剪】和【圆角】等命令绘制挂式小便器右视图		注意"FRO"的应用
7	利用【直线】【多段线】【圆】【偏移】和【修剪】等命令绘制挂式小便器右视图安全抓杆		注意"FRO"的应用
8	利用【直线】【线性标注】【多重引线标注】和【单行文字】等命令为挂式小便器右视图添加注释	挂式小便器右视图	

20.3　绘制挂式小便器俯视图

● 本节视频教程时间：36 分钟

　　绘制挂式小便器俯视图时，主要会应用到直线、圆、修剪、填充及参数化约束操作，具体操作步骤如下。

20.3.1　设置绘图环境

步骤 01 在命令行输入【LA】调用图层管理器，在图层管理器中创建下图所示的几个图层。

步骤 02 在命令行输入【D】并按空格键调用【标注样式管理器】对话框，如下图所示。

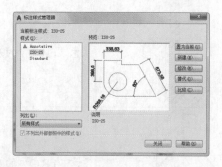

步骤 03 单击【修改】按钮，在弹出的对话框中选择【符号和箭头】选项卡，将箭头设置为【建筑标记】，如下图所示。

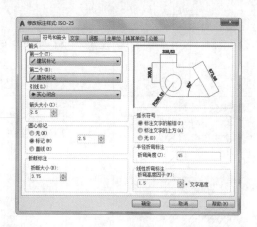

步骤 04 单击【调整】选项卡，将全局比例设置为24，如下图所示。设置完成后单击【确定】按钮，并将修改后的标注样式置为当前。

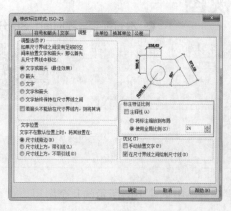

步骤 05 在命令行输入【MLS】并按空格键调用【多重引线样式管理器】对话框，如下图所示。

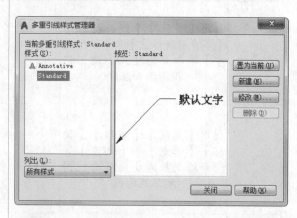

步骤 06 单击【修改】按钮，在弹出的对话框中选择【引线格式】选项卡，将【箭头】设置为【小点】，大小设置为40，如下图所示。

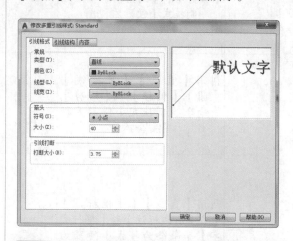

步骤 07 单击【内容】选项卡，将文字高度设置为60。设置完成后单击【确定】按钮，并将修改后的标注样式置为当前。

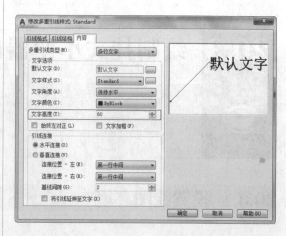

20.3.2 绘制墙体

步骤 01 将"墙体及地面"图层置为当前，在命令行输入【L】并按空格键调用【直线】命令，在绘图区域中绘制一条长度为"900"的竖直直线段，结果如下图所示。

步骤 02 在命令行输入【O】并按空格键调用【偏移】命令，将刚才绘制的直线段向右侧偏移"120"，结果如下图所示。

步骤 03 在命令行输入【L】并按空格键调用【直线】命令，在命令行提示下输入【FRO】并按【Enter】键确认，然后捕捉如下图所示端点作为基点。

步骤 04 命令行提示如下。

```
基点：<偏移>: @-56,0
指定下一点或 [放弃 (U)]: @90,0
指定下一点或 [放弃 (U)]: @14,44
指定下一点或 [闭合 (C)/ 放弃 (U)]: @24,
-88
指定下一点或 [闭合 (C)/ 放弃 (U)]: @14,
44
```

```
指定下一点或 [闭合 (C)/ 放弃 (U)]: @90,0
指定下一点或 [闭合 (C)/ 放弃 (U)]: // 按
【Enter】键结束该命令
```

步骤 05 结果如下图所示。

步骤 06 在命令行输入【CO】并按空格键调用【复制】命令，将步骤4~5绘制的直线段图形向下复制，并捕捉如图所示端点作为复制的基点。

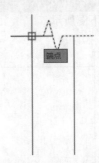

步骤 07 在绘图区域中拖动鼠标并捕捉下图所示端点作为位移的第二个点。

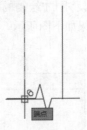

步骤 08 按【Enter】键确认后，结果如下图所示。

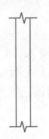

步骤 09 在命令行输入【L】并按空格键调用
【直线】命令，在命令行提示下输入【FRO】
并按【Enter】键确认，然后捕捉下图所示端点
作为基点。

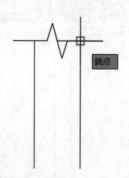

步骤 10 命令行提示如下。

> 基点：< 偏移 >：@0,-110
> 指定下一点或 [放弃 (U)]：@850,0
> 指定下一点或 [放弃 (U)]： // 按【Enter】
> 键结束该命令

步骤 11 结果如下图所示。

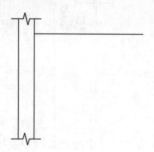

步骤 12 在命令行输入【O】并按空格键调用
【偏移】命令，将刚才绘制的直线段向下方偏
移"120"，结果如下图所示。

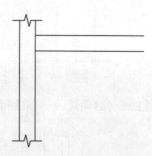

步骤 13 在命令行输入【L】并按空格键调用
【直线】命令，在命令行提示下输入【FRO】
并按【Enter】键确认，然后捕捉下图所示端点
作为基点。

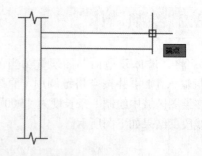

步骤 14 命令行提示如下。

> 基点：< 偏移 >：@0,56
> 指定下一点或 [放弃 (U)]：@0,-90
> 指定下一点或 [放弃 (U)]：@44,-14
> 指定下一点或 [闭合 (C)/ 放弃 (U)]：@-88,
> -24
> 指定下一点或 [闭合 (C)/ 放弃 (U)]：@44,
> -14
> 指定下一点或 [闭合 (C)/ 放弃 (U)]：@0,
> -90
> 指定下一点或 [闭合 (C)/ 放弃 (U)]： // 按
> 【Enter】键结束该命令

步骤 15 结果如下图所示。

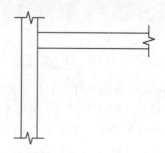

步骤 16 在命令行输入【TR】并按空格键调用
【修剪】命令，选择如图所示的两条水平直线
段作为修剪边界。

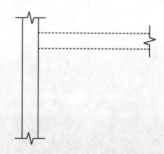

步骤 17 在绘图区域中对多余线段进行相应修剪
操作，然后按【Enter】键结束修剪命令，结果
如下图所示。

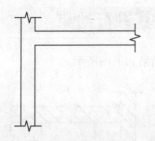

充比例设置为"20",然后在绘图区域中拾取内部点进行填充,结果如下图所示。

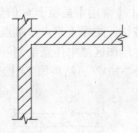

步骤⑱ 在命令行输入【H】并按空格键调用【填充】命令,填充图案选择"ANSI31",填

20.3.3 绘制挂式小便器(绘制直线及圆形部分)

步骤① 将"挂式小便器"图层置为当前,在命令行输入【L】并按空格键调用【直线】命令,在命令行提示下输入【FRO】并按【Enter】键确认,然后捕捉如下图所示端点作为基点。

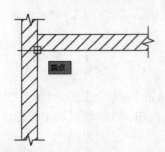

步骤② 命令行提示如下。

> 基点:< 偏移 >:@195,0
> 指定下一点或 [放弃(U)]:@0,−195
> 指定下一点或 [放弃(U)]: // 按【Enter】
键结束该命令

步骤③ 结果如下图所示。

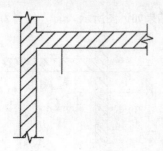

步骤④ 在命令行输入【O】并按空格键调用【偏移】命令,将刚才绘制的直线段向右侧偏移"410",结果如下图所示。

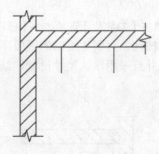

步骤⑤ 在命令行输入【C】并按空格键调用【圆】命令,在命令行提示下输入【FRO】并按【Enter】键确认,然后捕捉如下图所示端点作为基点。

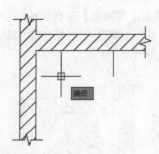

步骤⑥ 命令行提示如下。

> 基点:< 偏移 >:@205,−110
> 指定圆的半径或 [直径(D)]:54

步骤⑦ 结果如下图所示。

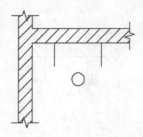

20.3.4 绘制挂式小便器（绘制圆弧并对其进行约束）

步骤 01 单击【常用】选项卡►【绘图】面板►【圆弧】按钮，选择【起点、端点、半径】选项，然后在绘图区域中任意绘制一段圆弧，该圆弧半径为"203"，结果如下图所示。

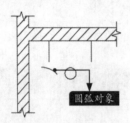

步骤 02 单击【参数化】选项卡►【标注】面板►【半径】按钮，对刚才绘制的圆弧图形进行半径标注，并且采用默认尺寸设置，结果如下图所示。

步骤 03 单击【参数化】选项卡►【几何】面板►【重合】按钮，在绘图区域中单击选择第一个点，如下图所示。

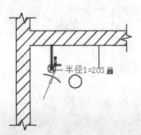

步骤 04 继续在绘图区域中单击选择第二个点，如下图所示。

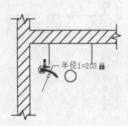

步骤 05 结果如下图所示。

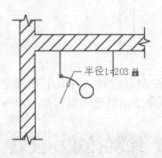

步骤 06 单击【参数化】选项卡►【标注】面板►【竖直】按钮，在绘图区域中对步骤1~3绘制的竖直直线段进行标注约束，并且采用系统默认尺寸设置，结果如下图所示。

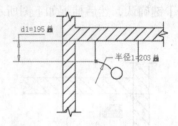

步骤 07 单击【参数化】选项卡►【几何】面板►【固定】按钮，在绘图区域中选择点，如下图所示。

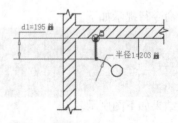

步骤 08 结果如下图所示。

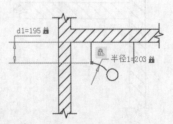

步骤 09 单击【参数化】选项卡►【几何】面板►【相切】按钮，在绘图区域中选择第一个对象，如下图所示。

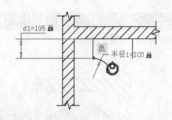

步骤⑩ 继续在绘图区域中单击选择第二个对象，如下图所示。

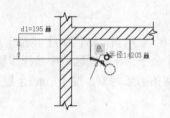

步骤⑪ 结果如下图所示。

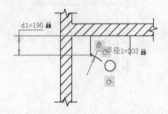

步骤⑫ 在命令行输入【EX】并按空格键调用【延伸】命令，在绘图区域中选择圆形对象，并按【Enter】键确认，如下图所示。

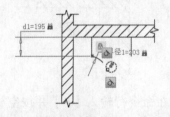

步骤⑬ 继续在绘图区域中选择圆弧对象，并按【Enter】键确认，如下图所示。

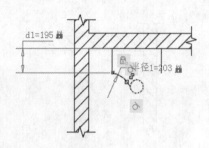

步骤⑭ 结果如下图所示。

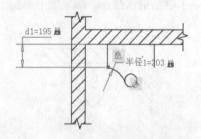

步骤⑮ 单击【参数化】选项卡➤【管理】面板➤【删除约束】按钮，在命令行提示下输入【ALL】，按两次【Enter】键，结果如下图所示。

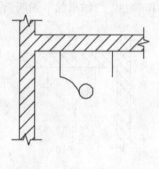

20.3.5 绘制挂式小便器（完善操作）

步骤① 在命令行输入【MI】并按空格键调用【镜像】命令，在绘图区域中选择圆弧作为需要镜像的对象，以圆形的竖直中心线作为镜像线，并保留源对象，结果如下图所示。

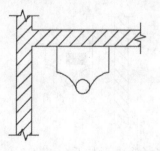

步骤② 在命令行输入【TR】并按空格键调用

【修剪】命令，在绘图区域中选择两条圆弧对象，按【Enter】键确认，如下图所示。

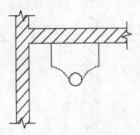

步骤 03 在绘图区域中对圆形进行修剪，并按【Enter】键结束该命令，结果如下图所示。

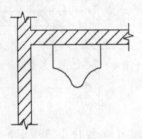

步骤 04 在命令行输入【O】并按空格键调用【偏移】命令，将绘图区域中的三条圆弧对象向上方偏移"23"，结果如下图所示。

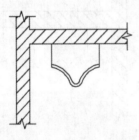

步骤 05 在命令行输入【C】并按空格键调用【圆】命令，在命令行提示下输入【FRO】并按【Enter】键确认，然后在绘图区域中捕捉如图所示端点作为基点。

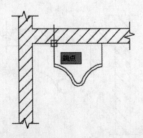

步骤 06 命令行提示如下。

基点：<偏移>：@205,-526

指定圆的半径或[直径(D)]：395

步骤 07 结果如下图所示。

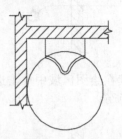

步骤 08 在命令行输入【TR】并按空格键调用【修剪】命令，在绘图区域中选择步骤4中偏移生成的两条圆弧对象，按【Enter】键确认，如下图所示。

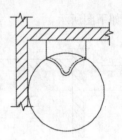

步骤 09 在绘图区域中对圆形进行修剪，并按【Enter】键结束该命令，结果如下图所示。

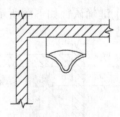

步骤 10 在命令行输入【F】并按空格键调用【圆角】命令，圆角半径设置为"10"，在绘图区域中选择相应对象进行圆角操作，然后按【Enter】键结束该命令，结果如下图所示。

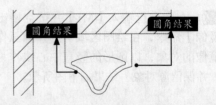

步骤 11 在命令行输入【C】并按空格键调用【圆】命令，在命令行提示下输入【FRO】并按【Enter】键确认，然后在绘图区域中捕捉下图所示端点作为基点。

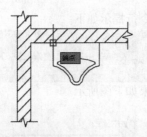

步骤 12 命令行提示如下。

> 基点：<偏移>: @205,-60
> 指定圆的半径或 [直径(D)] <395.0000>:

20.3.6 绘制安全抓杆

步骤 01 将"安全抓杆"层置为当前，在命令行输入【L】并按空格键调用【直线】命令，在命令行提示下输入【FRO】并按【Enter】键确认，然后在绘图区域中捕捉下图所示端点作为基点。

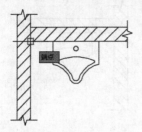

步骤 02 命令行提示如下。

> 基点：<偏移>: @55,0
> 指定下一点或 [放弃(U)]: @10,-10
> 指定下一点或 [放弃(U)]: @70,0
> 指定下一点或 [闭合(C)/放弃(U)]: @10,10
> 指定下一点或 [闭合(C)/放弃(U)]: // 按【Enter】键结束该命令

步骤 03 结果如下图所示。

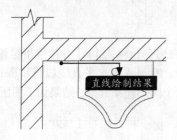
直线绘制结果

步骤 04 在命令行输入【L】并按空格键调用【直线】命令，在命令行提示下输入【FRO】并按【Enter】键确认，然后在绘图区域中捕捉如图所示端点作为基点。

20

步骤 13 结果如下图所示。

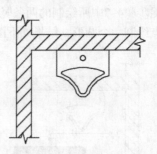

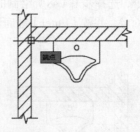

步骤 05 命令行提示如下。

> 基点：<偏移>: @75,-10
> 指定下一点或 [放弃(U)]: @0,-540
> 指定下一点或 [放弃(U)]: // 按【Enter】键结束该命令

步骤 06 结果如下图所示。

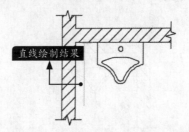
直线绘制结果

步骤 07 在命令行输入【O】并按空格键调用【偏移】命令，将刚才绘制的竖直直线段向右侧偏移"50"，结果如下图所示。

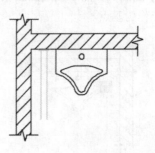

步骤08 单击【默认】选项卡►【绘图】面板►【圆】按钮，选择【两点】选项，在绘图区域中分别捕捉步骤4~7中所绘制的两条竖直直线段的下方端点绘制一个圆形，结果如下图所示。

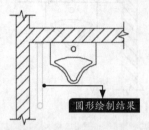

圆形绘制结果

步骤09 在命令行输入【CO】并按空格键调用【复制】命令，选择步骤1~8所绘制的图形作为需要复制的对象，并按【Enter】键确认，如下图所示。

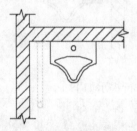

步骤10 当命令行提示指定第二个点时，输入"@600,0"按两次【Enter】键结束该命令，结果如下图所示。

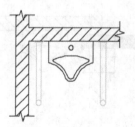

步骤11 在命令行输入【C】并按空格键调用【圆】命令，在命令行提示下输入【FRO】并按【Enter】键确认，然后在绘图区域中捕捉下图所示端点作为基点。

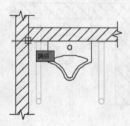

捕点

步骤12 命令行提示如下。

> 基点：< 偏移 >：@100,-250
> 指定圆的半径或 [直径 (D)] <25.0000>：25

步骤13 结果如下图所示。

圆形绘制结果

步骤14 在命令行输入【CO】并按空格键调用【复制】命令，选择步骤11~13所绘制的圆形作为需要复制的对象，并按【Enter】键确认，如下图所示。

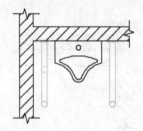

步骤15 当命令行提示指定第二个点时，输入"@600,0"按两次【Enter】键结束该命令，结果如下图所示。

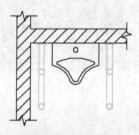

步骤16 在命令行输入【L】并按空格键调用【直线】命令，绘制两条水平直线段将步骤11~15中得到的两个圆形连接起来，结果如下图所示。

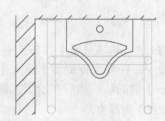

步骤 17 在命令行输入【TR】并按空格键调用【修剪】命令，选择步骤16绘制的两条水平直线段作为修剪边界，如下图所示。

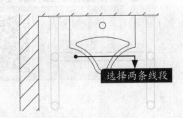

步骤 18 在绘图区域中对多余对象进行修剪，并结束【修剪】命令，结果如下图所示。

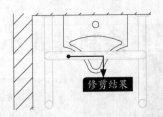

步骤 19 重复调用【修剪】命令，在绘图区域中对另外两处多余对象进行修剪，结果如下图所示。

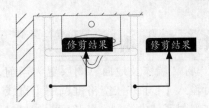

20.3.7 添加尺寸标注及文字说明

步骤 01 将"标注"层置为当前，在命令行输入【DLI】并按空格键调用【线性标注】命令，标注结果如下图所示。

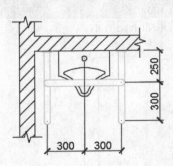

步骤 02 在命令行输入【MLD】并按空格键调用【多重引线标注】命令，标注结果如下图所示。

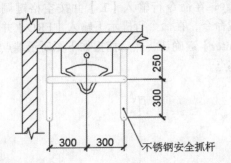

步骤 03 在命令行输入【DT】并按空格键调用【单行文字】命令，文字高度指定为"70"，旋转角度指定为"0"，并输入文字内容"挂式小便器俯视图"，结束单行文字命令后结果如下图所示。

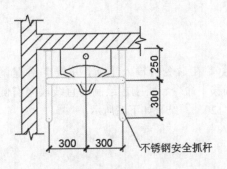

挂式小便器俯视图

步骤 04 在命令行输入【L】并按空格键调用【直线】命令，在绘图区域中绘制两条任意长度的水平直线段，结果如下图所示。

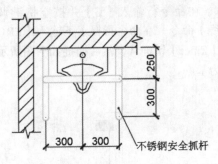

挂式小便器俯视图

20.4 绘制挂式小便器右视图

本节视频教程时间: 28 分钟

挂式小便器右视图的绘制方法与其俯视图类似，下面将对其绘制过程进行详细介绍。

20.4.1 绘制墙体及地面

步骤01 将"墙体及地面"图层置为当前，在命令行输入【L】并按空格键调用【直线】命令，在绘图区域中绘制一条长度为"1100"的竖直直线段，结果如下图所示。

步骤02 在命令行输入【O】并按空格键调用【偏移】命令，将刚才绘制的直线段向右侧偏移"120"，结果如下图所示。

步骤03 在命令行输入【L】并按空格键调用【直线】命令，在命令行提示下输入【FRO】并按【Enter】键确认，然后捕捉如下图所示端点作为基点。

步骤04 命令行提示如下。

```
基点 : < 偏移 >: @-56,0
指定下一点或 [ 放弃 (U)]: @90,0
指定下一点或 [ 放弃 (U)]: @14,-44
指定下一点或 [ 闭合 (C)/ 放弃 (U)]: @24,88
指定下一点或 [ 闭合 (C)/ 放弃 (U)]: @14,-44
指定下一点或 [ 闭合 (C)/ 放弃 (U)]: @90,0
指定下一点或 [ 闭合 (C)/ 放弃 (U)]: // 按
【Enter】键结束该命令
```

步骤05 结果如下图所示。

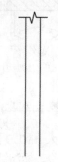

步骤06 在命令行输入【L】并按空格键调用直线命令，在命令行提示下输入【FRO】并按【Enter】键确认，然后捕捉如下图所示端点作为基点。

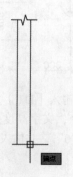

步骤07 命令行提示如下。

> 基点：< 偏移 >：@90,0
> 指定下一点或 [放弃 (U)]：@-1000,0
> 指定下一点或 [放弃 (U)]： // 按【Enter 】
> 键结束该命令

步骤08 结果如下图所示。

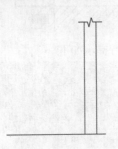

步骤09 在命令行输入【REC】并按空格键调用【矩形】命令，然后在绘图区域中捕捉如下图所示端点作为矩形的第一个角点。

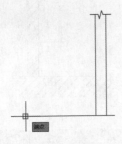

步骤10 在命令行提示下输入"@1000,−220"并按【Enter 】键确认，以指定矩形的另一个角点，结果如下图所示。

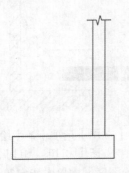

步骤11 在命令行输入【H】并按空格键调用【填充】命令，填充图案选择"ANSI31"，填充比例设置为"20"，角度设置为"90"，然后在绘图区域中拾取内部点进行填充，结果如下图所示。

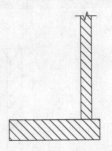

步骤12 在命令行输入【H】并按空格键调用【填充】命令，填充图案选择"AR-CONC"，填充比例设置为"1"，角度设置为"0"，然后在绘图区域中拾取内部点进行填充，结果如下图所示。

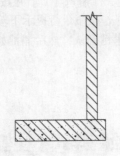

步骤13 选择步骤9~10绘制的矩形，按【Del 】键将其删除，结果如下图所示。

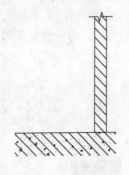

20.4.2 绘制挂式小便器（绘制直线段）

步骤01 将"挂式小便器"图层置为当前，在命令行输入【L】并按空格键调用【直线】命令，在命令行提示下输入【FRO】并按【Enter 】键确认，然后捕捉右图所示端点作为基点。

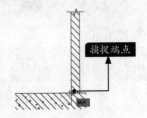

捕捉端点

步骤 02 命令行提示如下。

> 基点：< 偏移 >: @0,368
> 指定下一点或 [放弃 (U)]: @-220,0
> 指定下一点或 [放弃 (U)]: // 按【Enter】
> 键结束该命令

步骤 03 结果如下图所示。

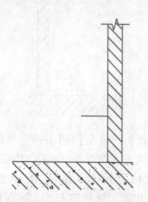

步骤 04 在命令行输入【L】并按空格键调用
【直线】命令，在命令行提示下输入【FRO】
并按【Enter】键确认，然后捕捉如下图所示端
点作为基点。

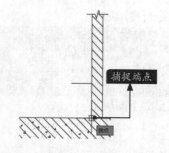

步骤 05 命令行提示如下。

> 基点：< 偏移 >: @0,759
> 指定下一点或 [放弃 (U)]: @-61,0
> 指定下一点或 [放弃 (U)]: @0,-150
> 指定下一点或 [闭合 (C)/ 放弃 (U)]: // 按
> 【Enter】键结束该命令

步骤 06 结果如下图所示。

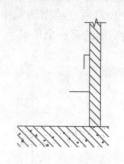

20.4.3 绘制挂式小便器（绘制弧形部分）

步骤 01 在命令行输入【C】并按空格键调用
【圆】命令，在命令行提示下输入【FRO】并
按【Enter】键确认，然后捕捉下图所示端点作
为基点。

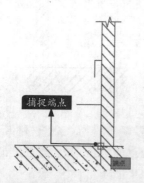

步骤 02 命令行提示如下。

> 基点：< 偏移 >: @-230,421
> 指定圆的半径或 [直径 (D)]: 50

步骤 03 结果如下图所示。

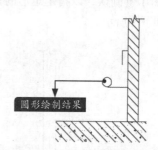

步骤 04 单击【常用】选项卡➤【绘图】面板➤
【圆】按钮，选择【相切、相切、半径】选
项，然后在绘图区域中单击指定第一个切点，
如下图所示。

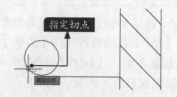

步骤 05 在绘图区域中拖动鼠标单击指定第二个

切点，如下图所示。

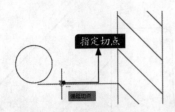

步骤 06 在命令行提示下输入"161"并按【Enter】键确认，以指定圆的半径，结果如下图所示。

步骤 07 在命令行输入【TR】并按空格键调用【修剪】命令，在绘图区域中选择两个圆形及一条水平直线段作为修剪边界，如下图所示。

步骤 08 在绘图区域中将多余对象修剪掉，并结束该命令，结果如下图所示。

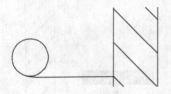

步骤 09 单击【常用】选项卡➤【绘图】面板➤【圆】按钮，选择【相切、相切、半径】选项，然后在绘图区域中单击指定第一个切点，如下图所示。

步骤 10 在给图区域中拖动鼠标单击指定第二个切点，如下图所示。

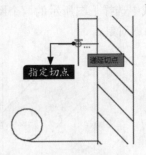

步骤 11 在命令行提示下输入"260"并按【Enter】键确认，以指定圆的半径，结果如下图所示。

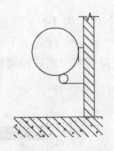

步骤 12 在命令行输入【TR】并按空格键调用【修剪】命令，在绘图区域中选择两个圆形、一条竖直直线段及一段圆弧作为修剪边界，如下图所示。

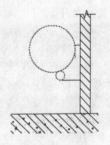

步骤 13 在绘图区域中将多余对象修剪掉，并结束该命令，结果如下图所示。

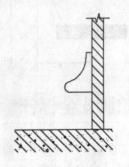

步骤⑭ 在命令行输入【F】并按空格键调用【圆角】命令，圆角半径设置为"10"，然后在绘图区域中选择下图所示的两个图形对象作为需要圆角的对象。

步骤⑮ 结果如下图所示。

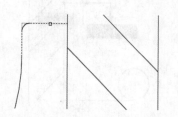
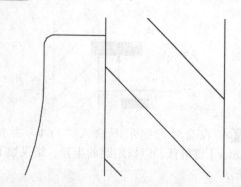

20.4.4 绘制挂式小便器（绘制直线段及矩形）

步骤①1 在命令行输入【L】并按空格键调用【直线】命令，在命令行提示下输入【FRO】并按【Enter】键确认，然后捕捉如下图所示端点作为基点。

步骤④4 在命令行输入【REC】并按空格键调用【矩形】命令，然后在绘图区域中捕捉如下图所示端点作为矩形的第一个角点。

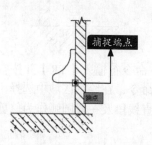

步骤②2 命令行提示如下。

> 基点：< 偏移 >: @-56,0
> 指定下一点或 [放弃(U)]: @-14,-21
> 指定下一点或 [放弃(U)]: @-32,0
> 指定下一点或 [闭合(C)/ 放弃(U)]: @-14,21
> 指定下一点或 [闭合(C)/ 放弃(U)]: // 按
> 【Enter】键结束该命令

步骤⑤5 在命令行提示下输入"@32,-35"并按【Enter】键确认，以指定矩形的另一个角点，结果如下图所示。

步骤③3 结果如下图所示。

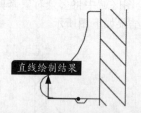

20.4.5 绘制安全抓杆

步骤①1 将"安全抓杆"层置为当前，在命令行输入【PL】并按空格键调用【多段线】命令，在命令行提示下输入【FRO】并按【Enter】键确认，然后在绘图区域中捕捉下图所示端点作为基点。

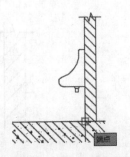

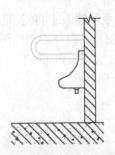

步骤 02 命令行提示如下。

> 基点：< 偏移 >: @0,675
> 当前线宽为 0.0000
> 指定下一个点或 [圆弧 (A)/ 半宽 (H)/ 长度 (L)/ 放弃 (U)/ 宽度 (W)]: @-450,0
> 指定下一点或 [圆弧 (A)/ 闭合 (C)/ 半宽 (H)/ 长度 (L)/ 放弃 (U)/ 宽度 (W)]: a
> 指定圆弧的端点 (按住 Ctrl 键以切换方向) 或
> [角度 (A)/ 圆心 (CE)/ 闭合 (CL)/ 方向 (D)/ 半宽 (H)/ 直线 (L)/ 半径 (R)/ 第二个点 (S)/ 放弃 (U)/ 宽度 (W)]: @0,250
> 指定圆弧的端点 (按住 Ctrl 键以切换方向) 或
> [角度 (A)/ 圆心 (CE)/ 闭合 (CL)/ 方向 (D)/ 半宽 (H)/ 直线 (L)/ 半径 (R)/ 第二个点 (S)/ 放弃 (U)/ 宽度 (W)]: l
> 指定下一点或 [圆弧 (A)/ 闭合 (C)/ 半宽 (H)/ 长度 (L)/ 放弃 (U)/ 宽度 (W)]: @450,0
> 指定下一点或 [圆弧 (A)/ 闭合 (C)/ 半宽 (H)/ 长度 (L)/ 放弃 (U)/ 宽度 (W)]: // 按【Enter】键结束该命令

步骤 03 结果如下图所示。

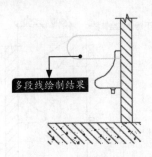

步骤 04 在命令行输入【O】并按空格键调用【偏移】命令，偏移距离指定为"50"，将上一步绘制的多段线向内侧偏移，结果如下图所示。

步骤 05 在命令行输入【L】并按空格键调用【直线】命令，在命令行提示下输入【FRO】并按【Enter】键确认，然后在绘图区域中捕捉下图所示端点作为基点。

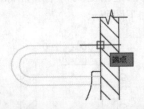

步骤 06 命令行提示如下。

> 基点：< 偏移 >: @-275,255
> 指定下一点或 [放弃 (U)]: @0,-255
> 指定下一点或 [放弃 (U)]: @25,-25
> 指定下一点或 [闭合 (C)/ 放弃 (U)]: @25,25
> 指定下一点或 [闭合 (C)/ 放弃 (U)]: @0,255
> 指定下一点或 [闭合 (C)/ 放弃 (U)]: //
> 按【Enter】键结束该命令

步骤 07 结果如下图所示。

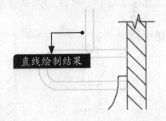

步骤 08 单击【常用】选项卡▶【绘图】面板▶【圆】按钮，选择【两点】选项，然后在绘图区域中分别捕捉上一步绘制的两条竖直直线段的上端点作为圆直径的两个端点，结果如下图所示。

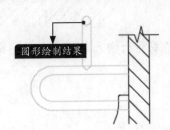

步骤 09 在命令行输入【TR】并按空格键调用修剪命令，选择步骤1~8绘制的图形作为修剪边界，对多余对象进行修剪操作，然后结束该命令，结果如下图所示。

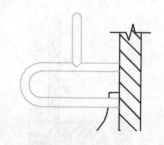

20.4.6 添加尺寸标注及文字说明

步骤 01 将"标注"层置为当前，在命令行输入【DLI】并按空格键调用【线性标注】命令，标注结果如下图所示。

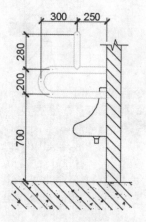

步骤 02 在命令行输入【MLD】并按空格键调用【多重引线标注】命令，标注结果如下图所示。

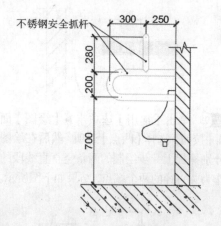

步骤 03 在命令行输入【DT】并按空格键调用

单行文字命令，文字高度指定为"70"，旋转角度指定为"0"，并输入文字内容"挂式小便器右视图"，结束单行文字命令后结果如下图所示。

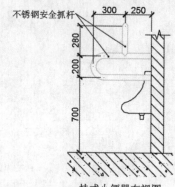

挂式小便器右视图

步骤 04 在命令行输入【L】并按空格键调用【直线】命令，在绘图区域中绘制两条任意长度的水平直线段，结果如下图所示。

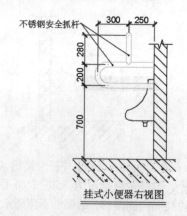

挂式小便器右视图

第21章

家具设计案例——绘制双层床

学习目标——

双层床可以节省很大的空间，在家庭和学校里面比较常见，双层床按材质可以分为钢制双层床、钢木双层床、木制双层床，按功能可以分为儿童双层床、学生双层床、隐形双层床。本章的双人床是常见的学生用双层床。

学习效果——

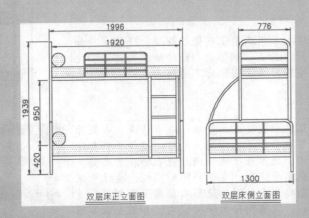

双层床正立面图　　双层床侧立面图

21.1 双层床设计的注意事项和绘制思路

本节视频教程时间：3 分钟

双层床在举步为艰的房间里可以节省相当大的空间，也为朋友留宿提供方便。而在大多数学校，学生宿舍内统一采用双层床更是普遍。

双层床常用的材质有钢制、钢木混制和纯木质，下图从左至右依次为这三种材质的双层床。

双层床主要是为了节省空间，我们最常见的有儿童双层床、学生双层床和隐形双层床，分别如下表所示。

名称	特点及使用注意事项	图例
儿童双层床	儿童双层床也称母子床。尤其是家里面积比较小，又想给孩子一个独立的空间，那么就使用儿童双层床，立刻让房间看起来大了一倍。不过，要到了一定的年龄才可以使用儿童床，对于太小的宝宝，双层床是不安全的	
学生双层床	铁床部份焊接采用二氢化碳保护焊接，使铁床更加美观、耐用、扎实。钢管表面经除油，去锈，磷化后防静电喷粉、高温固化后不易脱漆生锈	
隐形双层床	隐形双层床在白天变成折叠桌子或者沙发，如果你的双腿想要更多的活动空间，也可通过收折将其隐藏在床板中，还可在床头柜内放置衣物或者书籍。隐形双层床需要定制，安装好隐形床板，要注意床板质量和衔接安全，因为隐形双层床上面那层，没有支架撑住，仅靠衔接来保持稳定，如果安装不当或质量不好，睡梦中床板掉下来可不是好玩的。采用抽拉式抽屉设计，在更多收纳物品的同时节省空间，拉开时可以当做桌面，安放一些物品	

21.1.1　双层床设计的注意事项

在对双层床进行设计时通常需要注意以下几点。

（1）床垫：每个人的睡眠习惯不同，所以对床垫的软硬性能需求也不相同，可以根据人的睡眠姿势选择合适的床垫，这样可以使床垫随着人的睡眠姿势的变化而自动调整弹力从而使人达到最佳的睡眠效果。

（2）尺寸：可以根据卧室面积大小、空间配置以及未来规划等对双层床进行尺寸的设计，以便于使整个卧室更加协调一致。

（3）使用环境：尽量保持室内清洁、正常通风，这样不仅有利于双层床的正常使用，也有利于人体健康。

21.1.2　双层床的绘制思路

绘制双层床的思路是先绘制双层床正立面图形，然后根据视图之间的对应关系绘制双层床侧立面图形，最后通过标注和文字说明来完成整个图形的绘制。具体绘制思路如下表所示。

序号	绘图方法	结　果	备　注
1	利用【直线】【圆形】【修剪】【偏移】和【圆角】等命令绘制双层床正立面图形	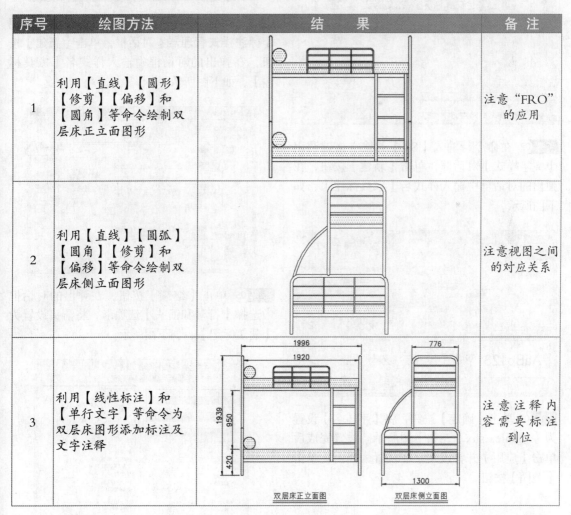	注意"FRO"的应用
2	利用【直线】【圆弧】【圆角】【修剪】和【偏移】等命令绘制双层床侧立面图形		注意视图之间的对应关系
3	利用【线性标注】和【单行文字】等命令为双层床图形添加标注及文字注释		注意注释内容需要标注到位

21.2 设置绘图环境

本节视频教程时间：6 分钟

在绘制双层床之前，先对图层、文字、标注样式等绘图环境进行设置。

绘图环境设置步骤如下。

步骤01 在命令行输入【LA】调用图层管理器，在图层管理器中创建如下图所示的几个图层。

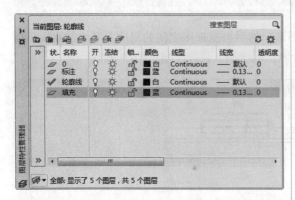

步骤02 在命令行输入【ST】并按空格键调用【文字样式】对话框，单击【新建】按钮，在弹出的对话框中输入样式名【家具标注】，如下图所示。

步骤03 单击【确定】按钮，将【字体名】设置为【simplex.shx】，如下图所示。设置完成后单击【应用】并将该文字样式置为当前，单击【关闭】按钮。

步骤04 在命令行输入【D】并按空格键调用【标注样式管理器】对话框，单击【新建】按钮，在弹出的对话框中输入样式名【家具标注】，如下图所示。

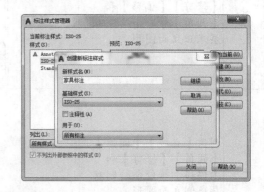

步骤05 单击【继续】按钮，在弹出的对话框中选择【符号和箭头】选项卡，将箭头设置为【建筑标记】，如下图所示。

步骤 06 单击【文字】选项卡，选择文字样式为【家具标注】，如下图所示。

为24，如下图所示。设置完成后单击【确定】按钮，并将修改后的标注样式置为当前。

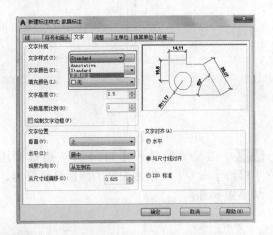

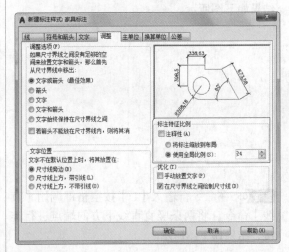

步骤 07 单击【调整】选项卡，将全局比例设置

21.3 绘制双层床正立面图

🔖 本节视频教程时间：28分钟

下面将利用【直线】【圆形】【偏移】【修剪】【圆角】等命令对双层床正立面图形进行绘制，具体操作步骤如下。

21.3.1 绘制双层床正立面框架

步骤 01 在命令行输入【L】按空格键调用【直线】命令，在绘图区域中的任意位置处绘制一条长度为"1920"的竖直直线段，结果如下图所示。

步骤 02 在命令行输入【O】按空格键调用【偏移】命令，将刚才绘制的竖直直线段向右侧偏移"38"，结果如下图所示。

步骤 03 在命令行输入【C】按空格键调用【圆形】命令，采用"两点画圆"的方式在两条竖直直线段上方端点的位置处绘制一个圆形，结果如下图所示。

步骤 04 在命令行输入【TR】按空格键调用【修剪】命令，对刚才绘制的圆形进行修剪，结果如下图所示。

步骤 05 在命令行输入【L】按空格键调用【直线】命令，将两条竖直直线下方的端点进行连接，结果如下图所示。

步骤 06 在命令行输入【C】按空格键调用【圆】命令，在命令行提示下输入【FRO】并按【Enter】键确认，然后在绘图区域中捕捉如图所示端点作为基点。

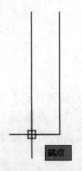

步骤 07 命令行提示如下。

> 基点：<偏移>：@19,751
> 指定圆的半径或 [直径 (D)] <19.0000>：19

步骤 08 结果如下图所示。

步骤 09 在命令行输入【TR】按空格键调用【修剪】命令，对刚才绘制的圆形进行修剪，结果如下图所示。

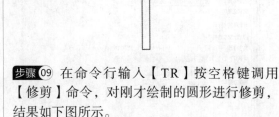

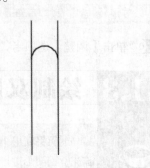

步骤 10 在命令行输入【CO】按空格键调用【复制】命令，命令行提示如下。

> 命令：CO
> COPY
> 选择对象：   // 选择全部图形对象
> 选择对象：   // 按【Enter】键确认
> 当前设置：复制模式 = 多个
> 指定基点或 [位移 (D)/ 模式 (O)] < 位移 >：// 在绘图区域中任意单击一点即可
> 指定第二个点或 [阵列 (A)] < 使用第一个点作为位移 >：@1958,0
> 指定第二个点或 [阵列 (A)/ 退出 (E)/ 放弃 (U)] < 退出 >：// 按【Enter】键结束该命令

步骤 11 结果如下图所示。

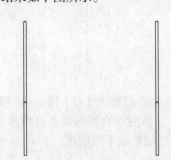

步骤 12 在命令行输入【L】按空格键调用【直线】命令，在命令行提示下输入【FRO】并按

【Enter】键确认，然后在绘图区域中捕捉下图所示端点作为基点。

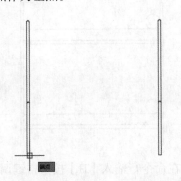

步骤 13 命令行提示如下。

> 基点：< 偏移 >: @0,220
> 指定下一点或 [放弃 (U)]: @1920,0
> 指定下一点或 [放弃 (U)]: // 按【Enter】键结束该命令

步骤 14 结果如下图所示。

步骤 15 在命令行输入【O】按空格键调用【偏移】命令，将刚才绘制的水平直线段分别向上偏移 "50" "1150" "1200"，结果如下图所示。

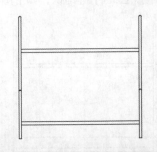

21.3.2 绘制双层床正立面床垫及抱枕

步骤 01 在命令行输入【REC】按空格键调用【矩形】命令，在命令行提示下输入【FRO】并按【Enter】键确认，然后在绘图区域中捕捉下图所示端点作为基点。

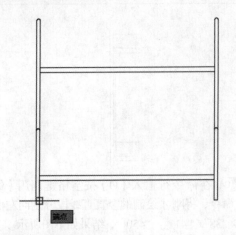

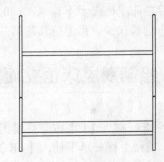

步骤 04 在命令行输入【F】按空格键调用【圆角】命令，将圆角半径设置为 "5"，对刚才绘制的矩形的四个角进行圆角操作，结果如下图所示。

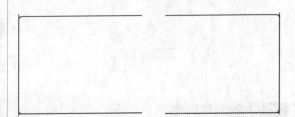

步骤 02 命令行提示如下。

> 基点：< 偏移 >: @0,270
> 指定另一个角点或 [面积 (A)/ 尺寸 (D)/ 旋转 (R)]: @1920,150

步骤 03 结果如下图所示。

步骤 05 在命令行输入【C】按空格键调用【圆】命令，采用 "切点、切点、半径" 方式在绘图区域中绘制一个半径 "100" 的圆形，结果如下图所示。

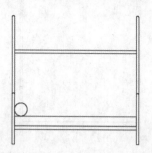

步骤 06 在命令行输入【CO】按空格键调用【复制】命令，选择圆角矩形和圆形作为需要复制的对象，并按【Enter】键确认，如下图所示。

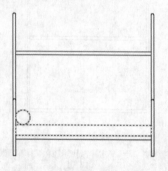

步骤 07 在绘图区域中任意单击一点作为复制的基点，然后在命令行提示下输入"@0,1150"按【Enter】键确认，以指定位移的第二个点，

结束【复制】命令后，结果如下图所示。

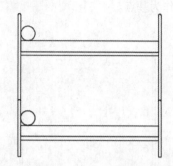

步骤 08 在命令行输入【H】按空格键调用【图案填充】命令，填充图案选择"DOTS"，填充比例设置为"20"，然后对床垫及抱枕进行填充，结果如下图所示。

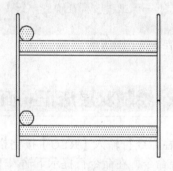

21.3.3 绘制双层床正立面床梯

步骤 01 在命令行输入【L】按空格键调用【直线】命令，在命令行提示下输入【FRO】并按【Enter】键确认，然后在绘图区域中捕捉如图所示端点作为基点。

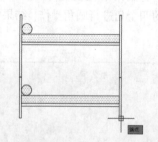

步骤 02 命令行提示如下。

> 基点：< 偏移 >: @-60.5,220
> 指定下一点或 [放弃 (U)]: @0,1200
> 指定下一点或 [放弃 (U)]: // 按【Enter】键结束该命令

步骤 03 结果如下图所示。

步骤 04 在命令行输入【O】按空格键调用【偏移】命令，将刚才绘制的竖直直线段分别向左侧偏移"38""412""450"，结果如下图所示。

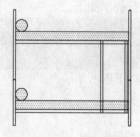

步骤 05 在命令行输入【TR】按空格键调用【修剪】命令，对床梯遮盖的对象进行修剪操作，结果如下图所示。

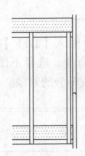

步骤 06 在命令行输入【DIV】按空格键调用【定数等分点】命令，选择如图所示的竖直直线段作为需要定数等分的对象。

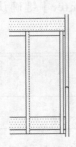

步骤 07 在命令行提示下将线段数目设置为"4"，并按【Enter】键确认，结果如下图所示。

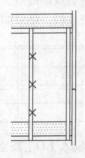

步骤 08 在命令行输入【L】按空格键调用【直

线】命令，分别以定数等分点作为直线的起点，以垂足点作为直线的终点，绘制3条水平直线段，结果如下图所示。

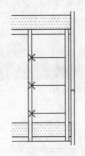

步骤 09 在命令行输入【O】按空格键调用【偏移】命令，将刚才绘制的三条水平直线段分别向两侧偏移，偏移距离设置为"12.7"，结果如下图所示。

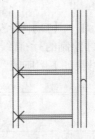

步骤 10 将定数等分点和步骤8中绘制的三条水平直线段删除，结果如下图所示。

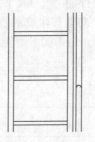

21.3.4　绘制双层床正立面护栏

步骤 01 在命令行输入【L】按空格键调用【直线】命令，在命令行提示下输入【FRO】并按【Enter】键确认，然后在绘图区域中捕捉右图所示端点作为基点。

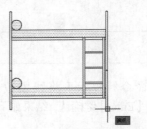

步骤 02 命令行提示如下。

> 基点：＜偏移＞：@-528,1420
> 指定下一点或 [放弃 (U)]: @0,350
> 指定下一点或 [放弃 (U)]: @-940,0
> 指定下一点或 [闭合 (C)/ 放弃 (U)]: @0, -350
> 指定下一点或 [闭合 (C)/ 放弃 (U)]: // 按 【Enter】键结束该命令

步骤 03 结果如下图所示。

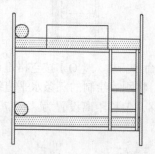

步骤 04 在命令行输入【O】按空格键调用【偏移】命令，将刚才绘制的3条直线段分别向内侧偏移"12.7"，结果如下图所示。

步骤 05 在命令行输入【TR】按空格键调用【修剪】命令，对偏移生成的直线段的相交部分进行修剪操作，结果如下图所示。

步骤 06 在命令行输入【DIV】按空格键调用【定数等分点】命令，选择下图所示的竖直直线段作为需要定数等分的对象。

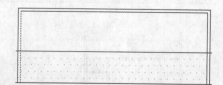

步骤 07 在命令行提示下将线段数目设置为"4"，并按【Enter】键确认，结果如下图所示。

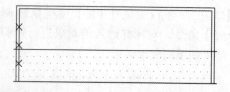

步骤 08 在命令行输入【DIV】按空格键调用【定数等分点】命令，选择下图所示的水平直线段作为需要定数等分的对象。

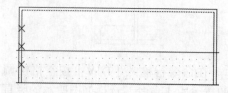

步骤 09 在命令行提示下将线段数目设置为"3"，并按【Enter】键确认，结果如下图所示。

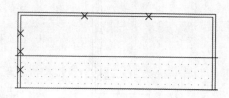

步骤 10 在命令行输入【L】按空格键调用【直线】命令，分别以定数等分点作为直线的起点，以垂足点作为直线的终点，绘制3条水平直线段和两条竖直直线段，结果如下图所示。

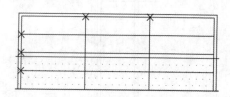

步骤 11 在命令行输入【O】按空格键调用【偏移】命令，将刚才绘制的3条水平直线段和两条竖直直线段分别向两侧偏移，偏移距离设置为"6.35"，结果如下图所示。

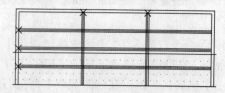

步骤 12 将定数等分点和步骤10中绘制的五条直线段对象删除，结果如下图所示。

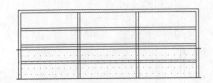

步骤⑬ 在命令行输入【F】按空格键调用【圆角】命令，将圆角半径设置为"50"，对护栏进行两处圆角操作，结果如下图所示。

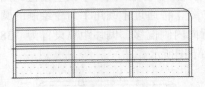

步骤⑭ 在命令行输入【O】按空格键调用【偏移】命令，将刚才通过【圆角】命令绘制的

两条圆弧对象向内侧偏移，偏移距离设置为"12.7"，结果如下图所示。

步骤⑮ 在命令行输入【TR】按空格键调用【修剪】命令，对多余对象进行修剪操作，结果如下图所示。

21.4 绘制双层床侧立面图

🔵 **本节视频教程时间：33分钟**

下面将利用【直线】【圆弧】【偏移】【修剪】【圆角】等命令对双层床侧立面图形进行绘制，具体操作步骤如下。

21.4.1 绘制双层床侧立面框架（下铺部分）

步骤① 在命令行输入【XL】按空格键调用【构造线】命令，捕捉如图所示端点作为构造线的中点，绘制一条水平构造线，结果如下图所示。

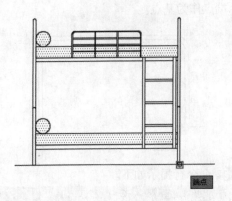

步骤② 继续捕捉如图所示中点作为构造线的中点，绘制一条水平构造线，结果如下图所示。

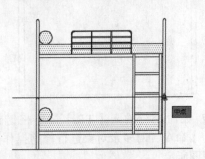

步骤③ 在双层床正立面图形的右侧绘制一条垂直构造线，结果如下图所示。

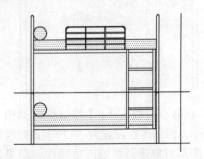

步骤 04 在命令行输入【O】按空格键调用【偏移】命令，将刚才绘制的竖直构造线向右偏移"1300"，结果如下图所示。

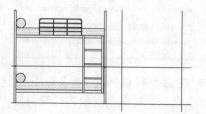

步骤 05 在命令行输入【TR】按空格键调用【修剪】命令，对4条构造线进行修剪操作，结果如下图所示。

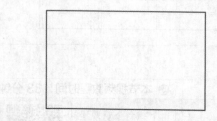

步骤 06 在命令行输入【O】按空格键调用【偏移】命令，对刚才修剪得到的构造线进行偏移操作，偏移距离设置为"38"，结果如下图所示。

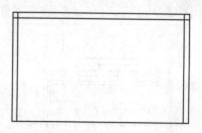

步骤 07 在命令行输入【TR】按空格键调用【修剪】命令，对多余对象进行修剪操作，结果如下图所示。

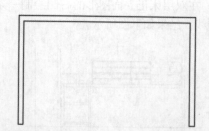

步骤 08 在命令行输入【F】按空格键调用【圆角】命令，圆角半径设置为"120"，对绘图区域中的图形对象进行两处圆角操作，结果如下图所示。

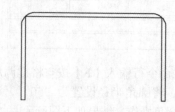

步骤 09 在命令行输入【O】按空格键调用【偏移】命令，将通过【圆角】命令绘制的圆弧对象进行向内侧偏移，偏移距离设置为"38"，结果如下图所示。

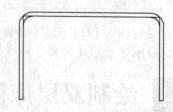

步骤 10 在命令行输入【TR】按空格键调用【修剪】命令，对多余对象进行修剪操作，结果如下图所示。

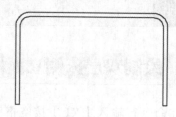

步骤 11 在命令行输入【L】按空格键调用【直线】命令，在命令行提示下输入【FRO】并按【Enter】键确认，然后在绘图区域中捕捉下图所示端点作为基点。

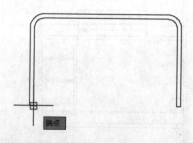

步骤 12 命令行提示如下。

```
基点：＜偏移＞：@0,220
指定下一点或 [ 放弃 (U)]：@1224,0
指定下一点或 [ 放弃 (U)]：// 按【Enter】
键结束该命令
```

步骤 13 结果如下图所示。

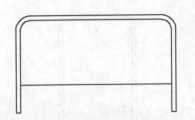

"50"，结果如下图所示。

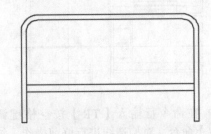

步骤14 在命令行输入【O】按空格键调用【偏移】命令，将刚才绘制的水平直线段向上偏移

21.4.2 绘制双层床侧立面框架（上铺部分）

步骤01 在命令行输入【XL】按空格键调用【构造线】命令，在双层床正立面图上面捕捉如图所示端点作为构造线的中点，绘制一条水平构 造线。

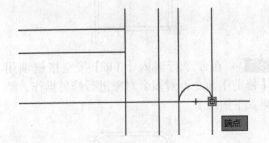

步骤02 结果如下图所示。

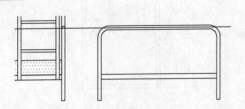

步骤03 继续调用【构造线】命令，在双层床正立面图上面捕捉下图所示中点作为构造线的中点，绘制一条水平构造线。

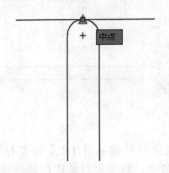

步骤04 结果如下图所示。

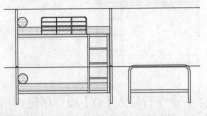

步骤05 继续调用【构造线】命令，在命令行提示下输入【FRO】并按【Enter】键确认，然后在绘图区域中捕捉下图所示端点作为基点。

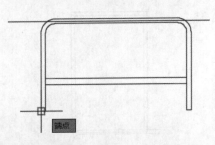

步骤06 命令行提示如下。

> 基点：＜偏移＞：@488.85,0
> 指定通过点：@0,10
> 指定通过点： // 按【Enter】键结束该
> 命令

步骤07 结果如下图所示。

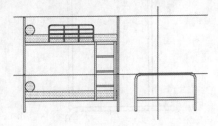

步骤08 在命令行输入【O】按空格键调用【偏移】命令，将垂直构造线向右偏移"776"，结果如下图所示。

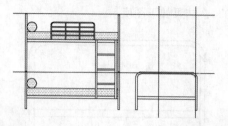

步骤09 在命令行输入【TR】按空格键调用【修剪】命令,对构造线进行修剪操作,结果如下图所示。

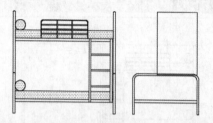

步骤10 在命令行输入【O】按空格键调用【偏移】命令,将通过修剪构造线得到的两条竖直线段向内侧偏移"38",上方水平线段向下偏移"38",结果如下图所示。

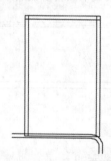

步骤11 在命令行输入【TR】按空格键调用【修剪】命令,对多余线段进行修剪操作,结果如下图所示。

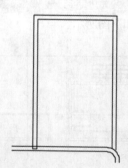

步骤12 在命令行输入【F】按空格键调用【圆角】命令,圆角半径设置为"120",在绘图区域中进行两处圆角操作,结果如下图所示。

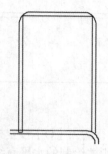

步骤13 在命令行输入【O】按空格键调用【偏移】命令,将通过圆角命令得到的两段圆弧向内侧偏移"38",结果如下图所示。

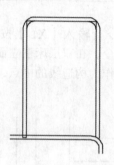

步骤14 在命令行输入【TR】按空格键调用【修剪】命令,对多余对象进行修剪操作,结果如下图所示。

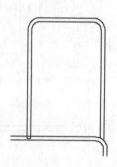

步骤15 在命令行输入【L】按空格键调用【直线】命令,通过连接中点及端点绘制两条直线段,结果如下图所示。

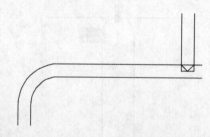

步骤16 在命令行输入【TR】按空格键调用【修剪】命令,对多余对象进行修剪操作,结果如下图所示。

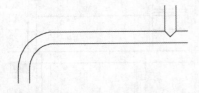

步骤17 在命令行输入【F】按空格键调用【圆角】命令，圆角半径设置为"5"，在绘图区域中进行一处圆角操作，结果如下图所示。

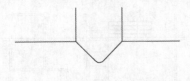

步骤18 在命令行输入【EX】按空格键调用【延伸】命令，在绘图区域中进行一处延伸操作，结果如下图所示。

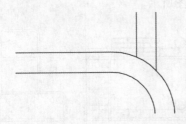

步骤19 在命令行输入【CO】按空格键调用【复制】命令，在绘图区域中选择如图所示对象作为需要复制的对象，并按【Enter】键确认，如下图所示。

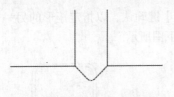

步骤20 在绘图区域中捕捉下图所示中点作为复制的基点。

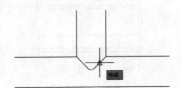

步骤21 在绘图区域中拖动鼠标并捕捉下图所示端点作为位移的第二个点，并按【Enter】键确认。

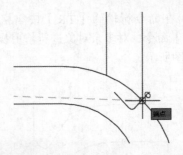

步骤22 结果如下图所示。

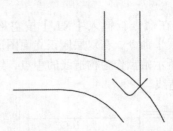

步骤23 在命令行输入【TR】按空格键调用【修剪】命令，对多余对象进行修剪操作，结果如下图所示。

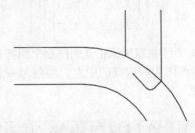

步骤24 单击选择下图所示的图形对象。

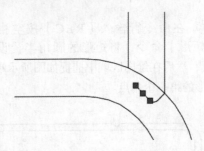

步骤25 利用夹点编辑功能对该对象进行编辑操作，结果如下图所示。

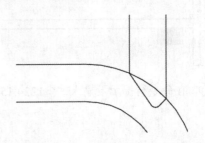

步骤26 在命令行输入【TR】按空格键调用【修剪】命令，对多余对象进行修剪操作，结果如下图所示。

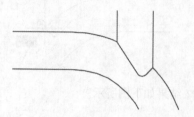

步骤27 在命令行输入【XL】按空格键调用【构造线】命令，在双层床正立面图形上面捕捉下图所示端点作为构造线的中点，绘制一条水平构造线。

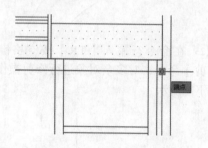

步骤28 继续在双层床正立面图形上面捕捉如图所示端点作为构造线的中点，绘制另一条水平构造线。

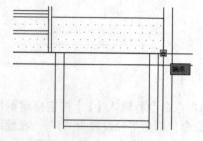

步骤29 结果如下图所示。

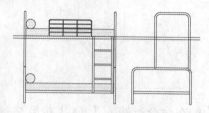

步骤30 在命令行输入【TR】按空格键调用【修剪】命令，对多余对象进行修剪操作，结果如下图所示。

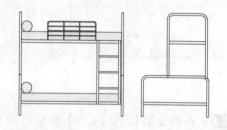

21.4.3 绘制双层床侧立面床垫

步骤01 在命令行输入【REC】按空格键调用【矩形】命令，将矩形的圆角半径设置为"5"，然后在绘图区域中捕捉如图所示端点作为矩形的第一个角点。

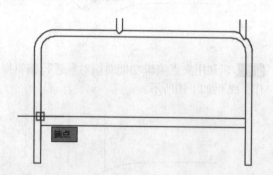

步骤02 在命令行提示下输入"@1224,150"按

【Enter】键确认，以指定矩形的另一个角点，结果如下图所示。

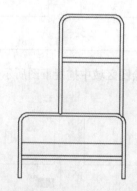

步骤03 继续调用【矩形】命令，矩形的圆角半径依然设置为"5"，然后在绘图区域中捕捉如图所示端点作为矩形的第一个角点。

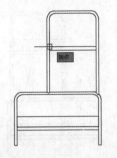

步骤 04 在命令行提示下输入 "@700,150" 按【Enter】键确认，以指定矩形的另一个角点，结果如下图所示。

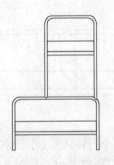

步骤 05 在命令行输入【H】按空格键调用【图案填充】命令，填充图案选择 "DOTS"，填充比例设置为 "20"，然后在绘图区域中对床垫图形进行填充，结果如下图所示。

21.4.4 绘制双层床侧立面床梯

步骤 01 单击【默认】选项卡▶【绘图】面板▶【圆弧】按钮，选择 "起点、端点、半径" 方式，然后在绘图区域中捕捉下图所示端点作为圆弧的起点。

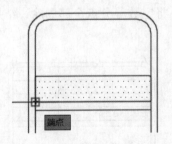

步骤 02 在绘图区域中拖动鼠标并捕捉下图所示端点作为圆弧的端点。

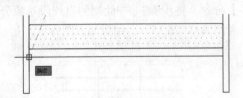

步骤 03 圆弧的半径指定为 "1100"，结果如下图所示。

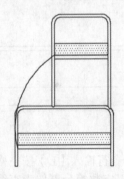

步骤 04 在命令行输入【O】按空格键调用【偏移】命令，将刚才绘制的圆弧对象向内侧偏移 "30"，结果如下图所示。

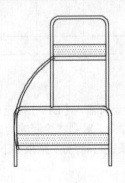

步骤 05 在命令行输入【TR】按空格键调用【修剪】命令，对刚才绘制的两条圆弧对象进行修剪操作，结果如下图所示。

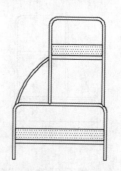

21.4.5 绘制双层床侧立面护栏

步骤 01 在命令行输入【DIV】按空格键调用【定数等分点】命令，对如图所示直线段对象进行定数等分。

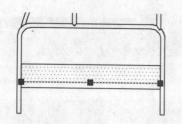

步骤 02 线段数目设置为"3"，结果如下图所示。

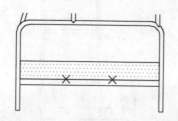

步骤 03 在命令行输入【L】按空格键调用【直线】命令，以定数等分点作为直线的起点，绘制竖直直线段，结果如下图所示。

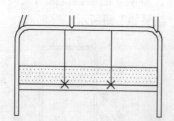

步骤 04 在命令行输入【DIV】按空格键调用【定数等分点】命令，对刚才绘制的两条竖直直线段中的任意一条进行4等分，结果如下图所示。

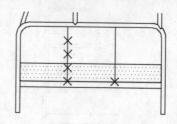

步骤 05 在命令行输入【L】按空格键调用【直线】命令，过定数等分点绘制水平直线段，结果如下图所示。

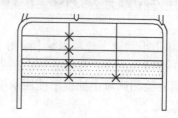

步骤 06 将定数等分点全部删除，结果如下图所示。

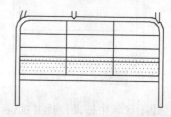

步骤 07 在命令行输入【O】按空格键调用【偏移】命令，将步骤3~5中绘制的直线段对象分别向两侧偏移"6.35"，结果如下图所示。

步骤 08 将步骤3~5中绘制的直线段对象全部删除，结果如下图所示。

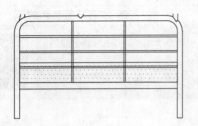

步骤 09 在命令行输入【TR】按空格键调用【修剪】命令，对多余对象进行修剪操作，结果如下图所示。

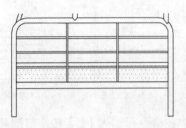

步骤 10 在命令行输入【L】按空格键调用【直线】命令，过如图所示直线段的中点绘制一条竖直直线段。

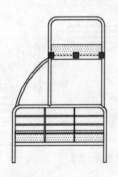

步骤 11 结果如下图所示。

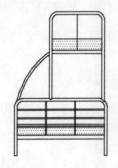

步骤 12 在命令行输入【DIV】按空格键调用【定数等分点】命令，对刚才绘制的竖直直线段进行4等分，结果如下图所示。

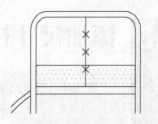

步骤 13 在命令行输入【L】按空格键调用【直线】命令，过定数等分点绘制水平直线段，结果如下图所示。

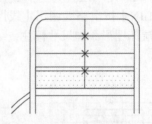

步骤 14 将定数等分点及步骤10~11绘制的竖直直线段全部删除，结果如下图所示。

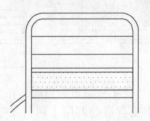

步骤 15 在命令行输入【O】按空格键调用【偏移】命令，将步骤13中绘制的直线段对象分别向两侧偏移"6.35"，结果如下图所示。

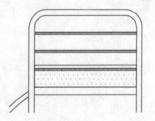

步骤 16 将步骤13中绘制的直线段对象全部删除，并对多余对象进行修剪，结果如下图所示。

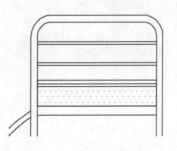

21.5 添加尺寸标注及文字注释

下面将利用线性标注及单行文字命令为双层床图形添加尺寸标注及文字注释，具体操作步骤如下。

步骤 01 将"标注"层置为当前，在命令行输入【DIMLIN】按空格键调用【线性标注】命令，为双层床图形添加尺寸标注，结果如下图所示。

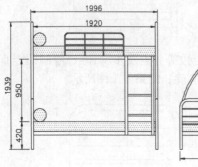
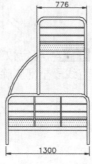

步骤 02 将"文字"层置为当前，在命令行输入【TEXT】按空格键调用【单行文字】命令，将文字高度设置为"90"，旋转角度设置为"0"，并输入下图所示的文字内容。

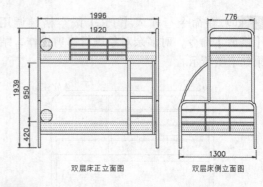

双层床正立面图　　双层床侧立面图

步骤 03 在命令行输入【L】按空格键调用【直线】命令，在绘图区域中绘制水平直线段，长度及位置可以任意设置，结果如下图所示。

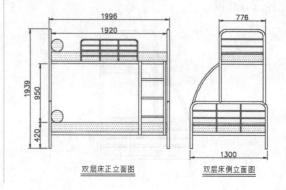

双层床正立面图　　双层床侧立面图

第 22 章

电子与电气设计案例——绘制电子与电气控制图

学习目标

电子与电气图是进行电子与电气设计的基础。本章主要介绍电子与电气控制图绘制的基本方法。在绘制电子与电气控制图时要遵循很多规范。本实例通过使用直线命令、修剪命令和插入块命令等操作，帮助用户掌握电子与电气控制图的绘制方法。

学习效果

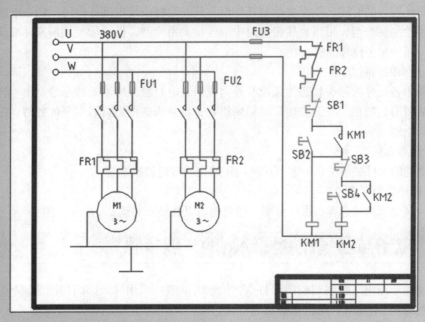

22.1 设计思路

🌐 **本节视频教程时间：6分钟**

电子与电气控制线路是由各种电子与电气元件组成的具有一定功能的控制电路。为了表示电子与电气控制线路的组成及工作原理，需要用统一的工程语言即工程图的形式来表示，这样的工程图称为电子与电气控制图。电子与电气控制图只反映各元器件之间的连接关系，不反映元器件的实际位置大小。

22.1.1 电子与电气控制图的组成

电子与电气控制图分为主电路和辅助电路两种。主电路是从电源到电动机或线路末端的电路，是强电流通过的电路，包括刀开关电路、熔断器电路、接触器主触头电路、热继电器电路和电动机电路等。辅助电路是小电流通过的电路，包括控制电路、照明电路、信号电路和保护电路等。

22.1.2 电子与电气控制图绘制的原则

电子与电气控制图的绘制要遵循以下原则。

（1）主电路与辅助电路

在绘制电路图时，主电路绘制在原理图的左侧或上方，辅助电路绘制在原理图的右侧或下方。

（2）控制图标准

电子与电气控制图中电器元件的图形符号、文字符号及标号等都必须采用最新国家标准。

（3）元器件的绘制方法

在绘制元器件的时候，不需要绘制其外形，只需绘制出带电部件即可。同一电路上的带电部件也可以不绘制在一起，可以直接按电路中的连接关系绘制，但必须使用国家标准规定的图形符号，且要用同一文字符号标明。

（4）触头的绘制方法

原理图中各元件的触头状态均按没有外力或未通电时触头的原始状态绘制出。当触头的图形符号垂直放置时，按照"左开右闭"的原则绘制；当触头的图形符号水平放置时，按照"上闭下开"的原则绘制。

（5）图形布局

同一功能的元件要集中在一起且按照动作的先后排列依次绘制。

（6）图形绘制要求

图形绘制要求布局合理、层次分明、排列均匀以及便于阅读。

22.1.3 电子与电气控制图绘制的一般步骤

考虑到电子与电气控制图的图形特点，绘制时一般应采用"线路结构图绘制➤电器元件的绘制和插入➤文字注释添加"的绘图步骤进行。

　　电子与电气控制图中会出现大量的相互平行的直线（如三相线等），建议采用先绘制部分图形，然后偏移的方法绘制使用。这种方法不但可以提高绘制效率，还可以达到布局匀称、幅面整齐的效果。对于电子与电气控制图中经常出现的相似图形结构（如触点、线圈等），建议采用先绘制部分图形，后阵列或复制的方法绘制，这样可以大大地提高绘图的效率。

22.2 电子与电气控制图的绘制思路

本节视频教程时间：1分钟

　　绘制电子电气控制图的思路是先绘制线路结构，再绘制控制部分，最后通过添加文字说明来完成整个图形的绘制。具体绘制思路如下表所示。

双层床图形的绘制思路

序号	绘图方法	结　果	备　注
1	利用直线、偏移、修剪、夹点编辑以及延伸等命令绘制线路结构		
2	利用插入、复制命令将电气元件图块插入到线路的相应位置，然后通过打断、旋转等命令对线路进行修正		注意插入图块时插入点的位置
3	利用单行文字命令给电路图添加文字注释		

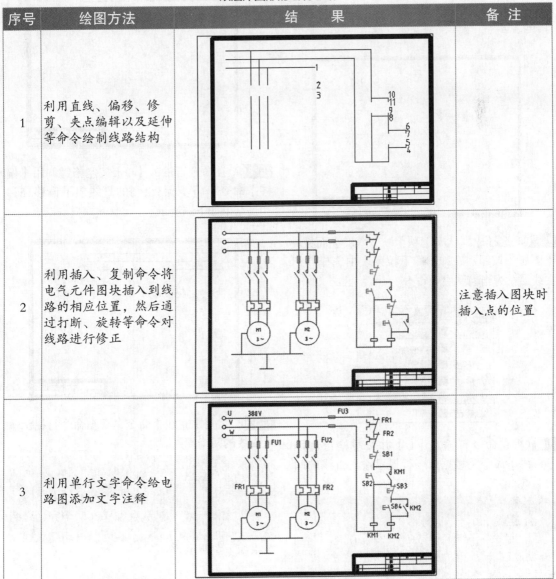

22.3 绘制线路结构

🕐 **本节视频教程时间：14 分钟**

线路结构主要由主电路线路和控制电路线路组成，具体操作步骤如下。

22.3.1 绘制主电路线路

绘制主电路线路主要利用直线、偏移、修剪以及夹点编辑等命令，具体操作步骤如下。

步骤01 将"素材\CH22\电子与电气控制图样板.dwg"文件复制到新的文件夹中，然后将其打开。

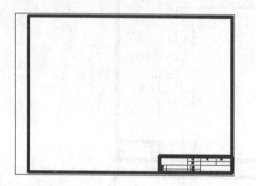

步骤02 选择【默认】选项卡➤【图层】面板➤【图层】按钮。在弹出的下拉列表中选择"细实线层"为当前图层。

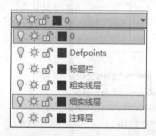

步骤03 在命令行输入【L】并按空格键调用【直线】命令，根据命令行提示输入直线的两个端点。

```
命令：LINE
指定第一个点：50,270
指定下一点或 [ 放弃 (U)]：@260,0
指定下一点或 [ 放弃 (U)]：// 按空格键结
束命令
```
结果如下图所示。

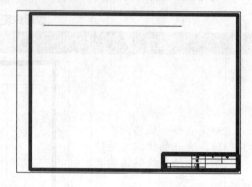

步骤04 在命令行输入【O】按空格键调用【偏移】命令，将步骤3绘制的直线向下偏移15和30，结果如下图所示。

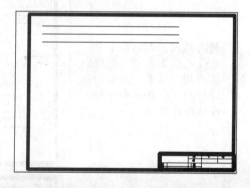

步骤05 重复【直线】命令，根据命令行提示输入直线的两个端点。

```
命令：LINE
指定第一个点：95,270
指定下一点或 [ 放弃 (U)]：@0,−170
指定下一点或 [ 放弃 (U)]：// 按空格键结
束命令
```
结果如下图所示。

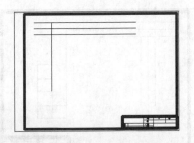

步骤 06 重复【偏移】命令，将竖直线向右侧偏移15和30，结果如下图所示。

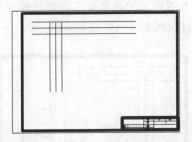

步骤 07 在命令行输入【TR】并按空格键调用【修剪】命令，以水平直线为剪切边对竖直线进行修剪，结果如下图所示。

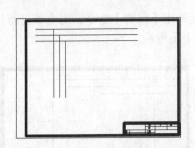

步骤 08 选中下侧的两条水平直线，按住下图所示端点，如下图所示。

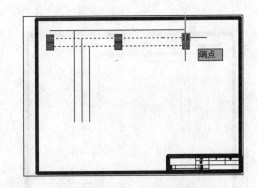

步骤 09 水平向左拖动光标，然后在命令行输入拉伸距离30。重复上述操作，将最下边水平线向左拉伸100，结果如下图所示。

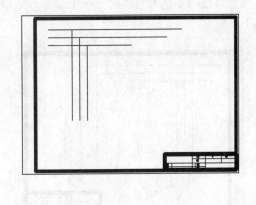

22.3.2 绘制控制电路线路

绘制控制电路线路主要利用直线、偏移、修剪等命令，为了方便识图，绘制过程中可以对直线进行编号，具体操作步骤如下。

步骤 01 调用【直线】命令，根据命令行提示输入直线的两个端点。

```
命令：LINE
指定第一个点：      // 捕捉第二条对拼直线的端点
指定下一点或 [ 放弃 (U)]: 0,-180
指定下一点或 [ 放弃 (U)]: @60,-0
指定下一点或 [ 放弃 (U)]:  // 按空格键结束命令
```

结果如下图所示。

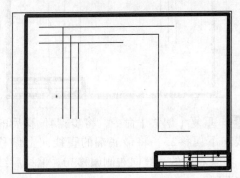

步骤 02 重复【直线】命令，单击上侧的水平直

线的右端点作为直线的起点，选择与步骤1绘制的水平直线的垂足作为直线的端点，结果如下图所示。

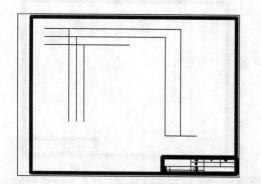

步骤 03 重复调用【直线】命令，绘制一条长度为110的竖直直线，然后向左拖动光标，选择与左侧竖直线的垂足为直线的下一个端点，结果如下图所示。

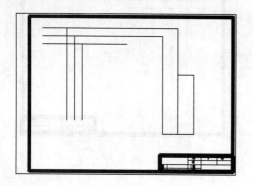

步骤 04 调用【偏移】命令。将步骤3绘制的水平直线向下偏移30，结果如下所示。

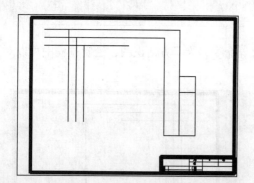

步骤 05 重复【偏移】命令，将步骤4偏移后的直线向下偏移25，将最底端的直线向上偏移25，将最右侧的直线向右侧偏移30。偏移后结果如下所示。

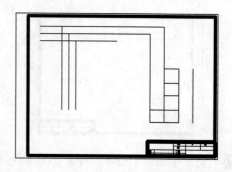

步骤 06 在命令行输入【EX】调用【延伸】命令，将下图所示的两条水平直线延伸到与最右侧的竖直线相交，结果如下所示。

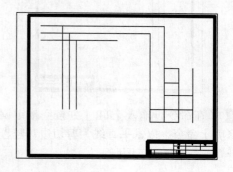

步骤 07 调用【修剪】命令，对直线进行修剪，结果如下图所示。

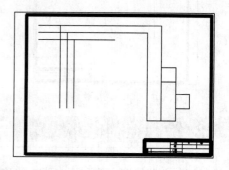

步骤 08 调用【偏移】命令，将下图所示的直线1向下偏移30和50，得到直线2和直线3，结果如下图所示。

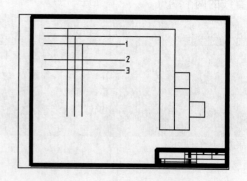

步骤 09 调用【修剪】命令，将直线2和直线3之间的竖直线修剪掉。

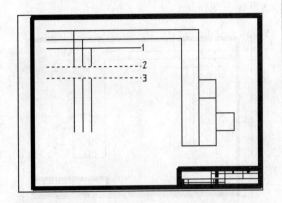

步骤 10 修剪完成后不退出命令，在命令行输入【R】，然后选择直线2和直线3作为删除对象，按【Enter】键将它们删除，结果如下图所示。

[栏选(F)/窗交(C)/投影(P)/边(E)/删除(R)/放弃(U)]: R
　选择要删除的对象或<退出>: 找到 1 个
　选择要删除的对象: 找到 1 个，总计 2 个
　选择要删除的对象: 　//按空格键将两条直线删除
　选择要修剪的对象，或按住 Shift 键选择要延伸的对象，或 [栏选(F)/窗交(C)/投影(P)/边(E)/删除(R)/放弃(U)]: 　//按空格键结束修剪命令

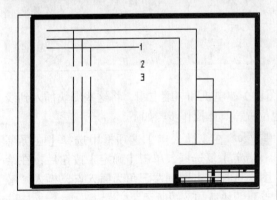

步骤 11 调用【偏移】命令，将下图所示的直线4向上偏移"5"得到直线5，将直线6向下偏移"5"得到直线7。

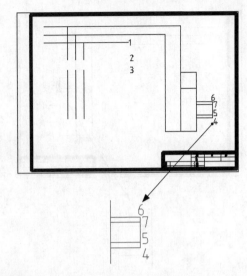

步骤 12 调用【修剪】命令，对直线5和7之间的竖直线进行修剪，结果如下图所示。

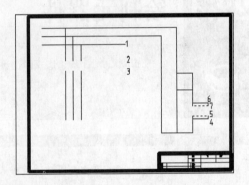

步骤 13 修剪完成后将直线5和直线7删除，结果如下图所示。

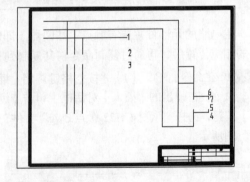

步骤 14 调用【偏移】命令，将下图所示的直线8向上偏移"5"得到直线9，将直线10向下偏移"5"得到直线11。

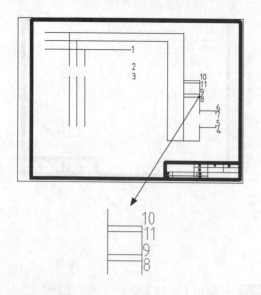

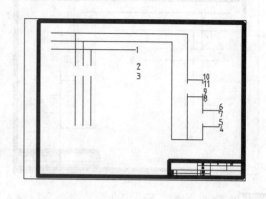

步骤⑮ 调用【修剪】命令，对直线9和11之间的竖直线进行修剪，修剪后将直线9和11删除，结果如下图所示。

22.4 绘制元器件

🔘 本节视频教程时间：30分钟

在完成线路结构图的绘制后，接下来可以进行元器件的绘制和插入。

小提示

本例中所有元器件的插入点都在图框的左下角点处。

22.4.1 绘制主电路元器件

主电路的元器件主要有触点、熔断器（即FU图块）、电机和热继电组，将这些图块插入到线路的相应位置后，再通过复制命令将其复制到其他位置，具体操作步骤如下。

步骤① 在命令行输入【I】并按空格键调用【插入】命令，在弹出的【插入】对话框中单击【浏览】按钮，选择"素材\CH22\触点.dwg"文件，如下图所示。

步骤② 在【插入点】选项框中选择【在屏幕上指定】复选框，单击【确定】按钮后，在绘图区选择单击图框左下角为插入点，插入"触点"图块后如下图所示。

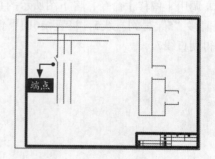

步骤 03 在命令行输入【CO】并按空格键调用【复制】命令，将插入的"触点"复制到其他位置。

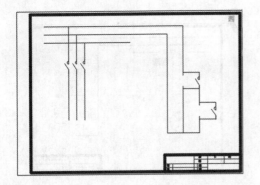

步骤 04 重复步骤1~2，将"素材\CH22\FU.dwg"文件中的FU图块插入到图形中，如下图所示。

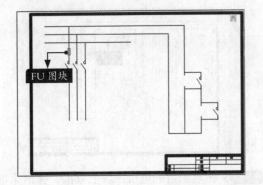

步骤 05 调用【复制】命令，将插入的FU图块复制到左侧主电路的其他位置，结果如下图所示。

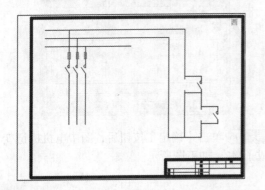

步骤 06 重复步骤1~2，将"素材\CH22\电机.dwg"文件中的电机图块插入到图形中，在弹出的【编辑属性】对话框中输入点击代号M1。

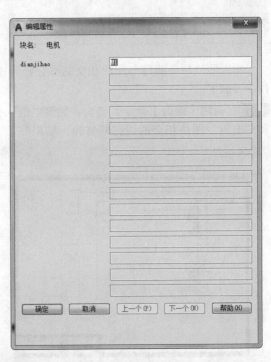

步骤 07 单击【确定】按钮，插入电机后结果如下图所示。

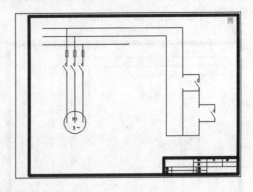

步骤 08 重复步骤1~2，将"素材\CH22\热继电组.dwg"文件中的热继电阻图块插入到图形中。

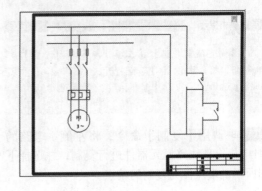

22.4.2 主电路的调整及复制

插入图块后将线路与图块相交的部分修剪掉，然后对相同的模块结构进行复制操作，具体操作步骤如下。

步骤 01 调用【修剪】命令，将与"热继电组"和"电机"图块相交的线路修剪掉，结果如下图所示。

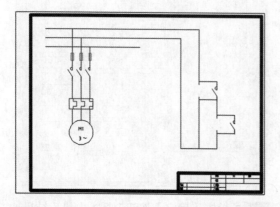

步骤 02 调用【直线】命令，通过单击圆的象限点绘制一条长度为10的水平直线和一条长度为35的竖直直线，结果如下图所示。

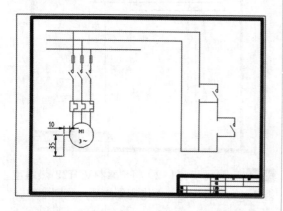

> **小提示**
>
> 绘制直线前先选择【工具】▶【草图设置】菜单命令，将草图设置对话框打开，然后选择【对象捕捉】选项卡，勾选【象限点】前的复选框。

步骤 03 调用【复制】命令，将左侧主电路的M1电机全部线路及元器件进行复制，并选择下图所示的端点作为复制的基点。

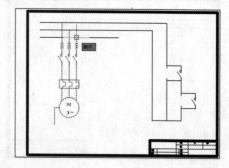

步骤 04 捕捉图中水平直线端点为第二点，结果如下图所示。

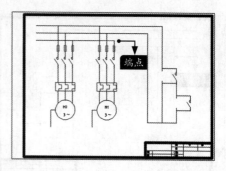

步骤 05 在复制后的电机图块上双击，弹出【增强属性编辑器】对话框，将【属性】选项卡下的【值】改为M2。

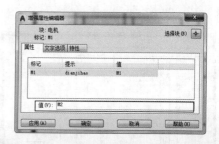

步骤 06 单击【确定】按钮后，图中电机标记变成了M2，如下图所示。

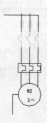

22.4.3 插入热继电和控制按钮

和前面的绘制方法相同，将热继电和控制按钮插入到电路图中，然后通过复制命令将其复制到其他位置，具体操作步骤如下。

步骤01 调用【插入】命令，选择文件"素材\CH22\热继电.dwg"，将"热继电"图块插入到图形中。

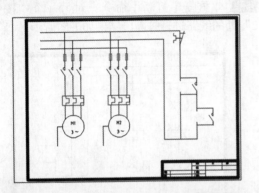

步骤02 调用【复制】命令，选择步骤1插入的"热继电"图块，当提示指定基点时输入（0，−25），当提示指定第二个点时直接按【Enter】键。

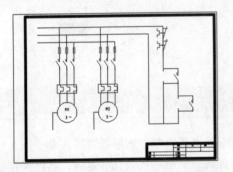

步骤03 调用【插入】命令，选择文件"素材\CH22\按钮2.dwg"，将"按钮2"图块插入到图形中。

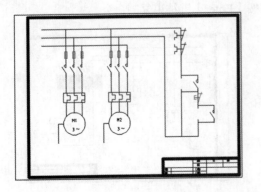

步骤04 调用【复制】命令，选择步骤3插入的"按钮2"，当命令行提示指定基点时，输入"−30，58"，当提示指定第二个点时直接按【Enter】键。

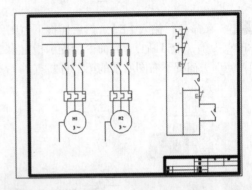

步骤05 调用【插入】命令，选择文件"素材\CH22\按钮1.dwg"，将"按钮1"图块插入到图形中。

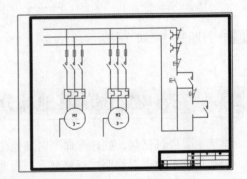

步骤06 选择【修改】➤【复制】菜单命令。将步骤5插入的"按钮1"复制到下图所示位置。

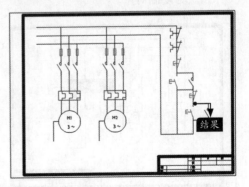

步骤07 在命令行输入【BR】并按空格键调用

【打断】命令，选择下图所示的打断对象。

步骤 08 在命令行输入【F】，然后捕捉下左图所示的点为第一个打断点，当命令行提示指定第二打断点时，捕捉下右图所示的第二打断点。

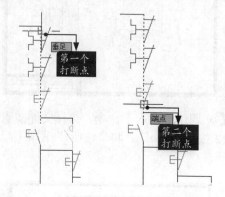

步骤 09 打断后结果如下图所示。

步骤 10 重复【打断】命令，对另一个"按钮2"处的线路进行打断，结果如下图所示。

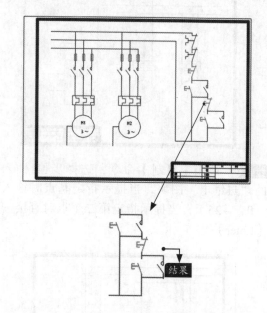

22.4.4 完善电路图的其他部分

本节主要通过复制、旋转等命令对其他位置的熔断器进行绘制，然后通过插入命令插入接触器，并通过修剪命令对线路进行修剪，最后通过圆和直线命令绘制接线孔和地线，具体操作步骤如下。

步骤 01 调用【复制】命令，选择下图所示的"FU"图块为复制对象。

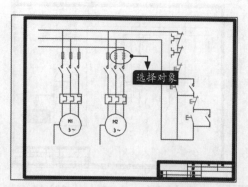

步骤 02 当命令行提示指定复制基点时，输入（38，23），当命令行提示输入第二点时直接按【Enter】键结束复制命令。

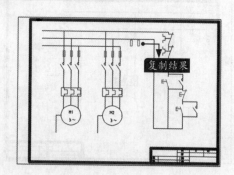

步骤 03 在命令行输入【RO】并按空格键调用【旋转】命令，选择复制后的"FU"图块为旋转对象，并捕捉下图所示的端点为旋转基点。

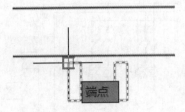

步骤 04 输入旋转角度为90°，结果如下图所示。

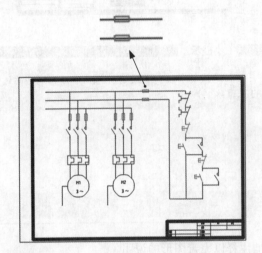

步骤 05 调用【插入】命令，在弹出的【插入】对话框中单击【浏览】按钮，并选择"素材\CH22\接触器.dwg"文件，如下图所示。

步骤 06 在【插入点】选项框中选择【在屏幕上指定】复选框，单击【确定】按钮后，在绘图区选择单击图框左下角为插入点，插入"接触器"图块后如下图所示。

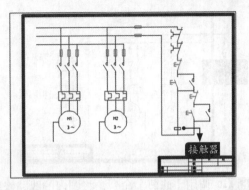

步骤 07 调用【复制】命令，选择插入的"接触器"为复制对象，当命令行提示指定复制基点时，输入（30，0），当命令行提示输入第二点时直接按【Enter】键结束复制命令，结果如下图所示。

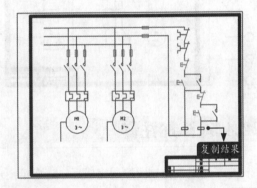

步骤 08 调用【修剪】命令，将接触器内的线路修剪掉，结果如下图所示。

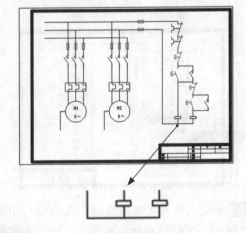

步骤 09 在命令行输入【C】并按空格键调用【圆】命令，以下图所示的三条水平直线的端点为圆心，绘制3个半径为3的圆，结果如下图所示。

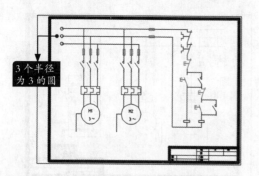

步骤 10 调用【修剪】命令，将圆内的线路修剪掉，结果如下图所示。

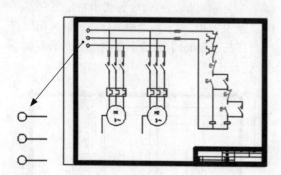

22.4.5 添加注释

电子与电气控制图绘制完成后，还要给图形添加注释以完善图形的说明。

步骤 01 在命令行输入【DT】并按空格键调用【单行文字】命令，在绘图区适当位置处单击选择文字插入点。

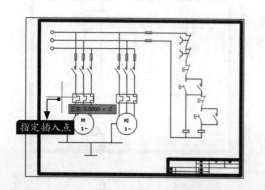

步骤 02 提示输入文字高度时，在命令行中输入"10"，按【Enter】键确认，然后再次按【Enter】键设置默认文字旋转角度为"0"。在绘图区光标闪动位置处输入【FRI】，结果如下图所示。

步骤 11 调用【直线】命令，绘制电机的接地线，结果如下图所示。

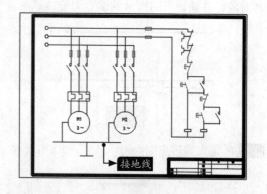

▌ 小提示

接地线的长度位置没有特殊要求，在线路的适当位置绘制即可。

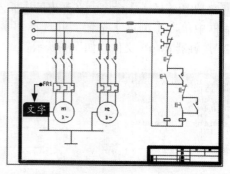

步骤 03 继续在其他元器件旁边指定插入点添加文字注释，结果如下图所示。

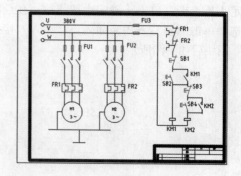

第23章

三维设计案例——创建挂壁式摇头扇

学习目标——

本案例是一挂壁式摇头扇的局部造型，主要有扇叶、保护罩和电动机三个部分，模型创建完成后进行渲染。

学习效果——

23.1 挂壁式摇头扇模型的绘制思路

🌐 **本节视频教程时间：4分钟**

从绘图技术上讲，扇叶是本案例的制作难点，主要是因为扇叶的结构比较特殊，像一个怪异的"瓢"。对此，本章通过"求两个实体的交集"来生成扇叶，先绘制一个截面形状与扇叶形状相同的柱体，然后绘制一个同实体相交的球体并对球体进行"抽壳"处理，最后求柱体和球体的交集即可生成扇叶。

相对来说，保护罩的制作难度就要低一点，不过比较繁杂，主要是这些细"钢丝"太多。为了减少工作量，我们采用了"阵列"思路，也就是先绘制一条"钢丝"，然后通过"阵列"功能来复制其他的。

具体绘制思路如下表所示。

序号	绘图方法	结果	备注
1	通过【射线】【圆】【修剪】【圆弧】【圆角】以及【修剪】等命令绘制扇叶的轮廓形状		绘制圆弧时注意点坐标的输入。
2	利用【拉伸】【球体】【抽壳】以及【并集运算】，创建扇叶实体		注意坐标系的变换，以及三维图中辅助线和实体结构的区分。
3	利用【直线】【圆】【圆弧】及【三维镜像】等命令绘制保护罩的辅助结构和路径		注意坐标系的切换，以及细节地方的处理。
4	利用【拉伸】【三维镜像】【差集】【多段线编辑】【旋转】以及【三维阵列】等命令完成保护罩的实体创建		注意坐标系的切换和创建方式。
5	利用【直线】【圆】【偏移】【复制】等命令创建电动机的辅助圆、辅助直线以及外轮廓，然后通过【拉伸】【旋转】【并集】等三维命令创建点击实体模型		

23.2 设置绘图环境

本节视频教程时间：3分钟

 在绘制挂壁式摇头扇模型之前，先对绘图环境进行设置。

绘图环境设置步骤如下。

步骤01 新建一个图形文件，并将【工作空间】切换为【三维建模】，如下图所示。

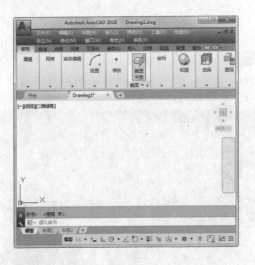

步骤02 在命令行输入【LA】并按空格键，在弹出的【图层管理】上创建扇叶、保护罩和电动机三个图层，并将扇叶层置为当前层。

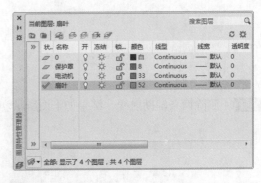

步骤03 在命令行输入【ISOLINES】，将线框密度设置为16。

```
命令: ISOLINES
输入 ISOLINES 的新值 <4>: 16
```

23.3 绘制扇叶

本节视频教程时间：16分钟

 本节将利用【射线】【圆】【修剪】等命令对扇叶轮廓形状及扇叶实体进行绘制。

● 1. 绘制扇叶轮廓形状

步骤01 在命令行输入【RAY】调用【射线】命令，根据命令行提示，设置射线的角度：

```
命令: RAY
指定起点: 0,0
指定通过点: <10      // 设置射线的角度
角度替代: 10
指定通过点:          // 任意单击一点作为
通过点
指定通过点: <80          // 设置射线的
角度
```

```
角度替代: 80
指定通过点:              // 任意单击一点作
为通过点
指定通过点:       // 按空格键结束命令
```

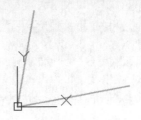

步骤 02 调用【圆】命令，以原点为圆心，绘制一个半径为14的圆。

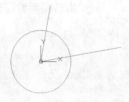

步骤 03 调用【修剪】命令修剪圆弧，修剪效果如下图所示。

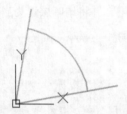

步骤 04 删除两条辅助射线，结果如下图所示。

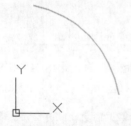

步骤 05 在命令行输入【A】调用【圆弧】命令，采用"三点"法绘制圆弧，命令提示如下：

命令：ARC ↙
指定圆弧的起点或 [圆心 (C)]: // 捕捉下图中的点 1
指定圆弧的第二个点或 [圆心 (C)/ 端点 (E)]: 1.54,40.03 ↙
指定圆弧的端点：−10.31,64.98 ↙
命令：ARC ↙
指定圆弧的起点或 [圆心 (C)]: // 捕捉下图中的点 2
指定圆弧的第二个点或 [圆心 (C)/ 端点 (E)]: 28.34,75.81 ↙
指定圆弧的端点：57.44,48.17 ↙
命令：ARC ↙
指定圆弧的起点或 [圆心 (C)]: // 捕捉下图中的点 3
指定圆弧的第二个点或 [圆心 (C)/ 端点 (E)]: 43.41,17.86 ↙
指定圆弧的端点： // 捕捉下图中的点 4

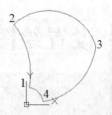

步骤 06 调用【圆角】命令，在圆弧A和圆弧B之间绘制半径为10的过渡圆弧，在圆弧B和圆弧C之间绘制半径为20的过渡圆弧，如下图所示。

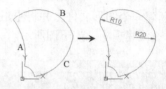

步骤 07 在命令行输入【PE】调用【多段线编辑】命令，把所有的圆弧线编辑为闭合多段线，命令执行过程如下。

命令：PEDIT ↙
选择多段线或 [多条 (M)]: M ↙
选择对象：指定对角点：找到 6 个 // 选中所有圆弧
选择对象：↙
是否将直线、圆弧和样条曲线转换为多段线？ [是 (Y)/ 否 (N)]? <Y> ↙
输入选项 [闭合 (C)/ 打开 (O)/ 合并 (J)/ 宽度 (W)/ 拟合 (F)/ 样条曲线 (S)/ 非曲线化 (D)/ 线型生成 (L)/ 反转 (R)/ 放弃 (U)]: J ↙
合并类型 = 延伸
输入模糊距离或 [合并类型 (J)] <0.00>:↙
多段线已增加 5 条线段
输入选项 [闭合 (C)/ 打开 (O)/ 合并 (J)/ 宽度 (W)/ 拟合 (F)/ 样条曲线 (S)/ 非曲线化 (D)/ 线型生成 (L)/ 反转 (R)/ 放弃 (U)]:↙

步骤 08 所有圆弧转换为一条闭合多段线后成为一个整体，选择后显示如下图所示。

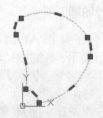

● 2. 创建扇叶实体

步骤 01 选择"【视图】▶【三维视图】▶【西南等轴测】视图"菜单命令，把视图转换为

【西南等轴测】视图，如下图所示。

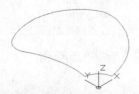

步骤 02 调用【直线】命令，绘制连接圆心1和圆心2的直线，其中圆心1是圆弧A所对应的圆心，圆心2是圆弧B所对应的圆心，结果如下图所示。

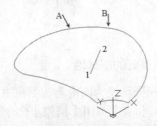

步骤 03 单击【常用】选项卡➤【坐标】面板➤【原点】按钮，如下图所示。

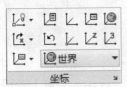

步骤 04 将坐标原点移动到上一步绘制的直线的中点，如下图所示。

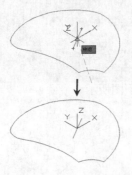

步骤 05 在命令行输入【EXT】调用【拉伸】命令，将闭合的多段线拉伸−20mm，如图所示。

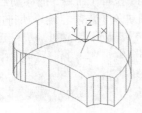

步骤 06 单击【实体】选项卡➤【图元】面板➤【球体】按钮，以点（0,0,170）为球心，绘制一个半径为180mm的球体，局部效果如下图所示，命令提示如下。

```
命令：SPHERE↙
指定球体球心 <0,0,0>：0,0,170↙
指定球体半径或 [ 直径(D)]：180↙
```

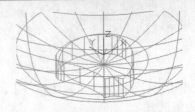

步骤 07 单击【实体】选项卡➤【实体编辑】面板➤【抽壳】按钮，对球体抽壳，抽壳偏移距离为1，局部效果如下图所示，命令执行过程如下。

```
命令：_SOLIDEDIT
实体编辑自动检查：SOLIDCHECK=1
输入实体编辑选项 [ 面(F)/ 边(E)/ 体(B)/
放弃(U)/ 退出(X)] < 退出 >：_BODY
输入体编辑选项 [ 压印(I)/ 分割实体(P)/
抽壳(S)/ 清除(L)/ 检查(C)/ 放弃(U)/ 退出(X)]
< 退出 >：_SHELL
选择三维实体： // 选择球体
删除面或 [ 放弃(U)/ 添加(A)/ 全部(ALL)]：↙
输入抽壳偏移距离：1↙
已开始实体校验。
已完成实体校验。
输入体编辑选项 [ 压印(I)/ 分割实体(P)/
抽壳(S)/ 清除(L)/ 检查(C)/ 放弃(U)/ 退出(X)]
< 退出 >：↙
实体编辑自动检查：SOLIDCHECK=1
输入实体编辑选项 [ 面(F)/ 边(E)/ 体(B)/
放弃(U)/ 退出(X)] < 退出 >：↙
```

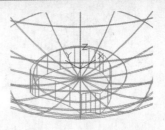

步骤 08 在命令行输入【IN】调用【差集】命令，通过差集运算得到抽壳球体和拉伸实体的交集，结果如下图所示，命令执行过程如下。

```
命令：INTERSECT↙
```

选择对象: 找到 1 个 // 选择抽壳之后的球体

选择对象: 找到 1 个, 总计 2 个 // 选择拉伸实体

选择对象: ↙

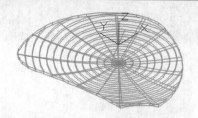

步骤 09 单击窗口左上角的【视图控件】, 将视图切换为俯视图。

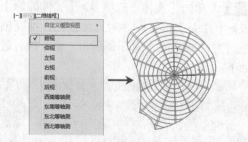

步骤 10 单击【常用】选项卡▶【坐标】面板▶【UCS, 世界】按钮, 将坐标系恢复到世界坐标系, 如下图所示。

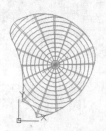

步骤 11 调用【圆】命令, 以坐标原点为圆心, 绘制一个半径为14的圆, 结果如下图所示。

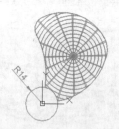

步骤 12 单击【常用】选项卡▶【修改】面板▶【环形阵列】按钮, 将扇叶以半径为14mm的圆的圆心为阵列中心点, 阵列复制出3个扇叶, 阵列项目设置如下。

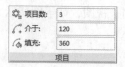

步骤 13 阵列结果如下图所示。

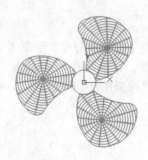

3. 制作扇叶的旋转轴

步骤 01 把视图转换为西南等轴测视图, 然后在命令行输入【HI】调用【消隐】命令, 观察效果, 如下图所示。

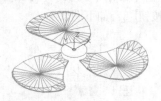

步骤 02 在命令行输入【M】调用【移动】命令, 把半径为14mm的圆垂直向下平移3mm, 命令执行过程如下。

命令: _MOVE 找到 1 个

指定基点或 [位移(D)] < 位移 >: // 任意指定一点

指定第二个点或 < 使用第一个点作为位移 >: @0,0,-3 ↙

移动结果如下图所示。

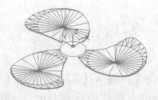

步骤 03 调用【拉伸】命令, 把移动后的圆拉伸3mm, 拉伸倾斜角度为67°, 命令执行过程如下。

命令: EXTRUDE ↙

当前线框密度: ISOLINES=16, 闭合轮廓创建模式 = 实体

选择要拉伸的对象或 [模式(MO)]: 找到

1个 // 选择圆
 选择要拉伸的对象或 [模式 (MO)]: ↙
 指定拉伸的高度或 [方向 (D)/ 路径 (P)/ 倾斜角 (T)] <3.00>: T ↙
 指定拉伸的倾斜角度 <0>: 67 ↙
 指定拉伸的高度或 [方向 (D)/ 路径 (P)/ 倾斜角 (T)] <3.00>: 3 ↙

步骤 04 拉伸后调用【消隐】命令观察效果，如下图所示。

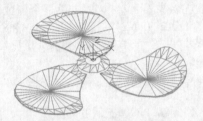

步骤 05 单击【实体】选项卡▶【实体编辑】面板▶【拉伸面】按钮，选择下图所示的面为拉伸面。

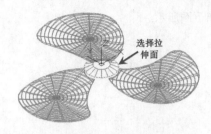

选择拉伸面

步骤 06 输入拉伸高度7，并将倾斜角度设置为0，结果如下图所示。

步骤 07 在命令行输入【UNI】调用【并集】命令，将所有的实体合并为一个整体。

23.4 绘制保护罩

🌐 本节视频教程时间：29 分钟

本节将利用【直线】【圆弧】【多段线编辑】等命令绘制保护罩。

● 1. 绘制辅助定位圆和直线

步骤 01 把"保护罩"图层设定为当前图层，并隐藏"扇叶"图层。

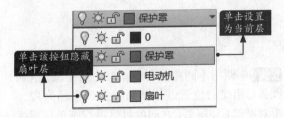

单击设置为当前层

单击该按钮隐藏扇叶层

步骤 02 以点（0,0,10）为圆心，绘制一个半径为16mm的圆；再以点（0,0,-20）为圆心，绘制一个半径为16mm的圆；然后以点（0,0,-5）为圆心，绘制一个半径为90mm的圆，结果如下图所示。

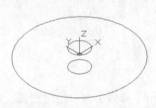

步骤 03 调用【直线】命令，连接圆心和象限点。过点（0,0,10）绘制一条长度为16（半径）的辅助定位直线，且直线与x轴平行；再过点（0,0,-5）绘制一条长度为90（半径）的辅助定位直线，且直线也与x轴平行，命令行提示如下。

命令：LINE
指定第一个点：0,0,10
指定下一点或 [放弃 (U)]: @16,0
指定下一点或 [放弃 (U)]: ↙
命令：LINE
指定第一个点：0,0,-5
指定下一点或 [放弃 (U)]: @90,0
指定下一点或 [放弃 (U)]: ↙

结果如下图所示。

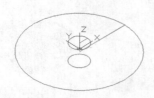

2. 绘制路径曲线

步骤01 把坐标系绕*x*轴旋转90°，命令执行过程如下。

> 命令：UCS
> 当前 UCS 名称：* 没有名称 *
> 指定 UCS 的原点或 [面 (F)/ 命名 (NA)/ 对象 (OB)/ 上一个 (P)/ 视图 (V)/ 世界 (W)/X/Y/Z/Z 轴 (ZA)] < 世界 >：X ✔
> 指定绕 X 轴的旋转角度 <90>：✔

步骤02 捕捉下图中辅助直线和圆的交点1为起点，绘制一段直线，如下图所示，命令执行过程如下。

> 命令：LINE ✔
> 指定第一点：// 捕捉下图中辅助直线和圆的交点 1。
> 忽略倾斜、不等比例的对象。
> 指定下一点或 [放弃 (U)]：@2<45 ✔
> 指定下一点或 [放弃 (U)]：✔

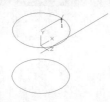

步骤03 调用【圆弧】命令绘制圆弧，命令执行过程如下。

> 命令：ARC ✔
> 指定圆弧的起点或 [圆心 (C)]：// 捕捉下图中的点 1。
> 指定圆弧的第二个点或 [圆心 (C)/ 端点 (E)]：53.72,12.47 ✔
> 指定圆弧的端点：89.10,4.28 ✔

结果如下图所示。

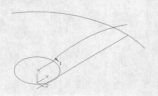

步骤04 单击【常用】选项卡▶【修改】面板▶【三维镜像】按钮，镜像复制前面绘制的直线和圆弧，结果如下图所示，命令执行过程如下。

> 命令：_MIRROR3D ✔
> 选择对象：（选择直线）找到 1 个，
> 选择对象：（选择圆弧）指定对角点：找到 1 个，总计 2 个，
> 选择对象：✔
> 指定镜像平面 (三点) 的第一个点或 [对象 (O)/ 最近的 (L)/Z 轴 (Z)/ 视图 (V)/XY 平面 (XY)/YZ 平面 (YZ)/ZX 平面 (ZX)/ 三点 (3)] < 三点 >：ZX ✔
> 指定 ZX 平面上的点 <0,0,0>：// 捕捉下图中的点 1。
> 忽略倾斜、不等比例的对象。
> 是 否 删 除 源 对 象? [是 (Y)/ 否 (N)] < 否 >：✔

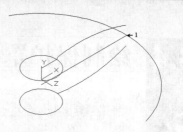

步骤05 调用【圆弧】命令，分别捕捉下图所示的1~3点作为圆弧的起点、第二点和端点，结果如下图所示。

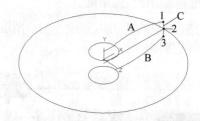

步骤06 调用【圆角】命令，对上图中圆弧A和圆弧C相交的位置进行圆角，圆弧半径为12，再对圆弧B和圆弧C之间的过渡进行圆角，圆弧半径为12，结果如下图所示。

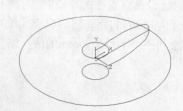

步骤 07 删除过圆心的辅助定位直线，然后调用【PE】命令，把所有的路径曲线（包括直线和圆弧）合并为多段线，结果如下图所示。

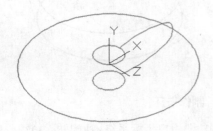

● 3. 绘制路径圆

步骤 01 调用【直线】命令，过路径曲线和圆的交点1绘制一条长度为75且与x轴平行的直线A，如下图所示。

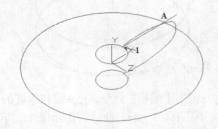

步骤 02 调用【三维镜像】命令，镜像复制直线A和路径曲线B，复制效果如下图所示，命令执行过程如下。

> 命令：MIRROR3D ✓
> 选择对象：找到 1 个 // 选择直线 A
> 选择对象：找到 1 个，总计 2 个 // 选择路径曲线 B
> 选择对象：✓
> 指定镜像平面 (三点) 的第一个点或 [对象 (O)/ 最近的 (L)/Z 轴 (Z)/ 视图 (V)/XY 平面 (XY)/YZ 平面 (YZ)/ZX 平面 (ZX)/ 三点 (3)] < 三点 >：YZ
> 指定 YZ 平面上的点 <0,0,0>：✓
> 是否删除源对象？[是 (Y)/ 否 (N)] < 否 >：✓

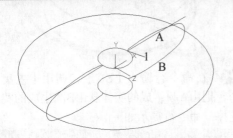

步骤 03 在命令行中输入【UCS】命令，把坐标系绕x轴旋转−90°。

> 命令：UCS
> 当前 UCS 名称：* 没有名称 *
> 指定 UCS 的原点或 [面 (F)/ 命名 (NA)/ 对象 (OB)/ 上一个 (P)/ 视图 (V)/ 世界 (W)/X/Y/Z/Z 轴 (ZA)] < 世界 >：X
> 指定绕 X 轴的旋转角度 <90>：−90

步骤 04 采用"两点"法捕捉直线与弧线的交点绘制一个圆，命令执行过程如下。

> 命令：CIRCLE ✓
> 指定圆的圆心或 [三点 (3P)/ 两点 (2P)/ 相切、相切、半径 (T)]：2P ✓
> 指定圆直径的第一个端点： // 捕捉下图中直线和路径曲线的交点 1
> 指定圆直径的第二个端点： // 捕捉下图中直线和路径曲线的交点 2

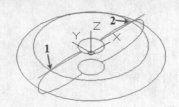

● 4. 绘制圆环实体

步骤 01 把上图中左侧的路径曲线和两条辅助直线删掉，结果如下图所示。

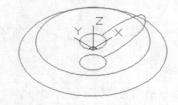

步骤 02 把坐标系绕x轴旋转90°，结果如下图所示，命令执行过程如下。

> 命令：UCS
> 当前 UCS 名称：* 没有名称 *
> 指定 UCS 的原点或 [面 (F)/ 命名 (NA)/ 对象 (OB)/ 上一个 (P)/ 视图 (V)/ 世界 (W)/X/Y/Z/Z 轴 (ZA)] < 世界 >：X
> 指定绕 X 轴的旋转角度 <0>：90 ✓

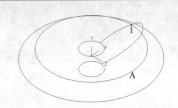

步骤 03 以上图所示的点1为圆心，绘制一个半径为0.5的圆，如下图所示。

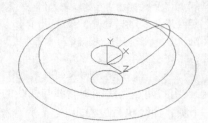

步骤 04 调用【拉伸】命令，以步骤2图中所示的A圆作为拉伸路径拉伸半径为0.5mm的圆，命令执行过程如下。

> 命令：EXTRUDE
> 当前线框密度：ISOLINES=16，闭合轮廓创建模式 = 实体
> 选择要拉伸的对象或 [模式 (MO)]：找到 1 个 // 选择半径为 0.5 圆
> 选择要拉伸的对象或 [模式 (MO)]：
> 指定拉伸的高度或 [方向 (D)/ 路径 (P)/ 倾斜角 (T)] <7.00>：P ✓
> 选择拉伸路径或 [倾斜角 (T)]：// 选择使用两点法绘制的大圆
> 结果如下图所示。

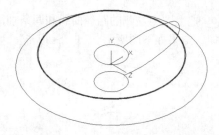

步骤 05 以zx平面为镜像平面，镜像复制圆环，命令执行过程如下。

> 命令：MIRROR3D ✓
> 选择对象：找到 1 个 // 选择圆环
> 选择对象：✓
> 指定镜像平面 (三点) 的第一个点或 [对象 (O)/ 最近的 (L)/Z 轴 (Z)/ 视图 (V)/XY 平面 (XY)/YZ 平面 (YZ)/ZX 平面 (ZX)/ 三点 (3)] < 三点 >：ZX ✓
> 指定 ZX 平面上的点 <0,0,0>：// 捕捉图下图中所示的点 1，即圆弧上的中点。
> 忽略倾斜、不等比例的对象。
> 是否删除源对象？[是 (Y)/ 否 (N)] < 否 >：✓
> 结果如下图所示。

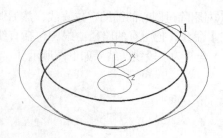

5. 制作卡环

步骤 01 把用户坐标系绕x轴旋转−90°，然后将半径为90mm的圆向外侧偏移2，结果如下图所示。

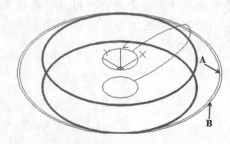

步骤 02 调用【偏移】命令，把A圆和生成的B圆垂直向下平移0.75mm，命令行提示操作如下。

> 命令：MOVE
> 选择对象：找到 1 个
> 选择对象：找到 1 个，总计 2 个
> 选择对象：✓
> 指定基点或 [位移 (D)] < 位移 >：// 任意单击一点
> 指定第二个点或 < 使用第一个点作为位移 >：@0,0,−0.75

步骤 03 调用【拉伸】命令，把A圆和B圆同时拉伸1.5mm，结果如下图所示。

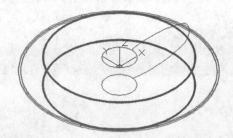

步骤 04 在命令行输入【SU】，调用【差集】命令，把由A圆生成的实体从由B圆生成的实体中挖掉，命令行提示如下。

> 命令：SUBTRACT
> 选择要从中减去的实体、曲面和面域…

　　选择对象：找到 1 个　// 选择 B 圆生成的实体
　　选择对象：　选择要减去的实体、曲面和面域 …
　　选择对象：找到 1 个　// 选择 A 圆生成的实体
　　选择对象：↙
结果如下图所示。

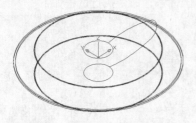

6. 绘制保护罩中间的"圆板"

步骤 01 选中坐标系，然后单击鼠标选中坐标原点不放，将坐标原点拖动到下图所示的圆心位置。

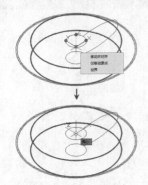

步骤 02 把坐标系绕y轴旋转90°，结果如下图所示。

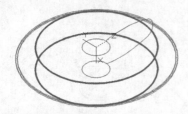

步骤 03 调用【矩形】命令，根据命令行提示执行过程如下。

　　命令：RECTANG ↙
　　指定第一个角点或 [倒角 (C)/ 标高 (E)/ 圆角 (F)/ 厚度 (T)/ 宽度 (W)]：0,0
　　指定另一个角点或 [尺寸 (D)]：@–3,–16

结果如下图所示。

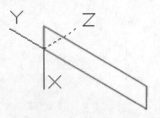

步骤 04 调用【圆弧】命令，采用"三点"法绘制圆弧，命令执行过程如下。

　　命令：ARC ↙
　　指定圆弧的起点或 [圆心 (C)]：// 捕捉下图中所示的中点 1
　　指定圆弧的第二个点或 [圆心 (C)/ 端点 (E)]：// 捕捉下图中所示的中点 2
　　指定圆弧的端点：// 捕捉下图中所示的交点 3

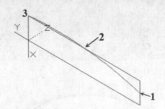

步骤 05 在命令行输入【X】调用【分解】命令，把矩形分解，然后修剪多余的线段，结果如下图所示。

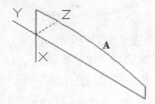

步骤 06 调用【圆角】命令，制作A圆弧和B直线之间的过渡圆弧，圆弧半径为1.5，结果如下图所示。

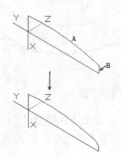

步骤 07 在命令行输入【PE】调用【多段线编辑】命令，把下图所示的虚线编辑为闭合多段线。

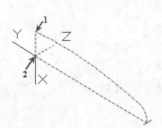

步骤 08 在命令行输入【REV】调用旋转，将闭合多段线旋转生成三维实体，命令执行过程如下。

命令：REVOLVE
当前线框密度：ISOLINES=16
选择对象：找到 1 个　// 选择闭合多段线。
选择对象：
指定旋转轴的起点或定义轴依照 [对象 (O)/X 轴 (X)/Y 轴 (Y)]：　// 捕捉上图中所示的点 1
指定轴端点：　// 捕捉上图中所示的点 2
指定旋转角度 <360>：
结果如下图所示。

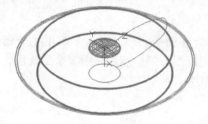

步骤 09 把坐标系恢复为世界坐标系，把下图中所示的A圆放置到"电机"图层，以备后面之用（制作电机将要用到这个圆）。

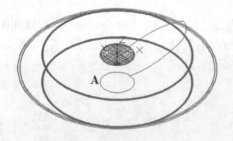

● 7. 创建"保护网"

步骤 01 将【视觉样式】切换为【隐藏】，然后鼠标滚动放大下图中"矩形框"所包含的图形。

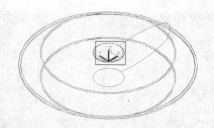

步骤 02 在命令行中输入【UCS】命令，重新设定用户坐标系，命令执行过程如下。

命令：UCS
当前 UCS 名称：* 世界 *
输入选项 [新建 (N)/ 移动 (M)/ 正交 (G)/ 上一个 (P)/ 恢复 (R)/ 保存 (S)/ 删除 (D)/ 应用 (A)/?/ 世界 (W)] < 世界 >：N
指定新 UCS 的原点或 [Z 轴 (ZA)/ 三点 (3)/ 对象 (OB)/ 面 (F)/ 视图 (V)/X/Y/Z] <0,0,0>：ZA
指定新原点 <0,0,0>：　// 捕捉下图中直线段的中点 1
在正 Z 轴范围上指定点 <24.0000,0.0000,11.0000>：
　// 捕捉下图中直线的端点 2

步骤 03 以上图中所示的点2为圆心，绘制一个半径为0.3的圆，然后以路径曲线A作为拉伸路径，把半径为0.3的圆进行拉伸，拉伸效果如下图所示。

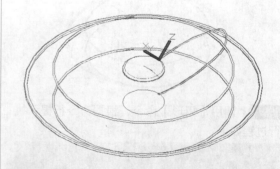

步骤 04 把视觉样式切换为【二维线框】，显示效果如下图所示。

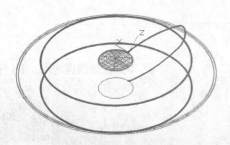

⚙️ 项目数：	90
📏 介于：	4
🔄 填充：	360
项目	

阵列后结果如下图所示。

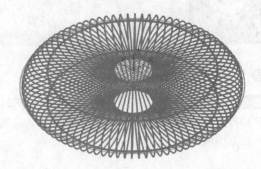

步骤 05 把坐标系恢复到世界坐标系，然后将坐标系原点移动到"6.绘制保护罩中间的'圆板'"步骤7所示的端点2，命令执行过程如下。

> 命令：UCS
> 当前 UCS 名称：*没有名称*
> 指定 UCS 的原点或 [面 (F)/ 命名 (NA)/ 对象 (OB)/ 上一个 (P)/ 视图 (V)/ 世界 (W)/X/ Y/Z/Z 轴 (ZA)] < 世界 >：
> 命令：UCS
> 当前 UCS 名称：* 世界 *
> 指定 UCS 的原点或 [面 (F)/ 命名 (NA)/ 对象 (OB)/ 上一个 (P)/ 视图 (V)/ 世界 (W)/X/ Y/Z/Z 轴 (ZA)] < 世界 >：
> // 捕捉"6. 绘制保护罩中间的'圆板'"第 7 步所示的端点 2
> 指定 X 轴上的点或 < 接受 >：↙

结果如下图所示。

步骤 07 将"扇叶"图层打开，显示效果如下图所示。

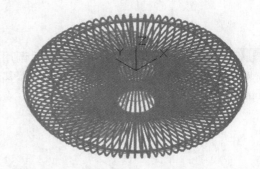

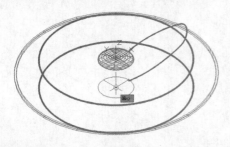

步骤 08 单击【常用】选项卡▶【修改】面板▶【三维旋转】按钮，选择所有图形为旋转对象，然后鼠标放到坐标系附近，当红色轴（x轴）出现时，单击选择，将所有图形绕x轴旋转90°，操作过程和结果如下图所示。

步骤 06 调用【环形阵列】命令，选择"保护网"为阵列对象，命令执行过程如下。

> 命令：_ARRAYPOLAR
> 选择对象：找到 1 个   // 选择"保护网"
> 选择对象：↙
> 类型 = 极轴 关联 = 否
> 指定阵列的中心点或 [基点 (B)/ 旋转轴 (A)]: A
> 指定旋转轴上的第一个点： // 捕捉上图中所示的圆心
> 指定旋转轴上的第二个点：0,0,0

阵列个数设置如下图所示。

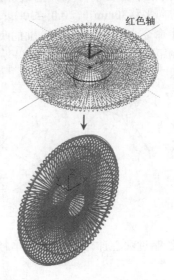

红色轴

23.5 绘制电动机

本节视频教程时间：15 分钟

本章将利用【移动】【构造线】【修剪】等命令绘制电动机。

1. 绘制辅助圆和辅助直线

步骤 01 把"电动机"图层置为当前层，然后将"扇叶"图层和"保护罩"图层隐藏，显示效果如下图所示。

步骤 02 把坐标系统绕x轴旋转90°，然后调用【偏移】命令，将上一步中的圆向外侧偏移4mm，向内侧偏移11mm，结果如下图所示。

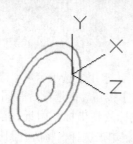

步骤 03 调用【移动】命令，把最外侧圆沿z轴的负方向平移30mm（@0,0,−30）；再调用【复制】命令，把中间的圆沿z轴的负方向复制，复制距离为50mm（@0,0,−50），结果如下图所示。

步骤 04 绘制过圆心且与y轴平行的半径，如下图所示。

步骤 05 在命令行输入【XL】调用【构造线】命令，在下图所示的位置绘制一条构造线，命令执行过程如下。

命令：XLINE ↙
　指定点或 [水平 (H)/ 垂直 (V)/ 角度 (A)/
二等分 (B)/ 偏移 (O)]：H ↙
　指定通过点：　// 捕捉图中圆的象限点，
指定通过点：↙

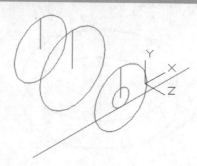

步骤 06 调用【移动】命令，把构造线沿y轴的负方向平移7。

步骤 07 调用【修剪】命令，对构造线进行修剪，结果如下图所示。

步骤 08 调用【偏移】命令，将修剪后的线段向下偏移8.5，如下图所示。

步骤 09 调用【直线】命令，将修剪后的线段与偏移后的线段连接起来，如下图所示。

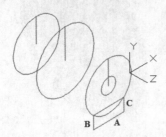

步骤 10 调用【圆角】命令，绘制A直线和B直线之间的过渡圆弧，圆弧半径为3；绘制A直线和C直线之间的过渡圆弧，圆弧半径也为3，结果如下图所示。

步骤 11 在命令行输入【PE】调用【多段线编辑】命令，把上图中xy平面内圆角后的直线和圆弧编辑为闭合多段线。

● 2. 绘制电动机主体外轮廓

步骤 01 把坐标系绕y轴旋转−90°，然后调用【圆弧】命令，通过直线的三个端点绘制一条

圆弧，结果如下图所示。

步骤 02 调用【直线】命令，连接直线的两个端点绘制一条直线，如下图所示。

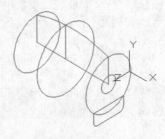

步骤 03 删除辅助直线和圆，然后调用【多段线编辑】命令，把xy平面内的直线和圆弧编辑为闭合多段线，结果如下图所示。

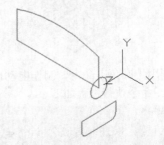

● 3. 通过拉伸旋转生成电动机三维模型

步骤 01 调用【拉伸】命令，把上图中的圆拉伸10mm，生成电机的转轴，结果如下图所示。

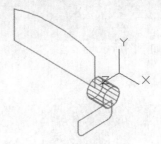

步骤 02 把下方闭合多段线拉伸−45mm，生成电动机外壳的底面，结果如下图所示。

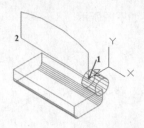

步骤 03 调用【旋转】命令，将上侧的闭合选段绕上图中的点1和点2的连线进行旋转，命令行提示操作如下。

命令：REVOLVE ↙
当前线框密度：ISOLINES=16
选择对象：找到 1 个 // 选择多段线
选择对象：↙
指定旋转轴的起点或定义轴依照 [对象(O)/X 轴(X)/Y 轴(Y)]：（捕捉上中的点 1 ），
指定轴端点：（捕捉上图中的点 2 ），
指定旋转角度 <360>：↙

结果如下图所示。

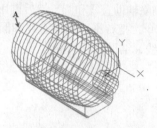

步骤 04 调用【圆角】命令，制作电动机外壳的过渡圆弧，命令执行过程如下。

命令：FILLET ↙
当前设置：模式 = 修剪，半径 = 3.0000
选择第一个对象或 [多段线 (P)/ 半径 (R)/ 修剪 (T)/ 多个 (U)]：R ↙
指定圆角半径 <3.0000>：5 ↙
选择第一个对象或 [多段线 (P)/ 半径 (R)/ 修剪 (T)/ 多个 (U)]：（选择上图所示的 A 边缘），
输入圆角半径 <5.0000>：↙
选择边或 [链 (C)/ 半径 (R)]：↙
已选定 1 个边用于圆角。

圆角效果如下图所示。

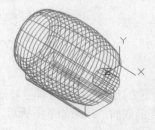

步骤 05 在命令行输入【UNI】调用【并集】命令，把这三个实体合并为一个整体，结果如下图所示。

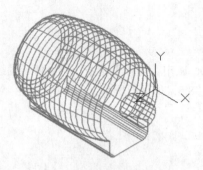

步骤 06 到此为止，电风扇模型就制作完成了，下图分别为二维线框、真实视觉样式和渲染后的效果图。

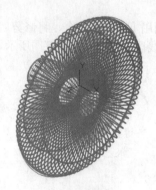

第6篇
高手秘技

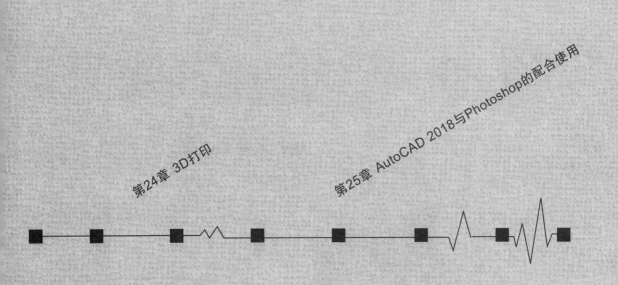

第24章

3D打印

学习目标

3D打印技术最早出现在20世纪90年代中期，它与普通打印工作原理基本相同，打印机内装有液体或粉末等"打印材料"，与计算机连接后，通过计算机控制把"打印材料"一层层叠加起来，最终把计算机上的蓝图变成实物。

3D打印的流程是：先通过计算机建模软件建模，再将建成的3D模型"分区"成逐层的截面，即切片，从而指导打印机逐层打印。

学习效果

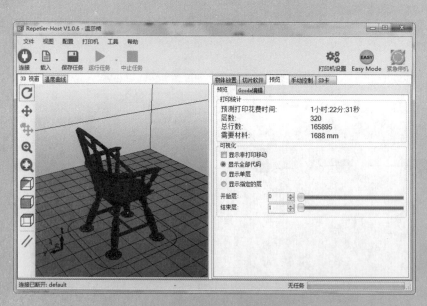

24.1 什么是3D打印

本节视频教程时间：9分钟

3D打印（3DP)即快速成型技术的一种，它是一种以数字模型文件为基础，运用粉末状金属或塑料等可粘合材料，通过逐层打印的方式来构造物体的技术。

24.1.1 3D打印与普通打印的区别

3D打印与普通打印的原理相同，但又有着实实在在的区别，3D打印与普通打印的区别见下表。

区别项	普通打印	3D打印
打印材料	传统的墨水和纸张组成	主要是由工程塑料、树脂或石膏粉末组成的，这些成型材料都是经过特殊处理的，但是不同技术与材料各自的成型速度和模型强度以及分辨率、模型可测试性、细节精度都有很大区别
计算机模板	需要的是能构造各种平面图形的模板，比如Word，PowerPoint，PDF，Photoshop等作为基础的模板	以三维的图形为基础
打印机结构	两轴移动架	三轴移动架
打印速度	很快	很慢

相对于普通打印机，3D打印机有以下优缺点。

1. 优点

（1）节省工艺成本：制造一些复杂的模具不需要增加太大成本，只需量身定做，多样化小批量生产即可。

（2）节省流程费用：有些零件一次成型，无需组装。

（3）设计空间无限：设计空间可以无限扩大，只有想不到的，没有打印不出来的模型。

（4）节省运输和库存：零时间交付，甚至省去了库存和运输成本，只要家里有打印机和材料，直接下载3D模型文件即可完成生产。

（5）减少浪费：减少测试材料的浪费，直接在计算机上测试模型即可。

（6）精确复制：材料可以任意组合，并且可以精确地复制实体。

2. 缺点

（1）打印机价格成本高：相对于几千元的普通打印机，3D打印机动辄上万甚至几十万几百万。

（2）材料昂贵：3D打印机虽然在多材料打印上已经取得了一定的进展，但除非这些进展达到成熟并有效的程度，否则材料依然会是3D打印的一大障碍。

（3）道德底线问题：2012年11月，苏格兰科学家利用人体细胞首次使用3D打印机打印出人造肝脏组织，如同克隆技术一样，我们在惊喜之余是否要问，这是否有违道德，我们又该如何处理，如果无法尽快找到解决办法，在不久将来恐怕会遇到极大的道德挑战。

24.1.2 3D打印的成型方式

3D打印最大特点是小型化和易操作，多用于商业、办公、科研和个人工作室等环境。而根据打印方式的不同，3D打印技术又可以分为热爆式3D打印、压电式3D打印和DLP投影式3D打印等。

● 1. 热爆式3D打印

热爆式3D打印工艺的原理是将粉末由储存桶送出一定分量，再以滚筒将送出之粉末在加工平台上铺上一层很薄的原料，打印头依照3D计算机模型切片后获得的二维层片信息喷出粘着剂，粘住粉末。做完一层，加工平台自动下降一点，储存桶上升一点，刮刀由升高了的储存桶把粉末推至工作平台并把粉末推平，如此循环便可得到所要的形状。

热爆式3D打印的特点是速度快(是其他工艺的6倍)，成本低(是其他工艺的1/6)。缺点是精度和表面光洁度较低。Zprinter系列是全球唯一能够打印全彩色零件的三维打印设备。

● 2. 压电式3D打印

类似于传统的二维喷墨打印，可以打印超高精细度的样件，适用于小型精细零件的快速成型。相对来说设备维护更加简单，表面质量好，z轴精度高。

● 3. DLP投影式3D打印

工艺的成型原理是利用直接照灯成型技术(DLPR)把感光树脂成型，AutoCAD的数据由计算机软件进行分层及建立支撑，再输出黑白色的Bitmap档。每一层的Bitmap档会由DLPR投影机投射到工作台上的感光树脂，使其固化成型。

DLP投影式3D打印的优点：利用机器出厂时配备的软件，可以自动生成支撑结构并打印出完美的三维部件。

24.2 3D打印的材料选择

● **本节视频教程时间：6分钟**

 据了解，目前可用的3D打印材料种类已超过200种，但对应现实中纷繁复杂的产品还是远远不够的。如果把这些打印材料进行归类，可分为石化产品类、生物类产品、金属类产品、石灰混凝土产品等几大类，在业内比较常用的有以下几种。

● 1. 工业塑料

这里的工业塑料是指用于工业零件或外壳材料的工业用塑料，是强度、耐冲击性、耐热性、硬度及抗老化性均优的塑料。

● PC材料：是真正的热塑性材料，具备工程塑料的所有特性。高强度，耐高温，抗冲击，抗弯曲，可以作为最终零部件使用，应用于交通工具及家电行业。

● PC-ISO材料：是一种通过医学卫生认证的热塑性材料，广泛应用于药品及医疗器械行业，可以用于手术模拟，颅骨修复，牙科等专业领域。

● PC-ABS材料：是一种应用最广泛的热塑性工程塑料，应用于汽车，家电及通信行业。

2. 树脂

这里的树脂指的是UV树脂，由聚合物单体与预聚体组成，其中加有光（紫外光）引发剂（或称为光敏剂）。在一定波长的紫外光（250nm~300nm）照射下立刻引起聚合反应完成固化。一般为液态，一般用于制作高强度、耐高温、防水等的材料。

● Somos 19120材料为粉红色材质，铸造专用材料。成型后直接代替精密铸造的蜡膜原型，避免开模具的风险，大大缩短周期。拥有低留灰烬和高精度等特点。

● Somos 11122材料为半透明材质，类ABS材料。抛光后能做到近似透明的艺术效果。此种材料广泛用于医学研究、工艺品制作和工业设计等行业。

● Somos Next材料为白色材质，类PC新材料，材料韧性较好，精度和表面质量更佳，制作的部件拥有最先进的刚性和韧性结合的特点。

3. 尼龙铝粉材料

这种材料在尼龙的粉末中参杂了铝粉，利用SLS技术进行打印，其成品就有金属光泽，经常用于装饰品和首饰的创意产品的打印中。

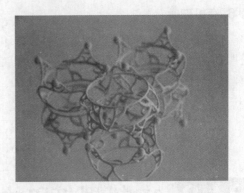

4. 陶瓷

陶瓷粉末采用SLS进行烧结，上釉陶瓷产品可以用来盛食物，很多人用陶瓷来打印个性化的杯子，当然3D打印并不能完成陶瓷的高温烧制，这道手续现在需要在打印完成之后进行高温烧制。

5. 不锈钢

不锈钢坚硬，而且有很强的牢固度。不锈钢粉末采用SLS技术进行3D烧结，可以选用银色、古铜色以及白色等颜色。不锈钢可以制作模型、现代艺术品以及很多功能性和装饰性的用品。

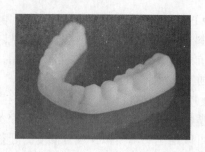

7. 石膏

石膏粉末是一种优质复合材料，颗粒均匀细腻，颜色超白，这种材料打印的模型可磨光、钻孔、攻丝、上色并电镀，实现更高的灵活性。打印模型的应用行业包括：运输、能源、消费品、娱乐、医疗保健、教育等市场。

6. 有机玻璃

有机玻璃材料表面光洁度好，可以打印出透明和半透明的产品，目前利用有机玻璃材质，可以打出牙齿模型用于牙齿矫正的治疗。

24.3 3D模型打印的要求

🔖 **本节视频教程时间：6分钟**

 3D打印机对模型有一定的要求，不是所有的3D模型都可以未经处理就能打印。首先STL模型要符合打印尺寸，与现实中的尺寸一致，其次就是模型的密封要好，不能有开口。至于面片的法向和厚度，可以在软件里设置，也可以在打印机设置界面设置。不同的打印机一般都有自己的打印程序设置软件，但其原理都是相同的，就像我们在计算机中的普通打印机设置一样。

1. 3D模型必须是封闭的

3D模型必须是封闭的，模型不能有开口边。有时要检查出模型是否存在这样的问题有些困难，如果不能发现此问题，可以使用【netfabb】这类专业的STL检查工具对模型进行检查，它会标记出存在开口问题的区域。

下图是未封闭（左图）的模型和封闭（右图）的模型对比图，如果给这两个轮胎充气，右边的轮胎肯定可以充满，左边的则是漏气的。

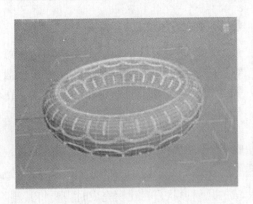
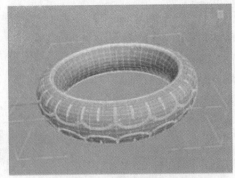

● 2. 正确的法线方向

模型中所有的面上的法向需指向一个正确的方向。如果模型中包含了颠倒的法向，打印机就不能判断出是模型的内部还是外部。

如果将下左图的中下半部分的面进行法向翻转，得到的是右图中翻转的面，这样模型是无法进行3D打印的。

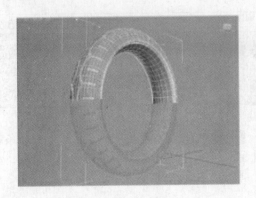
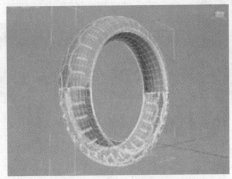

● 3. 3D模型的最大尺寸和壁厚

3D模型最大尺寸根据3D打印的最大尺寸而定，当模型超过打印机的最大尺寸时，模型就不能被完整的打印出来。

打印机的喷嘴直径是一定的，打印模型的壁厚应考虑到打印机能打印的最小壁厚，否则，会出现失败或错误的模型。

下左图是一个带厚度的轮胎模型，这个厚度是在软件中制作而成的。下右图是不带厚度的模型，可以在打印软件中设置打印厚度。

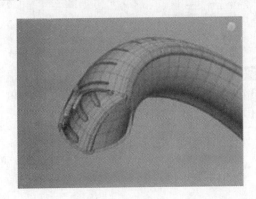
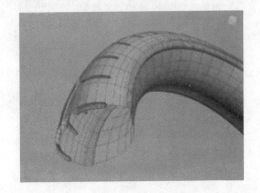

4. 设计打印底座

用于3D打印的模型最好底面是平坦的，这样既能增加模型的稳定性，又不需要增加支撑。可以直接用于截取底座获得平坦的底面，或者添加个性化的底座。

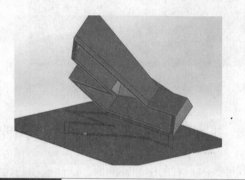

5. 预留容差度

对于需要组合的模型，需要特别注意预留容差度。要找到正确的度比较困难，一般在需要紧密结合的地方预留0.8mm的宽度，在较宽松的地方预留1.5mm的宽度。

6. 删除多余的几何形状和重复的面片

建模时的一些参考点、线、面以及一些隐藏的几何形状，在建模完成时需要将其删除。

建模时两个面叠加在一起就会产生重复面片，需要删除重复的面片。

24.4 安装3D打印软件

🌀 本节视频教程时间：5分钟

 3D打印软件有很多种，我们这里主要介绍接下来要用到的Repetier Host V1.06的安装。

步骤01 打开放置安装程序的文件夹，然后双击setupRepetierHost_1_0_6.exe文件，弹出【语言选择】对话框，如下图所示。

步骤02 选择语言后单击【OK】按钮，进入到安装欢迎界面，如下图所示。

步骤03 单击【Next】按钮，进入到安装条款界面，选择【I accept the agreement】选项，然后单击【Next】按钮。

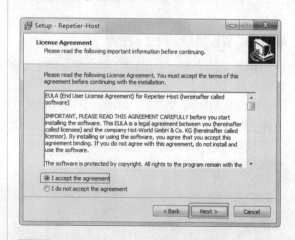

步骤04 在弹出的选择安装路径界面，单击【Browse...】选择程序要放置的位置，然后单击【Next】按钮，如下图所示。

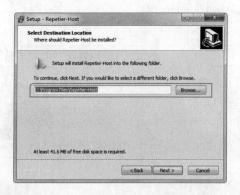

步骤 05 在弹出的界面选择切片程序，这里选择默认的程序即可，然后单击【Next】按钮。

步骤 06 在弹出的界面选择开始程序放置的位置，选择默认位置即可，如下图所示。

步骤 07 在弹出的界面选择【Create a desk icon】，然后单击【Next】按钮，如下图所示。

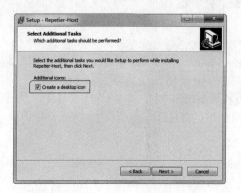

步骤 08 在弹出的准备安装界面上单击【Install】按钮，如下图所示。

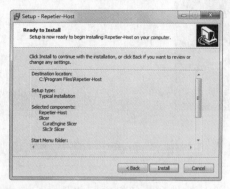

步骤 09 程序按照指定的安装位置进行安装，如下图所示。

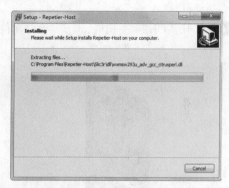

步骤 10 安装完成后弹出安装完成界面。

步骤 11 上一步如果选择了【Launch Repetier-Host】按钮，单击【Finish】按钮会弹出程序界面，如下图所示。

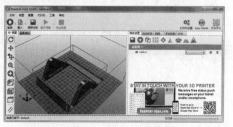

24.5 打印手机壳

🎧 **本节视频教程时间：11分钟**

　　我们这里主要介绍将"dwg"格式的3D图转换成为3D打印机认识的"stl"格式，然后在Repetier Host V1.06打印软件中进行打印设置。具体的打印机设置以及最终的成型，因为各打印机型号不同设置也不同，打印成型时间也不一致，我们这里不做介绍。

24.5.1 将"dwg"文件转换为"stl"格式

　　设计软件和打印机之间协作的标准文件格式是"stl"文件格式，因此在打印前首先应将AutoCAD生成的"dwg"文件转换成"stl"格式。将"dwg"格式转换为"stl"格式的具体操作步骤如下。

步骤 01 打开"CH24\手机壳.dwg"素材文件，如下图所示。

步骤 02 选择【文件】➤【输出】菜单命令，在

弹出的【输出数据】对话框中选择合适的保存位置，将图形保存为"手机壳.stl"，如下图所示。

> **小提示**
>
> 在AutoCAD 2018中除了通过面板调用【输出】命令外，还可以通过以下方法调用【输出】命令。
> （1）在命令行输入【EXPORT/EXP】命令并按空格键确定
> （2）单击应用程序▲➤【输出】➤【其他格式】选项
> （3）在弹出的【输出数据】对话框中选择文件类型为"平版印刷（*.stl）"即可。

24.5.2 Repetier Host打印设置

　　将"dwg"文件转换为"stl"文件后，接下来将转换后的3D模型载入Repetier Host，然后进行切片并生成代码，最后运行任务打印即可完成温莎椅模型的3D打印。

● 1. 载入模型

步骤 01 启动Repetier Host 1.06，如下图所示。

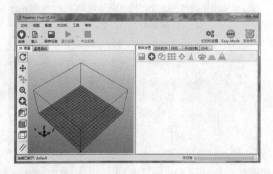

步骤 02 单击【载入】按钮📄，在弹出的【导入Gcode文件】对话框中选择上节转换的"stl"文件，如下图所示。

步骤 03 将"手机壳.stl"文件导入后如下图所示。

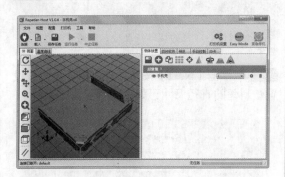

步骤 04 按F4键将视图调整为"适合打印体积"视图，如下图所示。

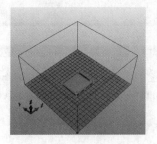

> **小提示**
>
> 左侧窗口辅助平面上面有一个方框，这个加上方框的辅助平面，形成了一个立方体，代表的就是你的3D打印机所能打印的最大范围。如果3D打印机的设置是正确的，那么就代表只要3D模型在这个框里面，就不用担心3D模型超出可打印范围而在打印的过程中出问题了。
>
> 如果需要近距离观察模型的话，按【F5】键，即可回到"适合对象"视图，如下图所示。

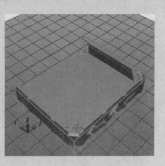

步骤 05 单击左侧工具栏的【旋转】按钮C，然后按住鼠标左键可以对模型进行旋转，多方位观察模型，如下图所示。

> **小提示**
>
> 单击✛按钮可以不以盒子的中心为中心进行平移，而是以模型的中心为中心进行平移。
>
> 单击✛按钮，可以让模型在x-y平面上移动，而不会在z轴上改变模型的位置。

步骤 06 单击右侧窗口工具栏的【缩放物体】按钮▲，在弹出的控制面板上将x轴方向的比例改为1.5倍，如下图所示。

有的时候载入的模型尺寸不对，太大或者太小，这时候就需要使用缩放功能了。缺省情况下，x，y，z三个轴是锁定的，也就是在X里面键入的数值（如1.5倍），会同时在三个轴方向上起作用。

2. 切片配置向导设置（首次进入切片才会出现）

步骤 01 单击右侧窗口【切片软件】选项卡，如下图所示。

步骤 02 Repetier Host 1.06有两个切片软件，即Slic3r和CuraEngine，这里选择默认的Slic3r，单击【配置】按钮，稍等几秒钟后会弹出配置向导窗口（首次进入Slic3r会弹出该窗口）如下图所示。

步骤 03 第一页是欢迎窗口，直接单击【Next】按钮，进入到第二页面，选择和上位机固件相同风格的G-code，如下图所示。

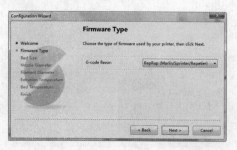

步骤 04 单击【Next】按钮，进入第三页面，按照热床的实际尺寸进行填写，如下图所示。

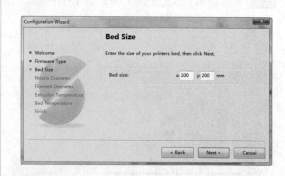

步骤 05 单击【Next】按钮，进入第四页面，设置加热挤出头的喷头直径，将喷头直径设置为使用的3D打印机加热挤出头的直径，如下图所示。

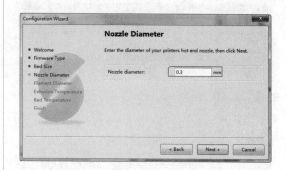

加热挤出头直径通常在0.2mm~0.5mm，根据自己使用的打印机的实际情况进行填写即可。

步骤 06 单击【Next】按钮，进入第五页面，设置塑料丝的直径尺寸，如下图所示。

塑料丝目前有两种标准，3mm和1.75mm，根据自己的3D打印机所使用的塑料丝，把数字填入即可。

步骤 07 单击【Next】按钮，进入第六页面，设置挤出头加热温度，如下图所示。

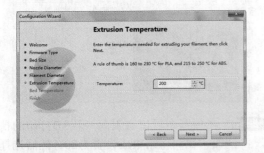

步骤 08 单击【Next】按钮，进入第七页面设置热床温度，根据使用的材料填入相应的温度，如果使用PLA材料，就填入数字60，如果使用的是ABS就填入110，如下图所示。

步骤 09 单击【Next】按钮，进入最后一页，点击【Finish】按钮结束整个设置后自动回到切片主窗口设置。

3. 切片主窗设置

步骤 01 切片配置向导设置完毕后回到切片主窗口设置，选择【Print Settings】选项卡▶【Layers and perimeters】选项，在这里对【Layer height】和【First layer height】进行设置，如下图所示。

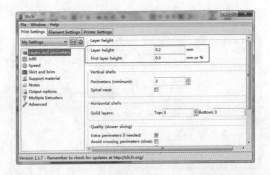

步骤 02 层和周长设置完毕后，单击【Infill（填充）】选项，在该选项界面可以设置填充密度、填充图样等。

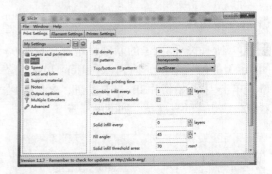

步骤 03 填充设置完毕后，单击【Flament Settings】选项卡，在该选项卡下可以查看设置向导中设置的耗材相关的参数，如下图所示。

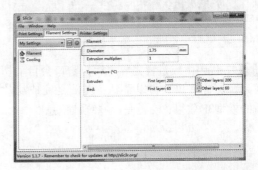

步骤 04 单击【Printer Settings】选项卡查看关于打印机的硬件参数，如下图所示。

步骤 05 单击左侧窗口列表的【Extruder 1】选项，可以查看挤出头的参数设定，如下图所示。

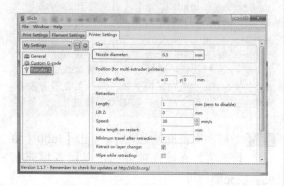

4. 生成切片

步骤 01 所有关于Slic3r的基础设定都完成后关闭Slic3r的配置窗口，回到Repetier-Host主窗口，单击【开始切片Slic3r】按钮，之后可以看到生成切片的进度条，如下图所示。

步骤 02 代码生成过程完成之后，窗口会自动切换到预览标签页，可以看到，左侧是完成切片后的模型3D效果，右侧是一些统计信息。

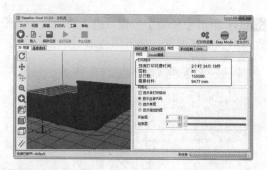

步骤 03 在预览中可以查看每一层3D打印的情况，例如，我们将结束成设置为20，然后选择【显示指定的层】就可以查看第20层的打印情况，如下图所示。

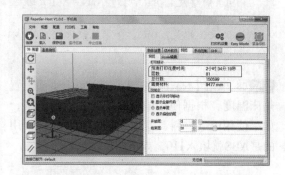

步骤 04 单击【Gcode】编辑标签，可以直接观察，编辑Gcode代码，如下图所示。

5. 运行任务

运行任务本身很简单，首先确定Repetier-Host已经和3D打印机连接好了，然后单击【运行任务】按钮，任务就开始运行了。打印最开始的阶段，实际上是在加热热床和挤出头，除了状态栏上有些基础信息之外，程序没什么动静，因此开始阶段没什么声音，挤出头可能也不会移动。

第25章

AutoCAD 2018与
Photoshop的配合使用

学习目标

本章介绍AutoCAD 2018与Photoshop的配合使用方法。用户可以根据实际需求在AutoCAD 2018中绘制出相应的二维或三维图形，然后将其转换为图片用Photoshop进行编辑，利用Photoshop处理图片的出色功能使AutoCAD 2018绘制出来的图形更加具备真实感、色彩感。

学习效果

25.1 AutoCAD与Photoshop配合使用的优点

本节视频教程时间：2分钟

AutoCAD和Photoshop是两款非常具有代表性的软件，从宏观意义上来讲，两款软件不论是在功能还是在应用领域方面都有着本质的不同，但在实际应用过程中两款软件却有着千丝万缕的联系。

AutoCAD在工程中应用较多，主要用于创建结构图，其二维功能的强大与方便是不言而喻的，但色彩处理方面却很单调，只能作一些基本的色彩变化的处理。Photoshop在广告行业应用比较多，是一款强大的图片处理软件，在色彩处理、图片合成等方面具有突出功能，但不具备结构图的准确创建及编辑功能，优点仅体现于色彩斑斓的视觉效果上面。将AutoCAD与Photoshop进行配合使用，可以有效弥补两款软件本身的不足，有效地将精确的结构与绚丽的色彩在一张图片上面体现出来。

25.2 Photoshop常用功能介绍

本节视频教程时间：8分钟

在结合使用AutoCAD和Photoshop软件之前，首先要了解Photoshop的几种常用功能，例如创建图层、选区的创建与编辑、自由变换、移动等。

25.2.1 创建新图层

Photoshop中的图层与AutoCAD中的图层作用相似，创建新图层的具体操作步骤如下。

步骤 01 启动Photoshop CS6，选择【文件】▶【新建】菜单命令，弹出【新建】对话框。

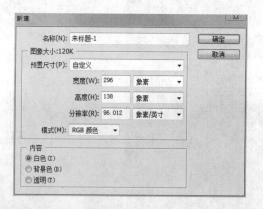

步骤 02 单击【确定】按钮完成新文件的创建，选择【图层】▶【新建】▶【图层】菜单命令。

步骤 03 弹出【新建图层】对话框。

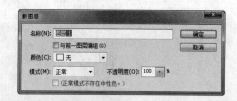

步骤 04 单击【确定】按钮，完成新图层的创建。

25.2.2 选区的创建与编辑

利用Photoshop编辑局部图片之前，首先需要建立相应的选区，然后便可以对选区中的内容进行相应编辑操作。

1. 利用矩形选框工具创建选区并编辑

步骤 01 打开"素材\CH25\选区的创建与编辑.dwg"素材文件。

步骤 02 单击【矩形选框工具】按钮，在工作窗口中单击并拖动鼠标，拖出一个矩形选择框，如图所示。

步骤 03 按键盘【Del】键，结果如图所示。

2. 利用魔棒工具创建选区并编辑

步骤 01 打开"素材\CH25\选区的创建与编辑.dwg"素材文件。

步骤 02 单击【魔棒工具】按钮，在工作窗口中单击鼠标出现选区，如图所示。

步骤 03 按键盘【Del】键，结果如图所示。

25.2.3 自由变换

利用自由变换功能可以对Photoshop中图片对象进行缩放、旋转等操作，具体操作步骤如下。

步骤 01 打开"素材\CH25\自由变换.dwg"素材文件。

步骤 02 按键盘【Ctrl+A】组合键，将当前窗口图形对象全部选择，然后选择【编辑】▶【自由变换】菜单命令，图像周围出现夹点。

步骤 03 拖动鼠标至窗口右侧中间夹点上，当鼠标变为 ↔ 形状后，按住鼠标水平向左拖动，结

果如图所示。

步骤 04 拖动鼠标至窗口右下角夹点上，当鼠标变为 ⤵ 形状后，按住鼠标顺时针旋转拖动，结果如图所示。

25.2.4 移动

利用移动功能可以对Photoshop中的图片对象进行位置的移动操作，具体操作步骤如下。

步骤 01 打开"素材\CH25\移动.dwg"素材文件。

步骤 02 单击【矩形选框工具】按钮，在工作窗口中进行如图所示的区域选取。

步骤 03 单击【移动工具】按钮，在工作窗口中拖动鼠标对所选区域进行位置移动。

25.3 综合实战——风景区效果图设计

本节将结合使用AutoCAD和Photoshop软件进行风景区效果图的设计，AutoCAD主要用于模型的创建，而最后的整体效果处理则依赖于Photoshop软件。

25.3.1 风景区效果图设计思路

风景区效果图包含用于休闲的阳伞模型、桌椅模型以及周围的自然环境。在整个设计过程中可以考虑利用AutoCAD软件对阳伞模型以及桌椅模型进行绘制，绘制完成后对阳伞以及桌椅的位置进行合理摆放，并对这些模型的颜色进行相应设置，然后将这些模型转换为图片，再利用Photoshop对图片进行编辑。在Photoshop中可以将模型图片与大自然背景相结合，再通过适当的处理达到完美结合的目的。

25.3.2 使用AutoCAD 2018绘制风景区图形

本章主要介绍利用AutoCAD 2018绘制风景区图形中的座椅模型，具体操作步骤如下。

● 1. 绘制座椅支撑架路径

步骤 01 打开"素材\CH25\风景区模型图.dwg"素材文件。

步骤 02 选择【绘图】➤【直线】菜单命令，在绘图区域任意单击一点作为直线起点。

指定直线起点

步骤 03 命令行提示如下。

    指定下一点或 [放弃 (U)]: @400,0,0 ↙
    指定下一点或 [放弃 (U)]: @0,–400,
0 ↙
    指定下一点或 [闭合 (C)/ 放弃 (U)]: @0,
0,400 ↙
    指定下一点或 [闭合 (C)/ 放弃 (U)]: @0,

    400,0 ↙
    指定下一点或 [闭合 (C)/ 放弃 (U)]: @0,
0,400 ↙
    指定下一点或 [闭合 (C)/ 放弃 (U)]: @–400,
0,0 ↙
    指定下一点或 [闭合 (C)/ 放弃 (U)]: @0,
0,–400 ↙
    指定下一点或 [闭合 (C)/ 放弃 (U)]: @0,
–400,0 ↙
    指定下一点或 [闭合 (C)/ 放弃 (U)]: @0,
0,–400 ↙
    指定下一点或 [闭合 (C)/ 放弃 (U)]: C ↙

步骤 04 结果如图所示。

步骤 05 选择【修改】➤【圆角】菜单命令，命令行提示如下。

```
命令：_fillet
当前设置：模式 = 修剪，半径 = 0.0000
选择第一个对象或 [ 放弃 (U)/ 多段线 (P)/
半径 (R)/ 修剪 (T)/ 多个 (M)]: r
指定圆角半径 <0.0000>: 25
选择第一个对象或 [ 放弃 (U)/ 多段线 (P)/
半径 (R)/ 修剪 (T)/ 多个 (M)]: m
```

步骤 06 在命令行选择下图所示线段作为圆角第一个对象。

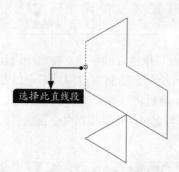

选择此直线段

步骤 07 在命令行选择下图所示线段作为圆角第二个对象。

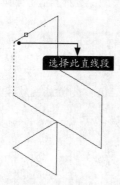

选择此直线段

步骤 08 结果如图所示。

圆角结果

步骤 09 对其他直角位置进行相同圆角操作，然后结束【圆角】命令，结果如图所示。

圆角结果

2. 绘制座垫及靠背

步骤 01 选择【绘图】▶【建模】▶【网格】▶【直纹网格】菜单命令，在绘图区域选择下图所示线段作为第一条定义曲线。

选择第一条定义曲线

步骤 02 在绘图区域选择下图所示线段作为第二条定义曲线。

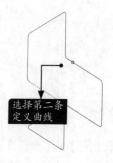

选择第二条定义曲线

步骤 03 结果如图所示。

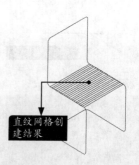

直纹网格创建结果

步骤 04 重复步骤1~2，对靠背进行绘制，结果如图所示。

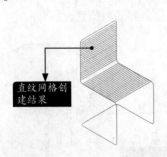

直纹网格创
建结果

● 3. 绘制支撑架

步骤 01 选择【绘图】➤【圆】➤【圆心、半径】菜单命令，在绘图区域捕捉下图所示端点作为圆心。

捕捉端点

步骤 02 圆的半径指定为"12.7"，绘制结果如图所示。

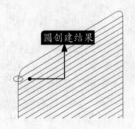

圆创建结果

步骤 03 选择座垫及靠背部分，如图所示。

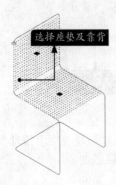

选择座垫及靠背

步骤 04 单击鼠标右键，在快捷菜单中选择【隔离】➤【隐藏对象】命令，结果如图所示。

隐藏结果

步骤 05 选择【绘图】➤【建模】➤【扫掠】菜单命令，在绘图区域中选择圆形作为要扫掠的对象，并按【Enter】键确认。

选择圆形

步骤 06 在绘图区域中选择圆弧作为扫掠路径。

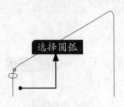

选择圆弧

步骤 07 结果如图所示。

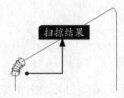

扫掠结果

步骤 08 选择【修改】➤【实体编辑】➤【拉伸面】菜单命令，在绘图区域中选择如图所示端面作为拉伸面，并按【Enter】键确认。

选择圆形端面

步骤 09 在命令行中输入【P】并按【Enter】键确认，然后在绘图区域中选择如图所示线段作为拉伸路径。

选择直线段作为拉伸路径

步骤 ⑩ 结果如图所示。

拉伸结果

步骤 ⑪ 重复步骤8~9的操作，对其他部分进行相应拉伸，结果如图所示。

拉伸结果

● **4. 摆放座椅**

步骤 ① 在绘图区域空白处单击鼠标右键，在快捷菜单中选择【隔离】▶【结束对象隔离】命令，结果如图所示。

结束对象隔离结果

步骤 ② 选择【修改】▶【移动】菜单命令，将座椅模型移动到适当位置。

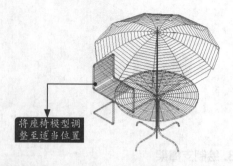

将座椅模型调整至适当位置

步骤 ③ 选择【修改】▶【三维操作】▶【三维阵列】菜单命令，在绘图区域中选择座椅模型作为阵列对象，并按【Enter】键确认。

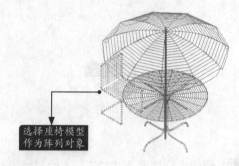

选择座椅模型作为阵列对象

步骤 ④ 命令行提示如下。

> 输入阵列类型 [矩形 (R)/ 环形 (P)] < 矩形 >:p
> 输入阵列中的项目数目：4
> 指定要填充的角度 (+= 逆时针，−= 顺时针) <360>：360
> 旋转阵列对象？ [是 (Y)/ 否 (N)] <Y>：y

步骤 ⑤ 在绘图区域捕捉阳伞顶部中心点作为阵列中心线第一点。

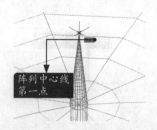

阵列中心线第一点

步骤 ⑥ 在绘图区域垂直向上拖动鼠标并单击指定阵列中心线第二点。

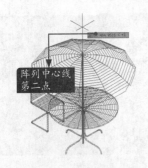

阵列中心线
第二点

步骤 07 结果如图所示。

阵列结果

5. 将阳伞及座椅模型转换为图片

步骤 01 选择【视图】▶【视觉样式】▶【概念】菜单命令，结果如图所示。

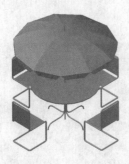

步骤 02 选择【文件】▶【打印】菜单命令，弹出【打印-模型】对话框，进行下图所示设置。

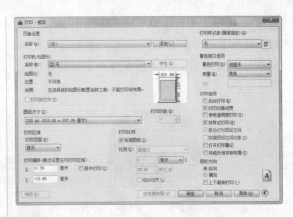

步骤 03 打印范围选择【窗口】，并在绘图区域选择阳伞及座椅模型作为打印对象。

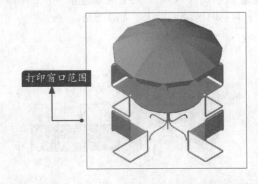

打印窗口范围

步骤 04 单击【确定】按钮，弹出【浏览打印文件】对话框，对保存路径及文件名进行设置后，单击【保存】按钮，结果如图所示。

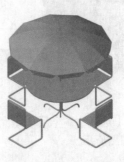

25.3.3 使用Photoshop制作风景区效果图

本章主要利用Photoshop制作风景区效果图，具体操作步骤如下。

步骤 01 打开"素材\CH25\风景区背景图.dwg"素材文件。

步骤 02 选择【文件】▶【打开】菜单命令，弹出【打开】对话框，选择前面绘制的【风景区模型图.jpg】文件，并单击【打开】按钮，结果如图所示。

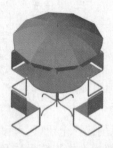

步骤 03 单击【魔棒工具】按钮，在工作窗口中的空白区域处单击，如图所示。

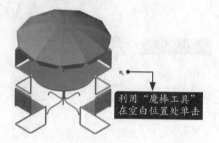

利用"魔棒工具"在空白位置处单击

步骤 04 选区创建结果如图所示。

选区创建结果

步骤 05 选择【选择】▶【反向】菜单命令，选区创建结果如图所示。

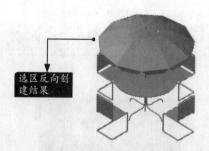

选区反向创建结果

步骤 06 按键盘组合键【Ctrl+C】，然后将当前图形文件切换到【风景区背景图】，再次按键盘组合键【Ctrl+V】，结果如图所示。

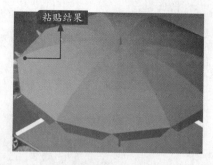

粘贴结果

步骤 07 选择【编辑】▶【自由变换】菜单命令，对阳伞及座椅模型图片的大小及位置进行适当调整，结果如图所示。

大小及位置调整结果

步骤 08 配合【Shift】键使用【魔棒工具】对阳伞及座椅模型图片中的所有白色区域进行选择，如图所示。

选区创建结果

步骤 09 按键盘【Del】键，结果如图所示。

创建结果